U0218074

十二五

高等职业教育「十二五」精品规划教材

建筑工程制图

主　编／冯　翔　周明桂

JIANZHU GONGCHENG ZHITU

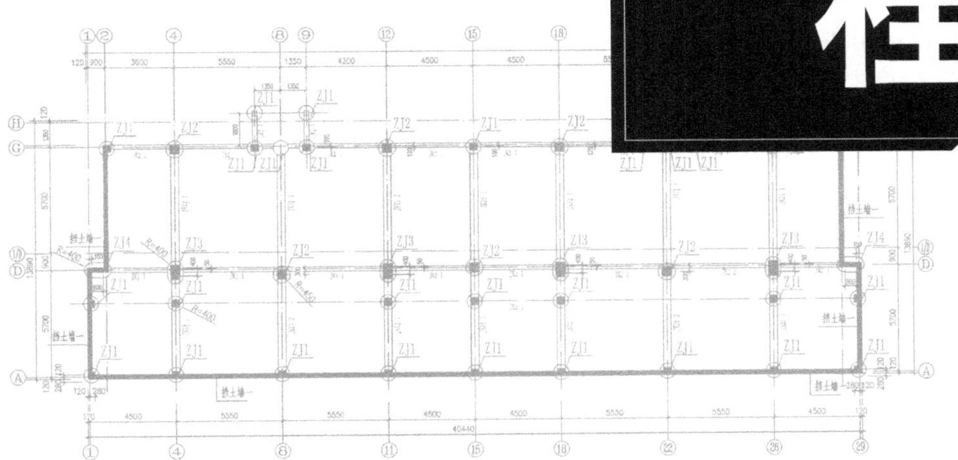

天津大学出版社
TIANJIN UNIVERSITY PRESS

内容提要

本书根据高职高专人才培养目标的要求，基于知识够用、重在技能，以工作过程系统化进行课程建设的理念，基于建筑类专业人才培养目标及教学改革要求，融合了建筑、结构、安装、装饰装修编写而成，书中采用了最新的建筑制图标准。

书中除课程导入外，共分4个任务，即国家制图标准基本规定及应用、仪器绘图、形体投影图的识读与绘制和建筑施工图的识读与绘制。

在书后，增加了“教学评估表”，收集学生对本书的学习反馈，便于教师完成教学反思。为满足学生可持续发展需要，书中增加了部分拓展知识，各个学校可根据需要和课时，自行安排。

本书可作为高职高专建筑工程技术、工程造价、工程项目管理、给排水等专业的建筑制图教材，也可供其他类型学校，如职工大学、函授大学、电视大学等相关专业选用以及有关的工程技术人员参考。

此外，还同时出版与本书配套的《建筑工程制图习题集》，供各校选用。

图书在版编目(CIP)数据

建筑工程制图/冯翔，周明桂主编. —天津：天津大学出版社，2014.5(2020.8 重印)
高等职业教育“十二五”精品规划教材
ISBN 978-7-5618-5079-4

Ⅰ.①建… Ⅱ.①冯… ②周… Ⅲ.①建筑制图－高等职业教育－教材 Ⅳ.①TU204

中国版本图书馆 CIP 数据核字(2014)第 113309 号

出版发行 天津大学出版社
地　　址 天津市卫津路92号天津大学内(邮编:300072)
电　　话 发行部:022-27403647
网　　址 publish. tju. edu. cn
印　　刷 北京虎彩文化传播有限公司
经　　销 全国各地新华书店
开　　本 185mm×260mm
印　　张 17
字　　数 424千
版　　次 2014年7月第1版
印　　次 2020年8月第5次
定　　价 39.00元

前　言

近年来工程图学教学改革不断深入，从教学内容到教学手段不断推出新思路、新方法。本书基于工作过程系统化建设课程的理念，根据高职高专人才培养目标和工学结合人才培养模式以及专业教学改革的要求，利用所有编者多年的教学实践经验编写而成。本着学生“边学、边做、边互动”的原则，实现所学即所用。

本书遵循《房屋建筑制图统一标准》（GB/T 50001—2010）、《总图制图标准》（GB/T 50103—2010）、《建筑制图标准》（GB/T 50104—2010）、《建筑结构制图标准》（GB/T 50105—2010）、《建筑给水排水制图标准》（GB/T 50106—2010）等国家标准。

由于高职高专院校专业设置和课程内容的取舍要充分考虑企业和毕业生就业岗位的需求，而建筑工程技术专业的毕业生主要从事施工员、安全员、质检员、档案员、监理员等岗位和岗位群，所以本教材在内容的编排和选取上有所侧重。

本书是集体智慧的结晶，由宜宾职业技术学院冯翔和泸州职业技术学院周明桂担任主编，由冯翔统稿、定稿；宜宾职业技术学院李逊、罗恒勇和义乌工商职业技术学院吴赛男担任副主编；宜宾职业技术学院林申正、陈子木和达州职业技术学院刘宗川、王彦参编。

本书在学习目标描述中所涉及的程度用语主要有“熟练”、“正确”、“基本”。“熟练”指能在所规定的较短时间内无错误地完成任务，“正确”指没有任何错误，“基本”指在没有时间要求的情况下，不经过旁人提示，能无错误地完成任务。

由于要把手工制图知识、计算机制图知识及各专业读图知识进行有机的结合，难度较大，加之编者水平有限，书中的错误在所难免，恳请专家和广大读者不吝赐教、批评指正，以便我们在今后的工作中改进和完善。

编　者

2014 年 3 月

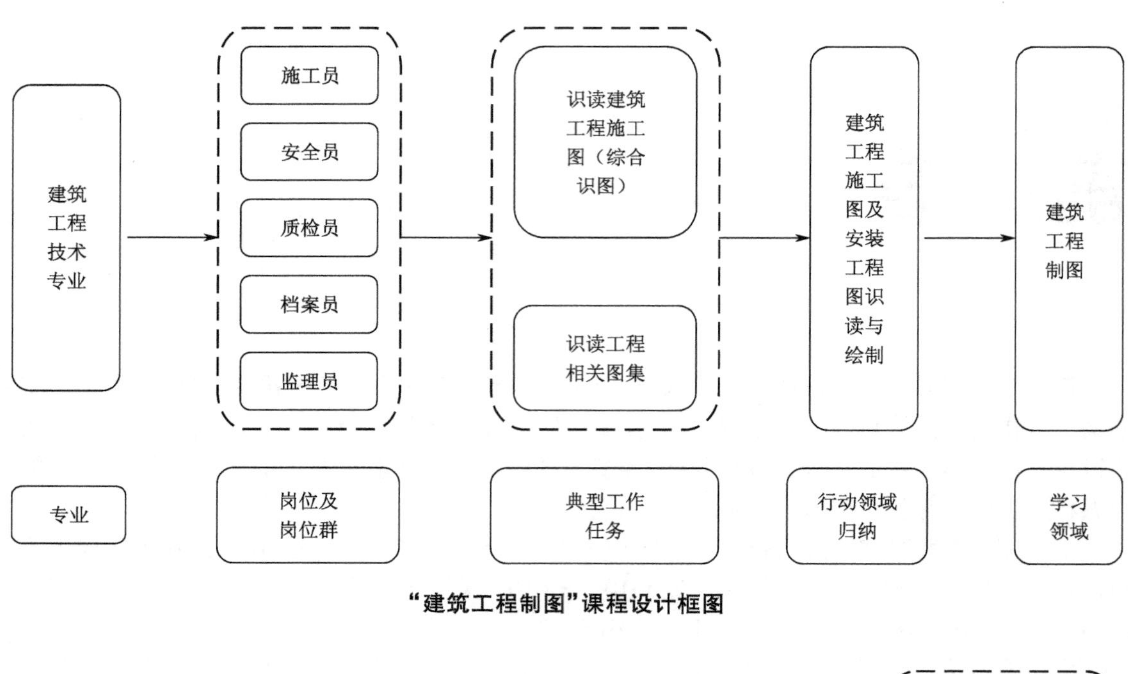

“建筑工程制图”课程设计框图

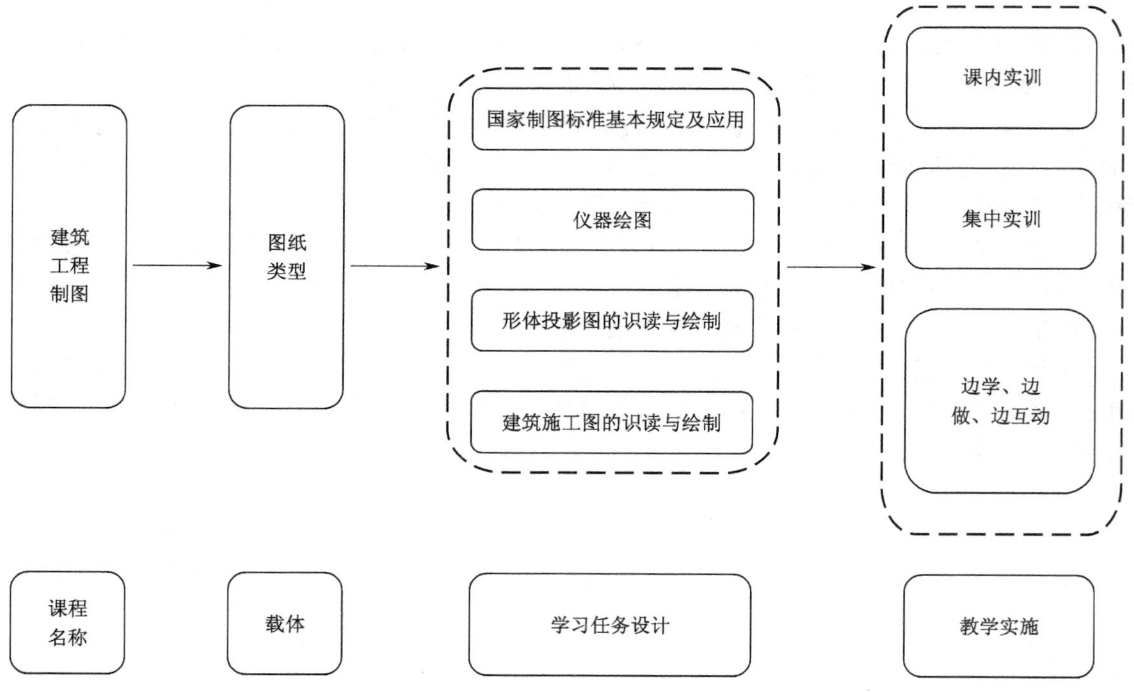

“建筑工程制图”课程内容框图

目　录

0　课程导入

建筑产品需消耗大量的财力、物力和人力，具有不可逆性，一经建成，很难随意推倒重建，因此工程的安全性、适用性和经济性及其随后的影响是长远的。特别是住宅工程的安全性和适用性直接牵动着千家万户的心。所以，作为建筑行业的从业人员，既要树立为社会主义现代化服务的道德理念，又要做好自己的本职工作，认真履行行业职责，献身建筑事业。

0.1　课程的定位

工程图的识读与绘制是每个工程技术人员必须具备的能力，其识读与绘制的准确性与建筑物的正确施工密切相关。“建筑工程施工图及安装工程施工图识读与绘制”是建筑工程建设项目的一个行动领域，转换为课程后，是建筑工程技术专业教学计划中的核心专业课程之一。其课程定位如表 0.1 所示。

表 0.1　课程定位

课程性质	专业课程、核心课程
课程功能	以培养学生识图为主、绘图为辅的技能为主要目标，同时兼顾后续专业课程的需要
前导课程	无
平行课程	建筑工程材料的检测与选择
后续课程	建筑功能及建筑构造分析、建筑工程测量、土石方工程施工、基础工程施工、砌体结构工程施工、特殊工程施工、装饰装修工程施工、钢筋混凝土主体结构施工、建筑工程计价与管理、建筑工程施工组织编制与实施

观看 PPT：建筑工程技术专业课程体系的构建过程（岗位及岗位群的确定→典型工作任务总结→行动领域归纳→课程转换→学习任务设计）。

0.2　课程的作用

建筑物是人类生产、生活的场所，是一个社会科技水平、经济实力、物质文明的象征。表达建筑物形状、大小、构造以及各组成部分相互关系的图纸称为建筑工程图样。建筑工程图样是建筑工程中一种重要的技术资料，是工程技术人员表达设计思想、进行技术交流、组织现场施工不可缺少的工具，是工程界的语言，每个建筑工程技术人员都必须能够阅读和绘制建筑图样。

在建筑工程的实践活动中，无论设计、预算，还是施工、管理、维修，任何环节都离不开图纸，设计师把人们对建筑物的使用要求、空间想象和结构关系绘制成图样，工程师根据图样把建筑物建造出来。常见的建筑工程图样有建筑施工图、结构施工图、建筑安装施工图、钢结构施工图、装饰装修施工图。

小组讨论：为什么说工程图样是工程界的语言？

0.3 课程的内容

本课程以图纸类型为载体，设计了4个任务，培养学生的空间想象能力、空间构形能力和工程图样的识读与绘制能力。目的是为顺利完成"识读与绘制建筑工程施工图（综合识图）、识读工程相关图集"这两项典型工作任务奠定基础。

①"国家制图标准基本规定及应用"部分主要介绍制图的基础知识和基本规定；

②"仪器绘图"部分主要培养学生手工绘图的操作技能；

③"形体投影图的识读与绘制"部分主要培养学生点、线、面、体的投影认知能力和用投影图表达物体内外形状、物体大小的绘图能力以及根据投影图想象出物体内外形状的读图能力；

④"建筑施工图的识读与绘制"部分主要培养学生识读和绘制各类建筑图样的基本能力。

0.4 课程目标

①能够贯彻制图标准及相应规定；

②能够正确使用制图工具，规范选用线型、书写字体及尺寸标注等；

③能利用点、线、面、几何体的投影规律分析建筑物的构造；

④能够正确绘制建筑构件的剖面图、断面图和轴测图；

⑤能正确表述工程图的类型及相应的图示方法和图示内容，正确识读与绘制工程图；

⑥能利用计算机绘图软件绘制工程图并打印出图；

⑦具有认真细致的工作作风、较好的团队协作精神和诚实、守信的优秀品质。

观看录像：施工图与制图标准、投影、建筑物的关系。

0.5 课程的学习方法及要求

1. 理论联系实际

在认知点、线、面、体的投影规律上不断地由物画图，由图想物，分析和想象空间形体与图纸上图形之间的对应关系，逐步提高空间想象能力和空间分析能力。

2. 主动学习

本课程前后知识的关联度较大，在每个学习情境中对相同的过程均有重复，因此在课堂上应专心听讲，在小组活动中应积极发言和思考，配合教师循序渐进，捕捉要点，记下重点。

3. 及时复习并完成作业

本课程作业量较大，且前后联系紧密，环环相扣，须做到每一次学习之后，及时完成相应的练习和作业，否则将直接影响下次学习效果。

4. 遵守国家标准的有关规定

以国家最新标准为基础，按照正确的绘图方法和步骤作图，养成正确使用绘图工具和仪器的习惯。

5. 认真负责、严谨细致

建筑图纸是施工的根据，图纸上一根线条的疏忽或一个数字的差错均会造成严重的返工浪费，因此应严格要求自己，养成认真负责的工作态度和严谨细致的工作作风。

集体观摩：观看并点评上一届好、中、差的习题集和大作业。

0.6 课程的发展状况

工程图样在人类认识自然、创建文明社会的过程中发挥着不可替代的重要作用。近年来，计算机绘图技术的发展在很大程度上改变了传统作图方法，提高了绘图的质量和效率，降低了劳动强度。基于工作过程的理念，我们认为该课程中有些复杂的三维形体均可用二维的方法准确、充分地表示。工程图样是工程信息的有效载体，计算机绘图只是一种绘图手段，它不应该也不可能取代传统工程制图的内容。所以在内容编排上本书采取了国家制图标准基本规定及应用→仪器绘图→形体投影图的识读与绘制→建筑施工图识读与绘制的顺序，加强投影认知的训练，加强对学生空间思维能力和空间构形能力的培养，加强对学生阅读工程图样的能力训练。淡化对手工绘图质量的要求，适当减少手工绘图的训练，从传统的仪器绘图为主发展为徒手草图、仪器绘图、计算机绘图 3 种方法并用的新局面。

0.7 课程评价方法

1. 形成性评价

形成性评价是教师在教学过程中对学生的学习态度及各类作业、任务单完成情况进行的评价。

2. 总结性评价

总结性评价是老师在教学活动结束时，对学生整体技能情况的评价。

在每个学习情境中，建议平时的学习态度占10%、书面作业占15%、任务单完成情况占15%、实习实作占30%、最后总结性评价占30%。

本课程按百分制考核，60分为合格。

任务1 国家制图标准基本规定及应用

为了统一房屋建筑制图标准，保证制图质量，提高制图效率，做到图面清晰、简明以适合设计、施工、存档要求，同时也为了适应工程建设需要，必须制定相关的建筑制图国家标准。

现行有关建筑制图的国家标准主要有：《房屋建筑制图统一标准》(GB 50001—2010)、《总图制图标准》(GB/T 50103—2010)、《建筑制图统一标准》(GB/T 50104—2010)、《建筑结构制图标准》(GB/T 50105—2010)、《建筑给水排水制图标准》(GB/T 50106—2010)、《暖通空调制图标准》(GB/T 50114—2010)。

其中《房屋建筑制图统一标准》(GB 50001—2010)是房屋建筑制图的基本规定，适用于总图、建筑、结构、给水排水、暖通空调、电气等专业制图。房屋建筑制图除应符合《房屋建筑制图统一标准》外，还应符合国家现行有关强制性标准的规定以及各有关专业的制图标准。所有工程技术人员在设计、施工、管理中必须严格执行。下面介绍标准中的部分内容。

1.1 图幅、标题栏及会签栏

1.1.1 图纸幅面

图纸的幅面是指图纸宽度与长度组成的图面；图框是指在图纸上绘图范围的界线。图纸幅面及图框尺寸应符合表1.1的规定。一般A0～A3图纸宜横式使用，必要时也可立式使用。

表1.1 幅面及图框尺寸 （单位：mm）

尺寸代号 \ 幅面代号	A0	A1	A2	A3	A4
$b \times l$	841×1 189	594×841	420×594	297×420	210×297
c	10			5	
a	25				

需要微缩复制的图纸，其一个边上应附有一段准确米制尺度，四个边上也应均附有对中标志，米制尺度的总长应为100 mm，分格应为10 mm。对中标志应画在图纸内框各边长的中点处，线宽0.35 mm，应伸入内框边，在框外为5 mm。对中标志的线段，于l_1和b_1范围取中。

图纸的短边一般不应加长，A0～A3幅面长边尺寸可加长，但应符合表1.2的规定。

表 1.2　图纸长边加长尺寸　　(单位:mm)

幅面代号	长边尺寸	长边加长后尺寸
A0	1 189	1 486,1 635,1 783,1 932,2 080,2 230,2 378
A1	841	1 051,1 261,1 471,1 682,1 892,2 102
A2	594	743,891,1 041,1 189,1 338,1 486,1 635,1 783,1 932,2 080
A3	420	630,841,1 051,1 261,1 471,1 682,1 892

注:有特殊需要的图纸,可采用 $b \times l$ 为 841 mm × 891 mm 与 1 189 mm × 1 261 mm 的幅面。

《房屋建筑制图统一标准》(GB 50001—2010)对图纸标题栏、图框线、幅面线、装订边线、对中标志和会签栏的尺寸、格式和内容都有规定,如图 1.1 所示。

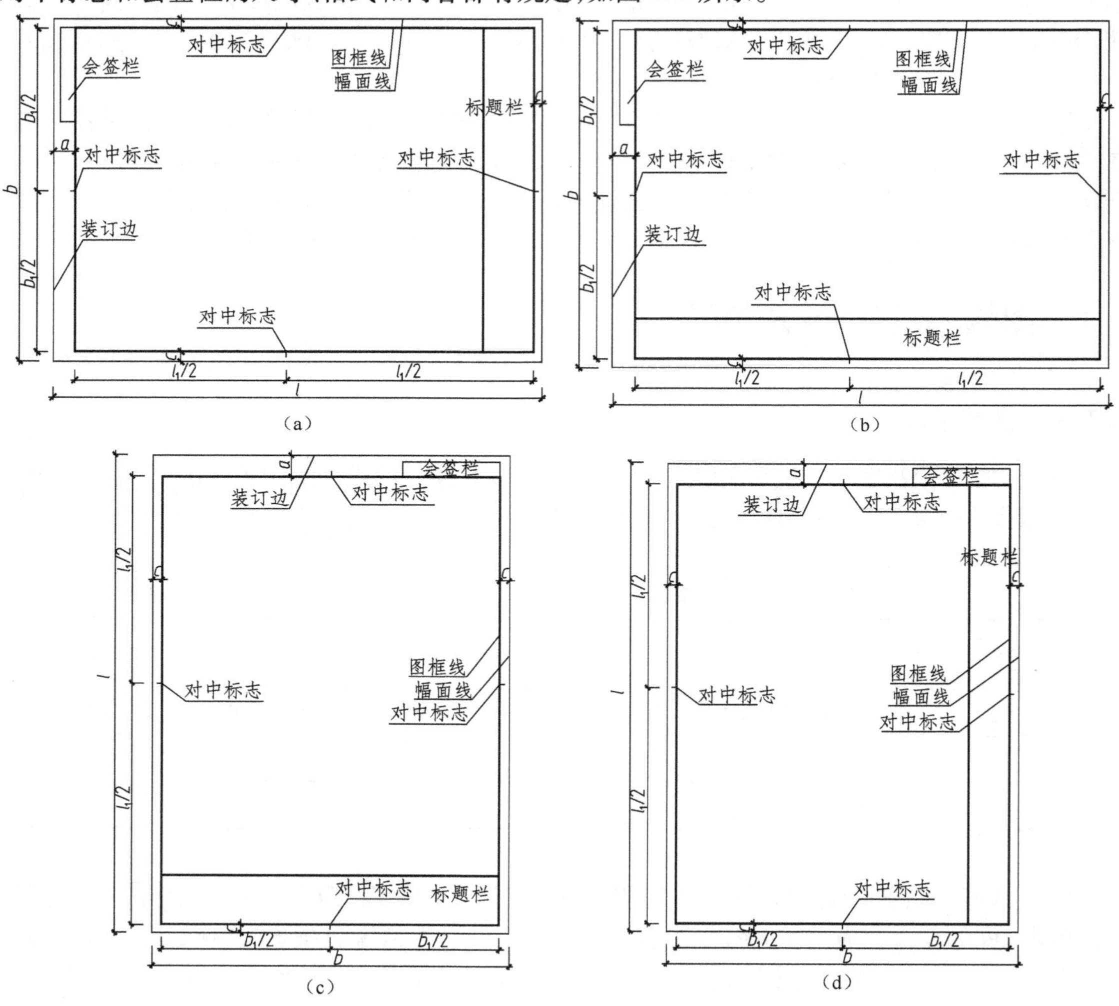

图 1.1　图框的格式

(a)A0 ~ A3 横式幅面(一)　(b)A0 ~ A3 横式幅面(二)　(c)A0 ~ A4 立式幅面(一)　(d)A0 ~ A4 立式幅面(二)

图纸以短边作为垂直边应为横式，以短边作为水平边应为立式。A0 ~ A3 图纸宜横式使用；必要时，也可立式使用。

一个工程设计中，每个专业所使用的图纸，不宜多于两种幅面，不含目录及表格所采用的A4 幅面。

1.1.2　标题栏及会签栏

《房屋建筑制图统一标准》(GB 50001—2010)对图纸标题栏和会签栏的尺寸、格式和内容都有规定。

1. 标题栏

标题栏应按图1.2所示，根据工程的需要选择确定其尺寸、格式及分区。

设计单位名称
注册师签章
项目经理
修改记录
工程名称区
图号区
签字区
会签栏

40~70

(a)

设计单位名称	注册师签章	项目经理	修改记录	工程名称区	图号区	签字区	会签栏

30~50

(b)

图1.2　标题栏

(a)标题栏格式一　(b)标题栏格式二

对于学生在学习阶段的制图作业，建议采用图1.3所示的标题栏，不设会签栏。

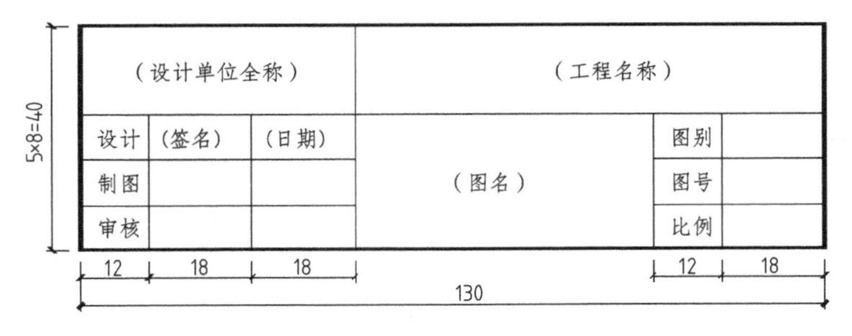

图1.3　制图作业的标题栏格式

2. 会签栏

会签栏应包括实名列和签名列，并应符合下列规定。

①涉外工程的标题栏内，各项主要内容的中文下方应附有译文。设计单位的上方或左方，

应加“中华人民共和国”字样。

②在计算机制图文件中当使用电子签名与认证时，应符合国家有关电子签名法的规定。

③会签栏是指工程建设图纸上由会签人员填写所代表的有关专业、姓名、日期等的一个表格，见图1.4。不需要会签的图纸，可不设会签栏。

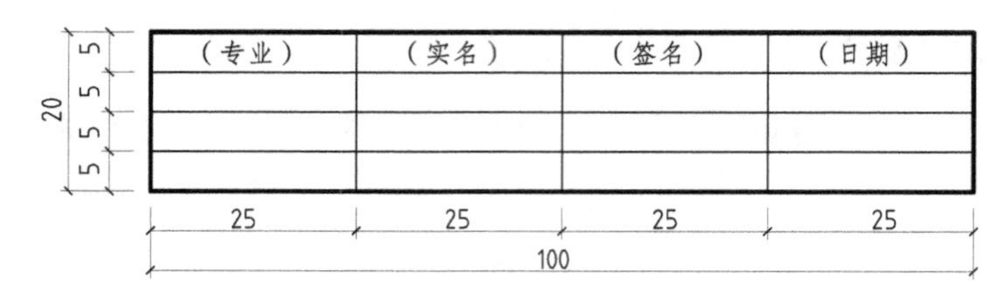

图1.4 会签栏格式

实习实作：在A4纸上以1:10的比例画出A0的横向图幅，并在其内部表示出其他图幅，标出标题栏和会签栏。

1.2 图线

1.2.1 线宽与线型

图线的宽度 b，宜从1.4、1.0、0.7、0.5、0.35、0.25、0.18、0.13 mm线宽系列中选取。图线宽度不应小于0.1 mm，每个图样，应根据复杂程度与比例大小，先选定基本线宽 b，再选用表1.3中相应的线宽组。

表1.3 线宽组 （单位：mm）

线宽比	线宽组			
b	1.4	1.0	0.7	0.5
$0.7b$	1.0	0.7	0.5	0.35
$0.5b$	0.7	0.5	0.35	0.25
$0.25b$	0.35	0.25	0.18	0.13

注：①需要微缩的图纸，不宜采用0.18或更细的线宽；

②同一张图纸内，各不同线宽中的细线可统一采用较细的线宽组的细线。

任何工程图样都是采用不同的线型与线宽的图线绘制而成的。工程建设制图中的各类图线的线型、线宽及用途如表1.4所示。

表1.4　线型、线宽及用途

名称		线型	线宽	一般用途
实线	粗		b	主要可见轮廓线
	中粗		0.7b	可见轮廓线
	中		0.5b	可见轮廓线、尺寸线、变更云线
	细		0.25b	图例填充线、家具线
虚线	粗		b	参见相关专业制图标准
	中粗		0.7b	不可见轮廓线
	中		0.5b	不可见轮廓线、图例线
	细		0.25b	图例填充线、家具线
单点长画线	粗		b	见各相关专业制图标准
	中		0.5b	见各相关专业制图标准
	细		0.25b	中心线、对称线、轴线等
双点长画线	粗		b	见各相关专业制图标准
	中		0.5b	见各相关专业制图标准
	细		0.25b	假想轮廓线、成型前原始轮廓线
波浪线			0.25b	断开界线
折断线			0.25b	断开界线

同一张图纸内，相同比例的各图样，应选用相同的线宽组。图纸的图框和标题栏线，可采用表1.5的线宽。

表1.5　图框线、标题栏线的宽度　（单位：mm）

幅面代号	图框线	标题栏外框线	标题栏分格线
A0、A1	b	0.5b	0.25b
A2、A3、A4	b	0.7b	0.35b

1.2.2　图线画法

在图线与线宽确定后，具体画图时还应注意如下事项。

①相互平行的图例线，其净间隙或线中间隙不宜小于0.2 mm。

②虚线的线段长度和间隔，宜各自相等。

③单点长画线或双点长画线，当在较小图形中绘制有困难时，可用实线代替。

④单点长画线或双点长画线的两端不应是点。点画线与点画线交接点或点画线与其他图

线交接时,应是线段交接。

⑤虚线与虚线交接或虚线与其他图线交接时,也应是线段交接。虚线为实线的延长线时,不得与实线相接。

⑥图线不得与文字、数字或符号重叠、混淆,不可避免时,应首先保证文字的清晰。

各种图线正误画法示例,见表 1.6 所示。

表 1.6 各种图线的正误画法示例

图线	正确	错误	说明
虚线与单点长画线	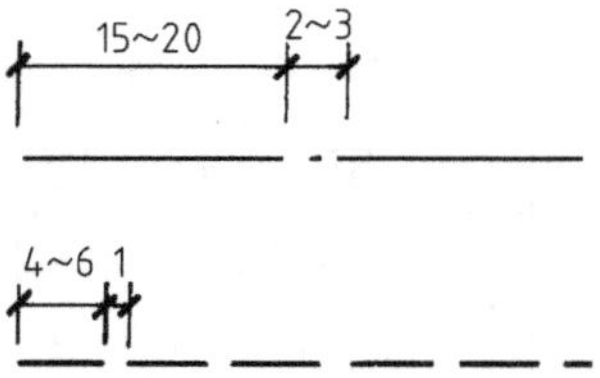 15~20 2~3 4~6 1	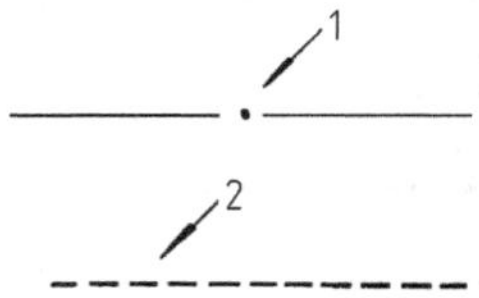 1 2	1. 单点长画线的线段长,通常画 15 ~ 20 mm,空隙与点共 2 ~ 3 mm。点常常画成很短的短画线,而不是画成小圆黑点 2. 虚线的线段长度通常画 4 ~ 6 mm,间隙约 1 mm,不要画得太短、太密
圆的中心线	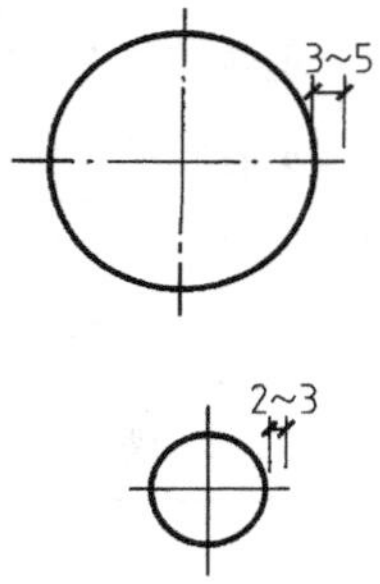 3~5 2~3	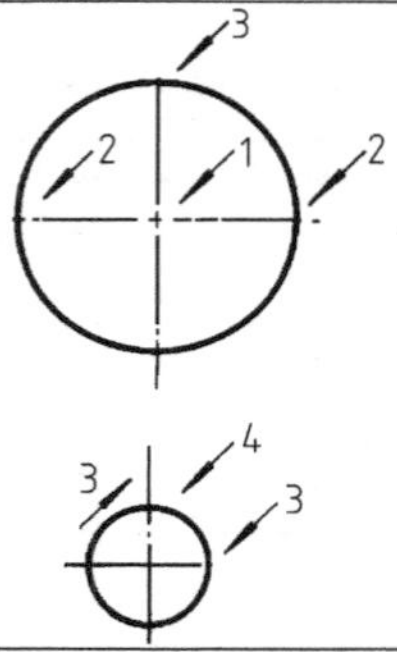 3 2 1 2 3 4 3	1. 两单点长画线相交,应在线段处相交,单点长画线与其他图线相交,也在线段处相交 2. 单点长画线的起始和终止处必须是线段,不是点 3. 单点长画线应出头 3 ~ 5 mm 4. 单点长画线很短时,可用细实线代替
图线的交接		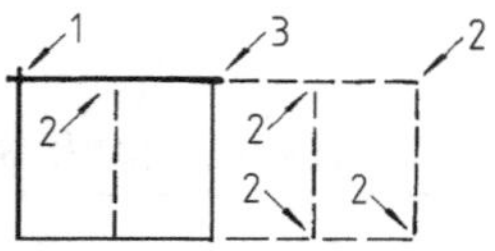 1 3 2 2 2 2 2	1. 两粗实线相交,应画到交点处,线段两端不出头 2. 两虚线相交,应在线段处相交,不要留间隙 3. 虚线是实线的延长线时,应留有间隙
折断线与波浪线	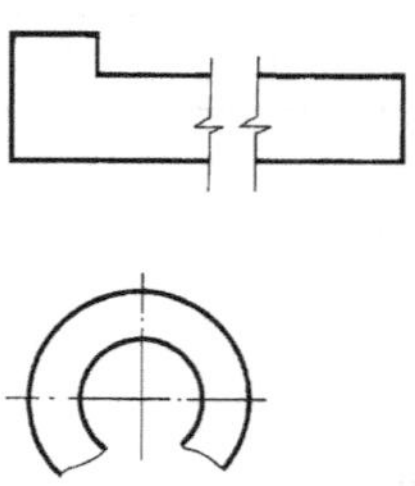	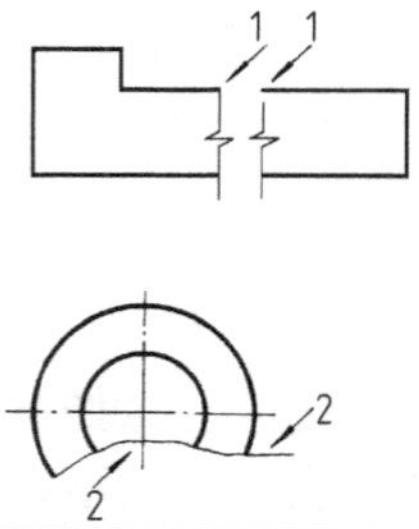 1 1 2 2	1. 折断线两端分别超出图形轮廓线 2. 波浪线画到轮廓线为止,不要超出图形轮廓线

提示：在同一张图纸内，相同比例的各个图样，应采用相同的线宽组。图线不得与文字、数字或符号重叠、混淆，不可避免时，应首先保证文字的清晰。

实习实作：在纸上画出两条相交虚线；再画出一个断开的圆环，断开处用折断线表示，并画出圆的轴线。

1.3　字体

图纸上所需书写的汉字、数字、字母、符号等必须做到：笔画清晰，字体端正，排列整齐，间隔均匀；标点符号应清楚正确。

字体的号数即为字体的高度 h，文字的高度应从表1.7中选用。字高大于10 mm的文字宜采用TRUETYPE字体，如需书写更大的字，其高度应按$\sqrt{2}$倍数递增。

表1.7　文字的高度

字体种类	中文矢量字体	TRUETYPE字体及非中文矢量字体
字高	3.5、5、7、10、14、20	3、4、6、8、10、14、20

1.3.1　汉字

图样及说明中的汉字，宜采用长仿宋体（矢量字体）或黑体，同一图纸字体种类不应超过两种。长仿宋体的宽度与高度的关系应符合表1.8的规定，黑体字的宽度与高度应相同。大标题、图册封面、地形图等的汉字，也可书写成其他字体，但应易于辨认。

表1.8　长仿宋高宽关系　（单位：mm）

字高	20	14	10	7	5	3.5
字宽	14	10	7	5	3.5	2.5

图样中的汉字采用国家公布的简化汉字。在图纸上书写汉字时，应画好字格，然后从左向右、从上向下横行水平书写。长仿宋字的书写要领是：横平竖直、注意起落、填满方格、结构匀称。

长仿宋字的基本笔画与字体结构见表1.9和表1.10所示。

表 1.9　长仿宋字的基本笔画

笔画	点	横	竖	撇	捺	挑	折	钩
形状								
运笔								

表 1.10　长仿宋字的字体结构

字体	梁	板	门	窗
结构				
说明	上下等分	左小右大	缩格书写	上小下大

ABCDEFGHIJKLMNO

PQRSTUVWXYZ

abcdefghijklmnopq

rstuvwxyz

0123456789IVXφ

ABCabcd1234IV

h　$\frac{7}{10}h$　75°

图 1.5　书写示例

1.3.2　字母和数字

拉丁字母、阿拉伯数字、罗马数字分为直体字与斜体字两种。斜体字的斜度为 75°，小写字母应为大写字母高 h 的 7/10。具体书写规则可查阅 GB/T 14691—1993。图 1.5 为书写示例。

提示：数量的数值注写，应采用正体阿拉伯数字。各种计量单位凡前面有量值的，均采用国家颁布的单位符号注写，单位符号应采用正体字母。分数、百分数和比例数的注写，应采用阿拉伯数字的数学符号。例如，五分之三、百分之二十和一比二十五应分别写成 3/5、20%、1:25。当注写的数字小于 1 时，必须写出个位的“0”，小数点应采用圆点，平齐基准线书写，如 0.60。

实习实作：按仿宋体要求书写下列文字：“重庆工程职业技术学院建工学院建筑工程图识读与绘制”，并练习数字 0 ~ 9 的工程字写法。

1.4　比例

建筑工程制图中,建筑物往往用缩得很小的比例绘制在图纸上,而对某些细部构造又要用较大的比例,比例宜注写在图名的右侧,字的底线应取平齐,比例的字高应比图名字高小一号或二号,如图1.6所示。

平面图 1:100　　1-1剖面图 1:20　　(2/5) 1:5

图1.6　比例的注写

建筑工程图中所用的比例,应根据图样的用途与被绘对象的复杂程度从表1.11中选用,并应优先选用表中的常用比例。

表1.11　绘图所用的比例

常用比例	1:1,1:2,1:5,1:10,1:20,1:30,1:50,1:100,1:150,1:200,1:500,1:1 000,1:2 000
可用比例	1:3,1:4,1:6,1:15,1:25,1:40,1:60,1:80,1:250,1:300,1:400,1:600,1:5 000,1:10 000,1:20 000,1:50 000,1:100 000,1:200 000

提示:一般情况下,一个图样应选用一种比例。各专业制图根据需要,同一图样也可选择两种比例。特殊情况下也可自选比例,这时除应注出绘图比例外,还可在适当位置绘制出相应的比例尺。

1.5　尺寸标注

1.5.1　尺寸的组成及其标注的基本规定

如图1.7(a)所示,图样上的尺寸包括尺寸线、尺寸界线、尺寸起止符号和尺寸数字等四要素。

尺寸线、尺寸界线用细实线绘制,如图1.7(b)所示。尺寸界线一般应与被注长度垂直,一端离开图样轮廓线不小于2 mm,另一端超出尺寸线2~3 mm。必要时,图样轮廓线可用作尺寸界线。尺寸线应与被注线段平行,不得超出尺寸界线,也不能用其他图线代替或与其他图线重合。

尺寸起止符号一般用中实线的斜短线绘制,其倾斜的方向应与尺寸界线成顺时针45°角,长度为2~3 mm。

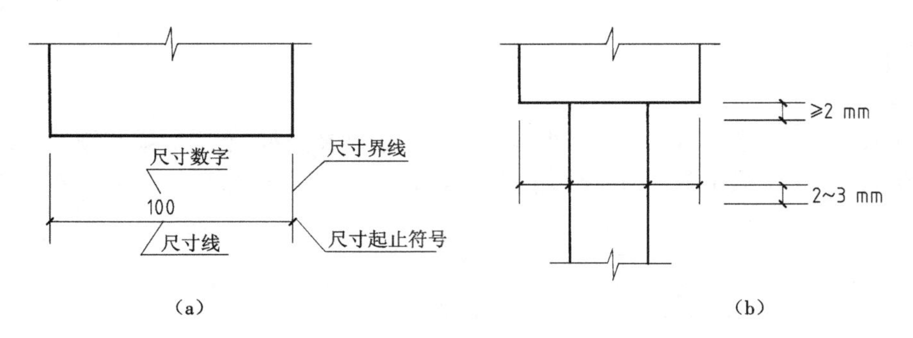

图 1.7　尺寸的组成

(a)尺寸四要素　(b)尺寸线、尺寸界线与尺寸起止符号

提示:图样自身的任何图线均不得用作尺寸线。

图样上所注写的尺寸数字是物体的实际尺寸。除标高及总平面图以米(m)为单位外,其他均以毫米(mm)为单位。尺寸数字的读图方向,应按图 1.8(a)中的规定注写;若尺寸数字在30°斜线区内,宜按图 1.8(b)中的形式注写。

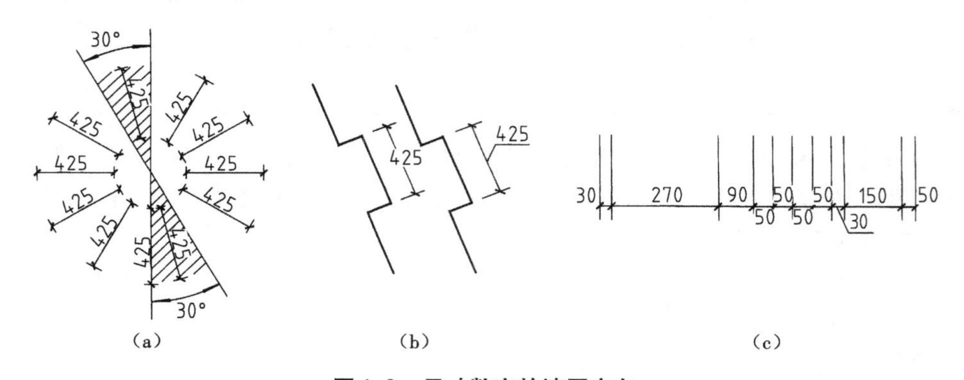

图 1.8　尺寸数字的读图方向

(a)30°斜线区注写　(b)水平注写　(c)错开注写和引出注写

尺寸数字应依其读数方向写在尺寸线的上方中部,如没有足够的注写位置,最外面的数字可注写在尺寸界线的外侧,中间相邻的尺寸数字可错开注写,也可引出注写,如图 1.8(c)所示。为保证图上的尺寸数字清晰,任何图线不得穿过尺寸数字,不可避免时,应将图线断开,如图 1.8(a)所示。

1.5.2　尺寸的排列和布置

尺寸的布置如图 1.9 所示,尺寸的排列与布置应注意以下几点。

①尺寸宜注写在图样轮廓线以外,不宜与图线、文字及符号相交。必要时,也可标注在图样轮廓线以内。

②互相平行的尺寸线，应从被注的图样轮廓线由里向外整齐排列，小尺寸在里面，大尺寸在外面。小尺寸与图样轮廓线距离不小于 10 mm，平行排列的尺寸线的间距宜为 7 ~ 10 mm。

③总尺寸的尺寸界线，应靠近所指部位，中间分尺寸的尺寸界线可稍短，但其长度应相等。

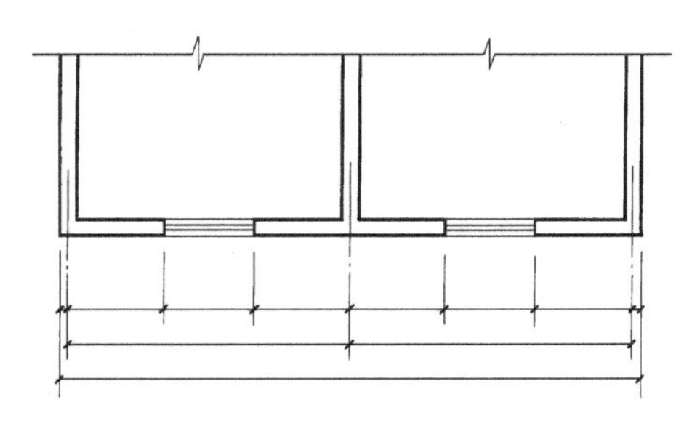

图 1.9　尺寸的布置

1.5.3　尺寸标注的其他规定

尺寸标注的其他规定，可参阅表 1.12 所示的例图。

表 1.12　尺寸标注示例

注写内容	注法示例	说明
半径	R1200　R1200　R16　R16　R20　R12　R8	半圆或小于半圆的圆弧，应标注半径。如左下方的例图所示，标注半径的尺寸线，一端应从圆心开始，另一端画箭头指向圆弧，半径数字前应加注符号“*R*” 较大圆弧的半径，可按上方两个例图的形式标注；较小圆弧的半径，可按右下方 4 个例图的形式标注
直径	ø600　ø36　ø22　ø12　ø600　ø16　ø16　ø4	圆及大于半圆的圆弧，应标注直径，如左侧两个例图所示，并在直径数字前加注符号“ϕ”。在圆内标注的直径尺寸线应通过圆心，两端画箭头指至圆弧 较小圆的直径尺寸，可标注在圆外，如右侧 6 个例图所示
薄板厚度	t10　160　220　70　60　180　120　300	在厚度数字前加注符号“*t*”

续表

注写内容	注法示例	说明
正方形	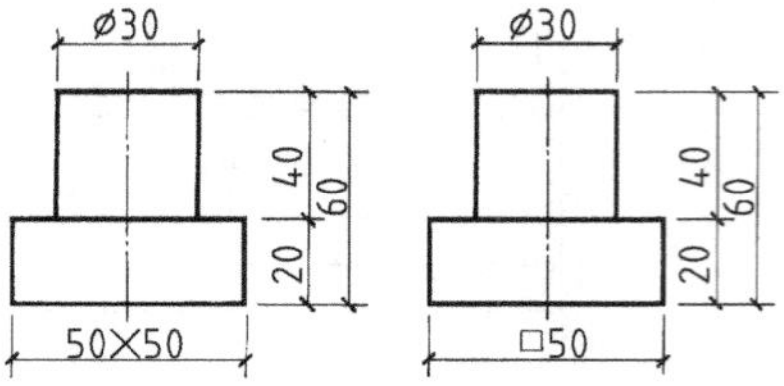	在正方形的侧面标注该正方形的尺寸，可用“边长×边长”标注，也可在边长数字前加正方形符号“□”
坡度	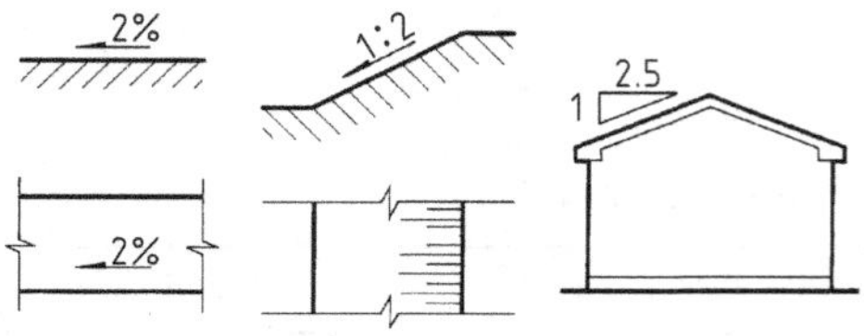	标注坡度时，在坡度数字下，应加注坡度符号，坡度符号为单面箭头，一般指向下坡方向 坡度也可用直角三角形形式标注，如右侧的例图所示。图中在坡面高的一侧水平边上所画的垂直于水平边的长短相间的等距细实线，称为示坡线，也可用它来表示坡面
角度、弧长与弦长	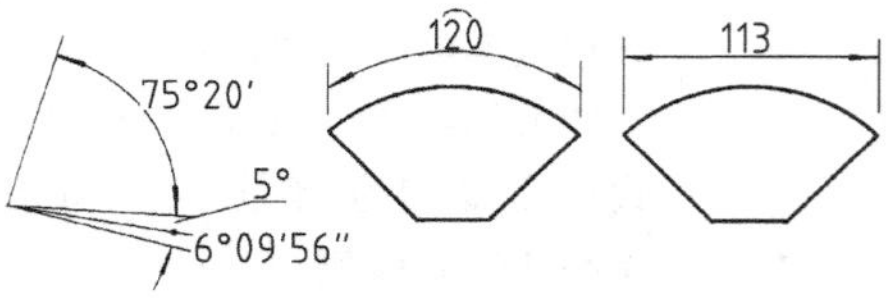	如左方的例图所示，角度的尺寸线是圆弧，圆心是角顶，角边是尺寸界线。尺寸起止符号用箭头，如没有足够的位置画箭头，可用圆点代替。角度的数字应水平方向注写 如中间例图所示，标注弧长时，尺寸线为同心圆弧，尺寸界线垂直于该圆弧的弦，起止符号用箭头，弧长数字上方加圆弧符号 如右方的例图所示，圆弧弦长的尺寸线应平行于弦，尺寸界线垂直于弦
连续排列的等长尺寸	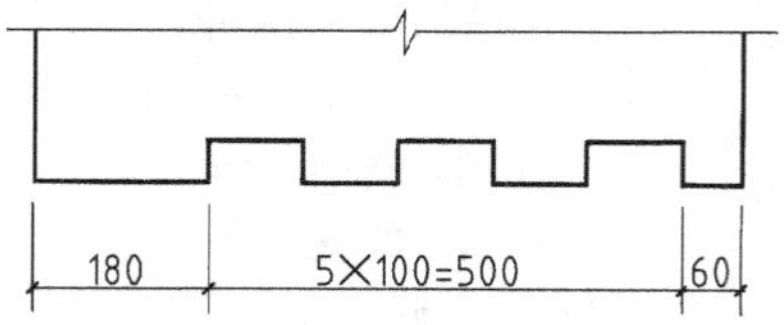	可以用“个数×等长尺寸=总长”的形式标注
相同要素	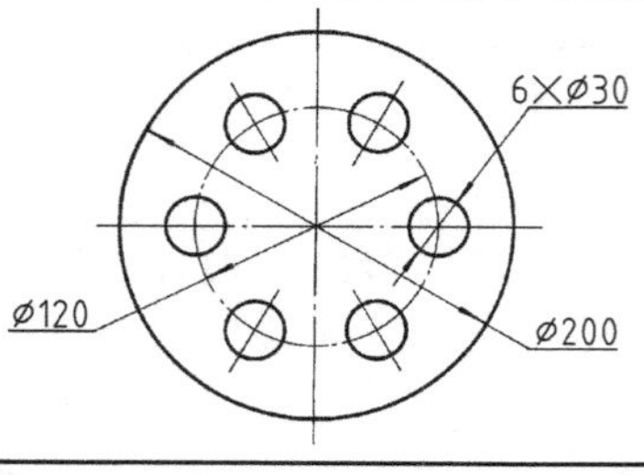	配件内的构造要素（如孔、槽等）相同时，可仅标注其中一个要素的尺寸及个数

实习实作：用2∶1的比例标注下图尺寸，尺寸直接从图中量取。

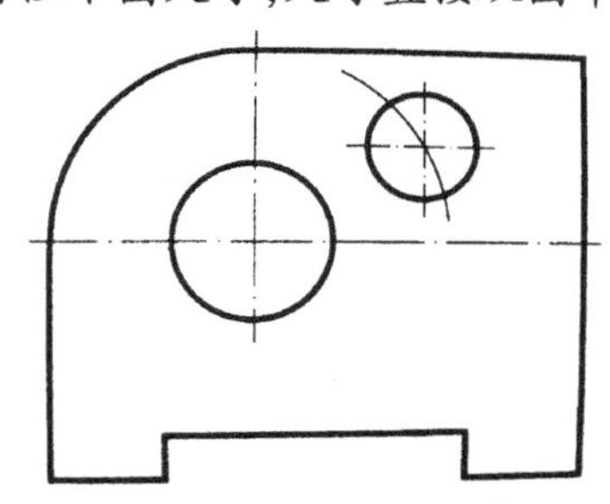

【任务1小结】

任务1部分介绍了国家制图标准，包括图幅、标题栏、会签栏、图线及画法、比例、尺寸标注、字体等。这些内容是建筑工程图识读与绘制的基础，也是必须要掌握的技能。读者在学习过程中要经常查阅国家制图标准，读图时以国家制图标准为依据，绘图时严格执行国家标准的有关规定。

习　　题

一、选择题

1. 在绘制图样时，应采用建筑制图国家标准规定的（　　）种图线。

A. 10　　B. 12　　C. 14　　D. 16

2. 在图样上标注的尺寸，一般应由（　　）组成。

A. 尺寸数字、尺寸线及其终端、尺寸箭头　　B. 尺寸界线、尺寸线及其终端、尺寸数字

C. 尺寸界线、尺寸箭头、尺寸数字　　D. 尺寸线、尺寸界线、尺寸数字

3. 2∶1是（　　）的比例。

A. 放大　　B. 缩小　　C. 优先选用　　D. 尽量不用

4. 建筑制图国家标准规定，字体的号数即字体的高度，分为（　　）种。

A. 5　　B. 6　　C. 7　　D. 8

5. 建筑制图国家标准规定，图纸幅面尺寸应优先选用（　　）种基本幅面尺寸。

A. 3　　B. 4　　C. 5　　D. 6

6. 建筑制图国家标准规定，字母写成斜体时，字头向右倾斜，与水平基准成（　　）。

A. 60°　　B. 75°　　C. 120°　　D. 125°

7. 建筑制图国家标准规定，字体的号数即字体的高度，单位为（　　）。

A. 分米　　B. 厘米　　C. 毫米　　D. 微米

8. 标注圆的直径尺寸时，(　　)一般应通过圆心，尺寸箭头指到圆弧上。

A. 尺寸线　　B. 尺寸界线　　C. 尺寸数字　　D. 尺寸箭头

9. 标注(　　)尺寸时，应在尺寸数字前加注符号“Sϕ”。

A. 圆的直径　　B. 圆球的直径　　C. 圆的半径　　D. 圆球的半径

10. 建筑制图国家标准规定，字母和数字分为 A 型和 B 型两种。其中 B 型字体的笔画宽度应为字高的(　　)。

A. 1/10　　B. 1/12　　C. 1/15　　D. 1/14

二、判断题

1. 图样自身的任何图线均不得用作尺寸线，但可用作尺寸界线。　　(　　)

2. 常用单点长画线或双点长画线表示对称线，当在较小图形中绘制有困难时，可用虚线代替。单点长画线或双点长画线的两端部，应是线段而不是点。　　(　　)

三、简答题

1. 图纸幅面有哪几种格式？它们之间有什么联系？

2. 尺寸标注的四要素是什么？尺寸标注的基本要求有哪些？

综合实训

(1)工程字体练习。按照相关标准要求，在与本书配套的《建筑工程制图习题集》和任意纸张上进行一段时间的强化练习。

(2)图纸、比例、图线、尺寸标注练习。在与本书配套的《建筑工程制图习题集》和 A3 图纸上练习相关内容。

任务2　仪器绘图

2.1　制图工具及仪器应用

2.1.1　传统制图工具

下面将简单介绍一些常用绘图工具和仪器的使用方法。

1. 图板、丁字尺、三角板

如图2.1(a)所示,图板用于固定图纸,作为绘图的垫板,要求板面平整,板边平直。

丁字尺由尺头和尺身两部分组成,主要用于画水平线。使用时,要使尺头紧靠图板左边缘,上下移动到需要画线的位置,自左向右画水平线。应该注意,尺头不可以紧靠图板的其他边缘画线。

三角板可配合丁字尺自下而上画一系列铅垂线,如图2.1(b)所示。用丁字尺和三角板还可画与水平线成30°、45°、60°、75°及15°的斜线。这些斜线都是按自左向右的方向画出,如图2.1(c)和(d)所示。

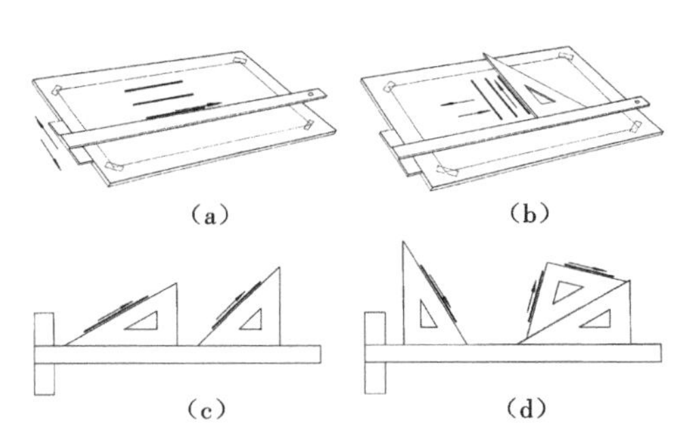

图2.1　图板、丁字尺、三角板的用法

(a)作水平线　(b)作铅垂线

(c)作30°、45°斜线　(d)作60°、75°、15°斜线

提示:图板不宜暴晒、受潮、敲打、切纸、按图钉等。丁字尺应悬挂放置。

实习实作:把图纸固定在图板上,在图纸上练习丁字尺、三角板的用法。

2. 比例尺

常见的比例尺如图2.2所示。比例尺的使用方法如下:首先,在尺上找到所需的比例,然后,看清尺上每单位长度所表示的相应长度,就可以根据所需要的长度,在比例尺上找出相应

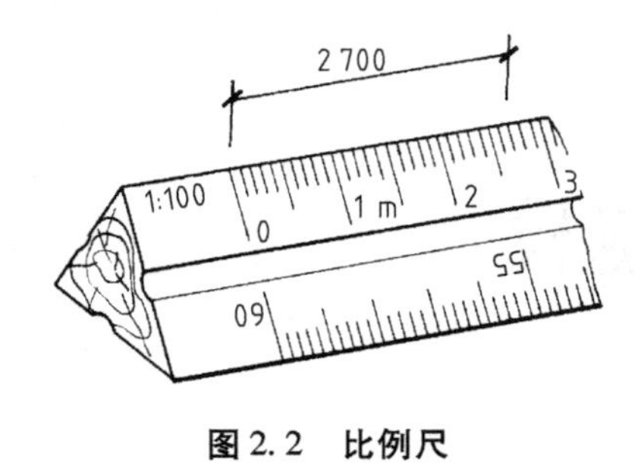

图 2.2　比例尺

的长度作图。例如，要以 1∶100 的比例画 2 700 mm 的线段，只要从比例尺 1∶100 的刻度上找到单位长度 1 m（实际长度仅是 10 mm），并量取从 0 到 2.7 m 刻度点的长度，就可量取这段长度绘图了。

提示：比例尺不能当直尺或三角板用来画线。

3. 圆规和分规

圆规是画圆和圆弧的主要工具。常见的圆规是三用圆规，定圆心的一条腿为钢针，两端都为圆锥形，应选用有台肩的一端放在圆心处，并按需要适当调节长度；另一条腿的端部则可按需要装上有铅芯的插腿、有墨线笔头的插腿或有钢针的插腿，分别用来绘制铅笔线的圆、墨线圆或当作分规用。在画圆或圆弧前，应将定圆心的钢针台肩调整到与铅芯的端部平齐，铅芯应伸出芯套 6～8 mm，如图 2.3(a)所示。在一般情况下画圆或圆弧时，应使圆规按顺时针方向转动，并稍向画线方向倾斜，如图 2.3(b)所示。在画较大的圆或圆弧时，应使圆规的两条腿都垂直于纸面，如图 2.3(c)所示。

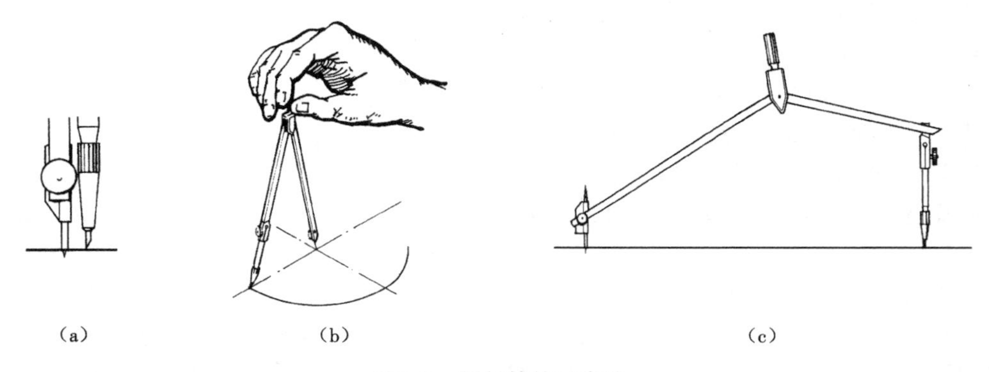

图 2.3　圆规的使用方法

(a)钢针台肩与铅芯或墨线笔头端部平齐　(b)一般情况下画圆的方法　(c)画较大的圆或圆弧的方法

分规的形状与圆规相似，但两腿都装有钢针，用它可量取线段长度，也可以等分直线段或圆弧。图 2.4 所示的是用试分法三等分已知线段 *AB* 的示例，具体作法如下。

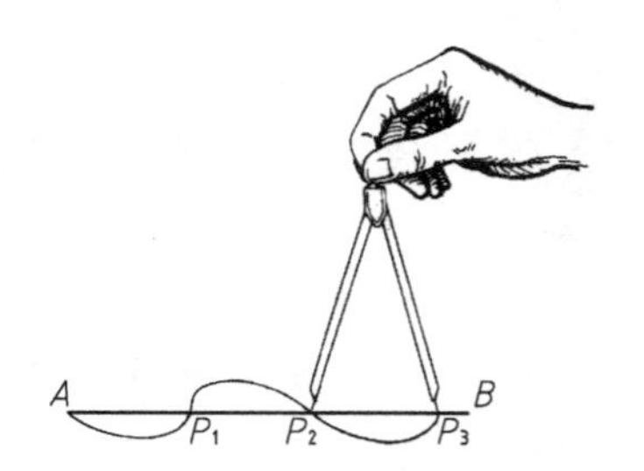

图 2.4　用分规等分直线段

先按目测估计，使两针尖的距离调整到大约是 *AB* 长度的 1/3，在线段上试分，若图中的第 3 个等分点 P_3 正好落在 *B* 点上，说明试分准确；若 P_3 落在 *AB* 之内，则应将分规针尖间的距离目测放大 P_3B 的 1/3，再重新试分，这样继续进行，直到准确等分为止。如试分后，P_3 在 *AB* 线段之外，则应将分规针尖间的距离目测缩小 P_3B 的 1/3，再重新试分。上述试分直线段的方法，也可用于等分圆周或圆弧。

4. 墨线笔和绘图墨水笔

墨线笔也称直线笔，是上墨、描图的工具。使用前，旋转调整螺钉，使两叶片间距约为线型的宽度，用蘸水钢笔将墨水注入两叶片间，笔内墨水的高度以5 mm左右为宜。正式描图前，应进行反复调整线型宽度、擦拭叶片外面沾有的墨水等工作。正确的笔位如图2.5(a)所示，墨线笔与尺边垂直，两叶片同时垂直纸面，且向前进方向稍倾斜。图2.5(b)是不正确的笔位，笔杆向外倾斜，笔内墨水将沿尺边渗入尺底而弄脏图纸；而当笔杆向内倾斜时，所绘图线外侧会不光洁。

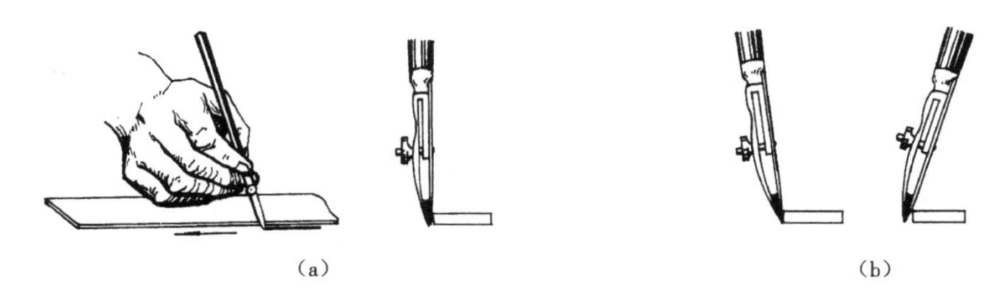

(a)　　　　(b)

图2.5　墨线笔的用法

(a)正确的笔位　(b)不正确的笔位

图2.6所示的是绘图墨水笔，也称自来水直线笔，是目前广泛使用的一种描图工具。它的笔头是一个针管，针管直径有粗细不同的规格，可画出不同线宽的墨线，使用简单，画图方便，能有效提高画图速度。使用绘图墨水笔时应该注意，绘图墨水笔必须使用碳素墨水或专用绘图墨水，以保证使用时墨水流畅，用后要用清水及时把针管冲洗干净，以防堵塞。

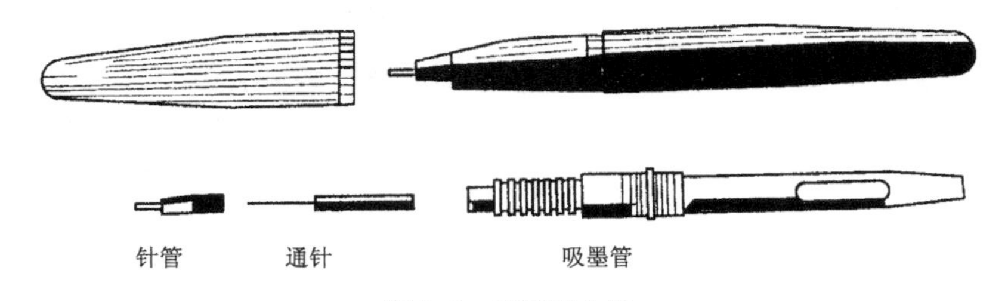

图2.6　绘图墨水笔

5. 铅笔

绘图铅笔按铅芯的软、硬程度可分为B型和H型两类。“B”表示软铅芯，“H”表示硬铅芯，HB介于两者之间，画图时，可根据使用要求选用不同的铅笔型号。建议B或2B用于画粗线；H或2H用于画细线或底稿线；HB用于画中粗线或书写字体。

铅芯磨削的长度及形状，建议用如图2.7所示的规格。写字或打底稿用锥状铅芯，见图2.7(a)；加深图线时宜用楔状铅芯，见图2.7(b)。

6. 曲线板

曲线板是用于画非圆曲线的工具，用曲线板画曲线的方法如图2.8所示。

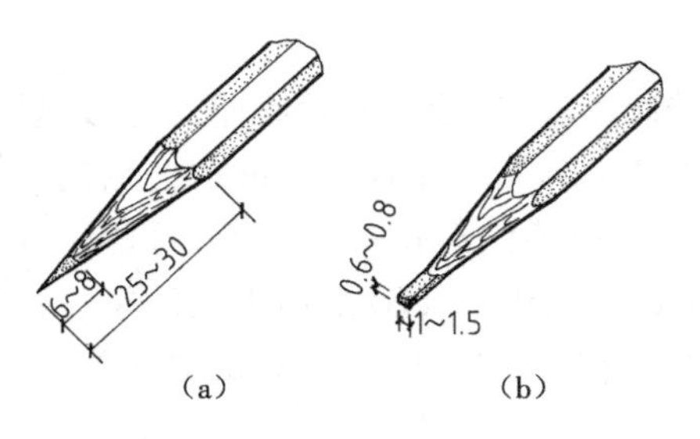

图 2.7　铅芯的长度及形状

(a)锥状铅芯　(b)楔状铅芯

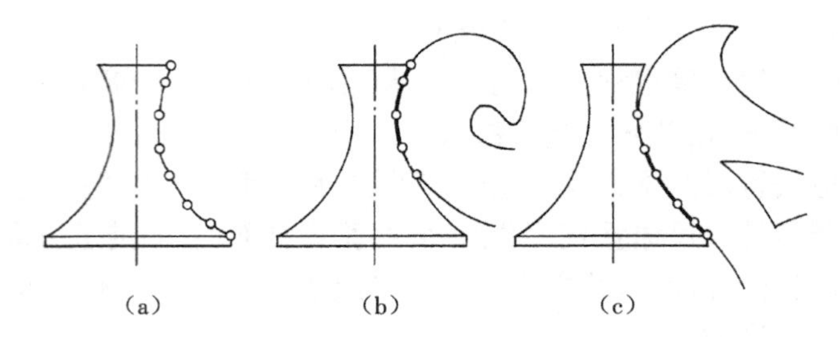

图 2.8　用曲线板画曲线

(a)铅笔徒手勾画曲线　(b)曲线板分段画线

(c)分段画线重合,连成整体

如图 2.8(a)所示,先将曲线上的点用铅笔轻轻连成曲线。如图 2.8(b)所示,在曲线板上选取相吻合的曲线段,从曲线起点开始,至少要通过曲线上的 3 ~4 个点,并沿曲线板描绘这一段吻合的曲线,但不能把吻合的曲线段全部描完,而应留下最后一小段。用同样的方法选取第二段曲线,两段曲线相接处,应有一段曲线重合。如此分段描绘,直到描完最后一段,如图 2.8(c)所示。

7. 绘图机

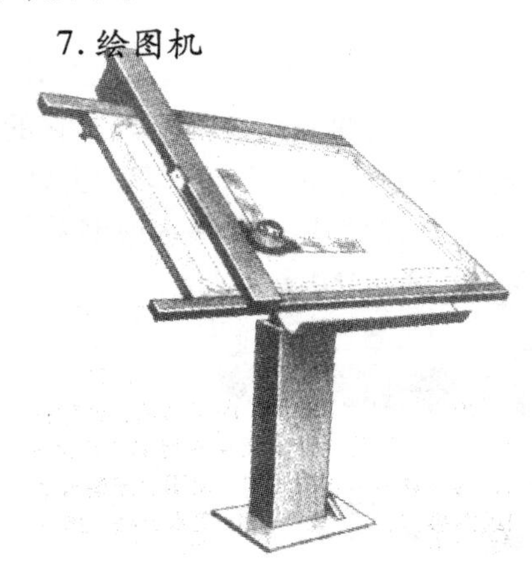

图 2.9　绘图机

图 2.9 所示是一种常见的绘图机,它装有一对保持相互垂直的直尺,尺上除了具有能平移和转动的装置外,尺面上还刻有多种比例。此外,台面也能根据需要调整倾斜度,从而改善工作条件和提高绘图速度。

2.1.2　计算机绘图工具

AutoCAD 软件是由美国 Autodesk 公司于 20 世纪 80 年代初为在微机上应用 CAD 技术而开发的绘图程序软件包,经过不断完善,现已成为国际上广为流行的绘图工具。

AutoCAD 可以绘制任意的二维和三维图形,同传统的手工绘图相比绘图速度更快、精度更高而且便于修改,AutoCAD 已在工程领域得到广泛应用,其内容将在后面的章节中详细介绍。

2.2　几何作图

用传统制图工具绘制平面图形时,常常用到平面几何中的几何作图方法,下面仅对一些常用的几何作图作简要的介绍。

2.2.1　平行线及垂直线

两块三角板配合使用可画出已知线段的平行线和垂直线,如图 2.10 和图 2.11 所示。

1. 过已知点作已知线段的平行线

过已知点作已知线段的平行线的作图方法如下：

①已知线段 BC 和线段 BC 外一点 A，如图 2.10(a)所示；

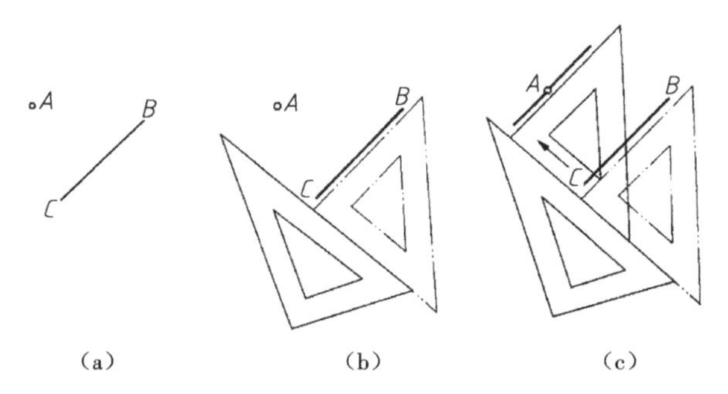

图 2.10　过已知点作已知线段的平行线

(a)已知条件　(b)作图过程　(c)作出所求平行线

②用第一块三角板的一边与线段 BC 重合，第二块三角板与第一块三角板的另一边重合，如图 2.10(b)所示；

③推动第一块三角板经过 A 点画一条线段即为所求的 BC 的平行线，如图 2.10(c)所示。

2. 过已知点作已知线段的垂直线

过已知点作已知线段的垂直线的作图方法如下：

①已知线段 BC 和 BC 外一点 A，如图 2.11(a)所示；

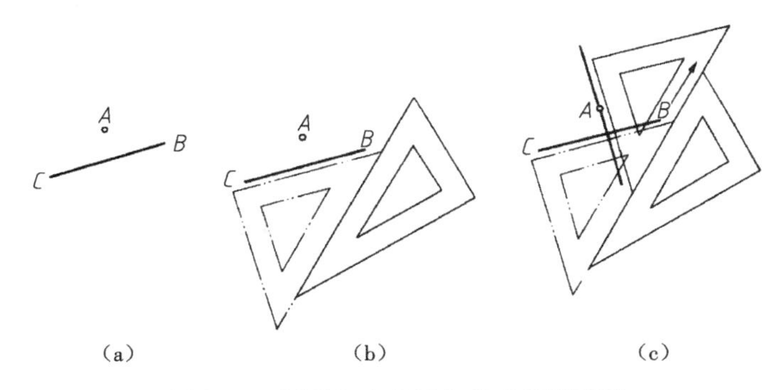

图 2.11　过已知点作已知线段的垂直线

(a)已知条件　(b)作图过程　(c)作出所求垂直线

②使 45°三角板的一条直角边与线段 BC 重合，它的斜边紧靠另一块三角板，如图 2.11(b)所示；

③推动 45°三角板，当它的另一条直角边经过 A 点时画一条线段即为所求的 BC 的垂直线，如图 2.11(c)所示。

实习实作：在课堂上绘制下图。

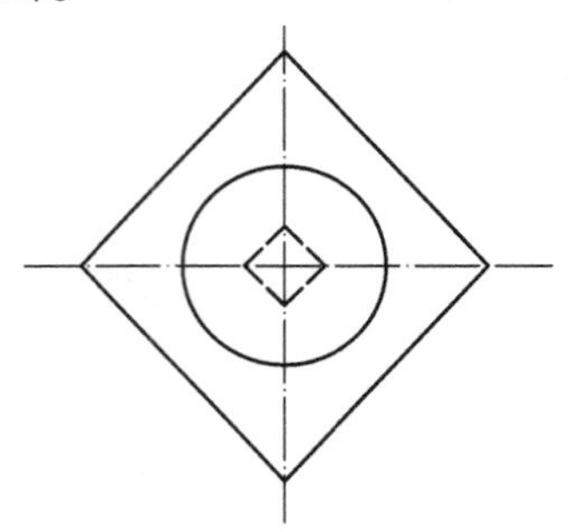

2.2.2 等分线

1. 等分已知线段

除了用试分法等分已知线段外，还可以采用辅助线法。三等分已知线段的作图方法如下：

①已知线段 AB，如图 2.12(a) 所示；

②过点 A 作一条射线 AC，在射线 AC 上取点 D、E、F，使 $AD=DE=EF$，如图 2.12(b) 所示；

③连接 BF，分别过 D、E 点作 BF 的平行线交 AB 于 M 点与 N 点，如图 2.12(c) 所示，点 M、N 就是线段 AB 的三等分点。

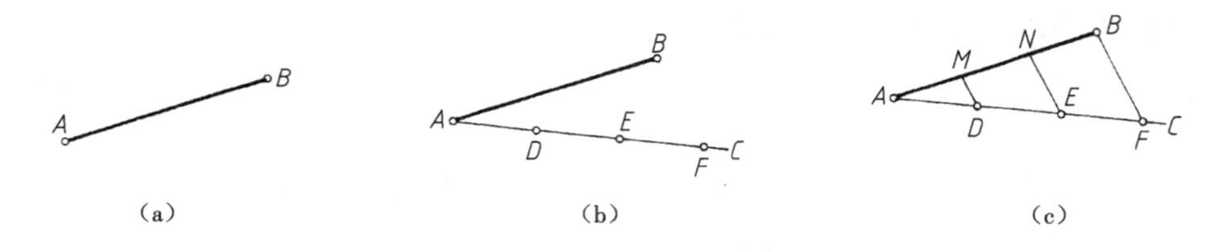

图 2.12 等分线段

(a) 已知条件 (b) 取点 (c) 得等分点

2. 等分两平行线间的距离

三等分两平行线之间的距离的作图方法如下：

①已知线段 AB 和 CD，将直尺刻度线上的 0 点落在 CD 线上，转动直尺，将直尺刻度线上的 3 点落在 AB 线上，分别在直尺的刻度 1、2 点取为 M、N 点，如图 2.13(a) 所示；

②分别过 M、N 点作已知线段 AB、CD 的平行线，如图 2.13(b) 所示；

③清理图面，加深图线，即得所求的三等分 AB 与 CD 之间距离的平行线，如图 2.13(c) 所示。

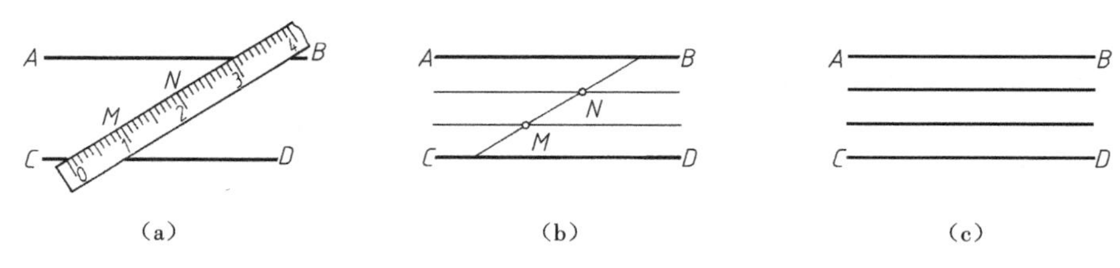

图 2.13　等分两平行线间的距离

(a)取点　(b)作平行线　(c)得等分直线

实习实作:将 AB 线段等分为 4 份,并将 AB 与 CD 间的距离分三等分。

A ———— B

C ———— D

2.2.3　正多边形

正多边形可用分规试分法等分外接圆的圆周后作出,也可用三角板配合丁字尺按几何作图等分外接圆的圆周后作出。

1. 正四边形的作法

已知外接圆作正四边形的作图方法如下:

①以 45°三角板的一条直角边紧靠丁字尺,过圆心 O 作 45°直线,交圆周于 A、B 点,如图 2.14(a)所示;

②过点 A、B 分别作水平中心线的平行线和垂直线,分别与图交于 A' 与 B' 点,如图 2.14(b)所示;

③清理图面,加深图线,即为所求作的正四边形,如图 2.14(c)所示。

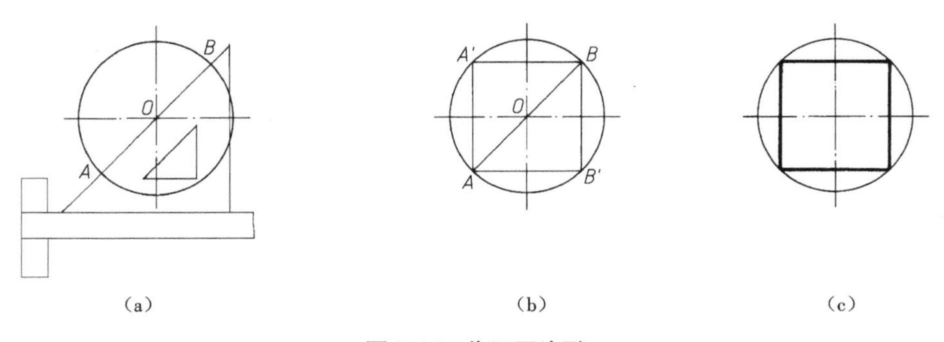

图 2.14　作正四边形

(a)作斜线　(b)作平行线和垂线　(c)所求正四边形

2. 正六边形的作法

已知外接圆作正六边形的作图方法如下：

①以 60°三角板的一条直角边紧靠丁字尺，分别过水平中心线与圆周的两个交点作 60°斜线，如图 2.15(a)所示；

②翻转三角板，作出另两条 60°斜线，如图 2.15(b)所示；

③过 60°斜线与圆周的交点，分别作上下两条与水平中心线平行的直线。清理图面，加深图线，即为所求的正六边形，如图 2.15(c)所示。

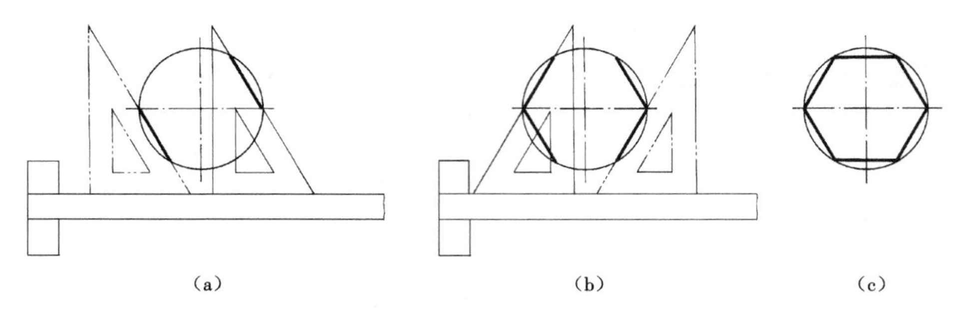

(a)　　(b)　　(c)

图 2.15　作正六边形

(a)作斜线　(b)作另两条斜线　(c)所求正六边形

3. 正五边形的作法

已知外接圆作正五边形的作图方法如下：

①用圆规分别以 O、B 为圆心，求出半径 OB 的中点 C，如图 2.16(a)所示；

②以 C 为圆心、CD 为半径作弧交 OA 于 E 点，以 DE 长在圆周上截得各等分点，连接各等分点，如图 2.16(b)所示；

③清理图面，加深图线，即为所求的正五边形，如图 2.16(c)所示。

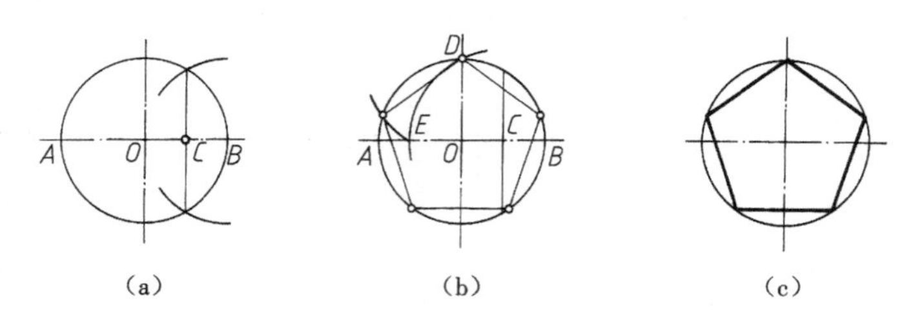

(a)　　(b)　　(c)

图 2.16　作正五边形

(a)取点　(b)作弧　(c)所求正五边形

4. 任意边数的正多边形的作法

已知外接圆作正七边形的作图过程，是一种近似作图法。作图方法如下：

①将直线 AN 七等分，得 P_1，P_2，P_3，P_4，P_5，P_6 六个等分点，如图 2.17(a)所示；

②以 N 点为圆心，AN 长为半径作弧，交水平中心线于 M_1，M_2 点，将 M_1、M_2 分别与等分点

P_2，P_4，P_6 相连，延长后与圆周相交，取得与点 A 相应的其他的六个等分点 B、C、D、E、F、G，如图 2.17(b)所示；

③清理图面，加深图线，即为所求的正七边形，如图 2.17(c)所示。

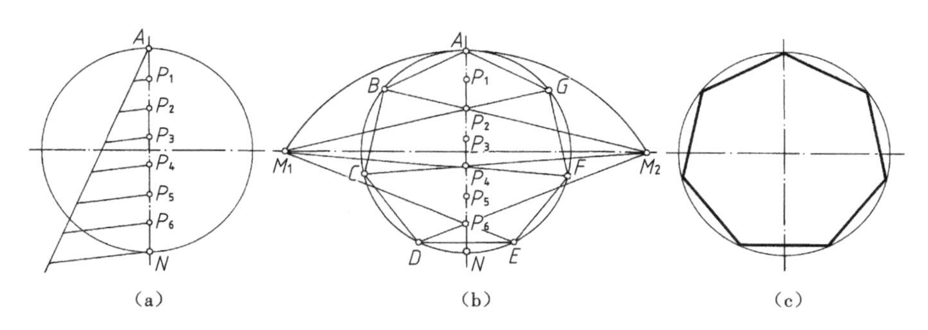

图 2.17　作正七边形

(a)取点　(b)作弧，连线　(c)所求正七边形

实习实作：已知外接圆半径为 35 mm，求作圆内接正七边形。

2.2.4　圆弧连接

使直线与圆弧相切或圆弧与圆弧相切来连接已知图线，称为圆弧连接，用来连接已知直线或已知圆弧的圆弧称为连接弧，切点称为连接点。为了使线段能准确连接，作图时，必须先求出连接弧的圆心和切点的位置。表 2.1 中列举了几种直线与圆弧、圆弧与圆弧连接的画法及其作图过程。

表 2.1　圆弧连接示例

示例	已知条件与作图要求	作图过程	作图结果
过已知点作已知圆的切线	过点 A 作已知圆 O 的切线	1. 连接 OA，取 OA 中点 C 2. 以 C 为圆心，CO 为半径画弧，交圆周于点 B 3. 连接 AB，即为所求切线	本例有两条切线，另一条切线与 AB 关于 OA 对称，作图过程与求作 AB 相同，未画出。清理图面，加深图线后的作图结果如上图所示

续表

示例	已知条件与作图要求	作图过程	作图结果
作圆弧连接两斜交直线	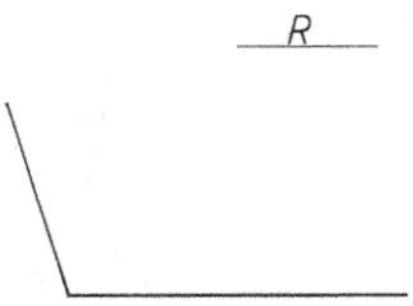 作半径为 R 的圆弧连接两已知的斜交直线	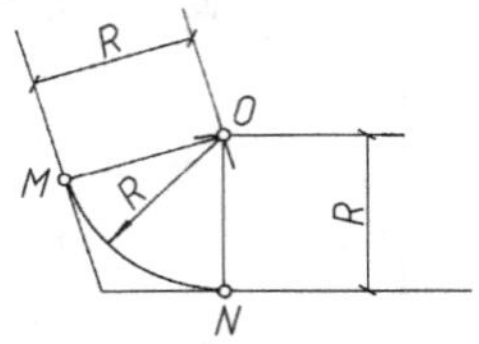 1. 分别作距两已知直线距离为 R 的两条平行线,交点 O 为连接弧的圆心 2. 过圆心 O 作两已知直线的垂线,垂足 M、N 即为切点 3. 以 O 为圆心,R 为半径,自切点 N 向 M 画弧,即为所求	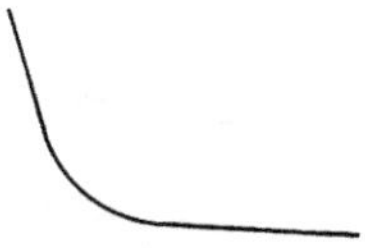 清理图面,加深图线后的作图结果如上图所示
作圆弧连接两正交直线	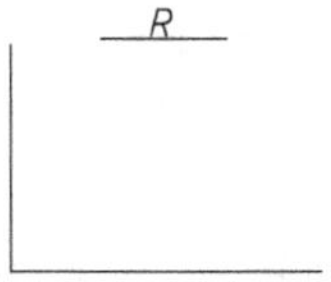 作半径为 R 的圆弧连接两垂直相交的已知直线	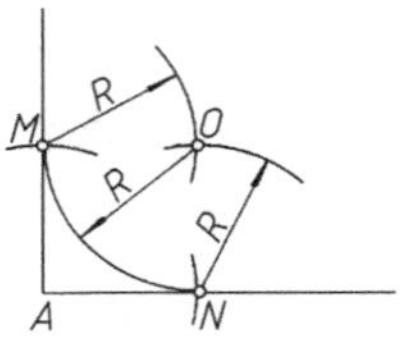 1. 以两已知直线的交点 A 为圆心,R 为半径画圆,交已知直线于 M、N,即为切点 2. 分别以 M、N 为圆心,R 为半径画圆,交点 O 为连接弧的圆心 3. 以 O 为圆心,R 为半径,自切点 N 向 M 画弧,即为所求	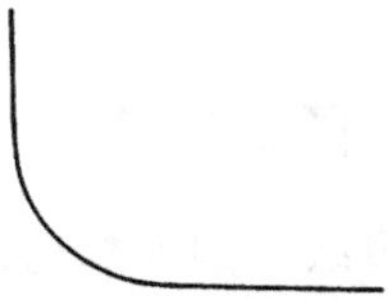 清理图面,加深图线后的作图结果如上图所示
作圆弧与两已知圆弧外切	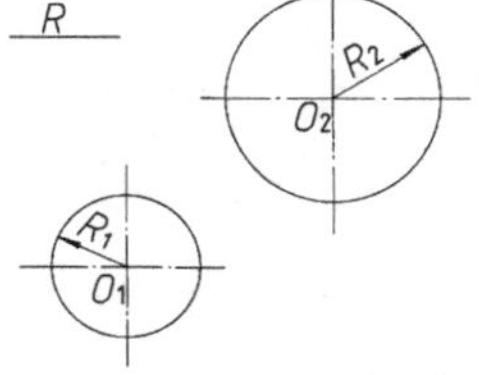 作半径为 R 的圆弧连接两已知圆弧,并与它们同时外切	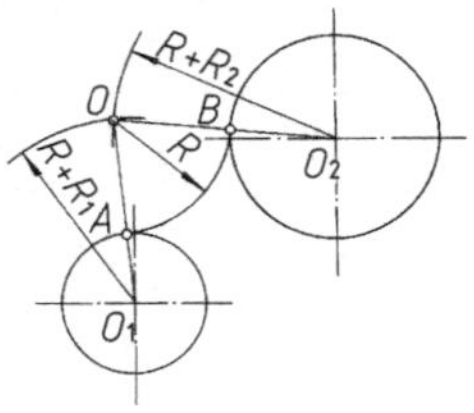 1. 分别以 O_1、O_2 为圆心,R_1+R、R_2+R 为半径画弧,交得连接弧的圆心 O 2. 连接 OO_1、OO_2,分别与两圆周交于 A、B 两点,即为切点 3. 以 O 为圆心,R 为半径,自切点 B 向 A 画弧,即为所求	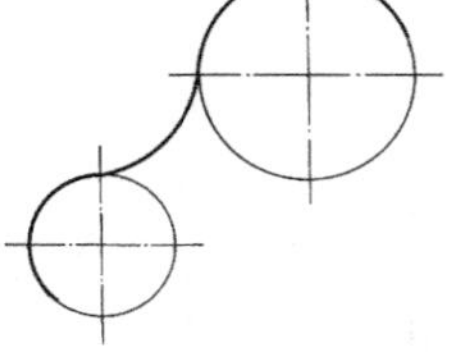 本例可以作出两条圆弧,另一条圆弧与圆弧 AB 关于 O_1O_2 对称,作图过程与求作圆弧 AB 相同,未画出。清理图面,加深图线后的作图结果如上图所示

续表

示例	已知条件与作图要求	作图过程	作图结果
作圆弧与两已知圆弧内切	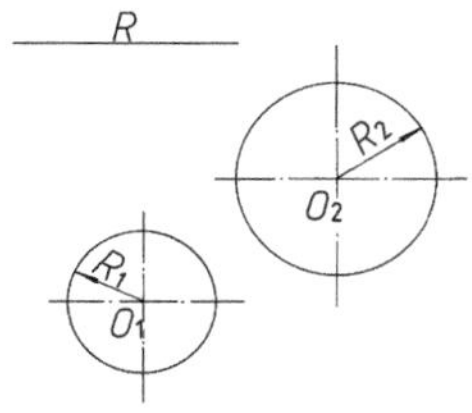 作半径为 R 的圆弧连接两已知圆弧，并与它们同时内切	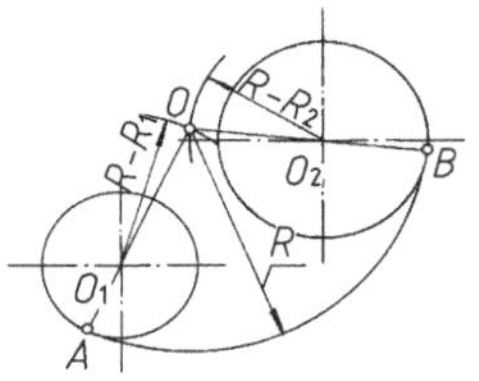 1. 分别以 O_1、O_2 为圆心，$R-R_1$、$R-R_2$ 为半径画弧，交得连接弧的圆心 O 2. 连接 OO_1、OO_2，OO_1、OO_2 的延长线分别与两圆周交于 A、B 两点，即为切点 3. 以 O 为圆心，R 为半径，由切点 B 向 A 画弧，即为所求	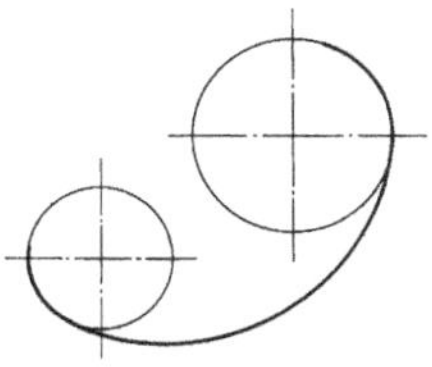 本例可以作出两条圆弧，另一条圆弧与圆弧 AB 关于 O_1O_2 对称，作图过程与求作圆弧 AB 相同，未画出。清理图面，加深图线后的作图结果如上图所示
作圆弧与已知直线相切、与已知圆弧外切	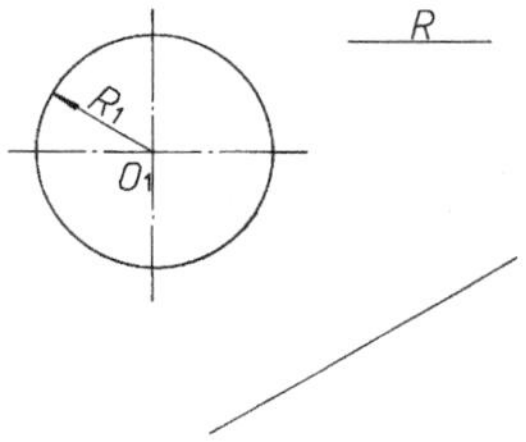 作半径为 R 的圆弧，与已知圆弧外切、与已知直线相切	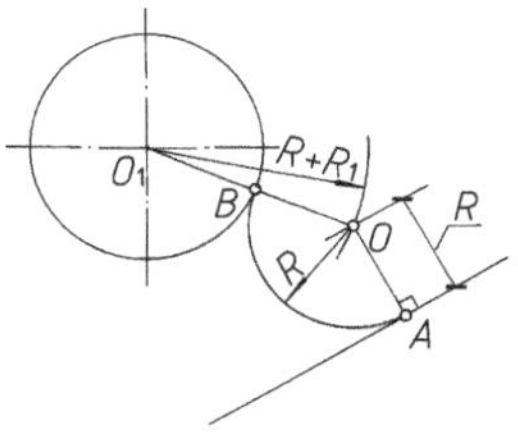 1. 作与已知直线距离为 R 的平行线；以 O_1 为圆心，R_1+R 为半径画弧，与上述平行线交得连接弧的圆心 O 2. 过圆心 O 向已知直线作垂线，得垂足 A；连接 O_1O，O_1O 与圆周交于点 B，即为切点 3. 以 O 为圆心，R 为半径，自点 A 向 B 画弧，即为所求	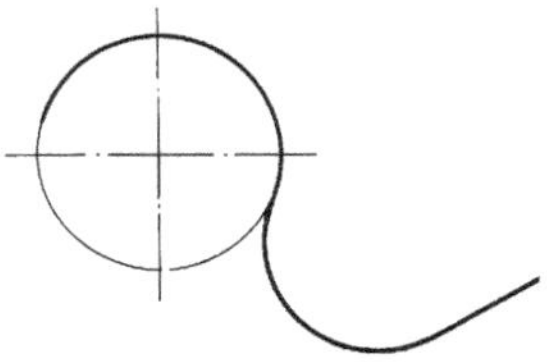 本例可以作出两条圆弧，另一条圆弧的作图过程与求作圆弧 AB 相同，未画出。清理图面，加深图线后的作图结果如上图所示

实习实作:按图示尺寸,补画右侧图线。

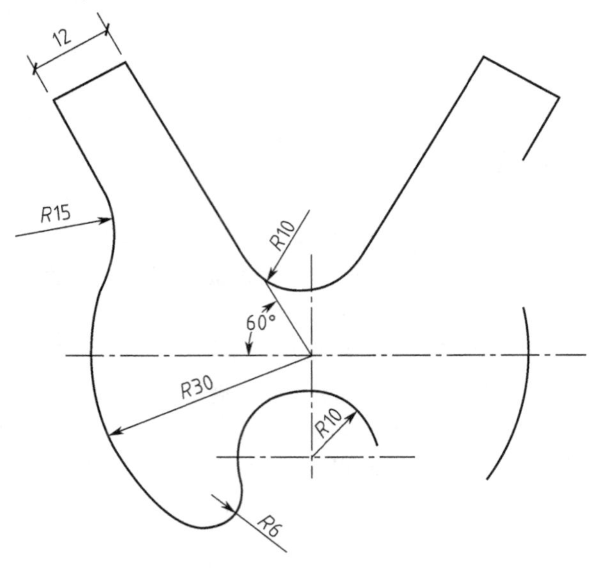

2.2.5 椭圆

表 2.2 介绍了已知椭圆长轴 *AB* 和短轴 *CD* 作椭圆的几种方法。同心圆法能够比较准确地求作一个椭圆,四心法是一种近似作椭圆法,八点法用于要求不很精确的椭圆作图。

表 2.2 已知长短轴画椭圆

方法	同心圆法	四心法	八点法
图例	E_2, C, E, E_1, A, B, O, D	K, C, O_4, P, M, Q, A, O, B, O_1, O_3, S, O_2, R, D	K, P_1, M, C, N, P_4, P_5, P_7, A, B, P_6, P_8, P_2, D, P_3

续表

方法	同心圆法	四心法	八点法
作图过程	1. 以 O 为圆心分别以 AB、CD 为直径作两个同心圆。过点 O 作若干条射线，交两圆周于 E_1 与 E_2 点 2. 过点 E_1 作水平线，过点 E_2 作竖直线，则交点 E 就是椭圆上的点，其他各点的作法相同 3. 用曲线板光滑连接各点即为所求的椭圆	1. 延长 CD，在延长线上量取 $OK=OA$，得点 K 2. 连接 AC，并在 AC 上取 $CM=CK$ 3. 作 AM 的中垂线交 OA 于 O_1、交 OD 于 O_2，再取 O_1 和 O_2 的对称点 O_3、O_4 4. 连接 O_1O_2、O_2O_3、O_3O_4、O_4O_1 并延长 5. 分别以 O_1、O_3 为圆心，O_1A、O_3B 为半径画弧，以 O_4、O_2 为圆心，O_4D、O_2C 为半径画弧，两弧分别交接于 O_1O_2、O_2O_3、O_3O_4、O_4O_1 的延长线上的点 P、Q、R、S，用曲线板光滑连接各点，即得所求的近似椭圆。P、Q、R、S 分别为两圆弧的切点	1. 过长短轴的端点 A、B、C、D 作椭圆外切矩形 $P_1P_2P_3P_4$，连接对角线 2. 以 P_1C 为斜边作 45°等腰直角三角形 P_1KC 3. 以 C 为圆心，CK 为半径作弧交 P_1P_4 于 M、N；再自 M、N 引短边的平行线与对角线交得 P_5、P_6、P_7、P_8 四点 4. 用曲线板光滑连接点 A、P_5、C、P_7、B、P_8、D、P_6、A，即得所求的椭圆

实习实作：已知长轴为 60 mm，短轴为 40 mm，画出此椭圆。

2.3 平面图形的绘制

2.3.1 仪器绘图的步骤

工程图样通常都是用绘图工具和仪器绘制的，绘图的步骤是先画底稿，然后进行校对，根据需要进行铅笔加深或上墨，最后再经过复核，由制图者签字。

1. 画底稿

在使用丁字尺和三角板绘图时，采光最好来自左前方。通常用削尖的2H铅笔轻绘底稿，底稿一定要正确无误，才能加深或上墨。画底稿的顺序是：①按图形的大小和复杂程度，确定绘图比例，选定图幅，画出图框和标题栏；②根据选定的比例估计图形及注写尺寸所占的面积，布置图面；③开始画图，画图时，先画图形的基线再逐步画出细部；④图形完成后，画尺寸界线和尺寸线；⑤对所绘的图稿进行仔细校对，改正画错或漏画的图线，并擦去多余的图线。

2. 铅笔加深

铅笔加深要做到粗细分明，符合国家标准的规定，宽度为 b 和 $0.5b$ 的图线常用 B 或 HB 铅笔加深；宽度为 $0.25b$ 的图线常用削尖的 H 或 2H 铅笔适当用力加深；在加深圆弧时，圆规的铅芯应比加深直线的铅芯软一号。

用铅笔加深时，一般应先加深细单点长画线，可以按线宽分批加深，先画粗实线，再画中实线，然后画细实线，最后画双点长画线、折断线和波浪线。加深同类型图线的顺序是先画曲线，后画直线。画同类型的直线时，通常是先从上向下加深所有的水平线，再从左向右加深所有的竖直线，然后加深所有的倾斜线。

当图形加深完毕后，再画尺寸线、尺寸界线、尺寸起止符号，填写尺寸数字和书写图名、比例等文字说明和标题栏。

3. 复核和签字

加深完毕后，必须认真复核，如发现错误，则应立即改正，最后，由制图者签字。绘制上墨图样的程序，与绘制铅笔加深图样的程序相同。用描图纸上墨的图纸，可在描图纸下用已准备好的衬格书写各类文字。尤其应该注意的是，同类线型一定要一次上墨完成，以免由于经常改变墨线笔的宽度而使同类图线的线宽不同。当描图中发现描错或产生墨污时，应进行修改。修改时，宜在图纸下垫一块三角板，将图纸放平后用锋利的薄型刀片轻轻刮掉需要修改的图线或墨污，如在刮净处仍然需要描图画线或写字，则仍在下垫三角板的情况下，用硬橡皮再擦拭一次，以便在压实修刮过的描图纸上再重新上墨。

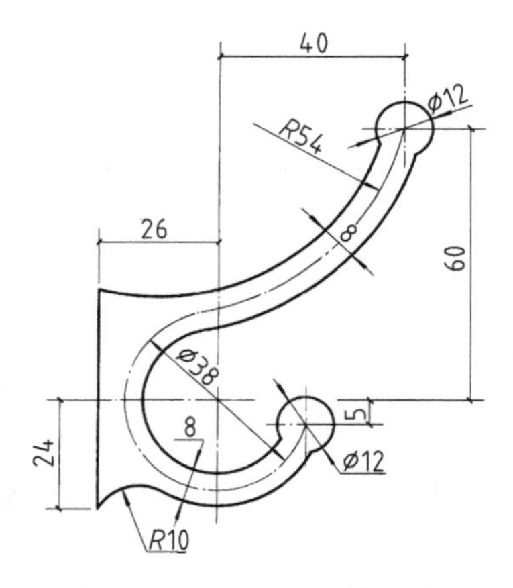

图 2.18 平面图形的尺寸和线段分析

2.3.2 平面图形的分析与画法

平面图形是由若干条线段所围成的，而线段的形状与大小是根据给定尺寸确定的。构成平面图形的各种线段中，有些线段尺寸是已知的，可以直接画出，有些线段的尺寸条件不足，需要用几何作图的方法求出后才能画出。因此，画图前，必须对平面图形的尺寸和线段进行分析。现以图 2.18 所示的衣帽钩形状的平面图形为例，说明尺寸与线段的关系。

1. 平面图形的尺寸分析

(1)尺寸基准

尺寸基准是标注尺寸的起点。平面图形的长度方向和高度方向都要确定一个尺寸基准。尺寸基准常常选用图形的对称线、底边、侧边、图中圆周或圆弧的中心线等。在图 2.18 所示的平面图形中，长度、高度的尺寸基准分别取 $\phi38$ 圆的竖直中心线和水平中心线。

(2)定形尺寸和定位尺寸

定形尺寸是确定平面图形各组成部分大小的尺寸，如图中 $\phi38$、$\phi12$、$R54$、$R10$ 等；定位尺寸是确定平面图形各组成部分相对位置的尺寸，如图中 5、60、40、26、24 等。从尺寸基准出发，通过各定位尺寸，可确定图形中各个部分的相对位置，通过各定形尺寸，可确定图形中各个部分的大小，于是就可以完全确定整个图形的形状和大小，准确地画出这个平面图形。

(3)尺寸标注的基本要求

平面图形的尺寸标注要做到正确、完整、清晰。正确是指标注尺寸应符合国家标准的规定。完整是指标注尺寸应该没有遗漏尺寸，也没有矛盾尺寸。在一般情况下不注写重复尺寸(包括通过现有尺寸计算或作图后，可获得的尺寸在内)，但在需要时，也允许标注重复尺寸。清晰是指尺寸标注得清楚、明显，并标注在便于看图的地方。

2. 平面图形的线段分析

平面图形中圆弧连接处的线段，根据尺寸是否完整可分为以下 3 类。

(1)已知线段

根据给出的尺寸可以直接画出的线段称为已知线段。即这个线段的定形尺寸和定位尺寸都完整，如图 2.18 中的 $\phi38$、$\phi(38+8)$、$\phi(38-8)$、$\phi12$ 等圆弧。

(2) 中间线段

有定形尺寸，缺少一个定位尺寸，需要依靠另一端相切、相接或在某圆周上等类似的条件才能画出的线段称为中间线段，如图 2.18 中下面的 $\phi12$ 圆弧。

(3)连接线段

有定形尺寸，缺少两个定位尺寸，需要依靠两端相切或相接的条件才能画出的线段称为连接线段，如图 2.18 中的 $R54$、$R10$ 等圆弧。在平面图形中存在这两类或 3 类线段的圆弧连接处，绘图时，应先画出已知线段，再画中间线段，最后画连接线段。

抄绘平面图形的绘图步骤如下：①分析平面图形及其尺寸基准和圆弧连接的线段，拟定作图顺序；②按选定的比例画底稿，先画与尺寸基准有关的作图基线，再依次画出已知线段、中间线段、连接线段；③图形完成后，画尺寸线和尺寸界线，并校核修正底稿，清理图面；④按规定线型加深或上墨，写尺寸数字，再次校核修正，便完成了抄绘这个平面图形的任务。

【例题】　图 2.19(d)是花池金属栏杆的图案，试抄画这个平面图形。

【解】　首先，分析这个花池金属栏杆图案的平面图形：它是左右对称的由直线段、圆和圆弧组成的图形，可用左右对称线和底边分别作为长度和高度方向的尺寸基准。底边和两个 $\phi200$ 的圆周是已知线段，底部左右两条铅垂线也可直接画出，但它们的上端点是与 $R200$ 的圆弧的切点，要在作过两个圆弧时才能确定，也可以看做是已知线段；$R450$ 的圆弧是两个 $\phi200$ 圆周的连接线段；两侧的 $\phi200$ 的圆周、$R500$ 的圆弧、$R200$ 的圆弧和下部的铅垂线是连续相切的，其中，$R500$ 的圆弧是中间线段，它的两端应分别与 $\phi200$ 的圆周和 $R200$ 的圆弧相切，$R200$ 的圆弧是连接线段，它的两端应分别与 $R500$ 的圆弧和铅垂线相切。

然后，根据上述分析拟定如下的作图顺序，按选定的比例逐步绘图(左右两侧对称的圆弧连接作图，只画了左侧的作图过程，右侧也是同样作出的)。

作图步骤如下。

①画作图基线和已知线段，如图 2.19(a)所示。先画作图基线，即左右对称线和底边，分别是长度和高度方向的尺寸基准。由尺寸 200 画出底边和底部的左右两条铅垂线。由尺寸 400 和 800 画出顶部两个圆周的中心线，用尺寸 200 作出顶部的两个圆周。

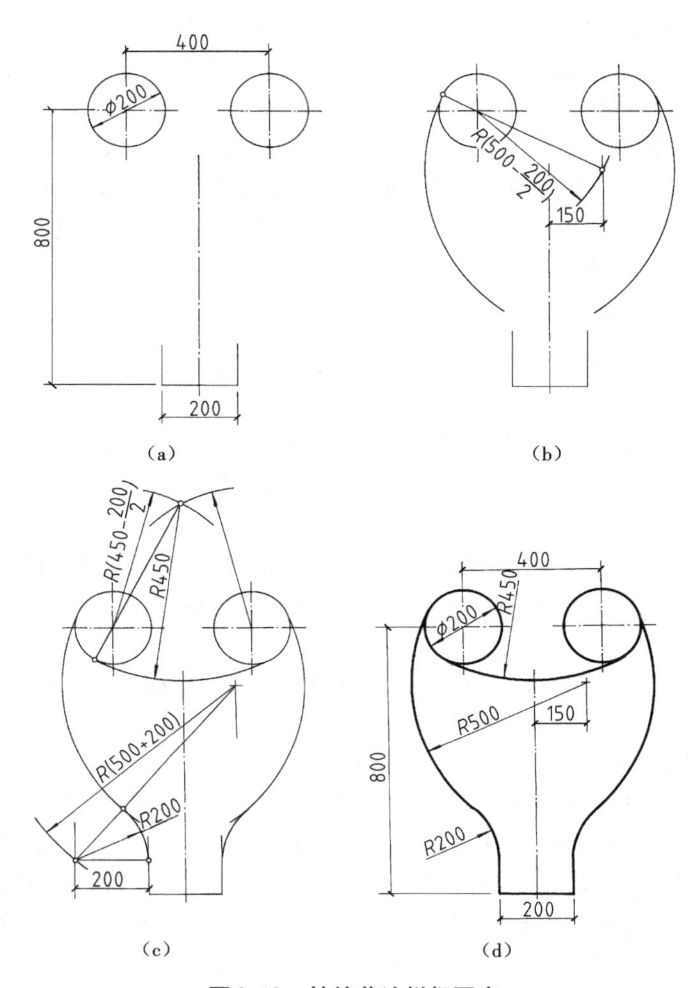

图 2.19　抄绘花池栏杆图案

(a)画基线和已知线段　(b)画中间线段　(c)画连接线段

(d)标注尺寸,清理图面,校核,加深

②画中间线段,如图 2.19(b)所示。用尺寸 150、*R*500 按与 *ϕ*200 的圆周内切的圆弧连接作图方法画出中间线段 *R*500 的圆弧,同时也准确定出切点。

③画连接线段,如图 2.19(c)所示。用尺寸 *R*200 按与 *R*500 的圆弧外切和与铅垂线相切的圆弧连接的作图方法画出连接线段 *R*200 的圆弧;用尺寸 *R*450 按与两个 *ϕ*200 的圆周相内切的圆弧连接的作图方法画出连接线段 *R*450 的圆弧。在上述作图过程中,也都同时准确定出各切点。

④标注尺寸,清理图面,经仔细校核无误后,加深或上墨,如图 2.19(d)所示,最后,抄绘全部尺寸,擦去多余的图线和符号及其他内容,校核、修正图稿上的缺点和错误,按规定的线型加深或上墨。

【任务2小结】

任务2部分介绍了绘图工具、仪器和用品的种类及使用方法，几何作图步骤及要求等。同学们要在了解常用建筑绘图工具、仪器及用品的基础上，熟练掌握常用绘图工具的使用方法和要领，要充分理解与把握建筑制图的基本方法与步骤，学习时要多练习，初步具备建筑工程图识读与绘制的基本技能，为后续内容的学习奠定基础。

习　　题

一、选择题

1. (　　)的常用工具有铅笔、圆规、曲线板、三角板等。

A. 描图　　B. 画正图　　C. 画草图　　D. 画底图

2. 在绘制正图时，加深的顺序是(　　)。

A. 先加深圆或圆弧后加深直线　　B. 先标注尺寸和写字后加深图线

C. 边加深图形边注尺寸和写字　　D. 加深图形和标注尺寸及写字不分先后

3. 绘制工程图正图时常用的工具是(　　)。

A. 直尺、圆规、钢笔　　B. 直尺、圆规、铅笔

C. 曲线板、直尺、圆珠笔　　D. 分规、椭圆板、描图笔

4. 描图的常用工具有(　　)、圆规、曲线板、三角板、描图笔等。

A. 铅笔　　B. 钢笔　　C. 直线笔　　D. 曲线笔

5. 描圆弧时估计圆心的方法是，根据圆弧的圆心必在任意一条弦的垂直平分线上这一原理，先(　　)，移动圆心直致全部吻合再下笔描墨线。

A. 描线，不吻合就擦除　　B. 计算，得出圆心准确位置

C. 试描，提笔离纸画弧　　D. 拓印，得出圆心大致位置

6. 描图时应按先细后粗，(　　)，先上后下步骤进行。

A. 先圆后直，先右后左　　B. 先圆后直，先左后右

C. 先直后圆，先左后右　　D. 先直后圆，先右后左

7. 在用于晒图的描图纸上去除错线或墨渍时可用(　　)、局部切换、毛笔蘸醋擦除等方法处理。

A. 橡皮擦除　　B. 刀片刮除　　C. 白粉遮盖　　D. 白纸贴盖

8. 描图中直线笔运走时，应以小拇指贴着尺身，从始至终要保持笔身(　　)，速度要均匀慢行。

A. 向左倾斜5°~20°　　B. 向右倾斜5°~20°　　C. 向左倾斜25°　　D. 向右倾斜25°

9. 描图中描直线与圆弧连接时，(　　)。

A. 先描直线再描圆弧　　B. 先描圆弧再描直线

C. 圆弧和直线同时描　　D. 描圆弧和直线无先后顺序可任意描

二、判断题

1. 描图中描直线与圆弧连接时,应先描圆弧再描直线。（　）

2. 描图中描大圆时,应采用多加墨的方法。（　）

3. 绘图铅笔上标注的“B”前面的数字越大,表示铅芯越软;“H”前面的数字越大,表示铅芯越硬。（　）

4. 用铅笔加深图线时,应先曲线,其次是直线,最后是斜线。（　）

5. 使用圆规画圆时,应尽可能使钢针和铅芯垂直于纸面。（　）

6. 丁字尺与三角板随意配合,便可画出65°倾斜线。（　）

三、简答题

1. 常用的制图工具和仪器有哪些,如何使用?

2. 简述绘制图样的一般方法和步骤。

综合实训

在与本书配套的《建筑工程制图习题集》中用A3图幅练习几何作图。

任务3　形体投影图的识读与绘制

用摄影或绘画的方式来表现建筑物，其外形表现都是立体的。这种图和我们实际看到的物体形象是一致的，建筑物近大远小，很容易看懂，两条空间平行线在无穷远处交于一点。但是这种图不能把建筑物的真正尺寸、形状准确地表示出来，也不能全面表达设计意图，不易表现建筑物内部构造，更不能指导施工。那么，在建筑工程中应如何表达建筑物的尺寸和形状呢?

3.1　基本形投影的识读与绘制

3.1.1　投影认知

1. 投影法简介

(1)投影的形成

在工程图样中，通常用投影来图示几何形体。为了表达空间形体和解决空间几何问题，经常要借助图，而投影原理则为图示空间形体和图解空间几何问题提供了理论依据和绘制的方法。

日常生活中，我们经常看到投影现象。在灯光或阳光照射下，物体会在地面或墙面上投下影子，如图3.1(a)所示。影子与物体本身的形状有一定的几何关系，在某种程度上能够显示物体的形状和大小。人们对影子这种自然现象加以科学的抽象，得出了投影法。如图3.1(b)所示，把光源抽象成一点S，称作投影中心；投影中心与物体上各点的连线(如SA、SB、SC等)称为投影线；接受投影的面P称为投影面；过物体上各顶点(A、B、C)的投影线与投影面的交

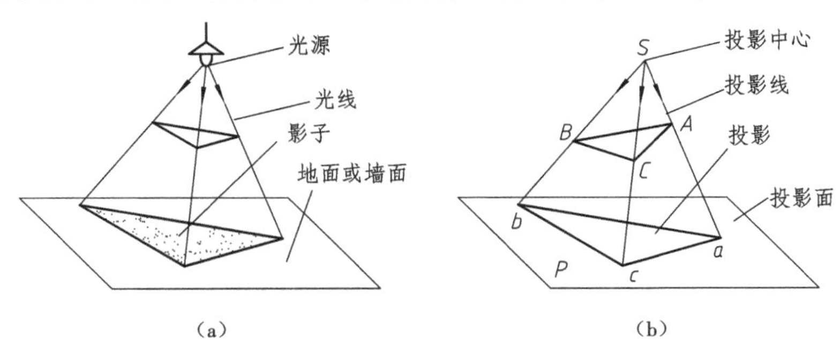

图3.1　投影的形成

(a)成影现象　(b)中心投影法

点(a、b、c)称为这些点的投影。这种把物体投影在投影面上产生图像的方法称为投影法。工程上常用各种投影法来绘制图样。

小组讨论:自然界中出现影子的地方,还可以如何归纳?谁是投影中心、投影面?

(2)投影法的分类

根据投影中心与投影面之间距离远近的不同,投影法可分为中心投影法和平行投影法两大类,其中平行投影又分为正投影和斜投影。工程图样用得最广泛的是正投影。

1)中心投影

当投影中心距离投影面为有限远时,所有投影线都汇交于投影中心一点,如图3.1(b)所示,这种投影法称为中心投影法。

小组讨论:在日常生活中,有哪些投影是中心投影,可用来干什么?

2)平行投影

当投影中心距离投影面为无限远时,所有投影线都互相平行,这种投影法称为平行投影法。根据投影线与投影面夹角的不同,平行投影可进一步分为斜投影和正投影。在平行投影法中,当投射方向垂直于投影面时,称为正投影法,得到的投影称为正投影,如图3.2(a)所示;当投射方向倾斜于投影面时,称为斜投影法,得到的投影称为斜投影,如图3.2(b)所示;本书主要讲述正投影,将正投影简称为投影。

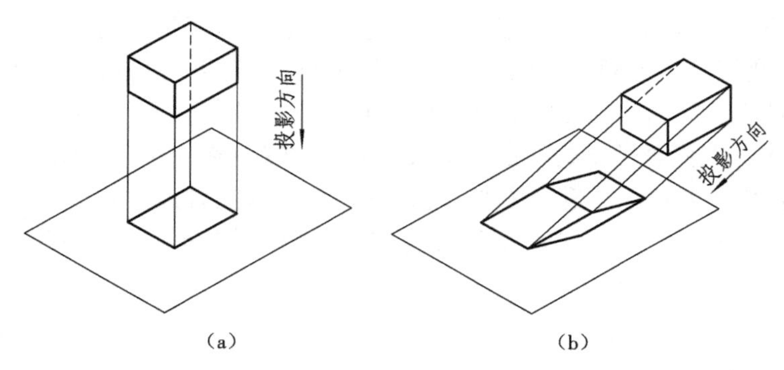

图3.2 平行投影

(a)正投影 (b)斜投影

2.平行投影的基本性质

①实形性。当线段或平面图形平行于投影面时,其投影反映实长或实形,如图3.3(a)、(d)所示。

②积聚性。当线段或平面图形垂直于投影面时,其投影积聚为一点或一条直线,如图3.3(b)、(e)所示。

③类似性。当线段倾斜于投影面时，其投影为比实长短的直线，如图3.3(c)所示；当平面图形倾斜于投影面时，其投影为原图形的类似图形，如图3.3(f)所示。

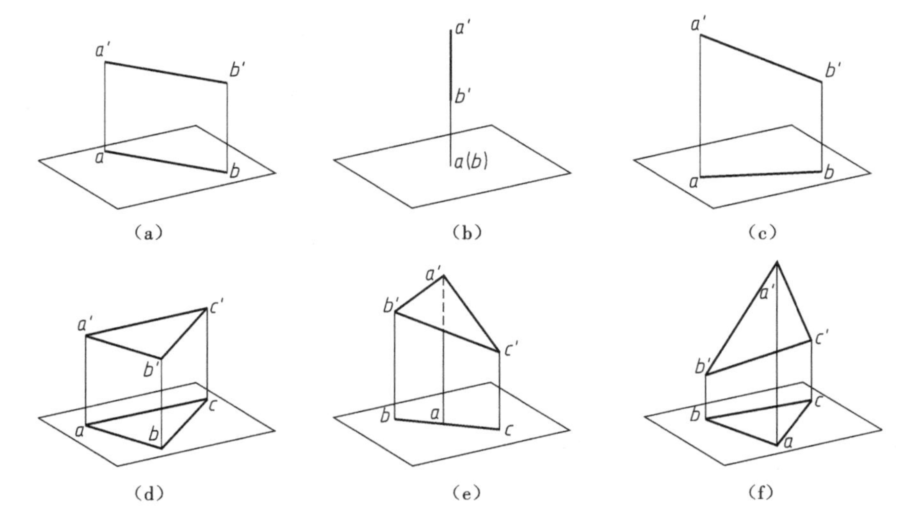

图3.3　平行投影的基本特性

(a)线段平行于投影面　(b)线段垂直于投影面　(c)线段倾斜于投影面
(d)平面图形平行于投影面　(e)平面图形垂直于投影面　(f)平面图形倾斜于投影面

3. 土建工程中常用的投影图

用图样表达建筑形体时，由于被表达对象的特性和表达目的不同，可采用的图示法也不同。土木建筑工程中常用的投影图是多面正投影图、轴测投影图、透视投影图和标高投影图。

(1)多面正投影图

多面正投影是物体在互相垂直的两个或两个以上投影面上的正投影，如图3.4(a)所示。这种图的优点是作图简便，度量性好，在工程中应用广泛。其缺点是缺乏立体感，需经过一定时间的训练才能看懂。

(2)轴测投影图

轴测投影是物体在一个投影面上的平行投影，又称为轴测图，如图3.4(b)所示。这种图的特点是能同时表达出物体的长、宽、高3个向度，具有一定的立体感。其缺点是作图较麻烦，不能准确地表达物体形状和大小，只能用作工程辅助图样。

(3)透视投影图

透视投影是物体在一个投影面上的中心投影，又称为透视图，如图3.4(c)所示。其优点是形象逼真，直观性强，常用作建筑设计方案比较、展览。其缺点是作图费时，建筑物的确切形状和大小不能在图中量取。

(4)标高投影图

标高投影图是一种带有数字标志的单面正投影图，在土建工程中常用来绘制地形图、建筑总平面图和道路、水利工程等方面的平面布置图样。它用正投影反映形体的长度和宽度，其高度用数字标注。图 3.4(d)是某小山丘的标高投影图。

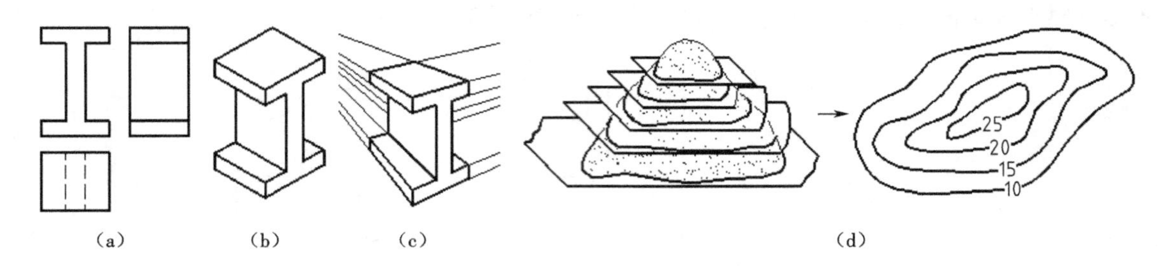

图 3.4　工程上常用的投影方法

(a)多面正投影　(b)轴测投影　(c)透视投影　(d)标高投影

4. 投影面体系的建立

(1)三面投影图的形成

任何物体都具有长、宽、高 3 个向度,怎样在一张平面的图纸上表达某物体的真实形状与大小,又怎样从一幅投影图想象出物体的立体形状,这是学习制图首先要解决的问题。

投影图是把物体向投影面投影得到的。当物体与投影面的相对位置确定以后,其正投影即唯一地确定。但仅有物体的一个投影不能反映物体的形状和大小。如图 3.5 所示,在同一投影面(V 面)上几种不同形状物体的投影可以是相同形状的矩形。因此,工程上常采用物体在 2 个或 3 个互相垂直的投影面上的投影来描述一个物体。

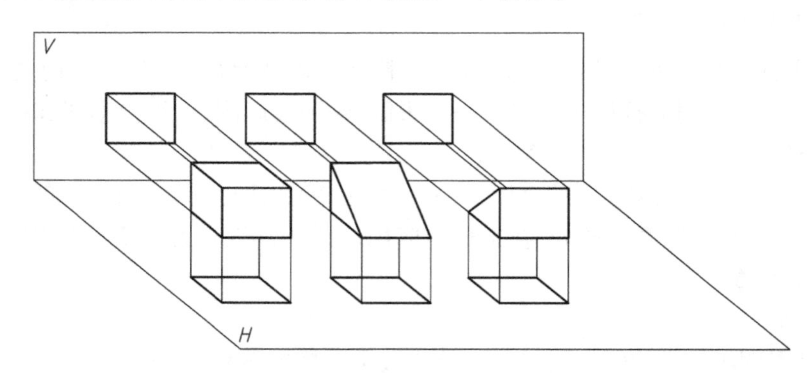

图 3.5　物体的两面投影

如图 3.6(a)所示,3 个互相垂直的投影面分别为水平面 H、正立面 V、侧立面 W,物体在这 3 个面上的投影分别称为水平投影、正面投影及侧面投影。投影面之间的交线称为投影轴,H、V 面交线为 X 轴;H、W 面交线为 Y 轴;V、W 面交线为 Z 轴。三投影轴交于一点 O,称为原点。

作物体的投影时,把物体放在 3 个投影面之间,并尽可能使物体的表面平行于相应的投影面,以使它们的投影反映表面的实形。

为了能够把 3 个投影画在一张图纸上,需把 3 个投影面展开成一个平面。展开方法如图 3.6(b)所示:V 面保持不动,将 H 面与 W 面沿 Y 轴分开,然后把 H 面连同水平投影绕 X 轴向

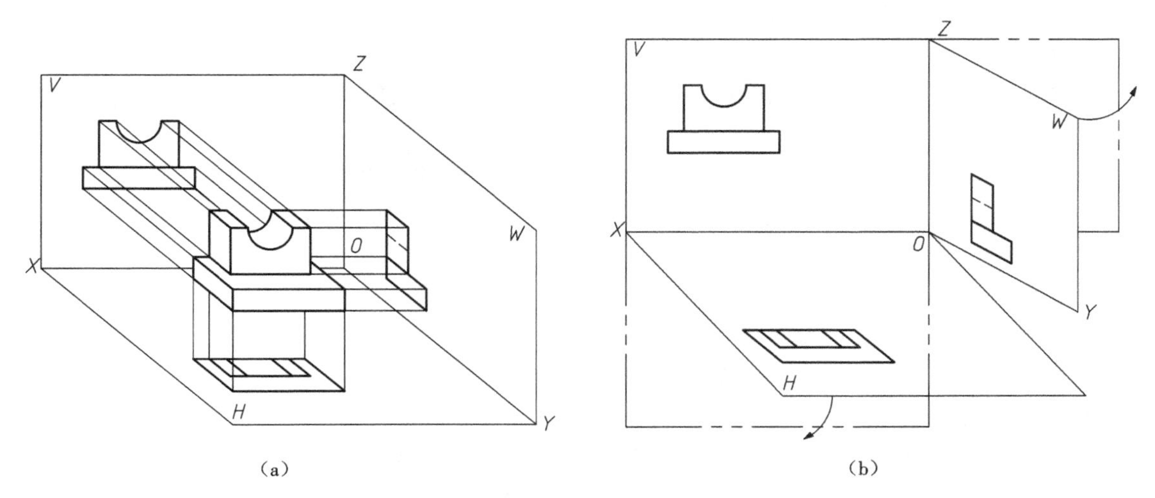

(a)　　　　　　　　　　(b)

图3.6　三投影图的形成

(a)立体图　(b)投影图

下旋转90°,*W*面连同侧面投影绕*Z*轴向后旋转90°。展开后,3个投影的位置如图3.7(a)所示:正面投影在左上方,水平投影在正面投影的正下方,侧面投影在正面投影的正右方。

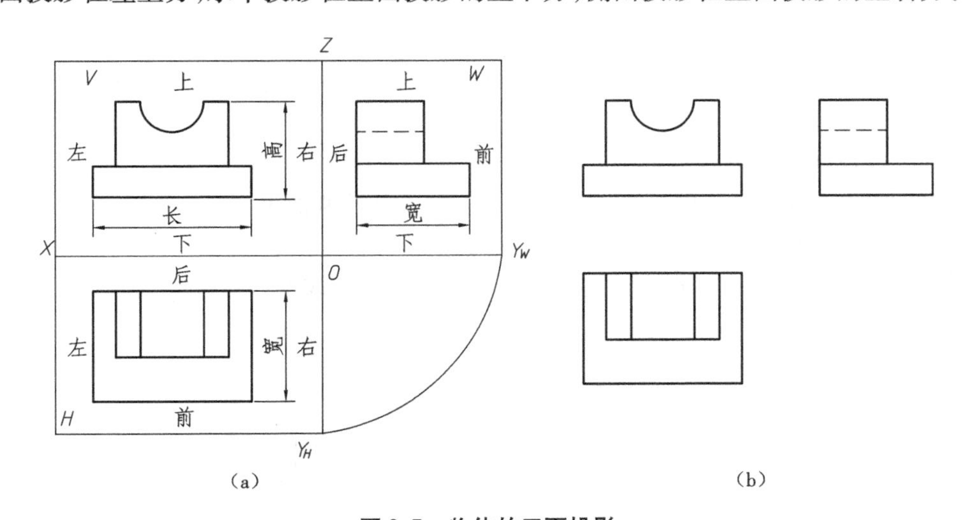

(a)　　　　　　　　　　(b)

图3.7　物体的三面投影

(a)三面投影过程图　(b)三面投影结果图

实习实作:找一张白纸,折出第一象限角,然后展开,并与三面投影体系对照,在头脑中形成空间与平面之间的转换。

(2)三面投影图的基本规律

1)度量对应关系

从图3.7(a)可以看出,正面投影反映物体的长和高;水平投影反映物体的长和宽;侧面投影反映物体的宽和高。

因为3个投影表示的是同一物体,而且物体与各投影面的相对位置保持不变,因此无论是对整个物体,还是物体的每个部分,它们的各个投影之间具有下列关系:

①正面投影与水平投影长度对正;

②正面投影与侧面投影高度对齐;

③水平投影与侧面投影宽度相等。

上述关系通常简称为“长对正、高平齐、宽相等”的三等规律。

2)位置对应关系

投影时,约定观察者面向V面,每个视图均能反映物体的两个向度,观察图3.7(a)可知:正面投影反映物体左右、上下关系;水平投影反映物体左右、前后关系;侧面投影反映物体上下、前后关系。

至此,从图3.7(a)中我们可以看出物体3个投影的形状、大小、前后均与物体距投影面的位置无关,故物体的投影均不需再画投影轴、投影面,只要遵守“长对正、高平齐、宽相等”的投影规律,即可画出图3.7(b)所示的3个投影图。

(3)三面投影图的作图步骤

①估计各投影图所占范围的大小,在图纸上适当安排3个视图的位置,确定各视图基准线。

②先画最能反映物体形状特征的投影。

③根据“长对正、高平齐、宽相等”的投影关系,作出其他两面投影。

【例3.1】 画出图3.8(a)所示物体的三面投影图。

【解】 该物体可看成由一块多边形底板、一块三角形支撑板及一块矩形直墙叠加而成,其作图步骤如图3.8(b)~(d)所示。

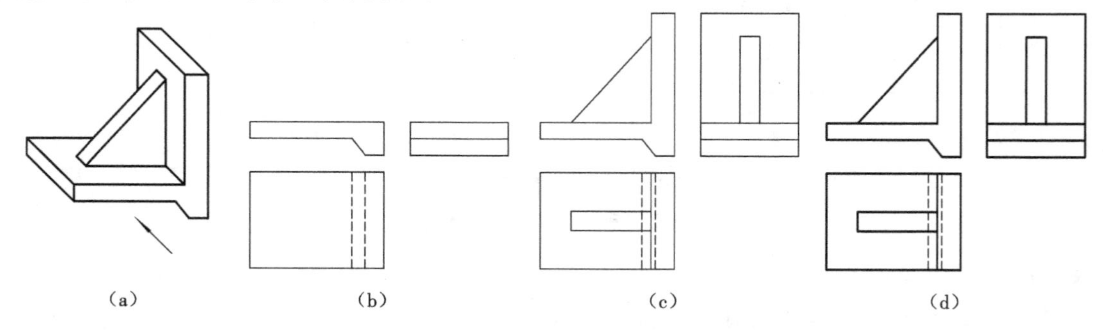

图3.8 物体三面投影图的画图步骤

(a)已知条件 (b)画底板三面投影 (c)画直墙及支撑三面投影 (d)将结果加深

实习实作:测绘教室课桌(或模型)的三面投影图。

3.1.2　点的投影

任何形体都可看成由点、线、面所组成。在点、线、面3种几何元素中,点又是组成形体最基本的几何元素。所以,要正确表达形体、理解他人的设计思想,点的投影规律是必须掌握的。

1.点的两面投影

点的一个投影不能确定点的空间位置。如图3.9所示,点a可以是通过a的投影线上任一点(如A_1、A_2等)的投影。至少需要点在两个投影面上的投影才能确定点的空间位置。

如图3.10(a)所示,相互垂直的水平投影面H和正立投影面V构成两面投影体系,V、H面的交线称为OX投影轴。过A点分别作H、V面的垂线(即投影线)Aa、Aa',其垂足a、a'即是点A的水平投影和正面投影。

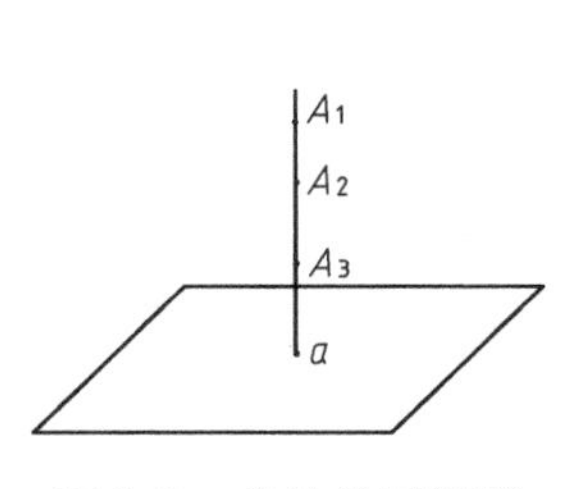

图3.9　点的单面投影

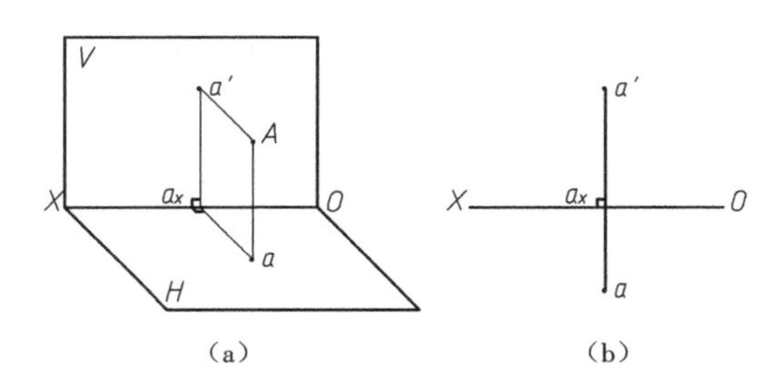

图3.10　点的两面投影

(a)立体图　(b)投影图

在图3.10(a)中,容易验证:$aa_X \perp OX$,$a'a_X \perp OX$,$Aa = a'a_X$,$Aa' = aa_X$。

为使用方便,需把H、V面展开到同一平面上。展开时,V面(连同a')保持不动,将H面(连同a)绕OX轴向下旋转90°。此时,H、V面共面,即得点A的两面投影图,如图3.10(b)所示。其中,aa_X、$a'a_X$与OX轴的垂直关系不变,故$aa' \perp OX$。

综上所述,点的两面投影规律如下:

①点的H、V面投影的连线垂直于OX轴,即$aa' \perp OX$;

②点到H面的距离等于点的V面投影到OX轴的距离,点到V面的距离等于点的H面投影到OX轴的距离,即$Aa = a'a_X$,$Aa' = aa_X$。

2.点的三面投影

在两面投影体系的基础上,增加一个同时与V、H面垂直的侧立投影面W,这样,构成3个投影面,它们两两垂直,称为三面投影体系。V、H面的交线为OX投影轴,V、W面的交线为OZ投影轴,H、W面的交线为OY投影轴,3条轴的交点为原点O,如图3.11(a)所示。若在三面投影体系中引进坐标的概念,则3个投影面就相当于3个坐标面,3条投影轴相当于3条坐标轴,原点相当于坐标原点。这样,投影体系中空间点的位置可由其三维坐标决定。

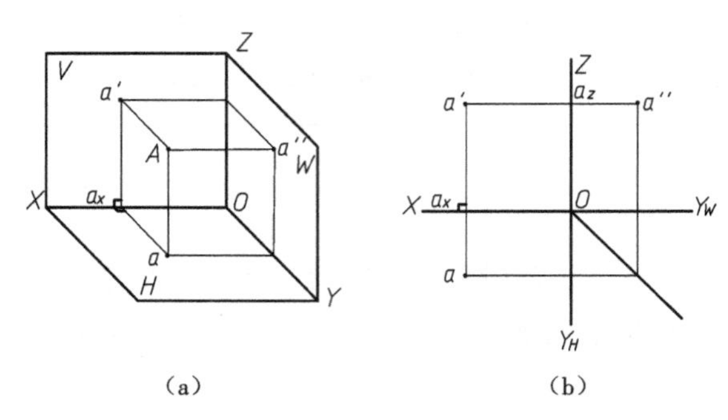

(a)　　(b)

图 3.11　点的三面投影

(a)立体图　(b)投影图

在图 3.11(a)中,过点 A 分别向 V、H、W 面作垂线,得垂足 a'、a、a'',即点的三面投影。为方便使用,应对投影体系进行展开。投影面展开时,仍规定 V 面不动,将 H 面(连同 a)绕 OX 轴向下、W 面(连同 a'')绕 OZ 轴向右展开到与 V 面重合,去掉投影面边框,即得点 A 的三面投影图,如图 3.11(b)所示。其中 OY 轴一分为二,随 H 面向下旋转的 OY 轴用 Y_H标记,随 W 面向右旋转的 OY 轴用 Y_W标记。

在图 3.11(b)中,有 $a'a \perp OX$,$a'a'' \perp OZ$,$aa_X = a''a_Z$。

提示:在三面投影中,空间上的点用大写字母表示(如 A),H 面的投影点用相应的小写字母表示(如 a),V 面的投影点用相应的小写字母加一撇表示(如 a'),W 面的投影点用相应的小写字母加两撇表示(如 a'')。

综上所述,点的三面投影规律如下:

①点的 H、V 面投影的连线垂直于 OX 轴,即 $aa' \perp OX$;

②点的 V、W 面投影的连线垂直于 OZ 轴,即 $a'a'' \perp OZ$;

③点的水平投影到 OX 轴的距离等于点的 W 面投影到 OZ 轴的距离,即 $aa_X = a''a_Z$。

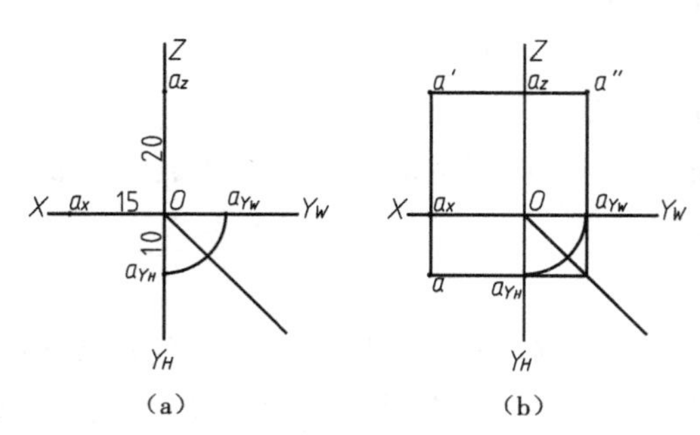

(a)　　(b)

图 3.12　A 点的三面投影

(a)联点图　(b)投影图

【例 3.2】　已知点 $A(15,10,20)$,求作它的 3 个投影点 a、a'、a''。

【解】　由于点的 3 个投影与点的坐标关系是:$a(x,y)$、$a'(x,z)$、$a''(y,z)$,因此可作出 A 点的投影。

①画出投影轴。

②自原点 O 起分别在 X、Y、Z 轴上量取 15、10、20,得 a_X、a_{Y_H}、a_{Y_W}、a_Z,如图 3.12(a)所示。

③过 a_X、a_{Y_H}、a_{Y_W}、a_Z分别作 X、Y、Z 轴的垂

线，它们两两相交，交点即为点 A 的 3 个投影 a、a'、a''，如图 3.12(b)所示。

实习实作：已知点 B 到 W 面的距离为 25 mm，到 H 面的距离为 30 mm，到 V 面的距离为 20 mm。求作 B 点的三面投影。

3. 两点的相对位置和重影点

(1)两点的相对位置判断

空间两点的相对位置可根据两点同面投影的相对位置或比较同名坐标值来判断。X、Y、Z 坐标分别反映了点的左右、前后、上下位置。如图 3.13 中，点 a 在点 b 的左、后、上方。

(2)重影点和可见性

位于某一投影面的同一条投影线上的两点，在该投影面上的投影重合为一点，这两点称为对该投影面的重影点。图 3.14(a)中，A、B 两点是对 H 面的重影点，它们的 H 面投影 a、b 重合；C、D 两点是对 V 面的重影点，它们的 V 面投影 c'、d'重合。

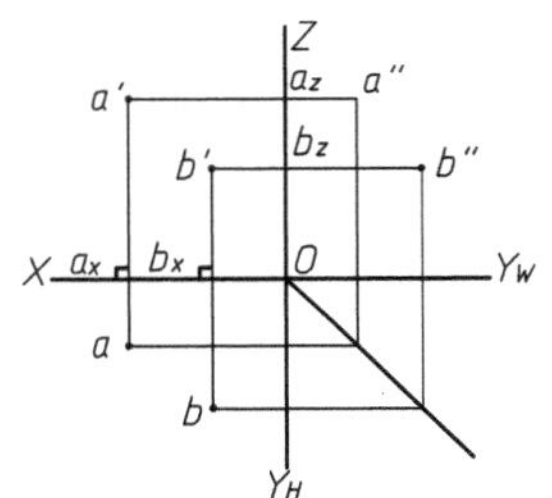

图 3.13 两点的相对位置图

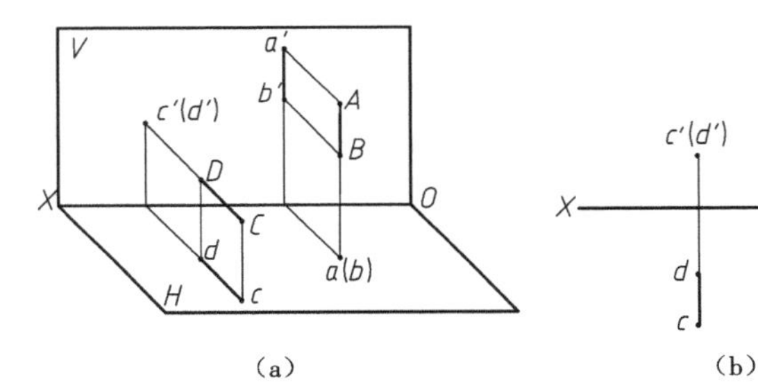

图 3.14 重影点

(a)立体图 (b)投影图

理解：什么叫同面投影？

实习实作：以课堂上两个同学的位置为例，请其他小组的同学说出其相对位置。或给出相对位置，在教室中找出符合条件的任意两个同学。

重影点的重合投影有上遮下、前遮后、左遮右的关系，在上、前、左的点可见，下、后、右的点不可见。判断重影点的可见与不可见，是通过比较它们不重合的同面投影来判别的，坐标值大者可见，坐标值小者不可见。图 3.14(b)中，a、b 两点是对 H 面的重影点，由于 $Z_a > Z_b$，因此 a 点可见，b 点不可见，不可见的投影要加括号，写成(b)。

实习实作：以所在教室为例，判断教室各角点、设备所在位置点属于哪类点，对于重影点判断其可见性。

实习实作：已知点 D 距 H 面 35 mm，距 V 面 28 mm，距 W 面 20 mm，点 E 在点 D 的左方 10 mm，下方 15 mm，前方 10 mm，点 F 在点 E 的正下方 20 mm 处，作出点 D、E、F 的三面投影，并判断重影点的可见性。

3.1.3　直线的投影

直线的投影一般仍为直线，如图 3.15(a)所示。任何直线均可由该直线上任意两点来确定，因此只要作出直线上任意两点的投影，并将其同面投影相连，即可得到直线的投影。如图 3.15(b)所示，要作出直线 AB 的两投影，只要分别作出 A、B 的同面投影 a'、b'及 a、b，然后将同面投影相连即得 $a'b'$、ab，如图 3.15(c)所示。

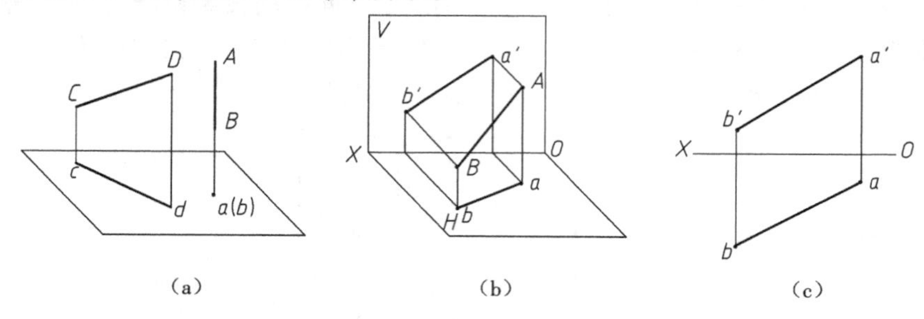

图 3.15　直线的投影点

(a)直线单面投影点　(b)直线两面投影点　(c)投影图

1. 各种位置直线的投影

在三面投影体系中，根据直线与投影面的相对位置关系，直线可以划分为一般位置直线、投影面平行线和投影面垂直线 3 类，后两种直线又统称为特殊位置直线。

(1)一般位置直线的投影

对三个投影面都处于倾斜位置的直线称为一般位置直线。图 3.16(a)中，直线 AB 同时倾斜于 H、V、W 3 个投影面，它与 H、V、W 的倾角分别为 α、β、γ。

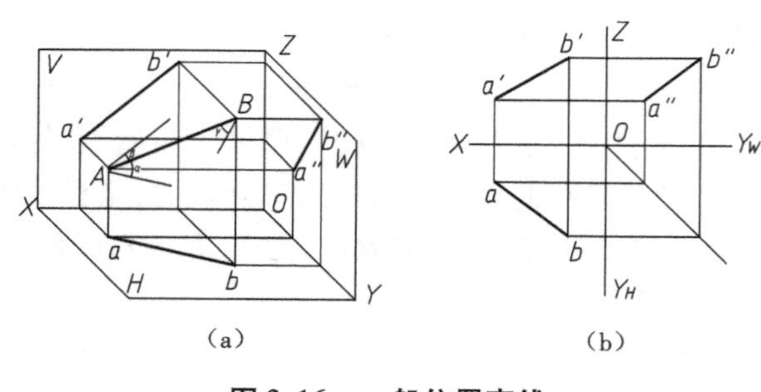

图 3.16　一般位置直线

(a)立体图　(b)投影图

一般位置直线具有下列投影特点：直线段的各投影均不反映线段的实长，也无积聚性；直线的各投影均倾斜于投影轴，但其与投影轴的夹角均不反映直线与任何投影面的倾角，如图 3.16(b)所示。

(2)投影面平行线的投影

平行于一个投影面而与其他两个投影面倾斜的直线称为投影面平行线。根据平行的投影面不同，投影面平行线可分为3种：只平行于水平投影面 H 的直线称为水平线；只平行于正投影面 V 的直线称为正平线；只平行于侧投影面 W 的直线称为侧平线。虽然各种平行线平行的投影面不同，但它们具有相似的投影性质。

各种平行线的立体图、投影图及投影特性如表3.1所示。现以正平线为例分析如下：

①由于 AB 上任何点到 V 面的距离相同，即 Y 坐标相等，所以有 $ab /\!/ OX, a''b'' /\!/ OZ$；

②由于 $\beta=0$，所以 $a'b'=AB$；$a'b'$ 与 X 轴的夹角等于 α，与 Z 轴的夹角等于 γ，即正面投影反映直线段的实长及倾角 α、γ。

表3.1　投影面平行线

名称	正平线（//V 面）	水平线（//H 面）	侧平线（//W 面）
立体图	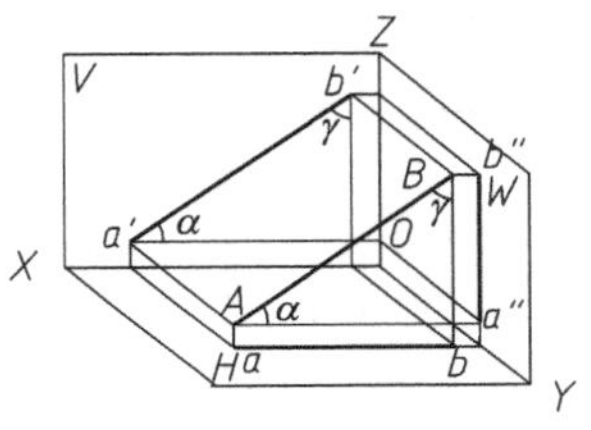	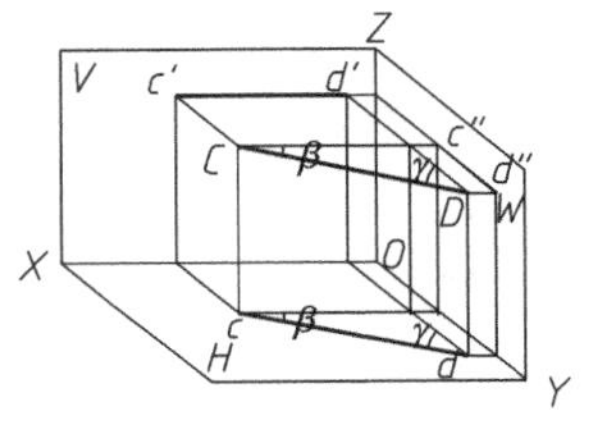	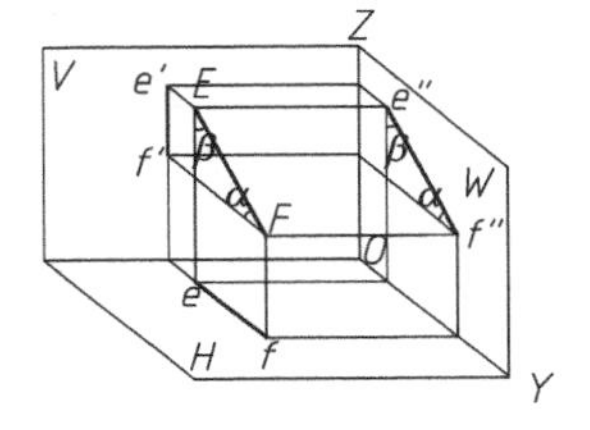
投影图	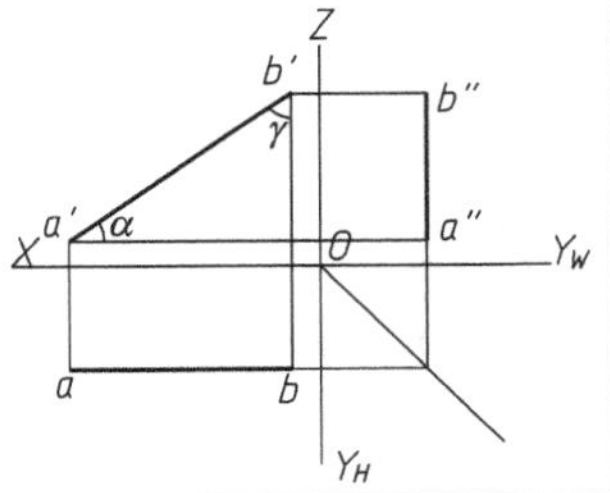	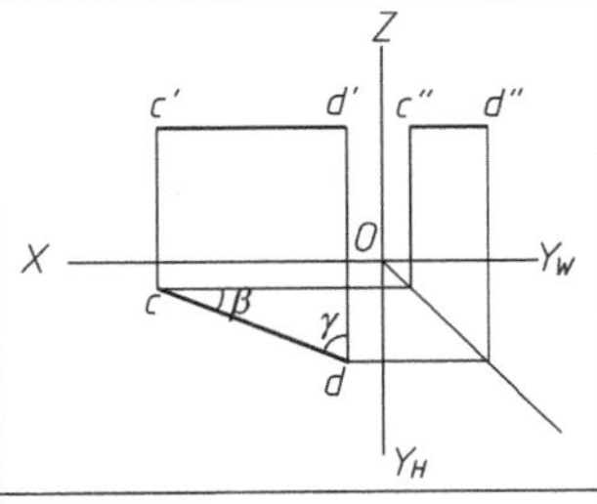	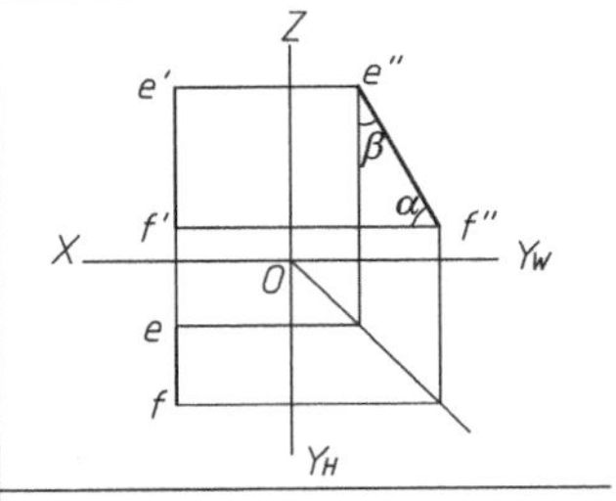
投影特性	1. 正面投影反映实长 2. 正面投影与 X 轴和 Z 轴的夹角，分别反映直线与 H 面和 W 面的倾角 3. 水平投影及侧面投影分别平行于 X 轴及 Z 轴，但不反映实长	1. 水平投影反映实长 2. 水平投影与 X 轴和 Y 轴的夹角，分别反映直线与 V 面和 W 面的倾角 3. 正面投影及侧面投影分别平行于 X 轴及 Y 轴，但不反映实长	1. 侧面投影反映实长 2. 侧面投影与 Y 轴和 Z 轴的夹角，分别反映直线与 H 面和 V 面的倾角 3. 水平投影及正面投影分别平行于 Y 轴及 Z 轴，但不反映实长

由表3.1可以归纳出投影面平行线的投影特性如下：

①直线在它所平行的投影面上的投影，反映该线段的实长和对其他两投影面的倾角；

②直线在其他两投影面上的投影分别平行于相应的投影轴，且都小于该线段的实长。

实习实作：以所在教室为例，找出有、无投影面的平行线。

(3)投影面垂直线的投影

垂直于一个投影面,同时平行于其他两投影面的直线称为投影面垂直线。根据垂直的投影面不同,投影面垂直线可分为3种:垂直于水平投影面 H 的直线称为铅垂线;垂直于正投影面 V 的直线称为正垂线;垂直于侧投影面 W 的直线称为侧垂线。虽然各种垂直线垂直的投影面不同,但它们具有相似的投影性质。

各种垂直线的立体图、投影图及投影特性如表3.2所示。现以正垂线为例分析如下:

①由于 $\beta=90°$,所以 a'、b'积聚成一点;

②由于 AB 上任何点的 X 坐标相等,Z 坐标也相等,所以 ab 及 $a''b''$均平行于 Y 轴;

③由于 $\alpha=\gamma=0$,所以 $ab=a''b''=AB$,且 $ab\perp OX$,$a''b''\perp OZ$ 。

表3.2　投影面垂直线

名称	正垂线($\perp V$ 面)	铅垂线($\perp H$ 面)	侧垂线($\perp W$ 面)
立体图	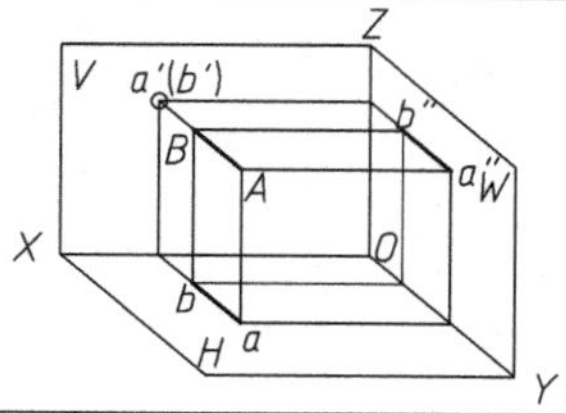	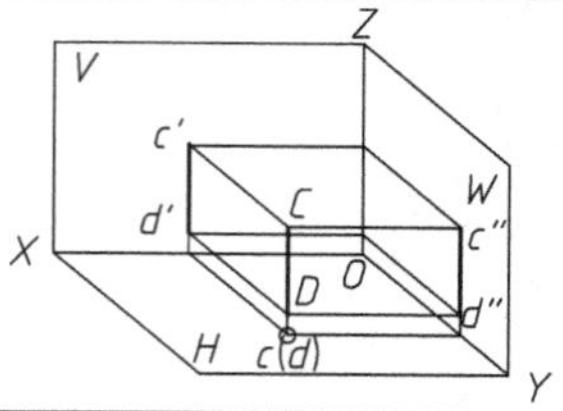	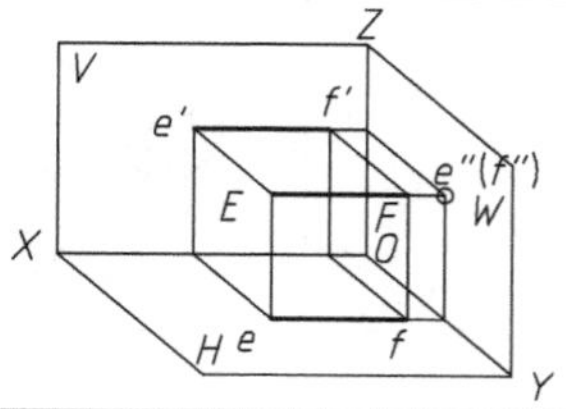
投影图	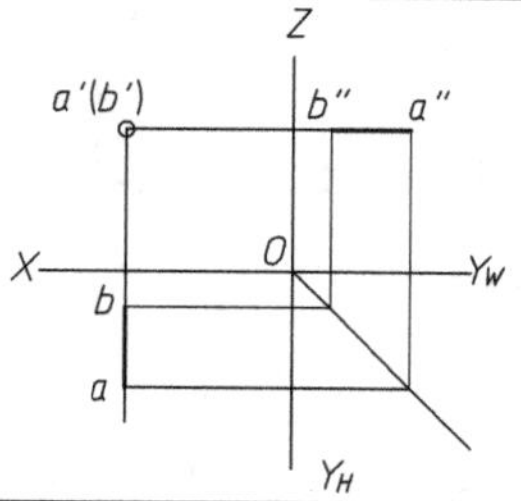	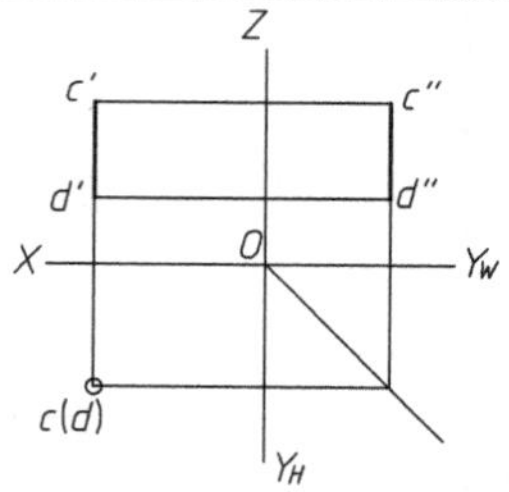	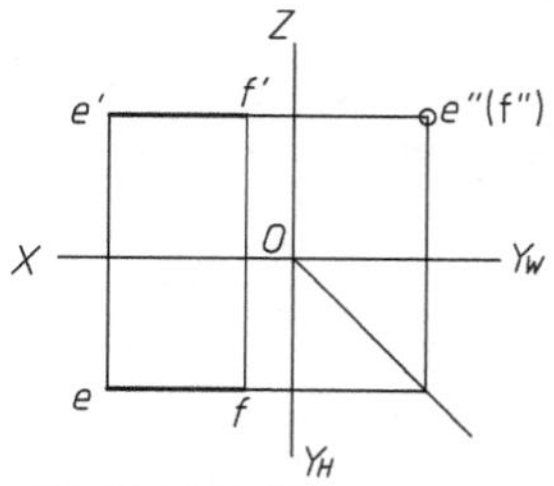
投影特性	1. 正面投影积聚为一点 2. 水平投影及侧面投影分别垂直于 X 轴及 Z 轴,且反映实长	1. 水平投影积聚为一点 2. 正面投影及侧面投影分别垂直于 X 轴及 Y 轴,且反映实长	1. 侧面投影积聚为一点 2. 水平投影及正面投影分别垂直于 Y 轴及 Z 轴,且反映实长

由表3.2可以归纳出投影面垂直线的投影特性如下:

①直线在它所垂直的投影面上的投影积聚成一点;

②直线在其他两投影面上的投影分别垂直于相应的投影轴,且都反映该线段的实长。

实习实作:以所在教室为例,找出有、无投影面的垂直线。

2. 直线上的点的投影

(1)直线上任意点的投影

在空间上，直线与点的相对位置有两种情况，即点在直线上和点不在直线上。若点在直线上，则该点的各个投影一定在直线的同面投影上，且符合点的投影规律，如图3.17(a)所示。反之，点的各投影都在直线的同面投影上，且符合点的投影规律，则该点一定在直线上。在图3.17(b)中，由于 c 在 ab 上，c' 在 $a'b'$ 上，且 $cc' \perp OX$，所以 C 点在 AB 上。

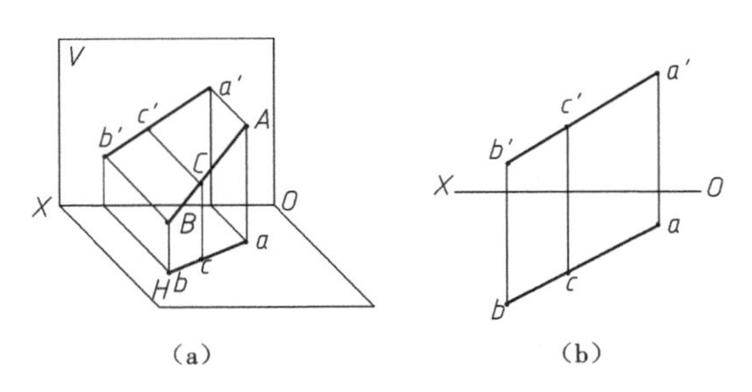

图3.17 直线上的点

(a)立体图 (b)投影图

(2)直线上特定点的投影

图3.17(a)中，C 点把 AB 分成 AC 和 CB 两段，设这两段长度之比为 $m:n$，则有 $AC:CB = ac:cb = a'c':c'b' = m:n$。即点将直线段分成定比，则该点的各个投影必将该线段的同面投影分成相同的比例。这个关系称为定比关系。

【例3.3】 已知 C 点把线段 AB 按 $2:1$ 分成两段，求 C 点的两个投影。

【解】 过 a 作辅助线 aB_0，并在该线段上截取三等分；连接 bB_0；过二等分点 C_0 作 bB_0 的平行线，其与 ab 的交点即为 C 点的水平投影 c；最后利用点的投影性质求出 c'，如图3.18所示。

【例3.4】 已知在侧平线 AB 上一点 C 的正面投影 c'，求其水平投影 c。

方法1：因为 C 点在 AB 上，所以它的各个投影均应在直线的同面投影上，所以可先作出直线的侧面投影 $a''b''$，由 c' 定出 c''，再求出 C 点的水平投影 c，如图3.19(a)所示。

方法2：过 a 作辅助线 aB_0，并在该线段上截取 $aC_0 = a'c'$，$C_0B_0 = c'b'$；连接 bB_0；过 C_0 作 bB_0 的平行线，其与 ab 的交点即为 C 点的水平投影 c，如图3.19(b)所示。

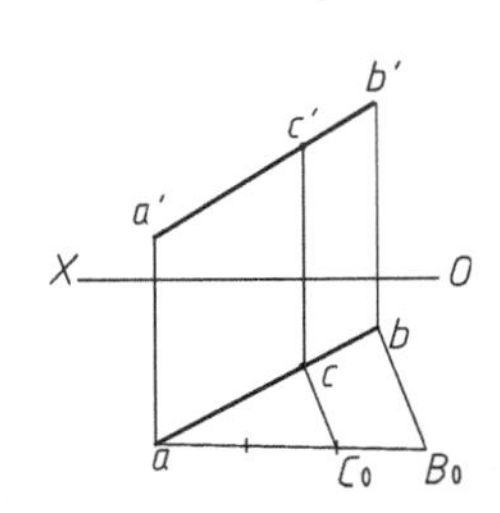

图3.18 一般位置直线上特定点两面投影图

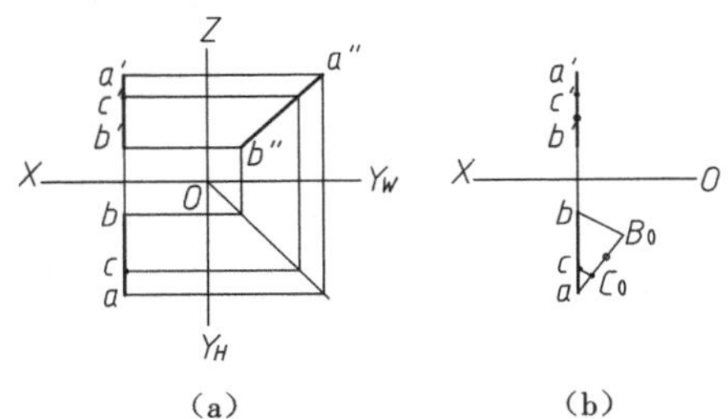

图3.19 侧平线上特定点水平投影

(a)方法1 (b)方法2

思考：如果要判断某一个点是否在侧平线上，可用什么方法？

3. 直角三角形法求实长

由于一般位置直线倾斜于各投影面，因此它的投影不反映线段的实长，且其投影与投影轴的夹角也不反映线段对投影面的倾角。但是线段的两个投影已完全确定它在空间的位置，所以它的实长和倾角是能求出的。

求一般位置直线的实长和倾角的基本方法主要有直角三角形法和变换法两种，本书只介绍直角三角形法。图 3.20 中，过 A 作 $AB_1 /\!/ ab$，得直角三角形 AB_1B，其中 AB 为斜边，$\angle B_1AB$ 就是直线 AB 与 H 面的倾角 α，这个直角三角形的一直角边 $AB_1 = ab$，而另一直角边 $BB_1 = Z_B - Z_A$。所以，根据线段的投影图就可以作出与 $\triangle AB_1B$ 全等的一个直角三角形，从而求得线段的实长及其对投影面的倾角。

【例 3.5】 已知直线 AB 的投影，如图 3.21(a)所示，求 AB 的实长和它与 H、V 面的倾角 α、β。

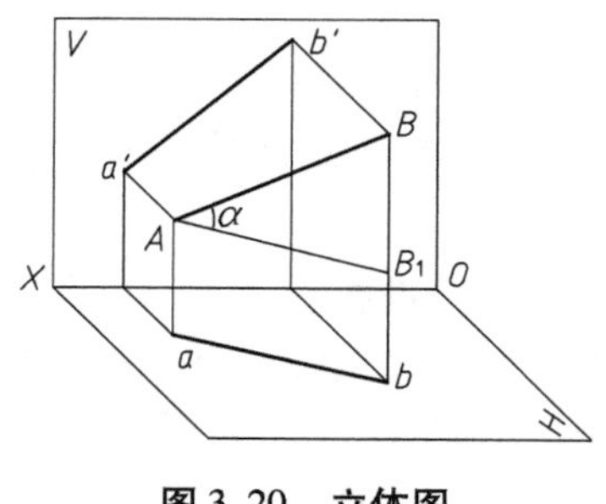

图 3.20 立体图

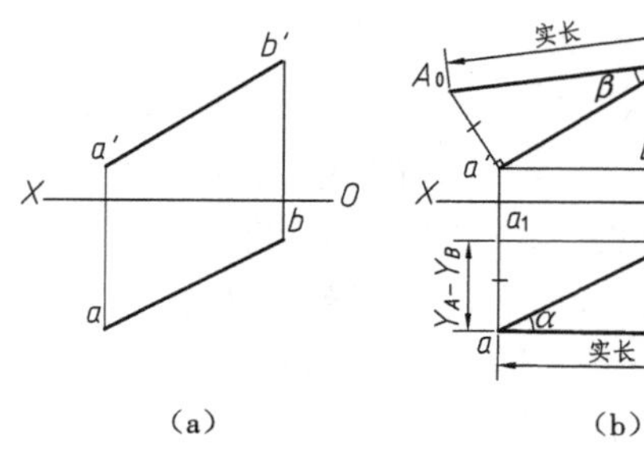

图 3.21 投影图

(a)已知条件 (b)作图过程

【解】 作图过程如图 3.21(b)所示。

①过 a' 作 OX 轴的平行线，交 bb' 于 b_1'，则 $b'b_1' = Z_B - Z_A$；

②以 ab 为一直角边，过 b 作 ab 的垂线，并在垂线上取 $bB_0 = Z_B - Z_A$；

③连接 aB_0，则 aB_0 为线段 AB 的实长，$\angle baB_0$ 是线段 AB 与 H 面的倾角 α。

④过 b 作 OX 轴的平行线，交 aa' 于 a_1，则 $aa_1 = Y_A - Y_B$；

⑤以 $a'b'$ 为一直角边，过 a' 作 $a'b'$ 的垂线 $a'A_0$，并在垂线上取 $a'A_0 = Y_A - Y_B$；

⑥连接 $b'A_0$，则 $b'A_0$ 为线段 AB 的实长，$\angle a'b'A_0$ 是线段 AB 与 V 面的倾角 β。

从上述求线段实长及其倾角的方法中，可归纳出利用直角三角形法作图的一般规则，以线段的某一投影面上的投影为一直角边，以线段两端点到该投影面上的距离差(即坐标差)为另一直角边，所构成的直角三角形的斜边就是线段的实长，而且此斜边与该投影的夹角就等于该线段对投影面的倾角。

提示：在直角三角形的四要素(投影长、坐标差、实长及倾角)中，只要知道其中的任意两个，就可以作出该直角三角形，也可求出其他两要素。

【例 3.6】 已知直线 AB 的水平投影 ab 及 A 点的正面投影 a'，如图 3.22(a)所示，并知

AB 对 H 面的倾角 $\alpha=30°$，求 $a'b'$。

【解】 作图过程如图3.22(b)所示。

①以 ab 为一直角边，过 b 作与 ab 成30°角的斜线，此斜线与过 a 点的垂线交于 A_0，aA_0 即为另一直角边，所以 $aA_0=|Z_B-Z_A|$；

②过 a' 作 OX 轴平行线，过 b 作 OX 轴的垂线，两线交于 b_1' 点；

③从 b_1' 点沿竖直方向向上或向下(此题有两解)量取 $aA_0=|Z_B-Z_A|$ 长度，所得端点即为 B 点的正面投影 b'。

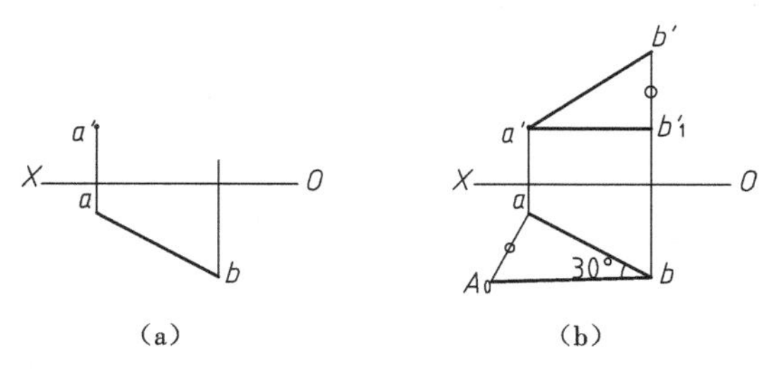

图3.22　求直线的投影
(a)已知条件　(b)作图过程

实习实作：以所在教室为例，判断教室各墙线、设备的轮廓线各属于哪类直线，并判断两直线之间的关系。以某一具体建筑为例，判断各轮廓线各属于哪类直线，并判断两直线之间的关系。

3.1.4　平面的投影

1.平面的表示法

(1)几何表示法

由初等几何可知，一平面可由下列任一组几何元素确定它的空间位置：

①不在同一直线上的三点，如图3.23(a)所示；

②一直线和直线外一点，如图3.23(b)所示；

③两相交直线，如图3.23(c)所示；

④两平行直线，如图3.23(d)所示；

⑤平面图形，如图3.23(e)所示。

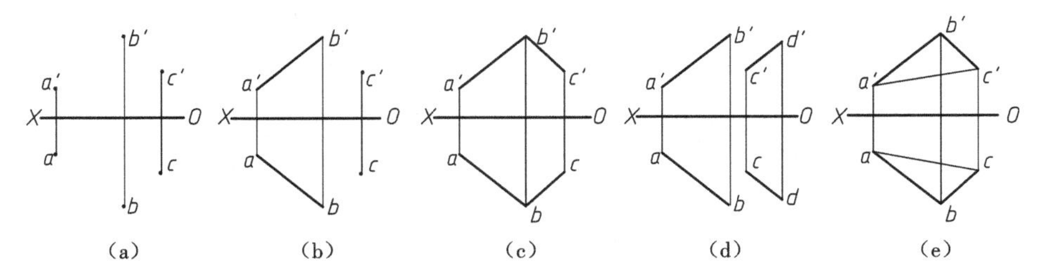

图3.23　平面的表示方法
(a)不共线的三点　(b)直线和直线外一点　(c)两相交直线　(d)两平行直线　(e)平面图形

在投影图中可以用上述任一组几何元素的两面投影来表示平面，并且同一平面在同一位置用任一组几何元素来表示位置都不变。

提示：平面图形 ABC 只表示在三角形 ABC 范围内的那一部分平面；平面 ABC 则应理解为通过三角形 ABC 的一个广阔无边的平面。

(2)迹线表示法

平面与投影面的交线称为迹线，如图3.24所示。平面 P 与 H、V、W 面的交线分别称为水平迹线 P_H、正面迹线 P_V、侧面迹线 P_W。用迹线表示的平面称为迹线平面。图3.25(a)表示的是铅垂面 P，图3.25(b)表示的是一般位置平面 Q。

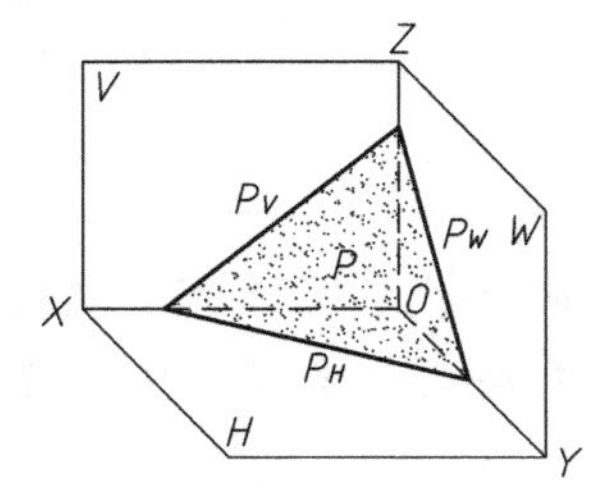

图3.24　迹线立体图

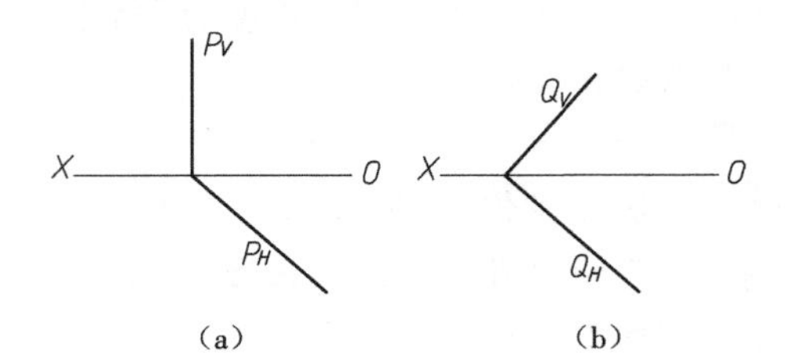

图3.25　迹线平面

(a)铅垂面　(b)一般位置平面

2. 各种位置平面的投影

在三面投影体系中，根据平面与投影面的相对位置不同，平面可以划分为一般位置平面、投影面平行面和投影面垂直面。后两种平面又统称为特殊位置平面。平面对 H、V、W 面的倾角分别用 α、β、γ 表示。以下分别介绍各种位置平面的投影特点。

(1)一般位置平面的投影

对3个投影面都处于倾斜位置的平面称为一般位置平面。以平面图形表示的一般位置平面3个投影都是原平面图形的类似图形，如图3.26所示。

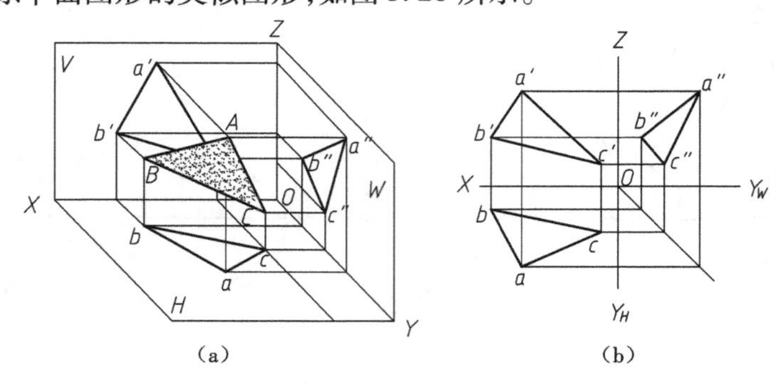

图3.26　一般位置平面

(a)立体图　(b)投影图

一般位置平面投影具有下列特点：

①各投影都是原平面图形的类似图形，均不反映平面的实形；

②平面的各投影也无积聚性，投影图中不能直接反映平面对投影面的倾角。

(2)投影面平行面的投影

平行于一个投影面而与其他两个投影面垂直的平面称为投影面平行面。根据平行的投影面不同，投影面平行面可分为3种：平行于水平投影面 H 的平面称为水平面；平行于正投影面 V 的平面称为正平面；平行于侧投影面 W 的平面称为侧平面。虽然平行的投影面不同，但它们具有相似的投影性质。

各种平行面的立体图、投影图及投影特性如表3.3所示。现以水平面为例分析如下：

①$\alpha=0$，平面在 H 面上的投影反映实形；

②由于平面上所有点的 Z 坐标相等，平面在 V、W 两投影面上的投影均积聚成一条垂直于 Z 轴的直线。

由表3.3可以归纳出投影面平行面的投影特性如下：

①平面在它所平行的投影面上的投影反映实形；

②平面在其他两投影面上的投影均积聚成一条直线，其方向与相应投影轴垂直。

实习实作：以所在教室为例，判断有无投影面的平行面。

表3.3　投影面平行面

名称	正平面(//V面)	水平面(//H面)	侧平面(//W面)
立体图			
投影图			
投影特性	1. 正面投影反映实形 2. 水平投影及侧面投影积聚成一直线，且分别平行于 X 轴及 Z 轴	1. 水平投影反映实形 2. 正面投影及侧面投影积聚成一直线，且分别平行于 X 轴及 Y 轴	1. 侧面投影反映实形 2. 水平投影及正面投影积聚成一直线，且分别平行于 Y 轴及 Z 轴

(3)投影面垂直面的投影

只垂直于一个投影面而与其他两投影面倾斜的平面称为投影面垂直面。根据垂直的投影面不同,投影面垂直面可分为3种:垂直于水平投影面 H 的平面称为铅垂面;垂直于正投影面 V 的平面称为正垂面;垂直于侧投影面 W 的平面称为侧垂面。虽然各种投影面垂直面垂直的投影面不同,但它们具有相似的投影性质。

各种垂直面的立体图、投影图及投影特性如表3.4所示。现以铅垂面为例分析如下:

①由于 $\alpha=90°$,所以平面在 H 面的投影积聚成一条直线,其与 OX、OY 轴的夹角分别反映平面对 V、W 面的倾角 β、γ;

②平面的正面投影和侧面投影均为原平面图形的类似形。

由表3.4可以归纳出投影面垂直面的投影特性如下:

①平面在它所垂直的投影面上的投影积聚成一直线,其与相应投影轴的夹角分别反映平面对其他两投影面的倾角;

②平面在其他两投影面上的投影均为原图形的类似图形。

表3.4 投影面垂直面

名称	正垂面(⊥V面)	铅垂面(⊥H面)	侧垂面(⊥W面)
立体图	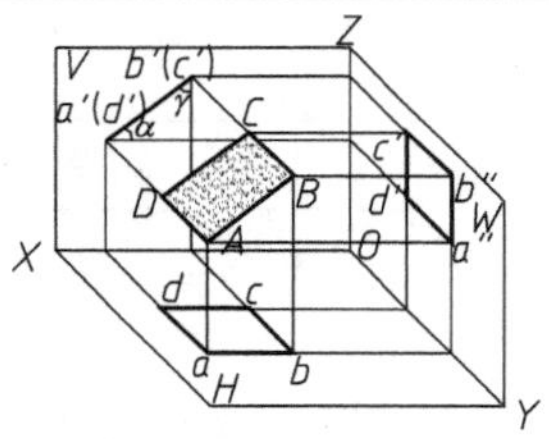	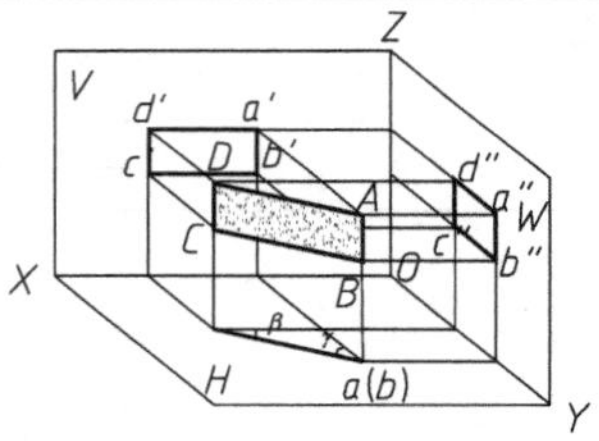	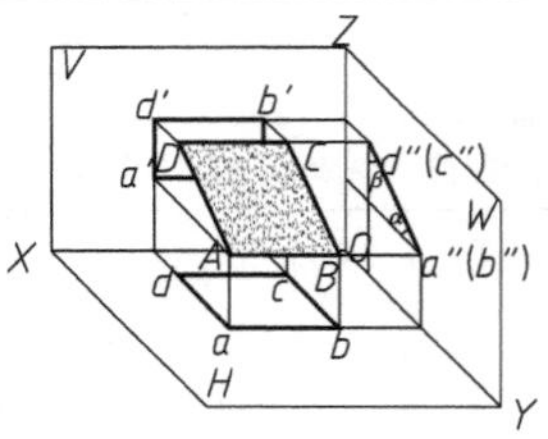
投影图	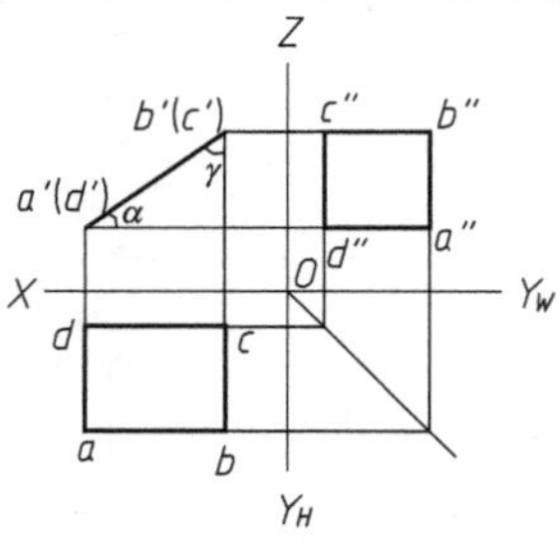	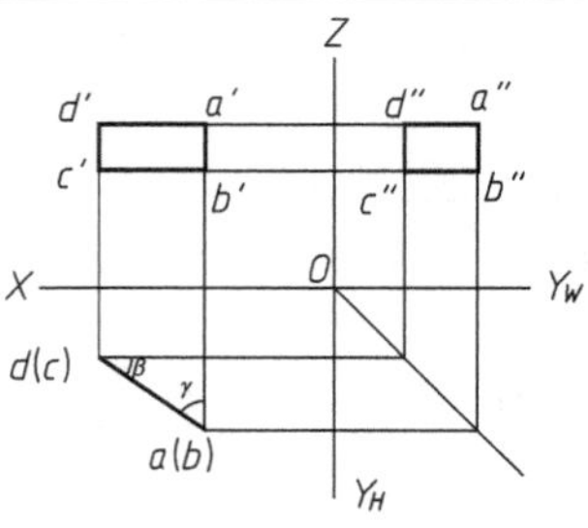	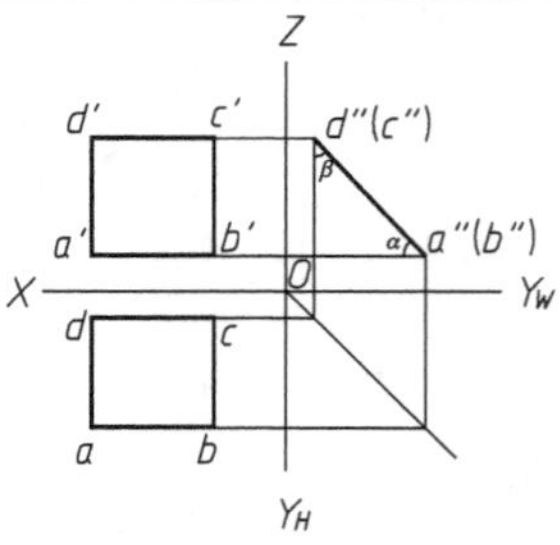
投影特性	1. 正面投影积聚成一直线 2. 正面投影与 X 轴和 Z 轴的夹角分别反映平面与 H 面和 W 面的倾角 3. 水平投影及侧面投影为平面的类似图形	1. 水平投影积聚成一直线 2. 水平投影与 X 轴和 Y 轴的夹角分别反映平面与 V 面和 W 面的倾角 3. 正面投影及侧面投影为平面的类似图形	1. 侧面投影积聚成一直线 2. 侧面投影与 Y 轴和 Z 轴的夹角分别反映平面与 H 面和 V 面的倾角 3. 水平投影及正面投影为平面的类似图形

实习实作：以所在教室为例，判断教室各墙面、设备的各表面属于哪类平面，墙上、顶棚上的门、窗、灯具、开关、投影仪等点、线的位置；实测某一墙面（包括墙上的门窗、灯具、开关、投影幕布等），绘出投影图。

3. 平面上的点和直线

(1) 在平面内取点和直线

1) 点和直线在平面上的几何条件

①如果点位于平面内的任一直线上，则此点在平面上。

②如果一直线通过平面上两已知点或过平面上一已知点且平行于平面上一已知直线，则此直线在平面上。

在图3.27中，AB、BC均为平面P上的直线，在AB和BC上各取一点E和F，则由该两点所决定的直线EF一定在平面P上。若过C点作直线$CM /\!/ AB$，则直线CM也一定是平面P上的直线。

2) 在平面上取直线的方法

①在平面上取两已知点连成直线；

②在平面上过一已知点作平面上一已知直线的平行线。

【例3.7】　在图3.28(a)中，在相交两直线AB、BC所确定的平面上任作一直线。

【解】　在图3.28(b)中，在直线AB上任取一点$E(e、e')$，在直线BC上任取一点$F(f、f')$，则直线EF一定在已知平面上。或通过平面上一已知点$C(c、c')$，作直线CM（cm、$c'm'$）$/\!/ AB$，则直线CM也一定在平面上。

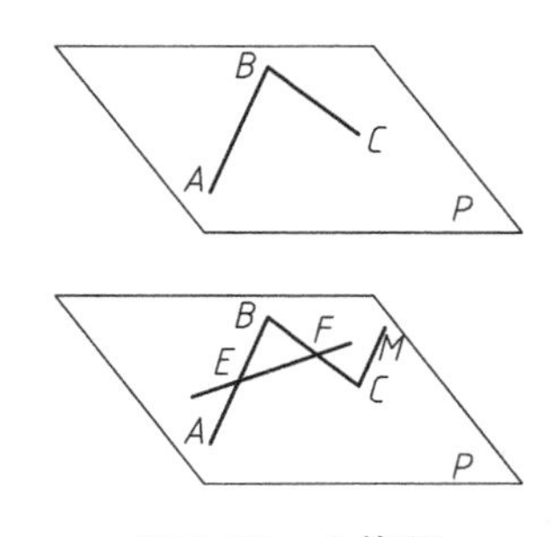

图3.27　立体图

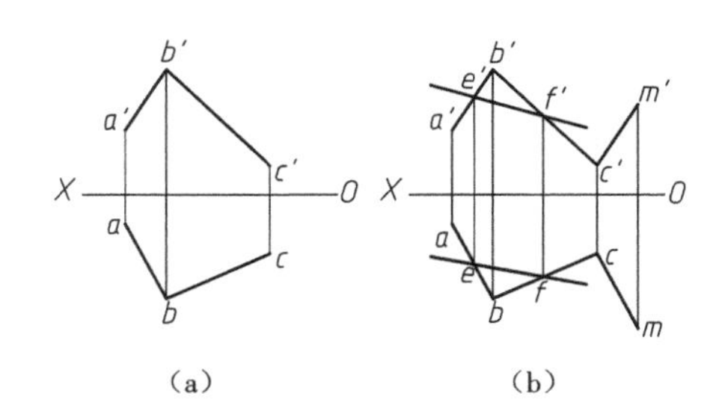

图3.28　投影图

(a)已知条件　(b)作图过程

3) 在平面上取点的方法

①直接在平面上的已知直线上取点；

②先在平面上取直线，然后在该直线上取点。

【例3.8】　已知点E、F均在平面ABC上，如图3.29(a)所示，求e、f。

【解】　连接$c'e'$并延长交$a'b'$于m'，那么E点为平面内直线CM上的点；作出M点的水平投影m并连接CM，最后作出E点的水平投影e。同理，连接$a'f'$交$c'b'$于n'，F点为平面内

直线 AN 上的点；作出 N 点的水平投影 n，连接 an 并延伸，最后作出 F 点的水平投影 f，如图 3.29(b)所示。

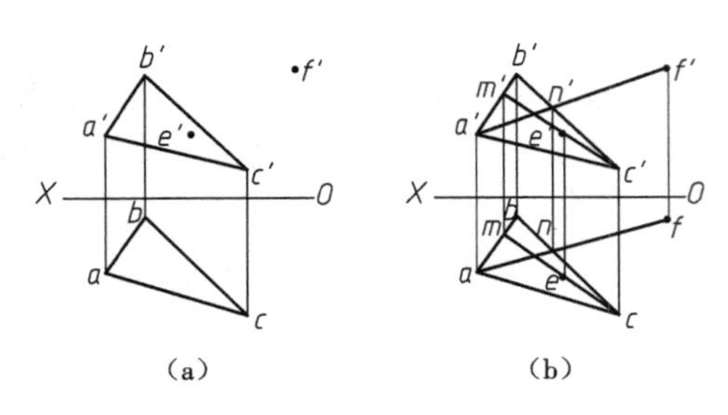

(a)　　　　(b)

图 3.29　在平面上取点

(a)已知条件　(b)作图过程

(2)平面内的投影面平行线

平面内的投影面平行线属于平面内的特殊位置直线。由于投影面有 H 面、V 面、W 面，所以平面内的投影面平行线有水平线、正平线、侧平线 3 种。平面内的投影面平行线既是平面内的直线，又是投影面平行线，它除具有投影面平行线的投影特性外，还应符合直线在平面内的几何条件。

【例 3.9】　已知点 E 在平面 ABC 上，如图 3.30(a)所示，试通过 E 点作平面内的水平线 EF。

分析　由于 $EF // H$ 面，因此有 $e'f' // OX$。具体作图过程如图 3.30(b)所示。

(a)　　　　(b)

图 3.30　作平面内的直线

(a)已知条件　(b)作图过程

3.1.5　直线和平面的相对位置

1. 两直线的相对位置

空间两直线的相对位置有 3 种，即相交、平行和交叉。前两种为共面直线，后者为异面直线。

(1)平行直线

由平行投影性质可知：若两直线平行，则它们的各组同面投影必互相平行。反之，若两直线的各组同面投影互相平行，则两直线在空间上也一定互相平行。

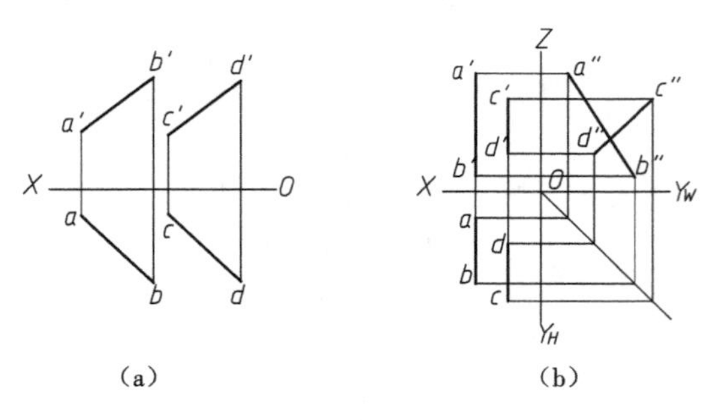

(a)　　　　(b)

图 3.31　两直线的相对位置

(a)两直线平行　(b)两直线不平行

对一般位置的两直线，仅根据它们的水平投影和正面投影互相平行，就可判断其在空间上也互相平行。图 3.31(a)中，由于 $ab // cd$、$a'b' // c'd'$，所以 $AB // CD$。但是，当两直线同时平行于某一投影面时，一般还要看两直线在所平行的那个投影面上的投影是否平行，才能确定两直线是否平行。在图 3.31(b)中，由于直线 AB 和 CD 都是侧平线，所以有 $ab // cd$、$a'b' // c'd'$。但由于它们的侧面投影不平行，所以直线 AB 不平行 CD。

(2)相交直线

如果空间两直线相交，则它们的各组同面投影也必相交，且交点的投影必符合点的投影规律。反之，如果两直线的各组同面投影均相交，且各投影的交点符合点的投影规律，则此两直线在空间上也一定相交。

在投影图上判别空间两直线是否相交，对一般位置的两直线，只需观察两组同面投影即可。在图3.32(a)中，由于 $ab \cap cd = k$、$a'b' \cap c'd' = k'$，且 $kk' \perp OX$，所以直线 AB 与 CD 相交。

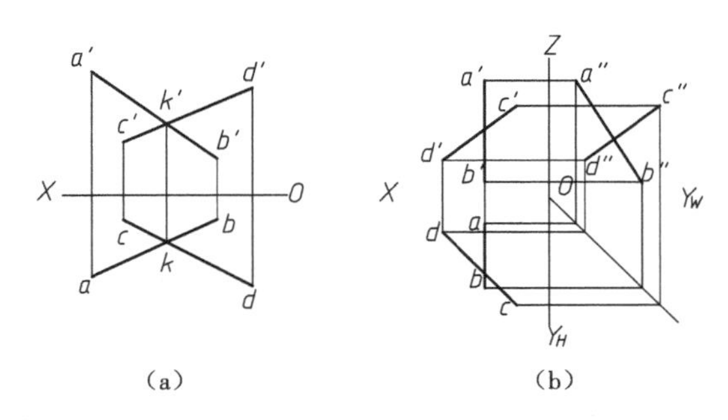

图3.32　两直线的相对位置

(a)两直线相交　(b)两直线不相交

但是，当两直线中有一条直线平行于某一投影面时，一般还要看直线所平行的那个投影面上的投影才能确定两直线是否相交。在图3.32(b)中，直线 AB 和 CD 的正面投影和水平投影均相交，由于 AB 是侧平线，所以还需检查它们侧面投影的交点是否符合点的投影规律。从图中可以看出正面投影交点与侧面投影交点的连线不垂直于 OZ 轴，所以 AB 和 CD 不相交。

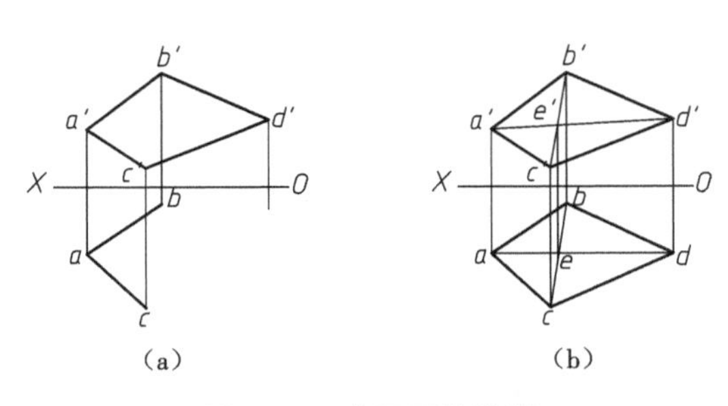

图3.33　求平面的投影

(a)已知条件　(b)作图过程

【例3.10】　已知四边形 $ABCD$ 的正面投影及 AB、AC 的水平投影，如图3.33(a)所示，试完成其水平投影。

【解】　连接 bc、$b'c'$、$a'd'$，D 点可看成△ABC 平面内一直线 AE 上的一点，然后利用在平面内取点的方法求出 D 点的水平投影，如图3.33(b)所示。

(3)交叉直线

在空间上既不平行也不相交的两直线称为交叉直线。在投影图上，凡是不符合平行或相交条件的两直线都是交叉直线。

【例3.11】　已知直线 AB 和 CD 两直线的投影图，如图3.34所示，试判别它们的相对位置关系。

【解】　两者为交叉直线。

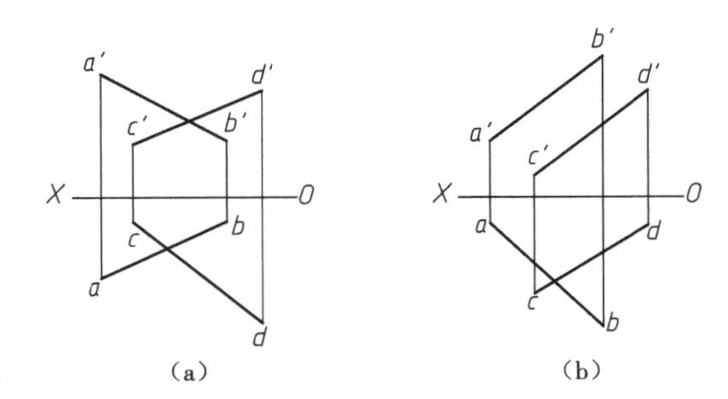

图3.34　两交叉直线

(a)判别 V、H 面重影点　(b)判别 H 面重影点

(4)一边平行于投影面的直角的投影

角度的投影一般不反映实际角度，只有当角所在的平面平行于某一投影面时，它在该投影面上的投影才反映真实角度大小。而对于直角，当直角的两边都不平行于投影面时，其投影肯定不是直角；当直角所在的平面平行于某一投影面时，它在该投影面上的投

影仍是直角。

直角的投影特性：当一条直角边平行于某一投影面时，直角在该面上的投影仍是直角。此性质又称为直角投影定理。

在图3.35(a)中，若$AB \perp BC$，且$BC /\!/ H$面，则有$ab \perp bc$，如图3.35(b)所示。

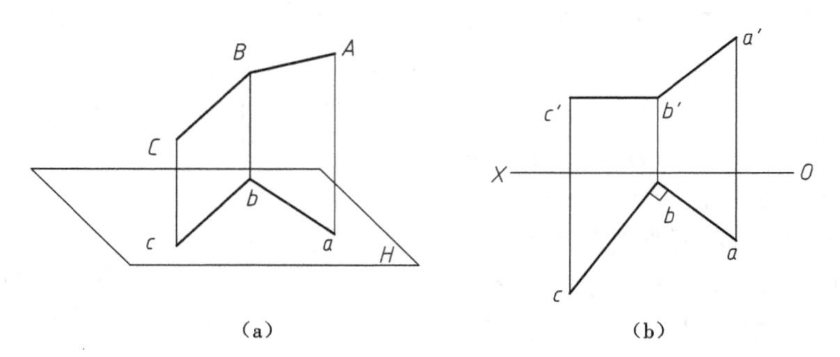

图3.35　一边平行于投影面的直角的投影

(a)立体图　(b)投影图

直角投影定理既适用于互相垂直的相交两直线，也适用于交叉垂直的两直线。

【例3.12】　求A点到正平线BC的距离，如图3.36(a)所示。

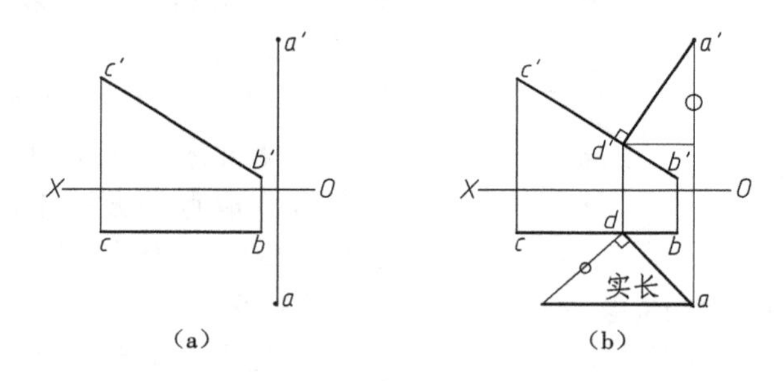

图3.36　求点到直线的距离

(a)已知条件　(b)求作过程

【解】　求一点到某直线的距离实际上就是求过该点的垂线段的实长。设垂足为D点，由于$AD \perp BC$，$BC /\!/ V$，所以有$a'd' \perp b'c'$；求出垂线AD的投影后，再利用直角三角形法求AD实长，如图3.36(b)所示。

【例3.13】　已知$\triangle ABC$为等腰直角三角形，一直角边BC在正平线EF上，如图3.37(a)所示，试完成其投影。

【解】　由于$AB \perp EF$，且$EF /\!/ V$，所以有$a'b' \perp e'f'$；利用直角三角形法求AB实长；过b'在$e'f'$上量取$b'c' = AB = BC$。具体过程如图3.37(b)所示。

2. 直线和平面相交

直线与平面相交，只有一个交点。直线与平面的交点既在直线上，又在平面内，是直线与平面的公共点。因此，求直线与平面的交点问题，实质上就是求直线与平面的公共点问题。

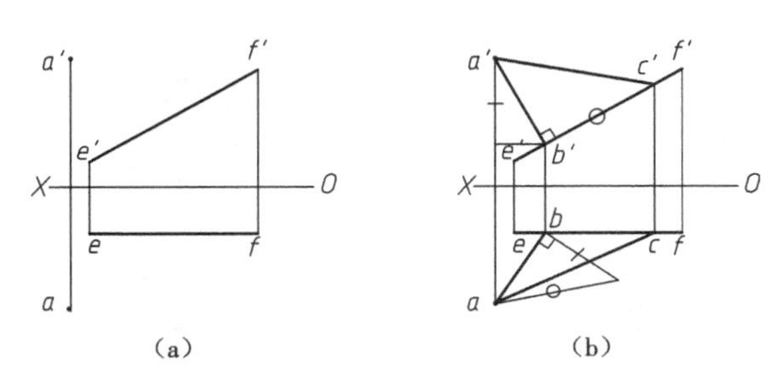

图3.37　求平面的投影

(a)已知条件　(b)求作过程

平面与平面相交,交线是一条直线。求出交线上的两个公共点,连接起来就得到两平面的交线。因此,求平面与平面交线的问题,实质上就是求两平面的两个公共点的问题。

(1)一般位置直线与投影面垂直面相交

当相交的两元素中有一个垂直于某投影面时,可利用其在垂直的投影面上的积聚性及交点的共有性,直接求出交点的一个投影。

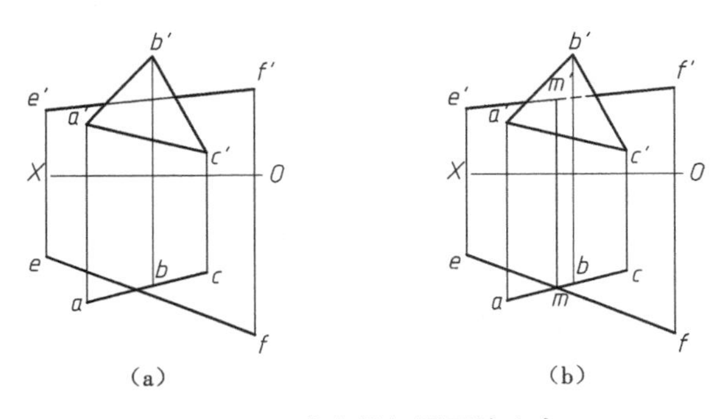

图3.38　求直线与平面的交点

(a)已知条件　(b)求作过程

如图3.38(a)所示,铅垂面△*ABC*与一般位置直线*EF*相交,交点*M*的*H*面投影*m*必在平面△*ABC*的*H*面投影线段*abc*上,又必在直线*EF*的*H*面投影*ef*上。因此,*m*必在线段*abc*与*ef*的交点上。定出交点*M*的*H*面投影*m*后,根据交点的公有性,*m'*必在*e'f'*上。即过*m*作*OX*轴垂线,与*e'f'*交于*m'*。*m*、*m'*即为*EF*与平面△*ABC*交点*M*的两投影,如图3.38(b)所示。

(2)一般位置平面与投影面垂直面相交

如图3.39(a)所示,铅垂面△*ABC*与一般位置平面*DEF*相交。求它们的交线时,可把一般位置平面*DEF*看成由两相交直线*DF*、*EF*构成,这样就可利用求一般位置直线与投影面垂直面交点的方法,分两次求得两交点*M*、*N*,连接起来即得交线*MN*,如图3.39(b) 所示。

(3)投影面垂直线与一般位置平面相交

在图3.40(a)中,铅垂线*EF*与平面△*ABC*相交于*M*点。由于直线*EF*的投影在*H*面上有积聚性,所以交点*M*的*H*面投影与*e*、*f*积聚为一点,其*V*面投影*m'*可用在平面内取点的方法求出,如图3.40(b)所示。

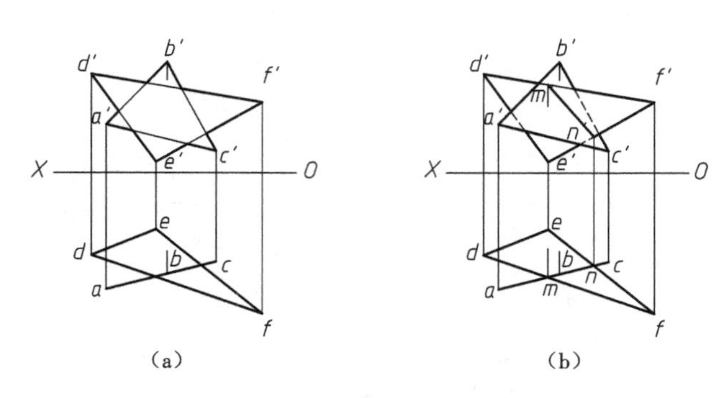

图 3.39　求两平面交线

(a)已知条件　(b)求作过程

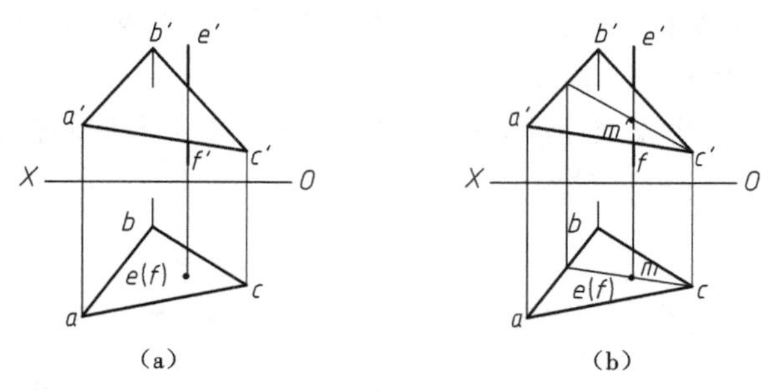

图 3.40　求直线与平面的交点

(a)已知条件　(b)求作过程

3.2　基本体投影的识读与绘制

3.2.1　平面立体的投影

表面由平面所围成的几何体称为平面立体。由于平面立体由其平面表面所决定,所以平面立体的投影就是围成它的表面的所有平面图形的投影。在平面立体表面上作点和线,也就是在它的表面平面上作点和线。常见的平面立体有棱柱和棱锥两种。

1. 棱柱体

底面为多边形,各棱线互相平行的立体就是棱柱体。棱线垂直于底面的棱柱叫直棱柱,直棱柱的各侧棱面为矩形;棱线倾斜于底面的棱柱叫斜棱柱,斜棱柱的各侧棱面为平行四边形。

(1)棱柱的投影

图 3.41(a)为一铅垂放置的正六棱柱,其六个棱面在 *H* 面上积聚,上下底投影反映实形;*V* 面上投影对称,一个棱面反映矩形的实形,两个棱面为等大的矩形类似形; *W* 面上为两个等大的对称矩形类似形。3 个投影展开后得六棱柱的三面投影,如图 3.41(b)所示。

在图 3.41(a)、(b)中我们把 *X* 轴方向叫做立体的长度,*Y* 轴方向叫做立体的宽度,*Z* 轴方向叫做立体的高度,从图中可见 *V*、*H* 面投影都反映立体的长度,展开后这两个投影左右对齐,

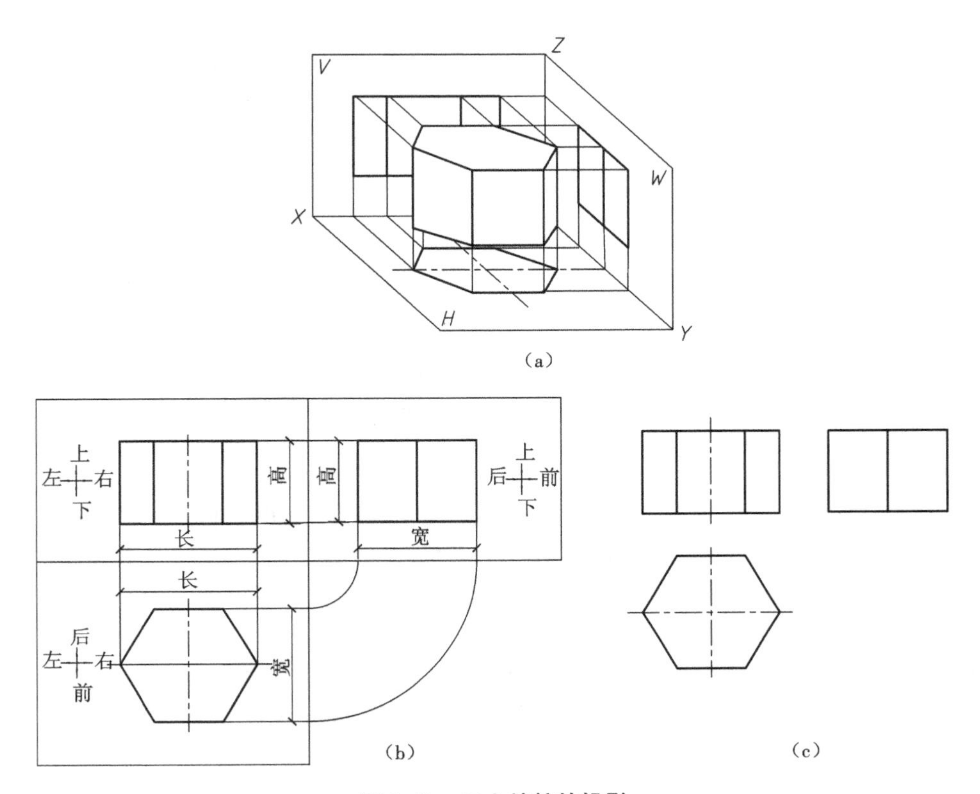

图 3.41　正六棱柱的投影

(a)立体图　(b)作图过程　(c)投影图

这种关系称为“长对正”。*H*、*W* 面投影都反映立体的宽度，展开后这两个投影宽度相等，这种关系称为“宽相等”。*V*、*W* 面投影都反映立体的高度，展开后这两个投影上下对齐，这种关系称为“高平齐”。

同时，从图 3.41(b)中我们还可以看到 *V* 面投影反映立体的上下和左右关系，*H* 面投影反映立体的左右和前后关系，*W* 面投影反映立体的上下和前后关系。

至此，立体 3 个投影的形状、大小、前后均与立体距投影面的位置无关，故立体的投影均不需再画投影轴、投影面，而 3 个投影只要遵守“长对正、宽相等、高平齐”的原则，就能够正确地反映立体的形状、大小和方位，如图 3.41(c)所示。

该立体作图时先作 *H* 面上反映实形的正六边形，再在合适的位置对应作出 *V*、*W* 面投影。“长对正、宽相等、高平齐”是画立体正投影的投影规律，画任何立体的三面投影都必须严格遵守。

图 3.42 (a)为一水平放置的正三棱柱(可视为双坡屋顶)，两个棱面垂直于 *W*，一个棱面平行于 *H*，两个端面平行于 *W*，按照“长对正、宽相等、高平齐”作正投影后，*V* 面投影为矩形的类似形；*H* 面投影为可见两个矩形的类似形和一个不可见矩形的实形；*W* 面投影为三角形的实形，如图 3.42(b)所示。

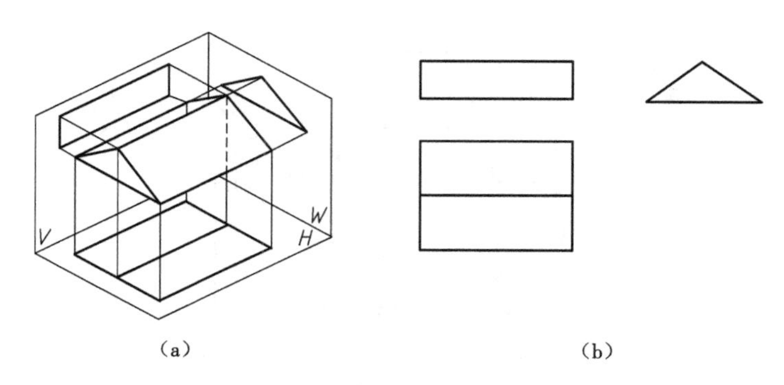

(a)　　　　(b)

图 3.42　三棱柱的投影

(a)立体图　(b)投影图

(2)棱柱表面上的点

在平面立体表面上取点,其方法与平面内取点相同,只是平面立体是由若干个平面围成的,投影时总会有两个表面重叠在一起,就有一个可见性问题。只有位于可见表面上的点才是可见的,反之不可见。所以要确定立体表面上的点,先要判断它位于哪个平面上。

如图 3.43(a)所示,六棱柱的表面分别有 A、B、C 点的一个投影,求其他的两个投影。

投影分析:从 V 面投影看,a'在中间图框内且可见,则 A 点应在六棱柱最前的棱面上;b'在右面的图框内且不可见,B 点应在六棱柱右后方的棱面上;从 H 面投影看,c 在六边形内且可见,C 点应在六棱柱上表面上。

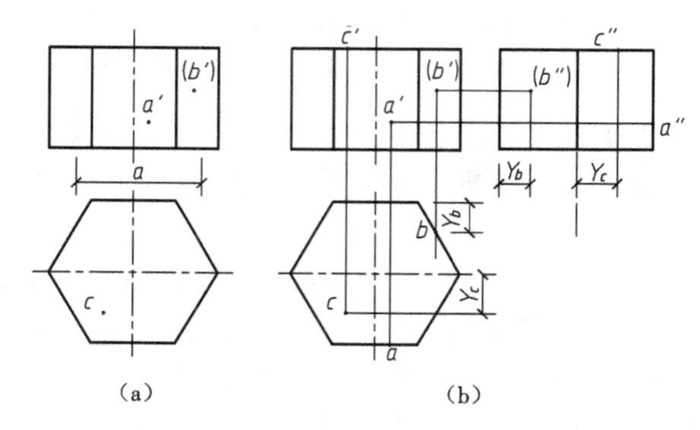

(a)　　　　(b)

图 3.43　棱柱表面上定点的投影

(a)已知条件　(b)作图过程

作图:由于六棱柱的 6 个侧面均积聚在 H 面投影上,所以 A、B 两点的 H 面投影应在相应侧面的积聚投影上,利用积聚性即可求得,如图 3.43(b)所示,它们的 W 面投影和 C 点的 V、W 面投影则可根据“长对正、宽相等、高平齐”求得。注意判断可见性。

2. 棱锥体

底面为多边形,所有棱线均相交于一点的立体就是棱锥体。正棱锥底面为正多边形,其侧棱面为等腰三角形。

(1)棱锥的投影

图3.44(a)为一正置的正四棱台,H 面投影外框为矩形,反映4个梯形棱面的类似形,顶面反映矩形实形,而底面为不可见的矩形;在 V、W 面上的梯形均反映棱面的类似形。其三面投影图如图3.44(b)所示。

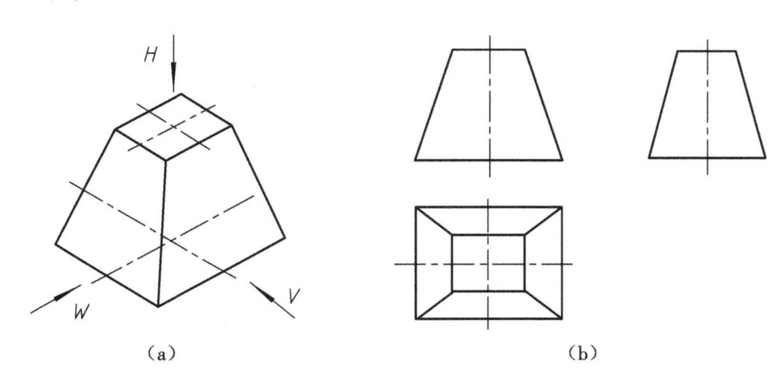

图3.44　正四棱台

(a)立体图　(b)投影图

(2)棱锥表面上的点

棱锥表面定点的方法和棱柱有相似之处,不同的是棱锥表面的点绝大多数没有积聚性,不能利用积聚性找点。关键是点与平面从属性的应用。

如图3.45(a)所示,已知正三棱锥 $S\text{-}ABC$ 表面上的点 M、N 的一个投影,求其他两个投影。

投影分析:从 V 面投影看,M 点应在三棱锥的左前棱面 SAB 上;从 H 面投影看,N 点应在三棱锥的后棱面 SAC 上。由于三棱锥的3个棱面均处于一般位置,没有积聚性可利用,所以要利用平面内取点的方法(辅助线法)。

作图:如图3.45(b)所示,过点 M 作辅助线 SM,即连接 $s'm'$ 并延长交底边得 $s'd'$,向 H 面上投影得 sd,由 m' 向下作竖直线交 sd 得 m,利用宽度 Y_m 相等,确定 m'',因为 SAB 棱面在三投影中都可见,所以 M 点的三面投影也可见。

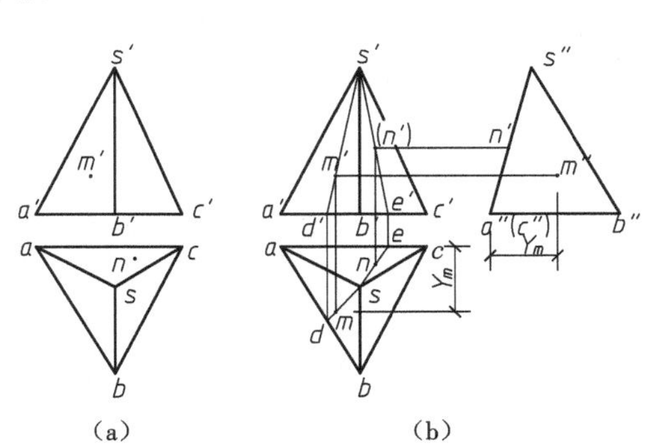

图3.45　棱锥表面上定点的投影

(a)已知条件　(b)作图过程

同理可得 n' 和 n''。连接 sn 并延长交于 ac 得 se,求出 $s'e'$,过 n 作竖直线交 $s'e'$ 得 n',根据投影规律求得 n''。因为 SAC 棱面处于三棱锥的后面,故 n' 不可见,n'' 则积聚在 $s''a''c''$ 上,如图3.45(b)所示。

提示:这里的辅助线并不一定都要过锥顶,我们还可以作底边的平行线、棱面上过已知点的任意斜线。

3.2.2 曲面立体的投影

由曲面或曲面与平面所围成的几何体,称为曲面立体。常见的曲面立体是回转体。回转体是曲面立体中形状较规则的一类,它是由回转面与平面(有的无平面)所围成的立体,最常见的是圆柱、圆锥、球等。

1. 圆柱体

(1)圆柱体的投影

圆柱体是直母线 AB 绕轴线旋转形成的圆柱面与两圆平面为上下底所围成的立体。如图 3.46 所示。图 3.46(b)为正置圆柱体的三面投影图。

H 面投影为一圆周,反映圆柱体上、下两底面圆的实形,圆柱体的侧表面积聚在整个圆周上;V 面投影为一矩形,由上、下底面圆的积聚投影及最左、最右两条素线组成。这两条素线是圆柱体对 V 面投影的转向轮廓线,它把圆柱体分为前半圆柱体和后半圆柱体,前半圆柱体可见,后半圆柱体不可见,因此它们也是正面投影可见与不可见的分界线;W 面投影为一矩形,是由上、下两底面圆的积聚投影及最前、最后两条素线组成。这两条素线是圆柱体对 W 面投影的转向轮廓线,它把圆柱体分为左半圆柱体和右半圆柱体,左半圆柱体可见,右半圆柱体不可见,因此它们也是侧面投影可见与不可见的分界线。

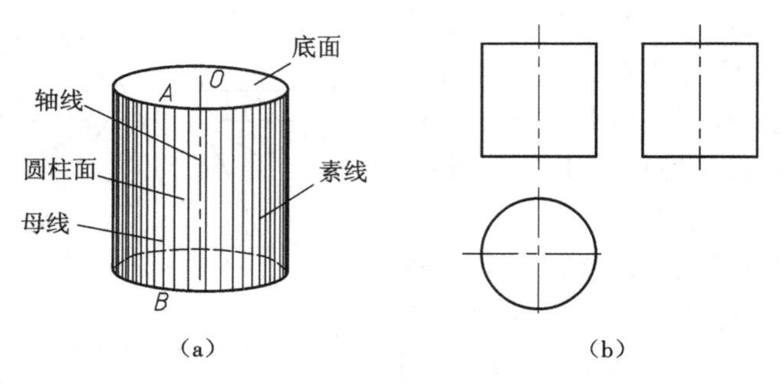

图 3.46 圆柱体的投影

(a)立体图 (b)投影图

由于圆柱体的侧表面是光滑的曲面,实际上不存在最左、最右、最前、最后这样的轮廓素线,它们仅仅是因投影而产生的。因此,投影轮廓素线只在相应的投影中存在,在其他投影中则不存在。

(2)圆柱表面上的点

由于圆柱侧表面在轴线所垂直的投影面上投影积聚为圆,故可利用积聚性来作图。如图 3.47(a)所示,已知圆柱表面上的点 K、M、N 的一个投影,求其他两个投影。

投影分析与作图过程如下。

①特殊点。从 V 面投影看，k' 在正中间且不可见，则 K 点应在圆柱最后的素线上（转向轮廓线上），其他两个投影也应该在这条素线上。像这样转向轮廓线上的点可直接求得，如图3.47(b)所示。

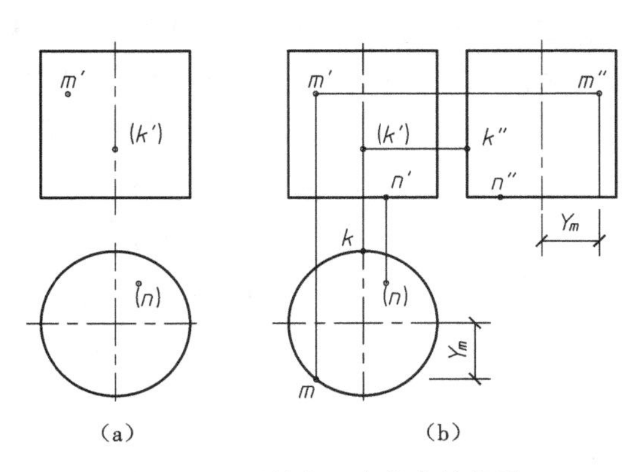

图3.47　圆柱表面上的点的投影

(a)已知条件　(b)作图过程

②一般点。从 V 面投影看，m' 可见，则 M 点在左前半圆柱上，由于整个圆柱面水平投影积聚在圆周上，所以 m 也应该在圆周上，由"长对正"可直接求得。m'' 则通过"宽相等、高平齐"求得。

从 H 面投影看，N 点应在圆柱的下底面上，其他两个投影也应该在相应的投影上，利用"长对正、宽相等"可以求出 n'、n''。

2. 圆锥体

(1)圆锥体的投影

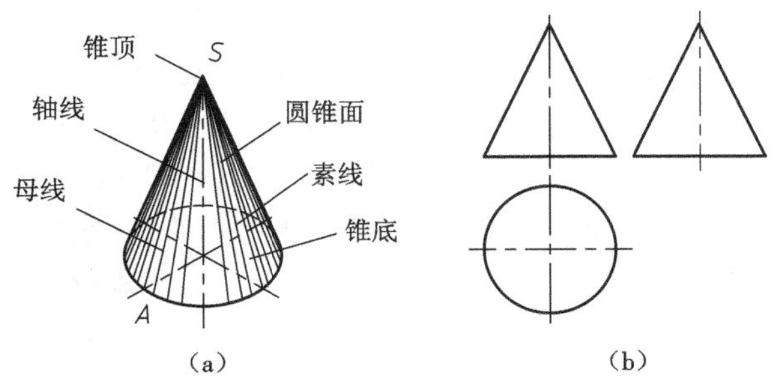

图3.48　圆锥体的投影

(a)立体图　(b)投影图

圆锥体是直母线 SA 绕过 S 点的轴线旋转形成的圆锥面与圆平面为底所围成的立体，如图3.48(a)所示。图3.48(b)为正置圆锥体的三面投影图。

H 面投影为一圆周，反映圆锥体下底面圆的实形。锥表面为光滑的曲面，其投影与底面圆重影且覆盖其上；V 面投影为一等腰三角形。三角形的底边为圆锥体底面圆的积聚投影，两腰为圆锥体最左、最右两轮廓素线的投影。它是圆锥体前、后两部分的分界线；W 面投影为一等腰三角形。其底边为圆锥体底面圆的积聚投影，两腰为圆锥体最前、最后两轮廓素线的投影。它是圆锥体左、右两部分的分界线。

（2）圆锥表面上的点

由于圆锥表面投影均不积聚，所以求圆锥表面上的点就要作辅助线。点属于曲面，也应该属于曲面上的一条线。曲面上最简单的线就是素线和圆。下面分别介绍素线法和纬线圆法。

如图 3.49(a) 所示，已知圆锥表面上的点 K、M、N 的一个投影，求其他两个投影。

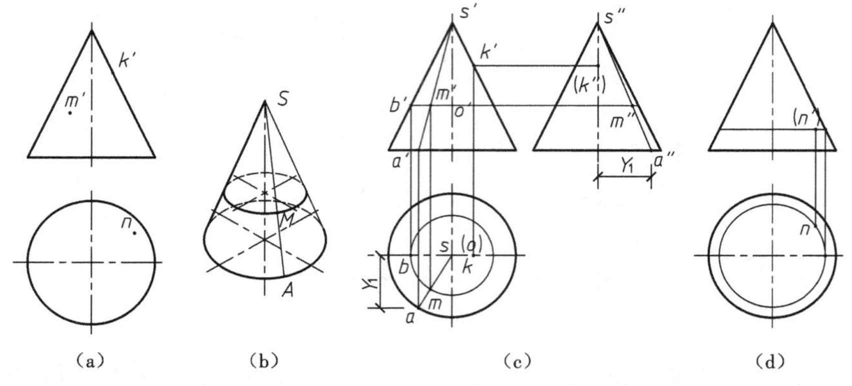

图 3.49　圆锥表面上的点的投影

(a)已知条件　(b)立体图　(c)素线法定点　(d)纬线圆法定点

投影分析与作图过程如下。

①特殊点。从 V 面投影看，k' 在转向轮廓线上，即 K 点在圆锥最右的素线上，其他两个投影也应该在这条素线上。k、k'' 可直接求得，注意，k'' 不可见，如图 3.49(c) 所示。

②一般点。素线法：从图 3.49(a) 的 V 面投影看，m' 可见，所以 M 点在左前半圆锥面上。在 V 面投影上连接 $s'm'$ 并延长与底面水平线交于 a'，$s'a'$ 即素线 SA 的 V 面投影，如图 3.49(b) 所示；过 a' 作铅垂线与 H 面上圆周交于前后两点，因 m' 可见，故取前面一点，sa 即为素线 SA 的 H 面投影；再过 m' 引铅垂线与 sa 交于 m，即为所求 M 点的 H 面投影；根据点的投影规律求出 $s''a''$，过 m' 作水平线与 $s''a''$ 交于 m''。作图过程如图 3.49(c) 所示。纬线圆法：母线绕轴线旋转时，母线上任意点的轨迹是一个圆，称为纬线圆，且该圆所在的平面垂直于轴线，如图 3.49(b) 中 M 点的轨迹。过 m' 作水平线与轮廓线交于 b'，$o'b'$ 即为辅助线纬圆的半径实长，在 H 面上以 $s(o)$ 为中心，$o'b'$ 为半径作圆周即得纬圆的 H 面投影，此纬圆与过 m' 的铅垂线相交得 m 点。这一交点应与素线法所得交点 m 是同一点。

从图 3.49(a) 的 H 面投影看，N 点位于右后锥面上，用纬线圆法求解，其作图过程与图 3.49(c) 相反，即先过 n 作纬圆的 H 面投影，再求纬圆的 V 面投影而求得 n' 点，作图过程如图 3.49(d) 所示。

3. 圆球体

（1）圆球体的投影

圆球体是半圆(EAF)母线以直径 EF 为轴线旋转而成的球面体，如图 3.50(a) 所示。

如图3.50(b)所示，球的三面投影均为圆，并且大小相等，其直径等于球的直径。所不同的是，H面投影为上、下半球之分界线，在圆球上半球面上的所有的点和线的H面投影均可见，而在下半球面上的点和线的投影不可见；V面投影为前、后半球之分界线，在圆球前半球面上所有的点和线的V面投影为可见，而在后半球面上的点和线的投影则不可见；W面投影则为左、右半球之分界线，在圆球左半球面上所有的点和线的W面投影为可见，而在右半球上的点和线的投影不可见。这3个圆都是转向轮廓线，其另两面投影落在相应的对称线上，不予画出。

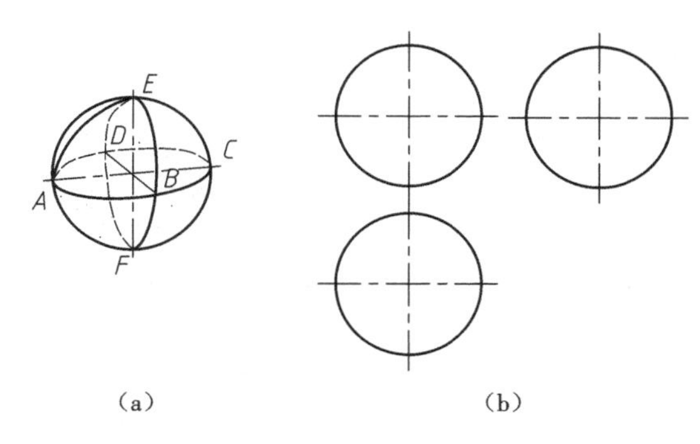

图3.50　圆球体的投影

(a)立体图　(b)投影图

(2)圆球表面上的点

点属于圆球，也必定属于圆球表面上的一条线，而圆球表面只有圆。理论上可用圆球表面上的任意纬线圆作辅助线，用纬线圆法简单易画，所以常用投影面平行圆。

如图3.51(a)所示，已知圆球表面上的点K、M的一个投影，求其他两个投影。

投影分析与作图过程如下。

①特殊点。从H面投影看，k在前半圆球面上，在水平投影转向轮廓线上，则其他两个投影也应该在这条轮廓线上。k'、k''可直接求得，注意，k''不可见，如图3.51(b)所示。

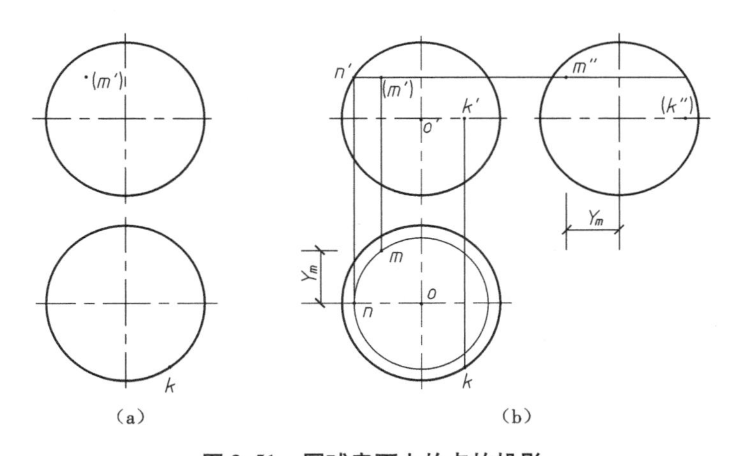

图3.51　圆球表面上的点的投影

(a)已知条件　(b)作图过程

②一般点。从图3.51(a)的V面投影看，M点应在左后上部圆球面上，先用水平圆来作图。在图3.51(b)中过m'作水平线与V面圆交于n'，根据n'求出纬线圆ON的H面投影on，过m'作铅垂线与圆ON交于两点，因m'不可见，取后半圆上一点m，然后根据m'、m求得m''。

提示：按同样的方法，在 m' 处还可以用正平圆作辅助圆、用侧平圆作辅助圆，得到的答案都是一致的。

实习实作：将模型、学校周围较为规则的建筑、建筑构件等进行简化，作为基本立体的具体实例，进行实际测绘或目测，根据结果作投影图，并将上述立体表面上的一些具有特殊性的位置作为立体表面上的点，作出点的投影。

3.2.3 立体的截交线

平面与立体相交，可看作立体被平面所截，该平面称为截平面；截平面与立体表面的交线称为截交线；截交线所围成的平面图形称为断面；截交线的顶点称为截交点。在求作截交线时，常常先求出截交点，然后连成截交线。

1. 平面立体的截交线

平面立体的截交线为一封闭多边形，其顶点是棱线与截平面的交点，而各边是棱面与截平面的交线，可由求出的各顶点连接而成。

（1）棱柱体的截切

图 3.52(a)为切口正六棱柱，被两相交平面截切，完成其三面投影。

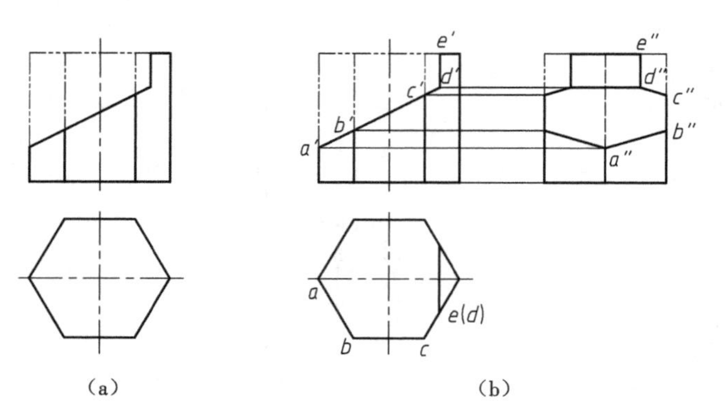

图 3.52　切口正六棱柱的投影

(a)已知条件　(b) 作图过程

分析：切口形体作图一般按“还原切割法”进行，先按基本形体补画出完整的第三投影，再利用截平面的积聚性，在截平面积聚的投影面上直接找到截平面与棱线的交点，再找这些交点的其他投影。

如图 3.52(b)所示，先补画出完整六棱柱的 W 面投影，再利用正面投影上截平面（一为正垂面，一为侧平面）的积聚性直接求得截平面与棱线的交点 a'、b'、c'、d'、e'（只标出可见点），对应得其水平投影 a、b、c、d、e 和侧面投影 a''、b''、c''、d''、e''。由于六棱柱的水平投影有积聚性，实际上只增加侧平面截面积聚后的一条直线，其左边为斜截面所得七边形的类似形投影，右边是六棱柱顶面截切后余下的三角形实形投影。在 W 面投影上，斜截面所得七边形仍为类似形，侧平截面所得矩形反映实形，其分界线就是两截平面的交线，此外，在连线时应注意棱线（轮廓线）的增减和可见性变化。

（2）棱锥体的截切

图3.53（a）为正四棱锥被一正垂面 P 截切，截平面位置标记为 P_V，完成其 H、W 面投影。

作图过程如图3.53（b）所示，先按基本形体作出四棱锥的 W 面投影，再利用截平面 P_V 的积聚性，在 V 面上直接显示截平面与棱线的交点 $a'(d')$、$b'(c')$，由其对应求得 a、b、c、d 和 a''、b''、c''、d''，最后判明可见性并连线加深。

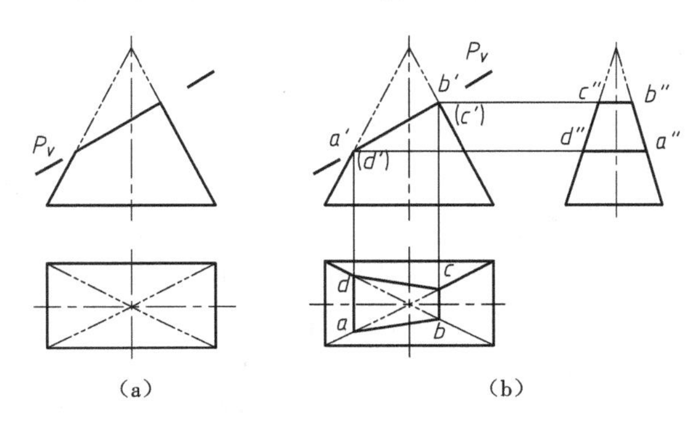

图3.53　斜切正四棱锥的投影

（a）已知条件　（b）作图过程

2. 曲面立体的截交线

曲面立体被平面所截而在曲面立体表面所形成的交线即为曲面立体的截交线。它是曲面立体与截平面的共有线，而曲面立体的各侧面是由曲面或曲面加平面所组成。因此，曲面立体的截交线一般情况下为一条封闭的平面曲线或平面曲线加直线段所组成。特殊情况下也可能为平面折线。

（1）圆柱体的截切

圆柱体被平面截切，由于截平面与圆柱轴线的相对位置不同，其截交线（或截断面）有3种情况，如表3.5所示。

表3.5　圆柱体的截切

截平面位置	倾斜于圆柱轴线	垂直于圆柱轴线	平行于圆柱轴线
截交线形状	椭圆	圆	两条素线
立体图	P	P	P

续表

截平面位置	倾斜于圆柱轴线	垂直于圆柱轴线	平行于圆柱轴线
投影图	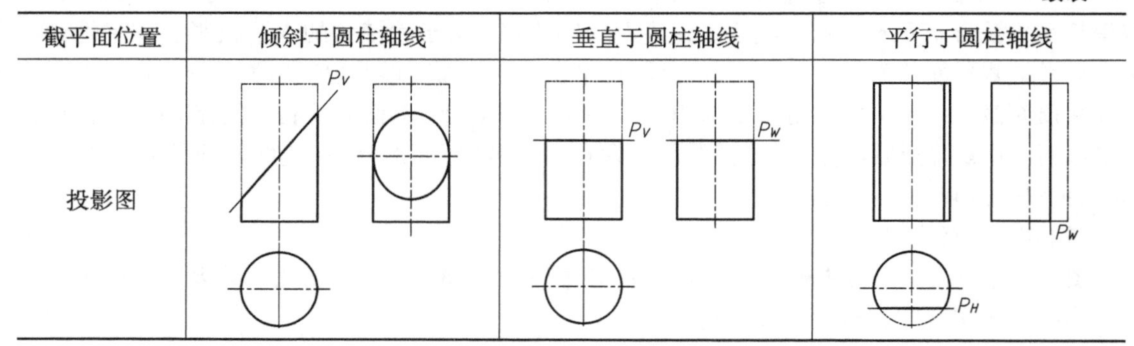		

【例 3.14】 补全圆柱切台(榫头)和开槽(榫槽)的三面投影,如图 3.54(a)所示。

观察图 3.54(a),圆柱的左端被两个对称于轴线的水平面及一侧平面截切去两部分,形成常见的圆柱榫头,截断面为矩形和圆弧,圆柱右端被两个正平面(对称于轴线)和一侧平面截去中间部分,形成常见的榫槽,其截面也是矩形和圆弧,如图 3.54(b)所示。

作图如图 3.54(c)所示,由于圆柱的 *W* 面投影有积聚性,左端两水平截面在 *W* 面也积聚成两条直线,由 *V*、*W* 面投影对应到 *H* 面投影面上得矩形的实形。右端的作法与左端相似,只是方位和可见性发生了变化,请读者自行分析比较。

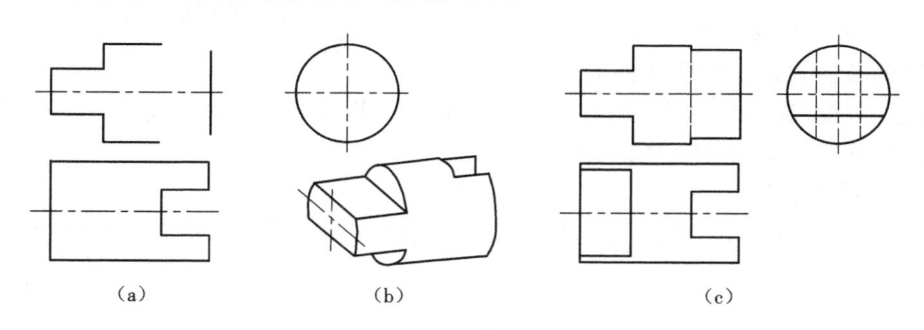

(a)　　(b)　　(c)

图 3.54　切台和开槽的圆柱的投影

(a)已知条件　(b)立体图　(c)作图过程

【例 3.15】 求斜切口圆柱的 *H*、*W* 面投影,如图 3.55(a)所示。

观察图 3.55(a),圆柱右端为一种折断画法,左端被两相交正垂面切成 *V* 形切口,截面为两个局部椭圆,恰似木屋架下弦杆端部的接头切口。

作图过程如图 3.55(b)所示,由于圆柱的 *W* 面投影积聚,只能作出两截平面交线 *BD* 在 *W* 面上的投影 $b''d''$(虚线)。而 *H* 投影面上,先还原作出圆柱轮廓的投影,后由 a'、b'、c'、d'和 a''、b''、c''、d''对应求出特殊点 a、b、c、d,再利用积聚性求出若干中间点的水平投影(如 m、n),最后光滑连成椭圆曲线及交线 bd。

(2)圆锥体的截切

圆锥体被截平面截切,由于相对位置不同可得到 5 种截交线,如表 3.6 所示。

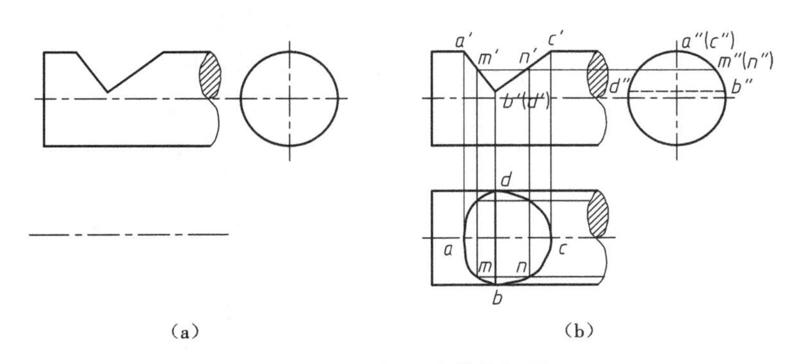

图 3.55　斜切口圆柱的投影

(a)已知条件　(b)作图过程

表 3.6　圆锥体的截切

截平面位置	垂直于圆锥轴线	与截面上素线相交	平行于圆锥面上一条素线	平行于圆锥面上两条素线	通过锥顶
截交线形状	圆	椭圆	抛物线	双曲线	两条素线
立体图					
投影图					

【例 3.16】　补全切口圆锥体的 H、W 面投影，如图 3.56 所示。

观察图 3.56(a)，正置圆锥体被 3 个截平面截切，一侧平截面过轴线，其截断面为三角形；一截平面为正垂面，且平行于圆锥右轮廓线，其截断面为抛物线；另一水平截面，其截断面为圆。

作图如图 3.56(b)所示，先作出圆锥的 W 面投影，再利用积聚性和实形性作出侧平截面的投影（H 面投影积聚成直线、W 面投影为实形的等腰三角形），水平截面的投影（H 面投影为实形的圆，W 面投影为一积聚性直线）。最后在 V 面投影上正垂截面 $a'b'$之间取若干中间点如 n'，过该点作辅助水平纬线圆，对应得 n 和 n''，顺连抛物线 anb 和 $a''n''b''$，以及各截面的交线，并判明可见性，即完成作图。

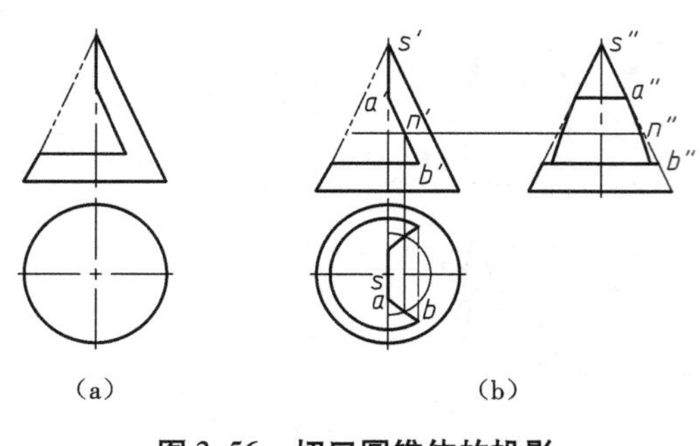

(a)　　(b)

图 3.56　切口圆锥体的投影

(*a*)已知条件　(*b*)作图过程

(3)圆球体的截切

圆球体被截平面截切的截断面均是圆,由于截平面与投影面的相对位置不同,其投影也不同,当截平面垂直于投影面时,投影积聚成一直线;当截平面平行于投影面时,投影反映实形圆;当截平面倾斜于投影面时,投影变形成椭圆。

【例 3.17】　补全开槽半球体的 H、W 面投影,如图 3.57(a)所示。

观察图 3.57(a),半球体上开的方形槽由两个侧平截面和一个水平截面组成,类似常见的半球螺钉头上的起子槽。

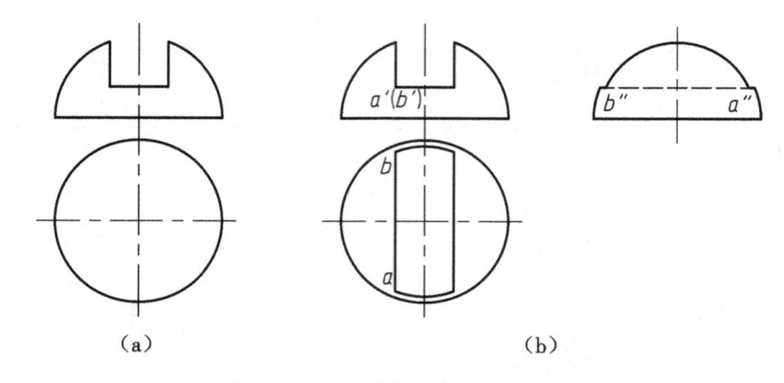

(a)　　(b)

图 3.57　开槽半球体的投影

(a)已知条件　(b)作图过程

作图过程如图 3.57(b)所示,先作出半球的 W 面投影,后作方槽侧平面的实形圆弧至 a''、b'',虚线连接 $a''b''$并延长其两端为实线;将 V 面上积聚的两侧平截面对应到 H 面上仍为两条直线,作出水平截面的圆弧,交水平截面于 a、b 两点,即完成作图。

实习实作:将模型、周围较为复杂的建筑、建筑构件等的一部分作为立体被平面切割的具体事例,进行测绘或目测,根据结果作投影图。

3.2.4　立体的相贯线

两立体相交,称为两立体相贯。这样的立体称为相贯体。它们表面的交线称为相贯线。相贯线是两立体表面的共有线,相贯线上的点都是两立体表面的共有点。相贯体实际上是一个整体。

由于形体的类型和相对位置不同,有两平面立体相贯、平面立体与曲面立体相贯、两曲面立体相贯;两外表面相交、两内表面相交和内外表面相交;全贯和互贯等形式。

1. 两平面立体相贯

图 3. 58 显示两种平面立体相贯的直观图，图 3. 58(a)为两个三棱柱全贯，形成两条封闭的空间折线；图 3. 58(b)为一个四棱柱与一个三棱柱互贯，形成一条封闭的空间折线。

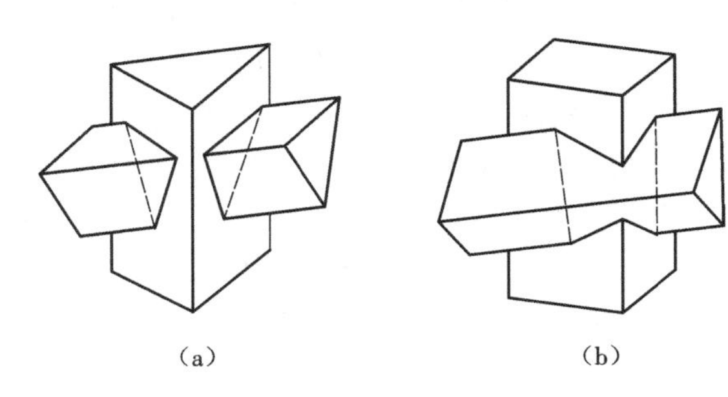

图 3. 58　两平面立体相贯

(a)三棱柱与三棱柱全贯　(b)四棱柱与三棱柱互贯

观察图 3. 58(a)、(b)，求两平面立体的相贯线，实质上是求棱线与棱线、棱线与棱面的交点(空间封闭折线的各顶点)以及求两棱面的交线(各折线段)的问题，而各顶点的依次连接就是各折线段，由此可得出求两平面立体相贯线的作图步骤如下：

①形体分析：先看懂投影图的对应关系、相贯形体的类型、相对位置、投影特征，尽可能判断相贯线的空间状态和范围；

②求各顶点：其作法因题型而异，常利用积聚性或辅助线求得；

③顺连各顶点的同面投影，并判明可见性，特别注意连点顺序和棱线、棱面的变化。

【例 3. 18】　求四棱柱与五棱柱的相贯线，补全三面投影，如图 3. 59(a)所示。

由图 3. 59(a)可以看出，两平面立体可看成是铅垂的烟囱与侧垂的坡屋顶相贯的建筑形体，是全贯式的一条封闭折线。在 H、W 面上均积聚在棱面的投影上。

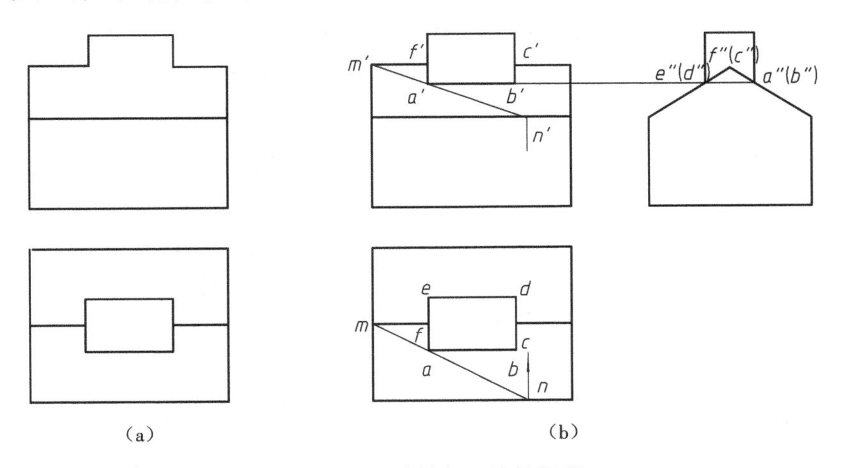

图 3. 59　四棱柱与五棱柱相贯

(a)已知条件　(b)作图过程

作图过程如图 3. 59(b)所示，根据题意要求先作出 W 面投影，由 H、W 投影的积聚性可对应标出 $a \sim f$ 和 $a'' \sim f''$6 个顶点；由于烟囱在屋脊处前后对称，对应到 V 面投影上得 a'、b'、c'和 f'；顺连 $f'a'$、$a'b'$、$b'c'$，即得 V 面上的相贯线。

由图3. 59(b)还可以看出，若不要求作 W 面投影，也可在 H 面投影上直接取辅助线求出 V

面投影。如过 a 作辅助线 mn，对应到 V 面上得 $m'n'$，即得 a' 。

【例3.19】 求四棱柱与四棱锥的相贯线，补全三面投影，如图3.60(a)所示。

由图3.60(a)可以看出，正置四棱锥侧棱面均无积聚性，而水平四棱柱的四棱面均侧垂于 W 面，上下棱面在 V 面上有积聚性，前后棱面在 H 面上有积聚性，两立体全贯且对称，只需求出一条相贯线就可对称作出另一条，而 W 面上的相贯线与四棱柱棱面完全重合。

作图过程如图3.60(b)所示，先作出 W 面投影，并利用积聚性直接标出左侧的6个相贯点 a'' ~ f''；后由 a''，d'' 对应得到 a'、d' 和 a、(d)；再由 a、(d) 作四棱锥底边平行线求得 b、(c) 和 f、(e)，并对应得 b'、(f')、c'、(e')；最后判明可见性，顺连 ab、bc、cd、de、ef 和 $a'b'$、$b'c'$、$c'd'$，并对称作出另一条相贯线，即完成 V、H 面上的相贯线。

图3.60(c)为拔出四棱柱后形成穿方孔的四棱锥，请读者分析比较。

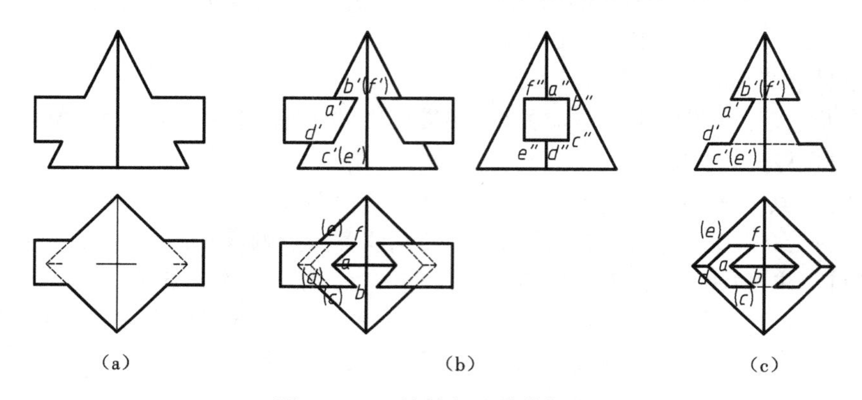

图3.60 四棱柱与四棱锥相贯

(a)已知条件 (b)作图过程 (c)穿孔四棱锥

2. 平面立体与曲面立体相贯

图3.61显示两种相贯体的直观图，图3.61(a)为三棱柱与半圆柱全贯；图3.61(b)为四棱柱与圆锥全贯，都形成一条空间封闭的曲折线。

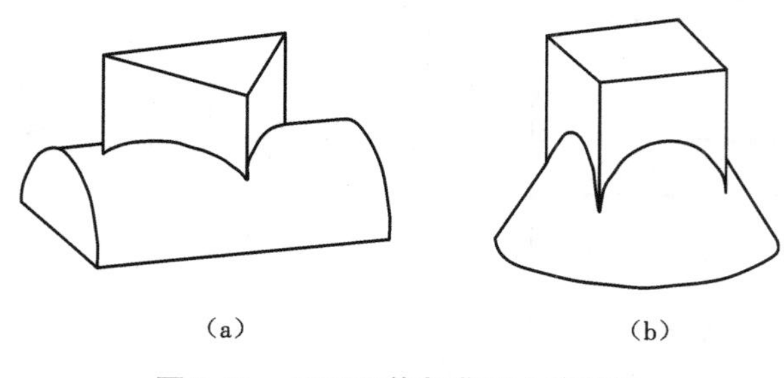

图3.61 平面立体与曲面立体相贯

(a)三棱柱与半圆柱全贯 (b)四棱柱与圆锥全贯

观察图3.61，可以看出求这类相贯线的实质是求相关棱线与曲面的交点(曲折线的转折分界点)和相关棱面的交线段(可视为截交线)，因此求此类相贯线的步骤如下：①形体分析(同前)；②求各转折点，常利用积聚性或辅助线法求得；③求各段曲线，先求出全部特殊点(如曲线的顶点、转向点)，再求出若干中间点；④顺连各段曲线，并判明可见性。

【例3.20】 求四棱柱与圆柱的相贯线，如图3.62(a)所示。

由图3.62(a)可以看出，它可看成是铅垂的圆立柱被水平放置的方梁贯穿，有两条相贯线，其水平投影积聚在圆柱面上，W 面投影积聚在四棱柱的棱面上。

作图过程如图 3.62(b)所示,先作出 W 面投影,并标出特殊点 $a''\sim f''$和 $a\sim f$;后对应在 V 面上得 $a'\sim d'$;再顺连 $a'\sim d'$(e'、f'因重影而略去)得一条相贯线,并对称作出另一条相贯线,即完成作图。

图 3.62(c)显示出圆柱上穿方孔的相贯线,请读者分析比较。此外应指出,由于四棱柱(或四方孔)的两侧棱面与圆柱轴线平行,其交线段成为直线,属于特殊情况。

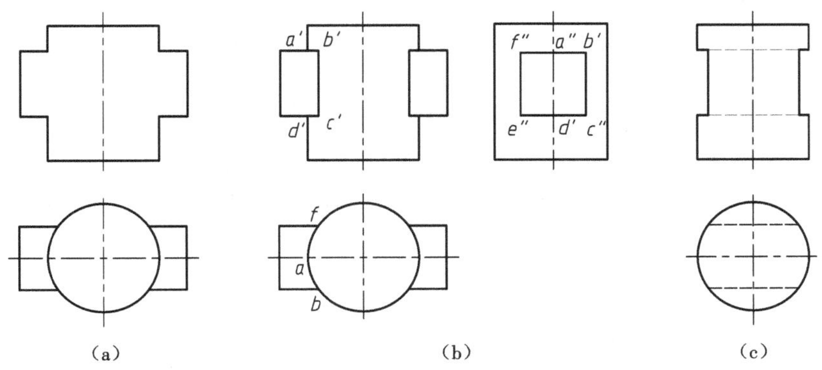

图 3.62　四棱柱与圆柱体相贯

(a)已知条件　(b)作图过程　(c)圆柱上穿方孔

【例 3.21】　求圆锥与四棱柱的相贯线的 V、W 面投影,如图 3.63(a)所示。

由图 3.63(a)可以看出,它可以看成是铅垂的方形立柱与圆锥形底座全贯,但只在上方产生一条相贯线,H 面投影积聚在方柱棱面上,4 段曲线为双曲线,分别在 V、W 面上积聚或反映实形。

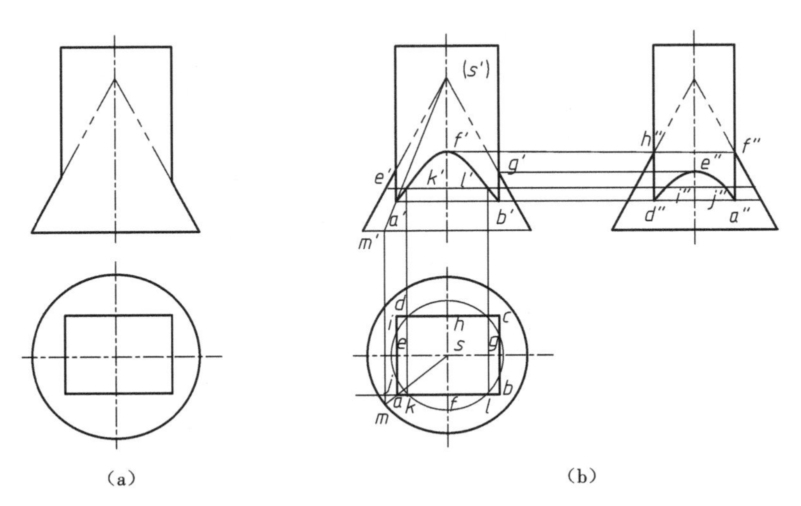

图 3.63　四棱柱与圆锥相贯

(a)已知条件　(b)作图过程

作图过程如图 3.63(b)所示,先作出基本形体的 W 面投影,后在 H 面投影上利用方柱的积聚标出 $a\sim h$ 的特殊点,过点 A 取圆锥面上的辅助素线 sm,对应到 V 面上的 s'得 a',并根据对称性和“高平齐”得 $a' \sim d'$ 及 $a'' \sim d''$，而 $e \sim h$ 是双曲线的最高点，由 V、W 面投影对应得 f' 和 e'。再在 V 面投影的最低点之上和最高点之下取圆锥的水平纬线圆，对应到 H 面投影上得 $i \sim l$ 等点，将 $i \sim l$ 对应到 V、W 面投影上得 k'、l' 和 i''、l''。最后，光滑顺连 $a'k'f'l'b''$ 和 $d''i''e''j''a''$ 成双曲线，将方柱棱线延长至 a'、b' 和 d''、a''，即完成作图。

3. 两曲面立体相贯

图 3.64 显示两种相贯体的直观图，图 3.64(a) 为两圆柱全贯，图 3.64(c) 为圆柱与圆锥全贯，都是两条封闭的空间曲线。

观察图 3.64(a)、(b)，可以看出求两曲面立体相贯线，实质上是求空间曲线的共有点，求此类相贯线的步骤如下：①形体分析（同前）；②求一系列共有点，利用积聚性或辅助线（面）法先求出特殊点（极限位置点和转向点），再视需要求若干中间点；③顺序光滑连接各点并判明可见性。

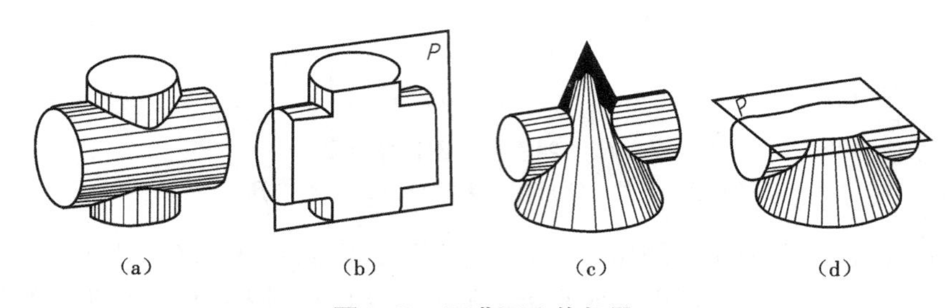

(a)　(b)　(c)　(d)

图 3.64　两曲面立体相贯

【例 3.22】　求两圆柱体的相贯线，如图 3.65(a) 所示。

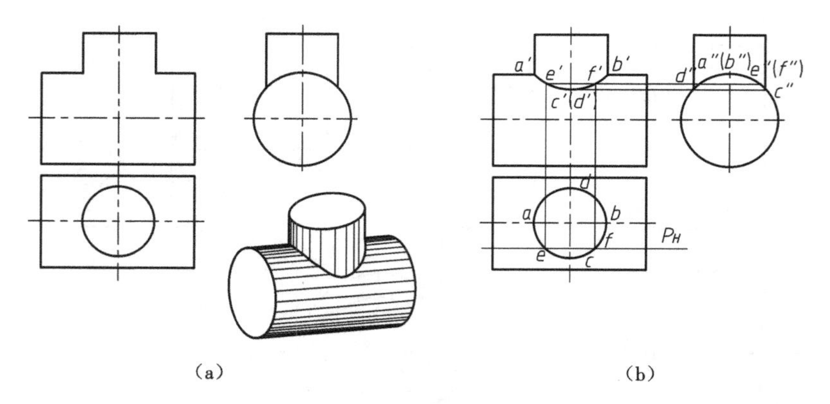

(a)　(b)

图 3.65　两圆柱体相贯

(a)已知条件　(b)作图过程

由图 3.65(a) 可以看出，两圆柱正交全贯，在上部产生一条相贯线，由于大小圆柱轴线分别垂直于 W、H 面投影面，其相贯线积聚在圆柱面的投影上，只需求出其 V 面投影。

作图过程如图 3.65(b) 所示，先利用积聚性对应标出 H、W 面投影上的特殊点 a、a''（最左最高点）、b、b''（最右最高点 ），c、c''（最前最低点），d、d''（最后最低点），其中 a'、b' 又是 V 面投影的转向点；对应求出 a'、b'、c'、(d')；再在 H 面投影上对称取中间点 e、f，利用积聚性标出 $e''(f'')$，在 V 面投影对应得 e'、f'；最后依次光滑连接 $a'e'c'f'b'$ 得相贯线。

若将图3.65中两圆柱体改成两圆筒相贯，如图3.66所示，成为工程中常见的一种管接头"三通"，则在内外表面产生两条相贯线，请读者分析比较。

两回转体相贯，在特殊情况下，其相贯线也可能是平面曲线或直线。两回转体同轴相贯时，其交线为圆，如图3.67所示。两回转体相切于同一球面时，其交线为椭圆，如图3.68所示。两圆柱轴线平行时，其交线为直线，如图3.69所示。

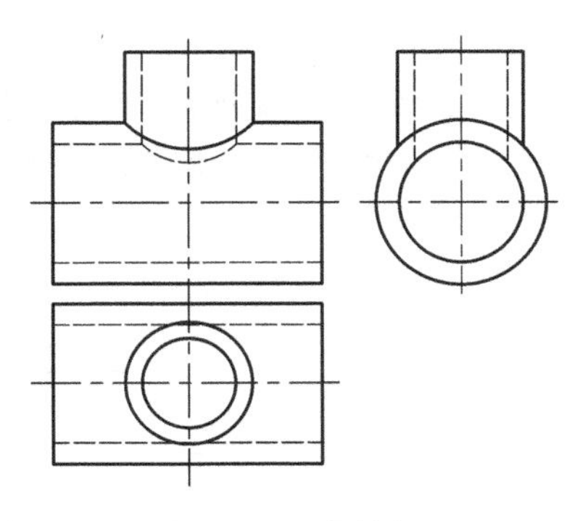

图3.66　两圆筒相贯

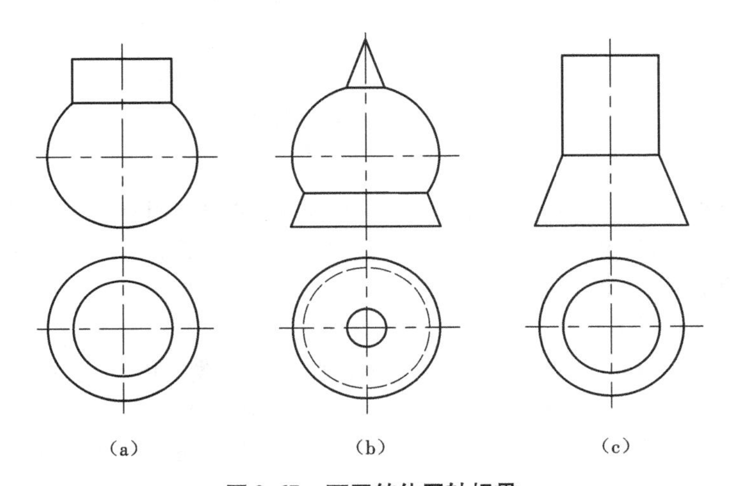

图3.67　两回转体同轴相贯

(a)圆柱、球相贯　(b)圆锥、球相贯　(c)圆柱、圆台相贯

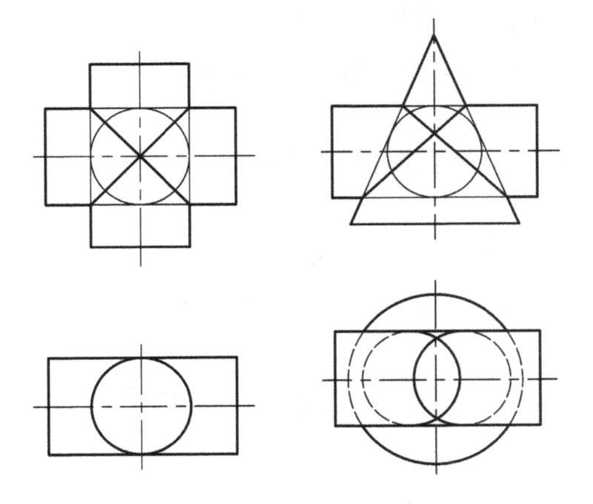

图3.68　两回转体相切于同一个球面

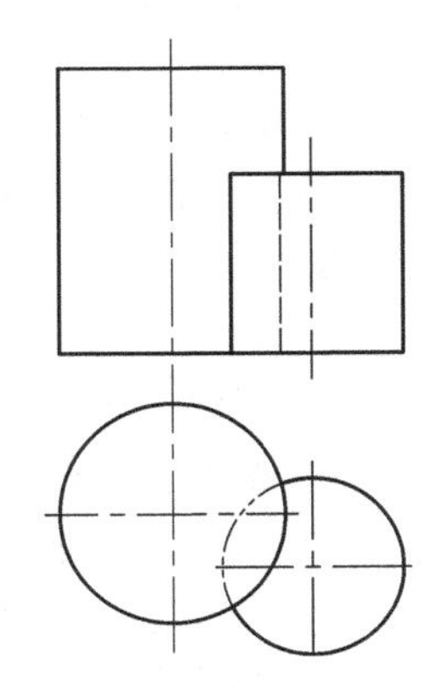

图3.69　两圆柱轴线平行

4. 同坡屋面交线

在一般情况下，屋顶檐口的高度在同一水平面上，各个坡面与水平面的倾角相等，称为同坡屋面。它是两平面体相贯的一种特殊形式，也是房屋建筑中常见的一种实例，如图 3.70 所示。

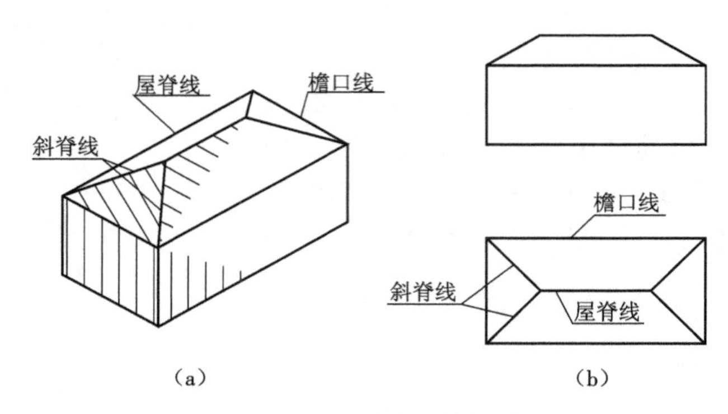

图 3.70　同坡屋面的投影

(a)立体图　(b)投影图

已知屋面的 H 面投影和倾角，求作屋面交线的问题，可视为特殊形式的平面体相贯问题来解决。作同坡屋面的投影图，可根据同坡屋面的投影特点，直接求得水平投影，再根据各坡面与水平面的倾角求得 V 面投影以及 W 面投影。

同坡屋面的交线有以下特点：

①当檐口线平行且等高时，前后坡面必相交成水平屋脊线。屋脊线的 H 面投影，必平行于檐口线的 H 面投影，并且与两檐口线距离相等，如图 3.70(b)所示；

②檐口线相交的相邻两个坡面，必然相交于倾斜的斜脊线或天沟线，它们的 H 面投影为两檐口线 H 面投影夹角平分线，如图 3.70(b)所示；

③当屋面上有两斜脊线，两斜天沟线或一斜脊线，一斜沟线交于一点时，必然会有第 3 条屋脊线通过该交点，这个点就是 3 个相邻屋面的公有点，如图 3.71(c)中的 g 点、m 点所示。

【例 3.23】　已知同坡屋面的倾角 $\alpha=30°$及檐口线的 H 面投影，如图 3.71(a)所示，求屋面交线的 H 面投影及 V 面投影。

从图中可知，此屋顶的平面形状是一倒凹形、有 3 个同坡屋面两两垂直相交的屋顶。

具体作图步骤如下：

①将屋面的 H 面投影划分为 3 个矩形块，$ijkl$、$lpqr$ 和 $rstu$，如图 3.71(b)所示；

②分别作各矩形顶点的角平分线和屋脊线，得点 a、b、c、d、e、f，分别过同坡屋面的各个凹角作角平分线，得斜脊线 gh、mn，如图 3.71(c)所示；

③根据屋面交线的特点及倾角 α 的投影规律，去掉不存在的线条可得屋面的 V 面投影，如图 3.71(d)所示。同理也可求得 W 面投影。

图 3.71(e)是该屋面的立体图。

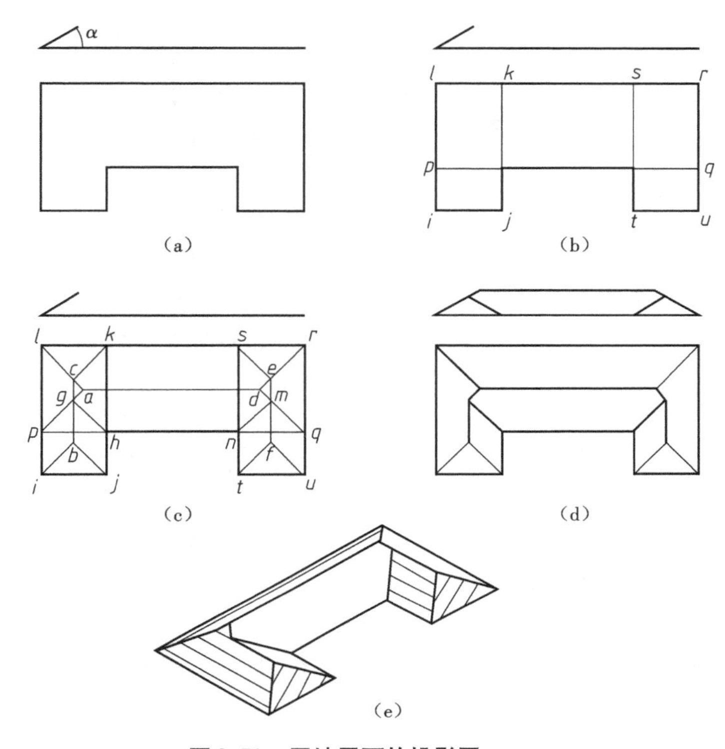

图3.71　同坡屋面的投影图

(a)已知条件　(b)划分矩形块　(c)作各矩形顶点的角平分线和屋脊线
(d)屋面V面投影图　(e)屋面的立体图

实习实作:将模型、周围建筑、建筑构件等的一部分,作为相贯体的具体实例,进行测绘或目测,根据结果作投影图。

3.3　组合体的识读与绘制

3.3.1　组合体的画法及识读

1.组合体的画法

任何一个建筑形体都可以看成是一个难易不同的组合体。要画出组合体的投影应先把组合体分解为若干基本几何体,分析它们的相对位置、表面关系及组成特点,这一过程叫做形体分析。下面结合实例介绍组合体的画图方法和步骤。

【例3.24】　画切口形体的三面投影图。

(1)形体分析

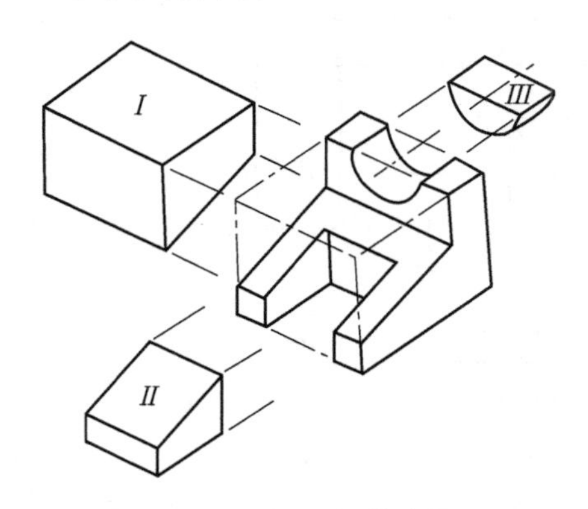

图 3.72　切口形体分析

如图 3.72 所示,该形体可以看成是由长方体挖切而成,先切割出大梯形块Ⅰ,再切割出小梯形块Ⅱ,最后挖切出半圆柱块Ⅲ。

(2)视图选择

在充分观察形体构造特点的基础上,从 3 个方面合理选择投影表达方案。

①合理安放,使形体放置平稳,合乎自然状态或正常工作位置(如房屋应放在地坪上,柱子应竖直放置,而梁应横向放置)。

②以 V 面投影(图 3.73(a))为主反映形体主要特征,并兼顾其他投影,作图简便清晰。力求反映各向实形,避免虚线。

③确定投影图(视图)数量。在确保完整清晰表达形体的前提下,以投影图数量最少为佳。本例应采用 3 个投影图表示。

提示:在以后表达房屋建筑内外形状和构造时,需用更多的视图。常拟定多种投影方案进行比较,择优作图。

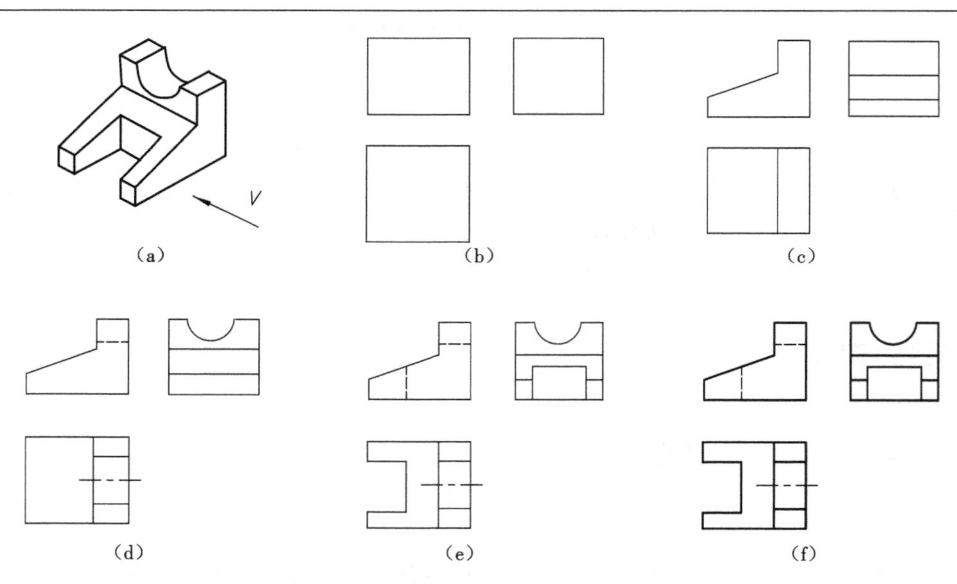

图 3.73　切口形体的三面投影图画图步骤

(a)立体图　(b)合理布局　(c)画出外轮廓
(d)画出半圆柱　(e)画出凹槽　(f)加粗描深投影图

(3)定比例,选图幅

先根据形体的大小和复杂程度确定绘图比例,再根据形体总体尺寸、比例和投影图数量,结合尺寸标注、填写标题栏和文字说明的需要确定图幅大小。

(4)画投影图

先固定图纸,绘出图框和标题栏后,再按下列步骤绘图。

①合理布局,使各投影图及其他内容在整张图幅内安排匀称,重点是布置各投影图的作图基准线(如中心线、对称线、底面线或形体的总体轮廓),本例以长方形的总体轮廓进行布局,如图3.73(b)所示。

②轻画底稿,可按先总体后局部,先大后小,先基本形体后组合形体,先实线后虚线的顺序进行,并注意各投影作图的相互配合和严格对应,如图3.73(c)~(e)所示。

③检查漏误,加粗描深,全面检查各投影图是否正确,相互之间是否严格对应,改正错漏,擦去多余图线,按线型规范加粗描深,如图3.73(f)所示。

(5)标注尺寸

填写文字、标记及标题栏。

【例3.25】　画建筑形体的三面投影图。

(1)形体分析

如图3.74所示,该建筑形体是一种双坡屋面的小平房,由五棱柱形正房Ⅰ、五棱柱形耳房Ⅱ、四棱柱形烟囱Ⅲ、长方形平台Ⅳ和长方形门窗洞口组成。Ⅰ和Ⅱ、Ⅲ之间属相贯式组合,Ⅳ与Ⅰ为叠加式组合,而Ⅰ上门窗洞口属于挖切式组合。

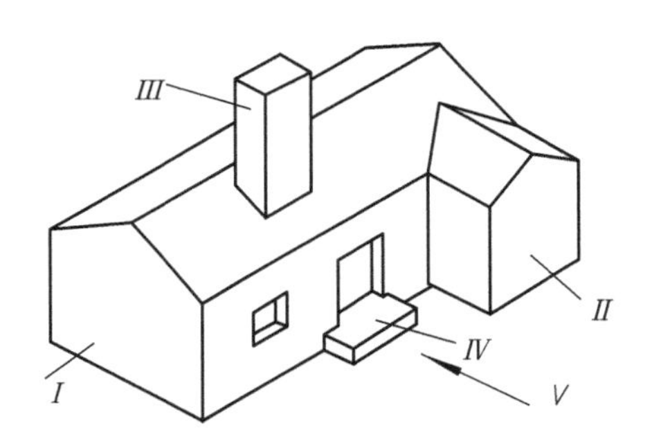

图3.74　形体分析

(2)视图选择

根据房屋的形状和使用特点,应将房屋底面放在H面(地面)上,而以正房(建筑主体)和门窗洞口作主要投影方向(V向),常称为正立面图,W面投影称侧立面图,H面投影称平面图。本例需3个投影才能完整表达它的形状。

(3)定比例,选图幅(略)

(4)画投影图

如图3.75所示,其中门窗洞口的深度(虚线)未画出。

(5)标注尺寸(略)

2.常用视图

视图用于表达建筑形体各个方向的外观形状,尽量取消虚线的使用。在一般情况下规定了6个基本视图,在特殊情况下可使用有关辅助视图。

(1)基本视图

如图3.76(a)所示形体,将其置于一个互相垂直的六投影面体系中(图3.76(b)),以前(A向)、后(F向)、左(C向)、右(D向)、上(B向)、下(E向)6个方向分别向6个投影面作正

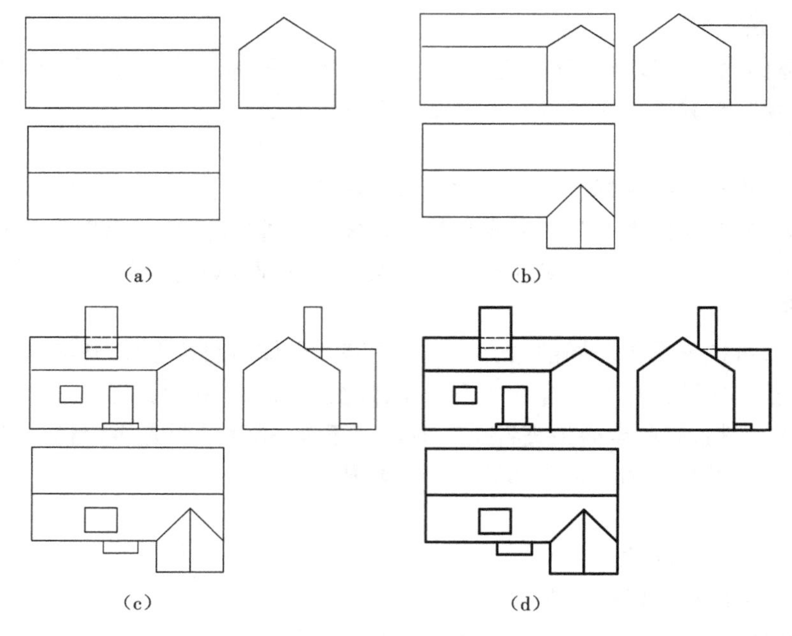

图 3.75　画建筑形体三投影图的步骤

(a)画Ⅰ体　(b)画Ⅱ体　(c)画Ⅲ、Ⅳ体及细部　(d)加深、加粗线型

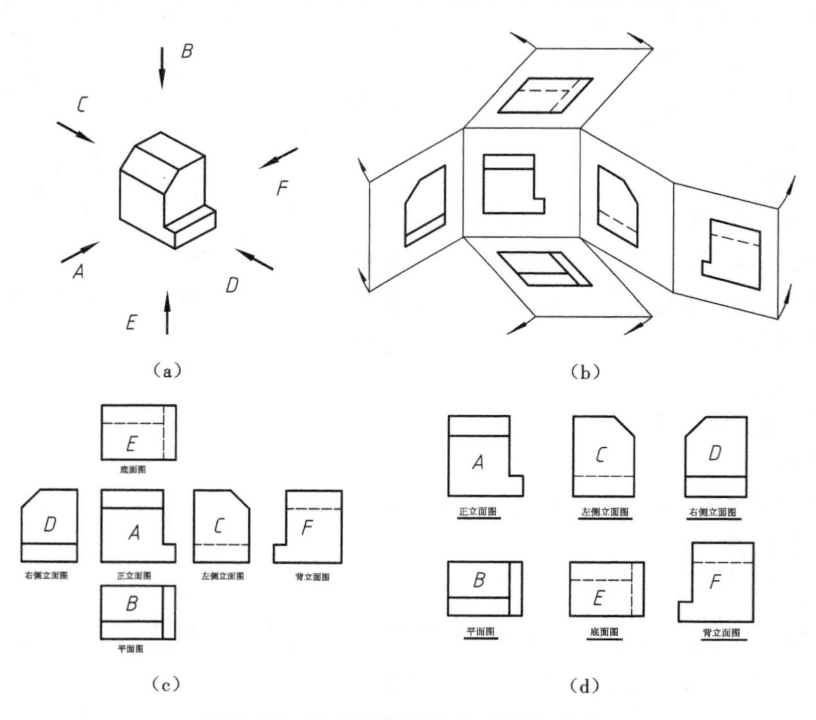

图 3.76　基本视图的形成、配置与名称

(a)立体图　(b)6 个基本投影图的形成及其展开　(c)基本投影图　(d)基本投影图的配置

投影,得到6个正投影图(视图)。*A* 向得正立面图(原称正面投影或 *V* 面投影),*B* 向得平面图(原称水平投影或 *H* 面投影),*C* 向得左侧立面图(原称左侧面投影或 *W* 面投影),*D* 向得右侧立面图,*E* 向得底面图,*F* 向得背立面图。其展开方向如图3.76(b)所示,展开后的配置如图3.76(c)所示,可省略图名;为了节约图纸幅面,可按图3.76(d)配置,但必须在各图的正下方注写图名,并在图名下画一条粗横线。

由形成过程可以看出,6个基本视图仍然遵守"长对正、高平齐、宽相等"的投影规律,作图与读图时要特别注意它们的尺寸关系、方位关系和对应关系。在使用时,应以三视图为主,合理确定视图数量。如表达一幢房屋的外观,就不可能有底面图。

(2)局部视图

当物体的某一局部尚未表达清楚,而又没有必要画出完整视图时,可将局部形状向基本投影面进行投射,得到的视图称为局部视图。如图3.77所示形体的左侧凸台,只需从左投射,单独画出凸台的视图,即可表示清楚。

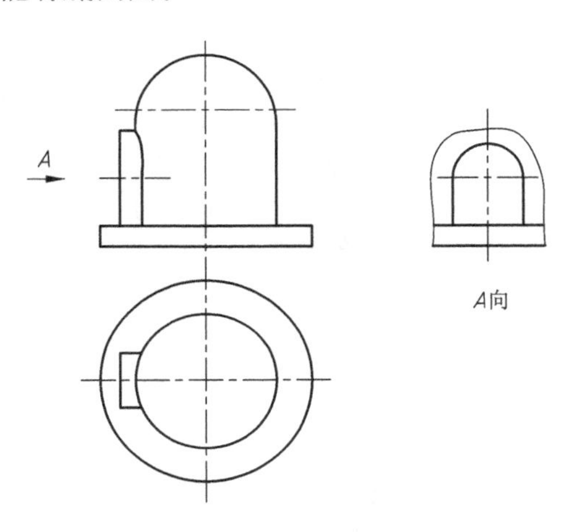

图3.77　局部视图

局部视图的范围用波浪线表示。当局部结构完整,且外形轮廓又成封闭时波浪线可省略不画。局部视图需在要表达的结构附近,用箭头指明投影方向,并注写字母,在画出的局部视图下方注出视图的名称"*A* 向",如图3.77所示。

当局部视图按投影关系配置,中间又没有其他图形隔开时,可省略上述标注。

(3)斜视图

当物体的某个表面与基本投影面不平行时,为了表示该表面的真实形状,可增加与倾斜表面平行的辅助投影面,倾斜表面在辅助平面上的正投影,称为斜视图。

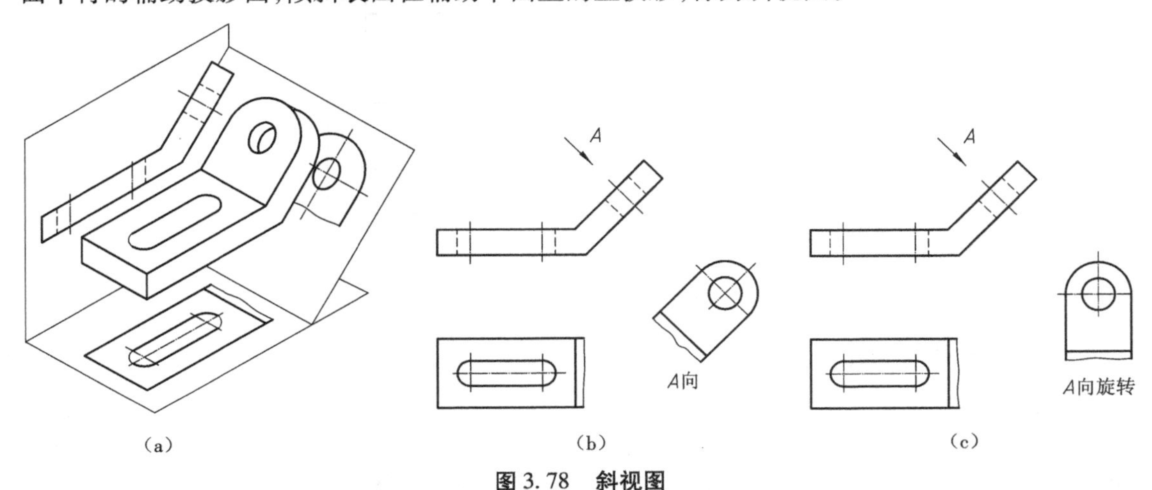

图3.78　斜视图

(a)立体图　(b)斜视图1　(c)斜视图2

斜视图也是表示物体某一局部形状的视图，因此也要用波浪线表示出其断裂边界，其标注方法与局部视图相同。在不致引起误解的情况下，斜视图可以旋转到垂直或水平位置绘制，但须在视图的名称后加注“旋转”二字，如图 3. 78 所示。

(4)旋转视图

假想将物体的某一倾斜表面旋转到与基本投影面平行，再进行投射，所得到的视图称为旋转视图，如图 3. 79 所示。该法常用于建筑物各立面不互相垂直时，表达其整体形状。

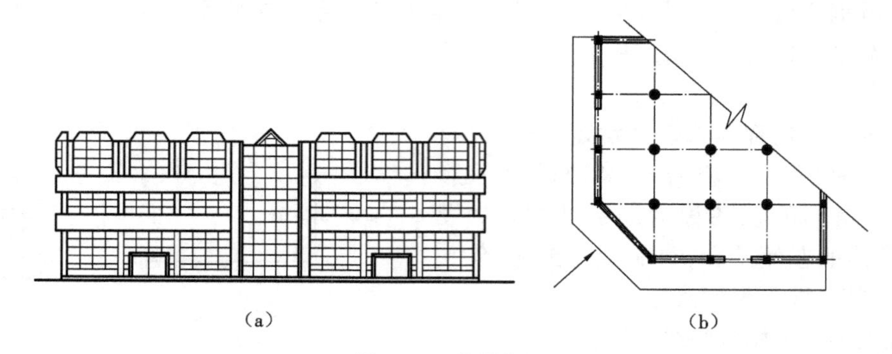

(a)　　(b)

图 3. 79　旋转视图

(a)正立面图(旋转)　(b)底层平面图

(5)镜像视图

假想用镜面代替投影面，按照物体在镜中的垂直映像绘制图样，得到的图形称为镜像视图。镜像视图多用于表达顶棚平面以及有特殊要求的平面图。采用镜像投影法所画出的图样，应在图名之后加注“镜像”二字，如图 3. 80 所示。

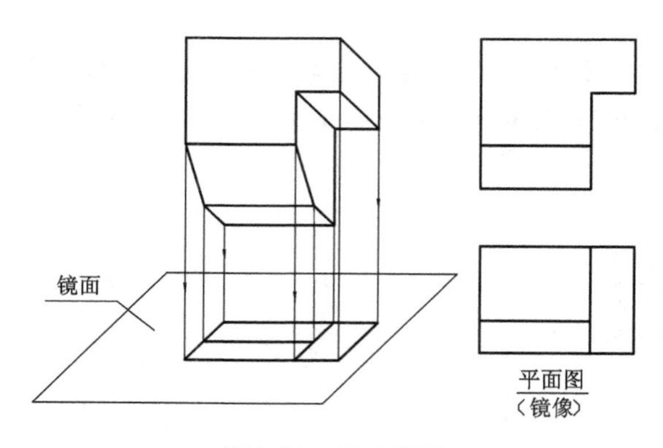

图 3. 80　镜像视图

3. 组合体的读图方法

根据组合体的投影图想象出它的形状和结构，这一过程就叫读图。读图是画图的逆过程，是从平面图形到空间形体的想象过程。因此，画图与读图是相辅相成，不断提高和深化识图能力的过程。通过前面各章节的学习，要求读者不但熟悉工程图样绘制规范，更要熟练掌握三面正投影图的形成原理，几何元素的投影特性，基本形体及组合体的投影表达方法，这是读图的基础。

综合前述各章节关于画图和读图的讨论，对组合体投影图的识读方法可以概括为三种方法：投影分析法、形体分析体、线面分析法。

(1)投影分析法

任何形体必须用两个以上甚至更多的投影图互相配合才能表达清楚。因此，必须首先弄清用了几个投影图，它们的对应关系如何？从方位到线框图线都要一一对应，弄清相互关系。

(2)形体分析法

在投影分析的基础上，一般从正面投影入手，将各线框和其他投影对应起来，分析所处方位(上下、左右、前后)和层次，想象局部形状(基本形体或切口形体)，再将各部分综合起来想象整体形状及组合关系。

(3)线面分析法

对于较复杂的投影图，仅用投影分析法和形体分析法，不一定能完全看懂，这就需要用点、线、面的投影特性来分析投影图中每个线框、每条线、每个交点分别代表什么，进而判断形体特征及其组合方式。

若投影图标注有尺寸，可借助尺寸判断形体大小和形状(如 $S\phi\times\times$ 可判定是球体)。

验证是否看懂投影图的方法，除了可用制作实物来证明外，还可用下列方法来检验：

①画出立体图；

②补第三投影图或补图线；

③改正图中错处。

【例3.26】　根据三面投影图想象出形体的空间形状，如图3.81(a)所示。

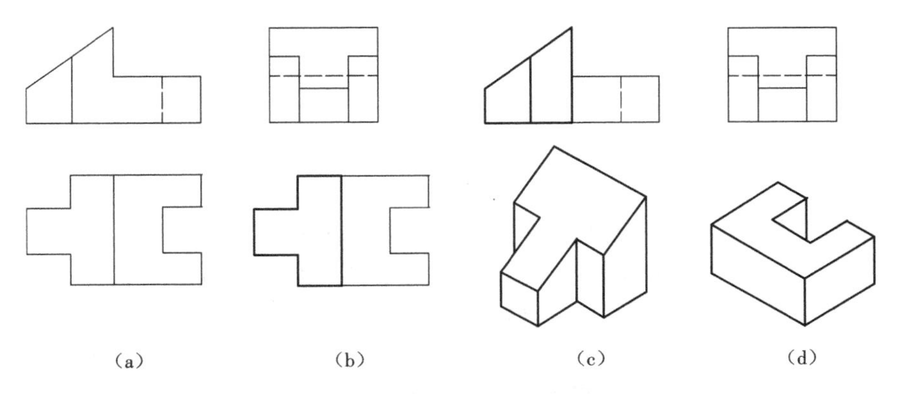

图3.81　形体分析法

(a)投影图　(b)分解投影图　(c)T型立柱立体图　(d)四棱柱去槽立体图

(1)投影分析

由图3.81(a)可以看出该图给出了常见的三面投影，根据“长对正”，自左向右逐一对出 V、H 面投影上5条竖向线的对应位置；根据“高平齐”，自上而下对出 V、W 面投影上5条横向直线的对应位置；根据“宽相等”，自前向后对出4组直线转折90°后的对应位置。

(2)形体分析

在弄清投影对应关系后,由 V、H 面投影可将图形划分为两部分,如图 3.81(b)所示,图中用粗细线区分这两部分,左边粗线部分可看成是一 T 型立柱,其上被正垂面斜截而成,如图 3.81(c)所示。而右边细线部分则是一长方块上开了一个方槽,如图 3.81(d)所示。最后将两部分形状按图 3.82(b)所示合在一起就得出整体形状,如图 3.82(a)所示。

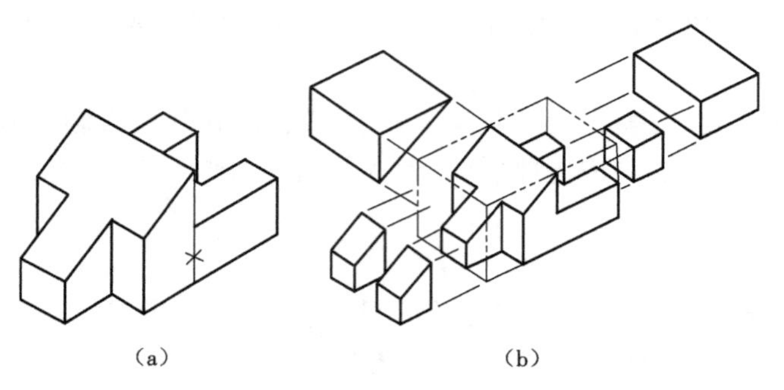

(a) (b)

图 3.82 形体分析

(a)组合图 (b)立体拆分图

提示:将投影图形划分成两部分是一种假想的思维方法,若结合处共面或是连续的光滑表面没有分界线,如图 3.82(a)中"×"处。此外,该形体也可看成是一长方体被截切去 5 块而成,如图 3.82(b)所示。

【例 3.27】 如图 3.83(a)所示,已知一组合体的 V、H 面投影,补画其 W 面投影。

(1)投影分析

根据已知的 V、H 面投影,按"长对正"自左至右对应出各线点的位置,并注意 V 面投影的上下层次和 H 面投影的前后层次。

(2)形体分析

由水平投影的半圆对应正面投影的最左和最右边的直线,结合上下层次,可看出形体的下部是一个水平半圆板;而由正面投影上部的半圆形和圆对应到水平投影的实线,显然是一正立的方形半圆板、放置于水平半圆板上方的后部,如图 3.83(b)所示。

(3)线面分析

将 V 面上的圆对应到 H 面上的两条虚线,可以看出是半圆板上的圆孔,如图 3.83(c)所示;将 V 面上半圆板中部上方的矩形线框对应到 H 面上半圆板中部前方的矩形线框,可以看出是在半圆板中部上方开了一方形槽,如图 3.83(d)所示;将 V 面上水平半圆板的左右对称性切口对应到 H 面上的两条直线,可以看出是半圆板左右切去弧形块并补画出完整的 W 面投影图,如图 3.83(e)所示。最后综合想象出形体的整体形状,如图 3.83(f)所示。

【例 3.28】 补画榫头三面投影图中所缺图线,如图 3.84(a)所示。

(1)投影分析

根据三面投影"长对正、高平齐、宽相等"的投影规律,对 3 个投影图上各点、线初步查找

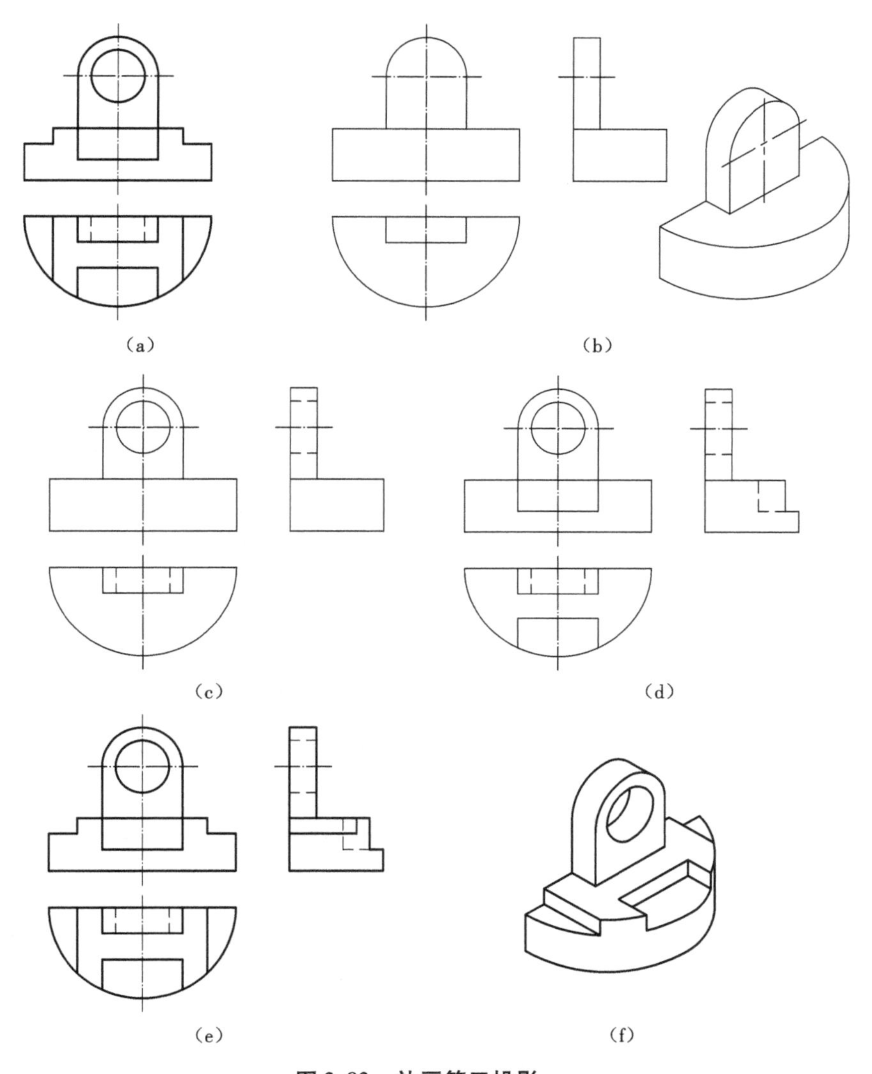

图 3.83　补画第三投影

(a)已知条件　(b)想象并绘制基本体　(c)画圆柱　(d)画凹槽　(e)检查并加深　(f)立体图

其对应关系,判断可能缺少图线的位置。

(2)形体分析

对照 V、H 面投影可以看出形体由左右两部分组成,左边是高度为 A 宽度为 B 的长方块,左下方有一长方形切口 C。由此可对应画出 H 面投影上的虚线,W 面投影上的矩形图线及一条与缺口对应的实线,如图 3.84(b)所示。

(3)线面分析

对右边的长方体,将三面投影互相对应分析,可以看出长方体后上方被截切一长方形切口 D;而前上方被侧垂面 P 和正垂面 Q 斜切形成斜线 EF。从而对应补画出有关图线,其中棱线

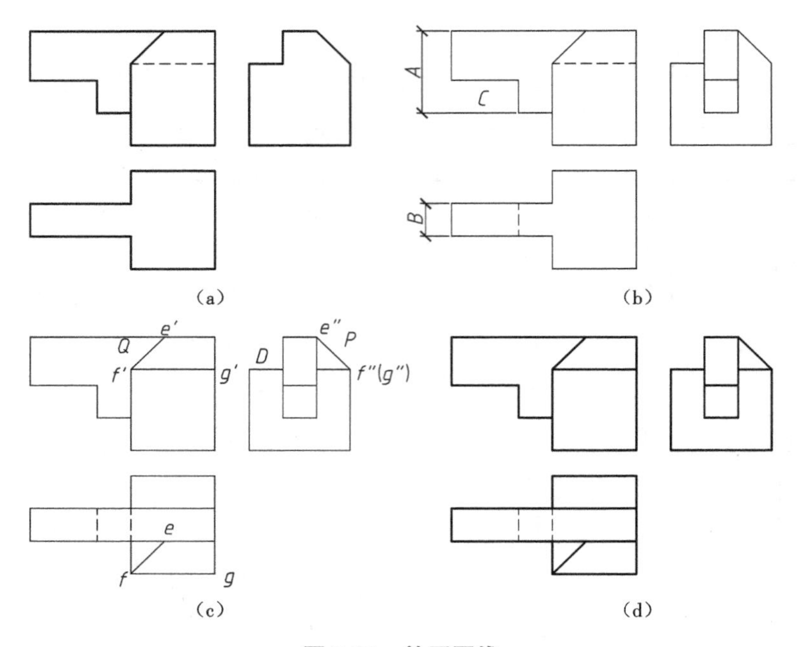

图 3.84　补画图线

(a)已知条件　(b)补榫头图线　(c)补截切长方体图线　(d)检查并加深

$g'f'$遮住了后方的虚线,如图 3.84(c)所示。综合整理加粗描深,如图 3.84(d)所示,想象出空间形状,如图 3.85 所示。

【例 3.29】　已知一半球体被 4 个平面截切,以 H 面投影为准,改正 V、W 面投影中的错处,如图 3.86(a)所示。

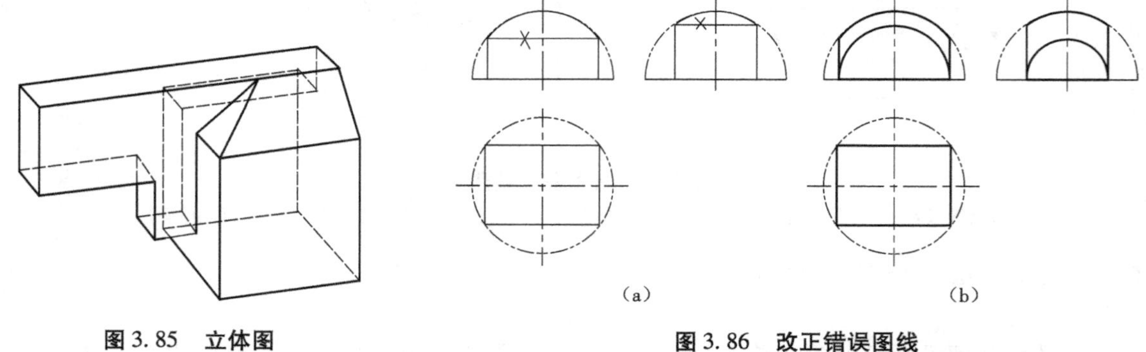

图 3.85　立体图

图 3.86　改正错误图线

(a)错误图线　(b)正确图线

由题意和图 3.86(a)可知,半球体被两正平面和两侧平面截切,其水平投影积聚成直线;而平面截切球体时其截交线应是圆弧,分别在 V、W 面上反映实形(半圆)。因此,图 3.86(a)中打“×”号的两条直线是错的,应改成图 3.86(b)中的半圆,相当于球形屋顶的 4 道墙面。

【例 3.30】参考图 3.87(a),若其 H 面投影不变,试构思 V 面投影不同的形体。

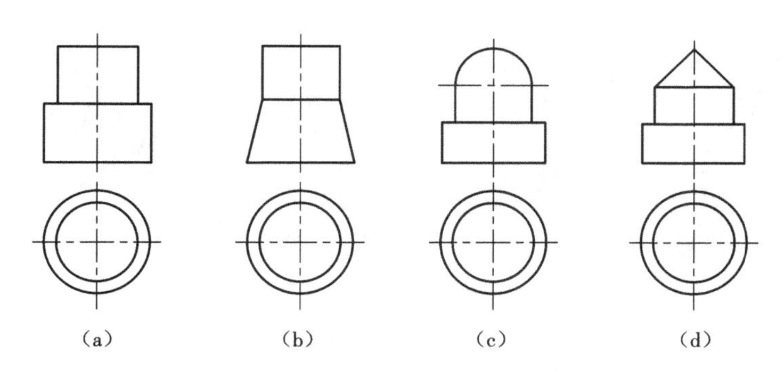

图 3.87　水平投影相同的形体构思

(a)两个圆柱　(b)圆柱和圆台　(c)圆柱、圆台和半球　(d)圆柱、圆柱和圆锥

图 3.87(a)反映两个铅垂圆柱同轴叠加式组合体的投影，水平投影的两个圆有积聚性。若水平投影不变，则在不同高度内可形成多种组合方案，如图 3.87(b) ~ (d)所示。

讨论：周围的建筑、建筑构件等，哪些是基本立体，哪些是被平面切割后的截断体，哪些是两立体的相贯体？

3.3.2　拓展知识

1. 徒手绘图

(1)基本概念

徒手绘图是指不借助仪器，只用铅笔以徒手、目测的方法来绘制图样，通称画草图。

在工程设计中，设计人员用草图记录自己的设计方案，在施工现场技术人员用草图讨论某些技术问题，在技术交流中工程师们用草图表达自己的设计思想，在教学活动中由于计算机绘图的引入，也越来越降低手绘图的要求，而加大由草图到计算机绘图的比重。因此，徒手绘图是工程技术人员必备的一种绘图技能。

草图不要求完全按照国标规定的比例绘制，但要求正确目测实物形状和大小，基本上把握住形体各部分之间的比例关系。如一个物体的长、宽、高之比为 4∶3∶2，画此物体时，就要保持物体自身的这种比例。判断形体间比例的正确方法是从整体到局部，再由局部返回整体相互比较的观察方法。

草图不是潦草的图，除比例一项外，其余必须遵守国标规定，要求做到投影正确，线型分明，字体工整。为便于控制尺寸大小，可在坐标纸(方格纸)上画徒手草图，坐标纸不要求固定在图板上，为了作图方便可任意转动和移动。

(2)绘图方法

水平线应自左向右画出，铅垂线应自上而下画出，眼视终点，小指压住纸面，手腕随线移动，如图 3.88 所示。画水平线和铅垂线时要尽量利用坐标纸的方格线，除了 45°斜线可利用方格的对角线以外，其余斜线可根据它们的斜率画，如图 3.89 所示。

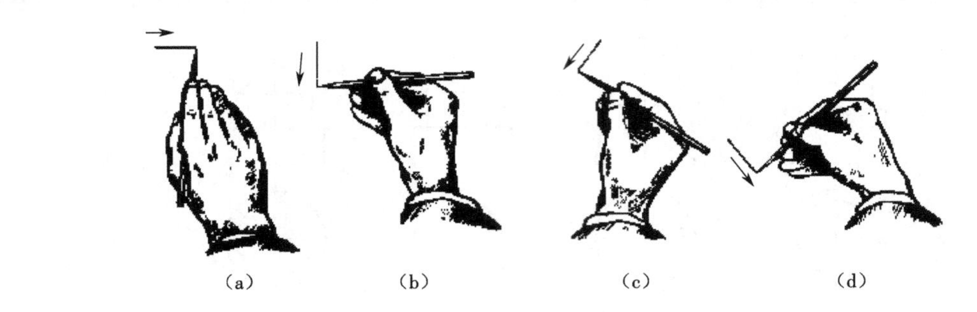

图 3.88　草图画法

(a)画水平线　(b)画铅垂线　(c)向左画斜线　(d)向右画斜线

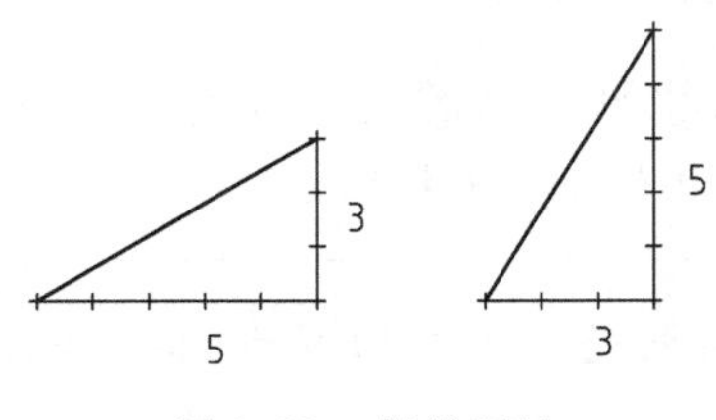

图 3.89　斜线画法

画较小的圆时,应先画出两条互相垂直的中心线,再在中心线上按半径长定 4 个象限点,然后连成圆。如图 3.90(a)所示。如画较大的圆,可以再增画两条对角线,在对角线上找 4 段半径的端点,然后通过这些点描绘,最后完成所画的圆,如图 3.90(b)所示。

(3)草图画法示例

图 3.91、3.92 是草图画法示例。

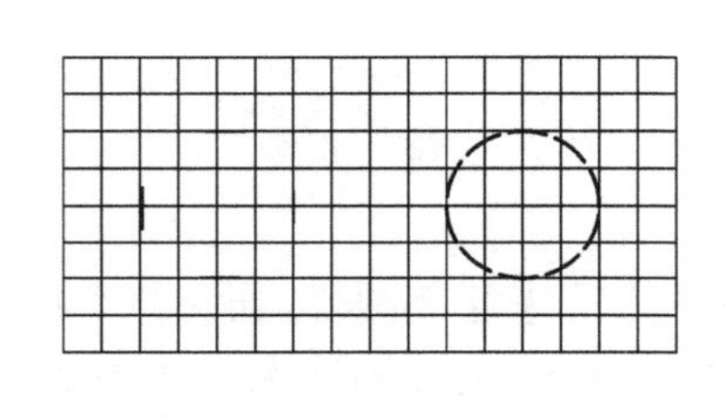

图 3.90　草图圆的画法

(a)小圆　(b)大圆

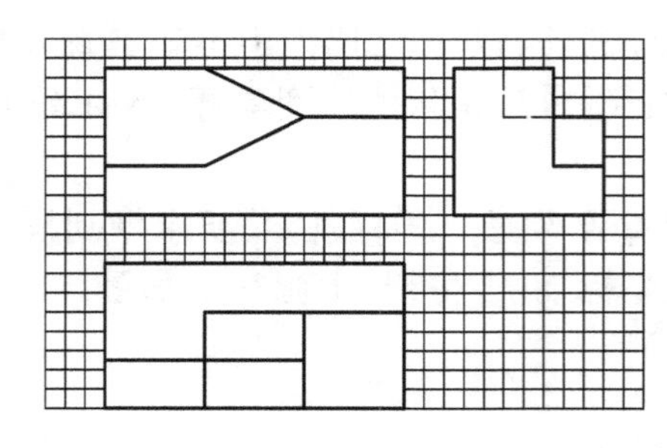
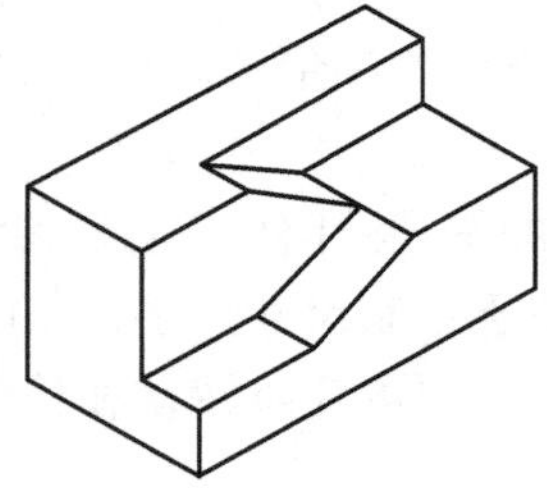

图 3.91　草图画法示例一

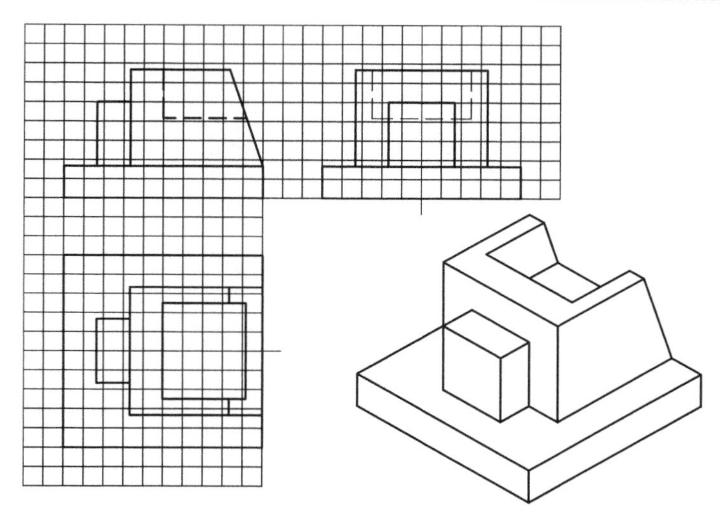

图3.92　草图画法示例二

2. 简化画法

为了提高绘图速度或节省图纸空间，建筑制图图家标准允许采用下列简化画法。

(1)对称画法

对称图形可以只画一半，但要加上对称符号，如图3.93所示。对称符号用一对平行的短细实线表示，其长度为6～10 mm，间距宜为2～3 mm。两端的对称符号到图形的距离应相等。

省略掉一半的梁或杆件要标注全长，如图3.93(a)所示。

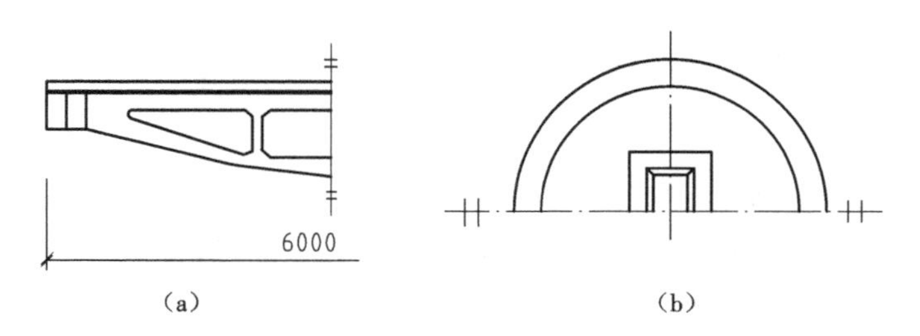

图3.93　对称画法

(a)不画对称符号　(b)画对称符号

(2)相同要素简化画法

当物体上有多个完全相同且连续排列的构造要素时，可在适当位置画出一个或几个完整图形，其他要素只需在所处位置用中心线或中心线交点表示，但要注明个数，如图3.94所示。

(3)折断画法

只需表示物体的一部分形状时，可假想把不需要的部分折断，画出留下部分的投影，并在折断处画上折断线，如图3.95所示。

(4)断开画法

如果形体较长，且沿长度方向断面相同或均匀变化，可假想将其断开，去掉中间部分，只画两端，但要标注总长，如图3.96所示。

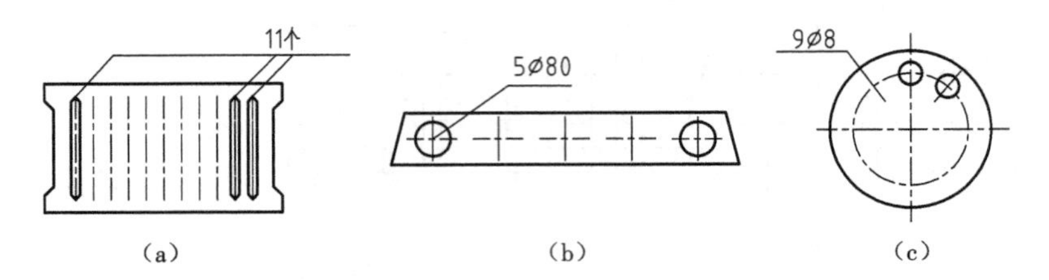

图 3.94　相同要素简化画法

(a)滤水板　(b)空心板　(c)多孔板

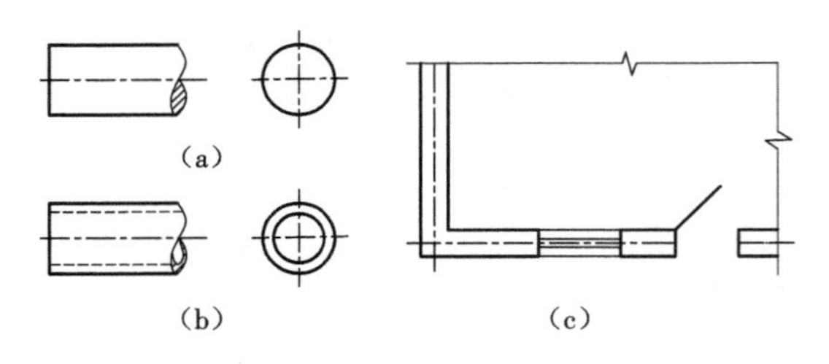

图 3.95　折断画法

(a)圆柱　(b)圆管　(c)大范围折断

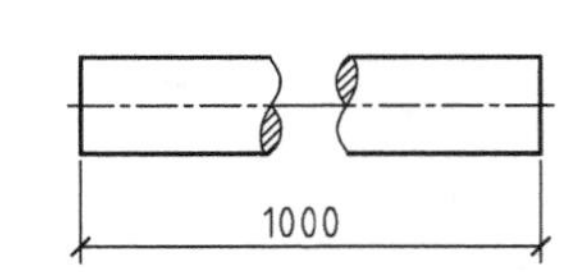

图 3.96　较长杆件的断开画法

实习实作:将模型、周围的建筑、建筑构件等,进行目测,徒手绘制投影图。

3.3.3　组合体的尺寸标注

1. 尺寸标注的关联性

一般情况下,AutoCAD 将一个标注的尺寸线、尺寸界线、尺寸起止符号和尺寸数字以块的形式组合在一起,作为一个整体的对象存在,这有利于对尺寸标注进行编辑修改。

AutoCAD 提供了集合对象和标注间的 3 种类型的关联性,它们分别通过系统变量 DIMASSOC 的不同取值来控制。

(1)关联标注

尺寸作为一个整体对象,当关联的几何对象被修改时,尺寸标注自动调整其位置、方向和测量值。系统变量 DIMASSOC 设置为 2(系统默认值)。如图 3.97 所示,尺寸标注随矩形边长的改变而改变。

(2)无关联标注

无关联标注是尺寸仍为一个整体对象,但须与几何对象一起选定和修改。若只对几何对象进行修改,尺寸标注不会发生变化。此时,系统变量 DIMASSOC 设置为 1。

(3)分解标注

分解标注尺寸的各组成部分为各自独立的单个对象。系统变量 DIMASSOC 设置为 0,如图 3.98 所示,尺寸标注不随矩形边长的改变而改变。

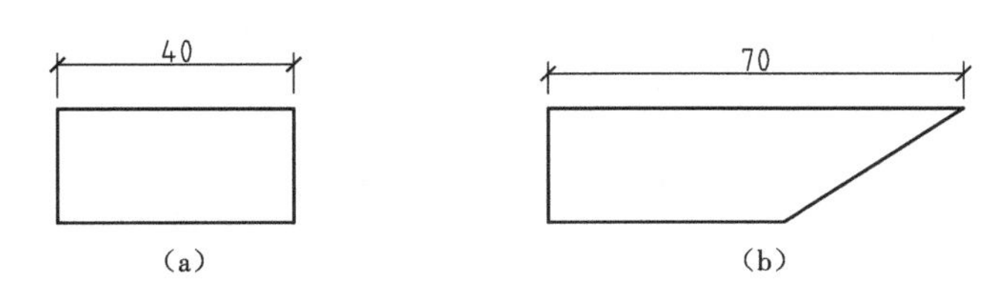

图3.97　关联尺寸标注

(a)修改图形对象之前　(b)修改图形对象之后

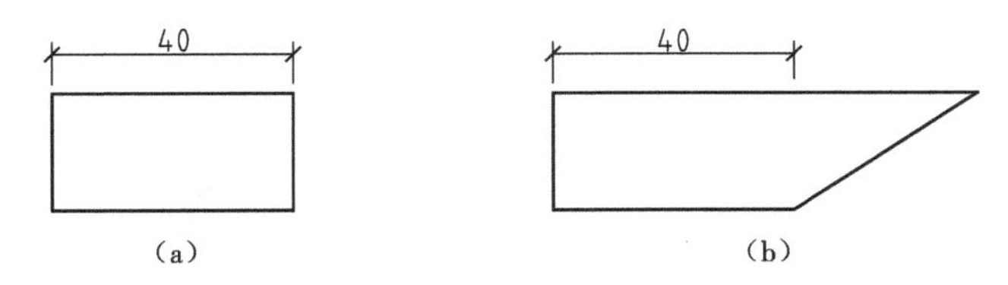

图3.98　分解标注

(a)修改图形对象之前　(b)修改图形对象之后

2. 尺寸标注步骤

一般来说,图形标注应遵循以下步骤。

①为尺寸标注创建一独立的图层,使之与图形的其他信息分隔开。为尺寸标注设置独立的标注层,对于复杂图形的编辑修改非常有利。如果标注的尺寸与图形放在不同的图层中,需修改图形时,可以先冻结尺寸标注层,只显示图形对象,这样就比较容易修改。修改完毕后,打开尺寸标注层即可。

②创建标注样式。在进行具体的尺寸标注之前,应先设置尺寸各组成部分即尺寸线、尺寸界线、尺寸起止符号和尺寸数字等详细信息,同时对尺寸的其他特性如比例因子、格式、文本、单位、精度以及公差等进行设置。

③根据尺寸的不同类型,选择相应的标注命令进行标注。

3. 创建标注样式

在未创建新的标注样式时,AutoCAD 使用缺省的标注样式为当前样式,AutoCAD 中缺省的标注样式为 STANDARD 样式。STANDARD 样式是根据美国国家标准协会(ANSI)标注标准设计的,但并不与标注标准完全相同。如果开始绘制新的图形并选择公制单位,ISO—25(国际标准化组织)是缺省的标注样式。DIN(德国标准化学会)和 JIS(日本工业标准)样式分别由 AutoCAD 的 DIN 和 JIS 图形样板提供。

AutoCAD 提供的创建和设置尺寸标注样式的命令是“DIMSTYLE”。

(1)命令调用方式

◇按钮:“标注”工具栏中的按钮

◇菜单:标注(N)→样式(S)

◇命令:DIMSTYLE(简写:D)

通过以上任一方法调用“DIMSTYLE”命令后，将弹出图 3.99 所示的【标注样式管理器】对话框。除了创建新样式外，还可以利用此对话框对其他标注样式进行管理和修改。

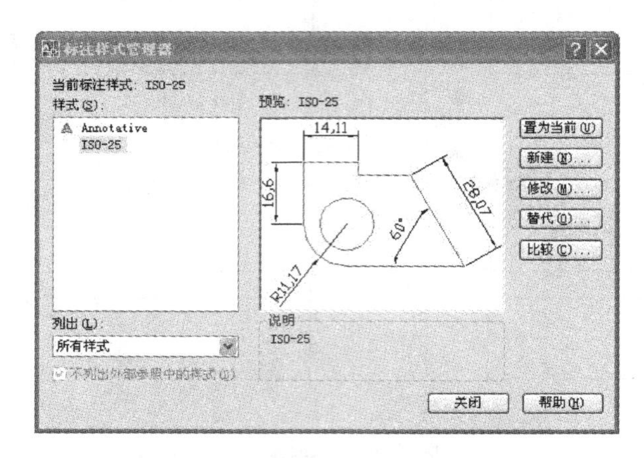

图 3.99 【标注样式管理器】对话框

【标注样式管理器】对话框中各选项含义如下：

①当前标注样式：显示当前样式标注名称；

②样式：“样式”列表中显示了当前图形中已设置的标注样式，当前样式被亮显，要将某样式设置为当前样式，可以选择该样式后，单击“置为当前”按钮；

③列出：从“列出”下拉列表中选择显示哪类标注样式的选项，其中所有样式显示所有标注样式，正在使用的样式仅显示被当前图形引用的标注样式；

④预览：在“预览”区显示在“样式”列表中选中的样式，通过预览，可以了解“样式”列表中各样式的基本风格；

⑤置为当前：该按钮的作用是将“样式”列表中选定的标注样式设置为当前样式；

⑥新建：单击“新建”按钮，将打开【创建新标注样式】对话框；

⑦修改：单击“修改”按钮，将打开【修改标注样式】对话框，如图 3.100 所示；

⑧替代：单击“替代”按钮，将打开【替代当前样式】对话框，该对话框与【修改标注样式】对话框相似，在此对话框中可以设置标注样式的临时替代值；

⑨比较：单击“比较”按钮，将打开【比较标注样式】对话框，该对话框比较两种标注样式的特性或列出一种样式的所有特性，如图 3.101 所示。

(2)操作步骤

若要创建新标注样式，可按以下步骤进行操作。

①在【标注样式管理器】对话框中，单击“新建”按钮，将弹出如图 3.102 所示【创建新标注样式】对话框。

②在【创建新标注样式】对话框中的“新样式名”文本输入框中输入新样式名。

③在“基础样式”下拉列表中，可以选择与需要创建的新样式最相近的已有样式作为基础样式。这样，新样式会继承基础样式的所有设置，在此基础上对新样式进行设置，可以节省大量的时间和精力。

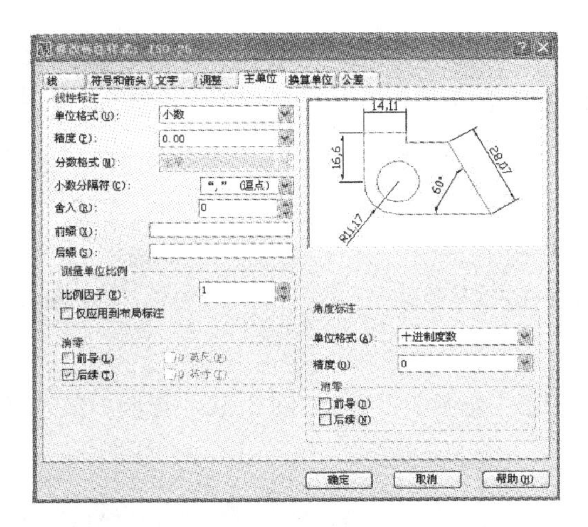

图 3.100　【修改标注样式】对话框

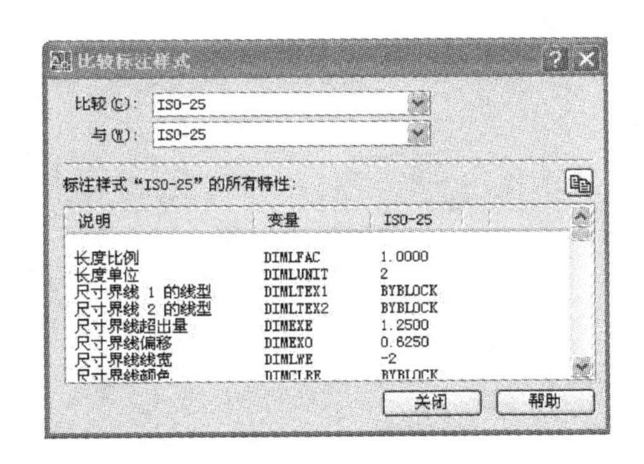

图 3.101　【比较标注样式】对话框

④在“用于”下拉列表中，可以选择新样式的应用范围，如图 3.103 所示。如果在“用于”下拉列表中选择“所有标注”选项，则可以创建一种新的标注样式；如果是选择一种标注类型，则只能创建基础样式的子样式，用于应用到基础样式中所选的标注类型中。利用此选项，用户可以创建一种仅适用于特定标注样式类型的样式。例如，假定 STANDARD 样式的文字对齐方式是与尺寸线对齐，但是在标注角度时，文字是水平对齐的，则可以选择“基础样式”为“STANDARD”，并在“用于”下拉列表中选择“角度标注”。因为定义的是 STANDARD 样式的子样式，所以“新样式名”不可用。然后单击“继续”按钮，在打开的【创建新标注样式】对话框中，将文字的对齐方式改为水平对齐后，“角度标注”选项作为一个子样式将显示在【标注样式管理器】里的“STANDARD”样式下面。子样式创建完后，在使用“STANDARD”标注样式标注对象时，除角度标注文字为水平对齐外，其他标注文字均与尺寸对齐。

⑤单击“继续”按钮，将打开【新建新标注样式】对话框。在对话框中包括“线”、“符号和箭头”、“文字”、“调整”、“主单位”、“换算单位”以及“公差”等 7 个选项卡，如图 3.104 所示。各选项卡的作用如下。

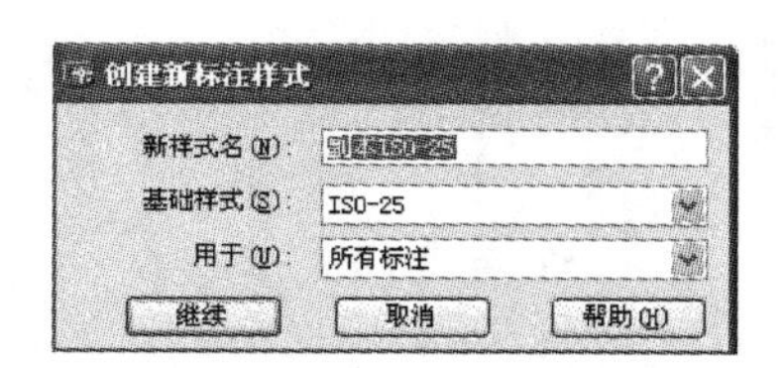

图 3.102 【创建新标注样式】对话框

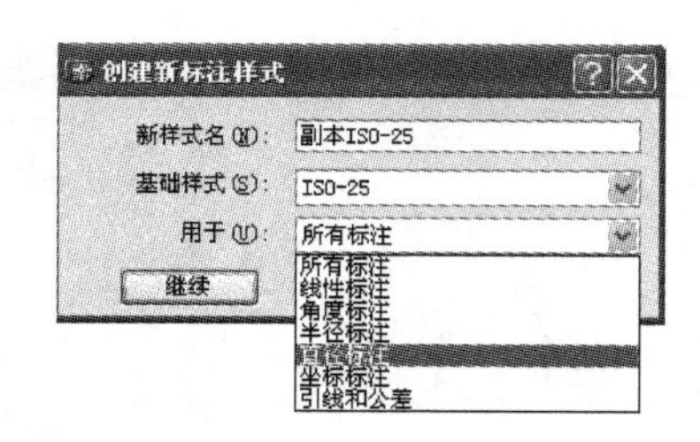

图 3.103 选择应用范围

A.“线”选项卡

单击“线”选项,将进入“线”选项卡界面,如图 3.104 所示。该选项卡用来设置尺寸线、尺寸界线的外观和作用。

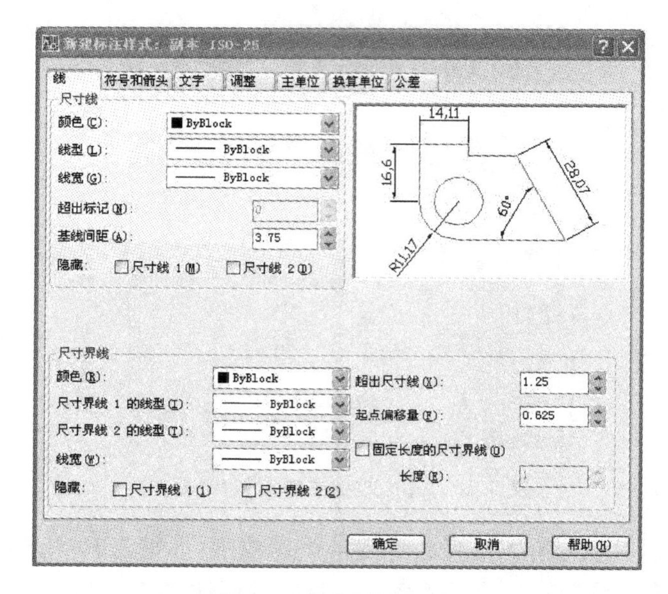

图 3.104 “线”选项卡

a.“尺寸线”选项区 该选项区共有“颜色”、“线宽”、“超出标记”、“基线间距”和“隐藏”5 个选项。各选项卡分别介绍如下。

颜色:该选项区用于设置尺寸线的颜色。可以从下拉列表中选择颜色。如果从列表中选择“其他”选项,则将打开【选择颜色】对话框,从中可以选择需要的颜色。

线宽:该选项设置尺寸线的线宽。可以从下拉列表中选择宽度。

提示:尺寸线、尺寸界线以及文本的颜色和线型均宜设置为“随层”,这样便于利用图层控制尺寸标注,从而达到高效绘图。

超出标记:该选项用于设置尺寸线两端超出尺寸界线的长度,一般设为 0,如图 3.105 所示。

基线间距：该选项用于设置基线标注时尺寸线之间的间距，一般设为7～8，如图3.106所示。

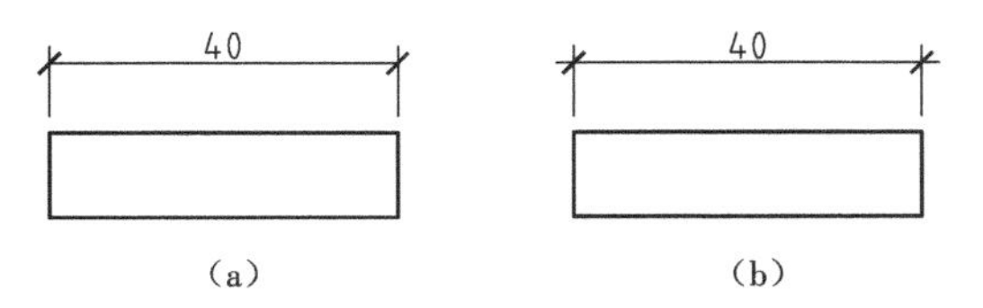

图3.105　设置"超出标记"选项
(a)超出标记为0　(b)超出标记为2

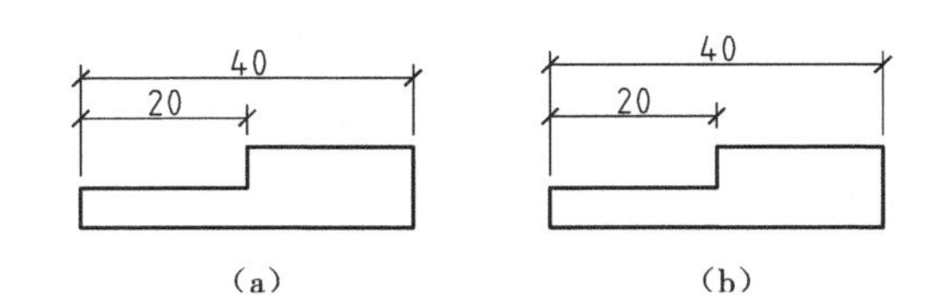

图3.106　设置"基线间距"选项
(a)基线间距为5　(b)基线间距为8

隐藏：该选项用于隐藏尺寸线。选中"尺寸线1"选项，则隐藏第一段尺寸线；选中"尺寸线2"选项，则隐藏第二段尺寸线；同时选中，则隐藏整段尺寸线，如图3.107所示。

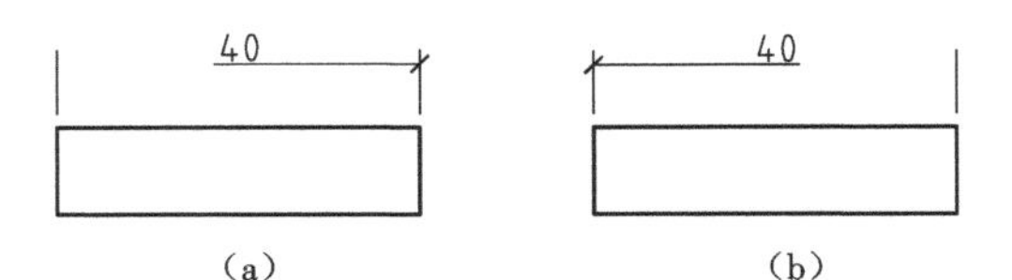

图3.107　隐藏尺寸线
(a)隐藏尺寸线1　(b)隐藏尺寸线2

b."尺寸界线"选项区　该选项区共有"颜色"、"线宽"、"超出尺寸线"、"起点偏移量"和"隐藏"5个选项。各选项分别介绍如下。

颜色和线宽：分别用于设置尺寸界线的颜色和线宽。

超出尺寸线：该选项用于设置尺寸界线在尺寸线上方延伸的距离，一般设为2，具体效果如图3.108所示。

起点偏移量：该选项用于设置从图形中定义标注的点到尺寸界线起点的距离，一般应大于2，如图3.109所示。

隐藏：该选项用于隐藏尺寸界线。选中"尺寸界线1"选项，则隐藏第一段尺寸界线；选中"尺寸界线2"选项，则隐藏第二段尺寸界线；同时选中则隐藏整段尺寸界线。

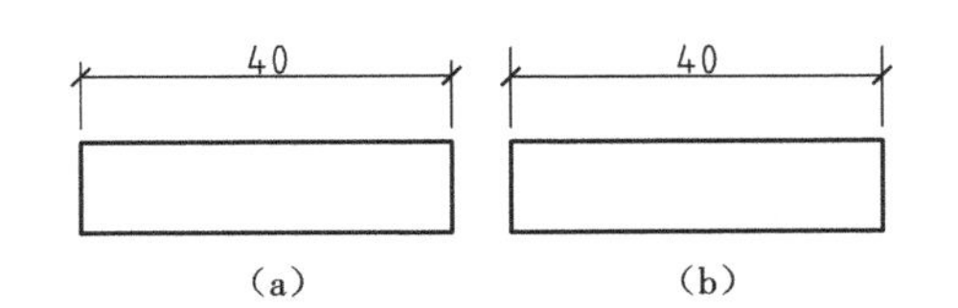

图3.108　设置超出尺寸线
(a)超出尺寸线为2　(b)超出尺寸线为4

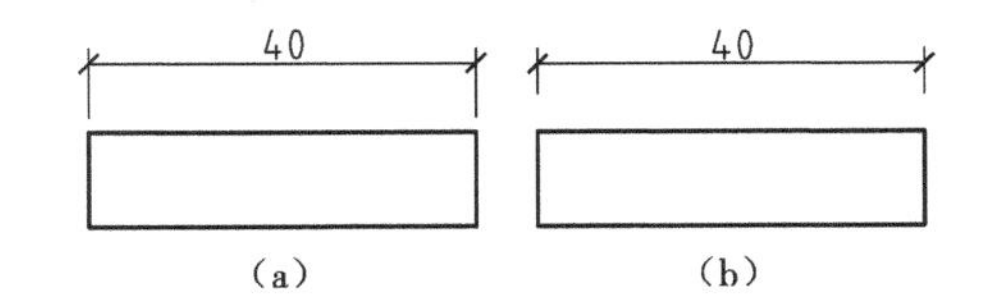

图3.109　设置起点偏移量
(a)起点偏移量为2　(b)起点偏移量为5

B."符号和箭头"选项卡

单击"符号和箭头"选项，将进入"符号和箭头"选项卡，如图3.110所示。该选项卡用来设置箭头、圆心标记和中心线的外观和作用。

a."箭头"选项区　该选项区的作用是设置尺寸起止符号的类型和大小。

第一个、第二个：通过这两个选项的下拉列表可以设置尺寸标注箭头的类型。当改变第一个箭头的类型时，第二个箭头类型将自动改变以同第一个箭头相匹配。如果需要使尺寸线上

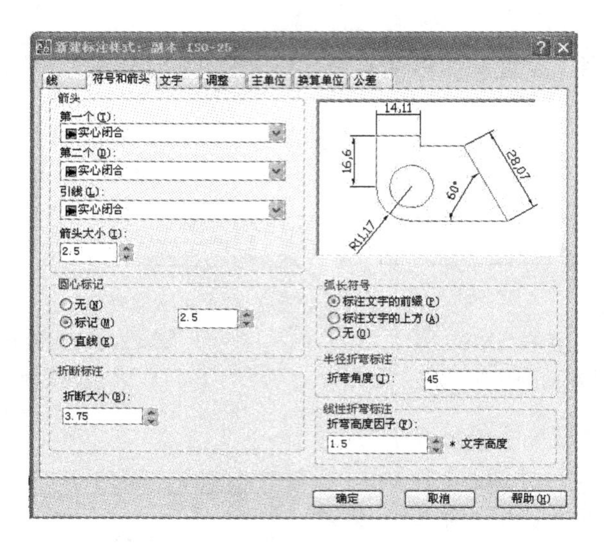

图 3.110 “符号和箭头”选项卡

两个箭头不一样，则在改变第一个箭头类型后，接着改变第二个箭头类型，这样可以得到尺寸线上两个箭头不一样的效果。

引线：从该选项的下拉列表中可以设置引线箭头的类型。

箭头大小：可以在该文本输入框中设置箭头的大小，一般设为 2.5。

b.“圆心标记”选项区　该选项区的作用是控制直径标注和半径标注的圆心标记外观，共有“无”、“标记”和“直线”3 种类型可供选择，如图 3.110 所示。

C.“文字”选项卡

单击【新建标注样式】对话框中的“文字”选项，将进入“文字”选项卡，如图 3.111 所示。

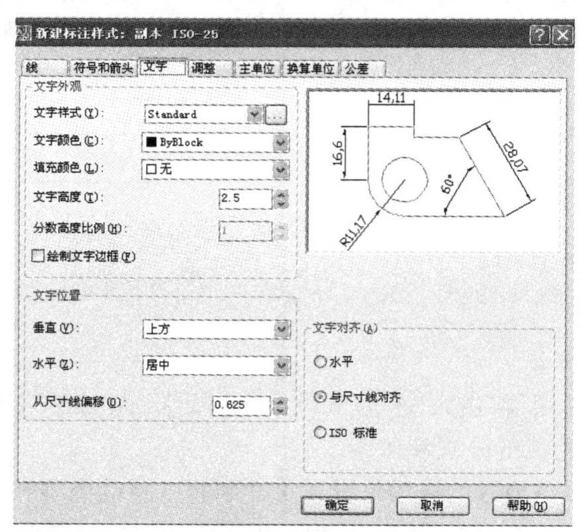

图 3.111 “文字”选项卡

该选项卡的主要作用是用来设置标注文字的外观、位置、对齐和移动方式等。在该选项卡中，包括“文字外观”、“文字位置”和“文字对齐”3个选项区。

a.“文字外观”选项区　该选项区主要用于设置标注文字的外观，包括“文字样式”、“文字颜色”、“填充颜色”、“文字高度”、“分数高度比例”以及“绘制文字边框”6个选项区。

文字样式：该选项区用于设置当前标注文字的样式。可以在下拉列表中选择一种文字样式，也可以单击下拉列表右边的…按钮打开【文字样式】对话框，创建新的标注文字样式。

文字颜色：该选项用于设置标注文字的颜色，一般选择“随层”。

填充颜色：该选项用于设置标注文字的底纹颜色。

文字高度：该选项用于设置标注文字的高度。

提示：如果在创建文字样式时将文字的高度设置为大于0的值，则标注文字的高度使用“文字样式”中定义的高度，此选项设置的文字高度不起作用；如果要使用“文字高度”选项所设置的高度，则必须将“文字样式”中文字的高度设置为0。

分数高度比例：该选项的作用是设置分数相对于标注文字的比例。该选项只有在“主单位”选项卡中的“单位格式”选项设置为“分数”时才可用。

绘制文字边框：该选项的作用是在标注文字的周围绘制一个边框。

b.“文字位置”选项区　该选项区用于设置标注文字的位置。包括“垂直”、“水平”以及“从尺寸线偏移”3个选项，如图3.111所示。

垂直：该选项区的作用是控制标注文字相对于尺寸线的垂直位置，在下拉列表中共有“置中”、“上方”、“外部”和“JIS”4个选项。用户可从预览区观察各选项的效果。

水平：该选项用于控制标注文字相对于尺寸线和尺寸界线的水平位置，在下拉列表中共有“居中”、“第一条尺寸界线”、“第二条尺寸界线”、“第一条尺寸界线上方”和“第二条尺寸界线上方”5个选项。用户可从预览区观察各选项的效果。

从尺寸线偏移：该选项用于设置标注文字与尺寸线的距离，一般采用默认值。

c.“文字对齐”选项区　该选项区用于控制标注文字的对齐方式，包括“水平”、“与尺寸线对齐”和“ISO标准”3个选项，如图3.111所示。

水平：该选项区用于水平放置标注文字。标注角度尺寸宜选择该选项。

与尺寸线对齐：该选项区用于将文字与尺寸线对齐，这是最常用的标注文字对齐方式。

ISO标准：选中该选项，则当文字在尺寸界线内时，文字与尺寸线对齐；当文字在尺寸界线外时，文字水平排列。

D.“调整”选项卡

单击【新建标注样式】对话框中的“调整”选项，将进入“调整”选项卡，如图3.112所示。该选项卡的主要作用是调整标注文字、箭头、引线和尺寸线的相对排列位置。在该选项卡中，包括“调整选项”、“文字位置”、“标注特征比例”和“优化”4个选项区。

a.“调整选项”选项区　该选项区用于控制基于尺寸界线之间的文字和箭头的位置。包括“文字或箭头(最佳效果)”、“箭头”、“文字”、“文字和箭头”和“文字始终保持在尺寸界线之

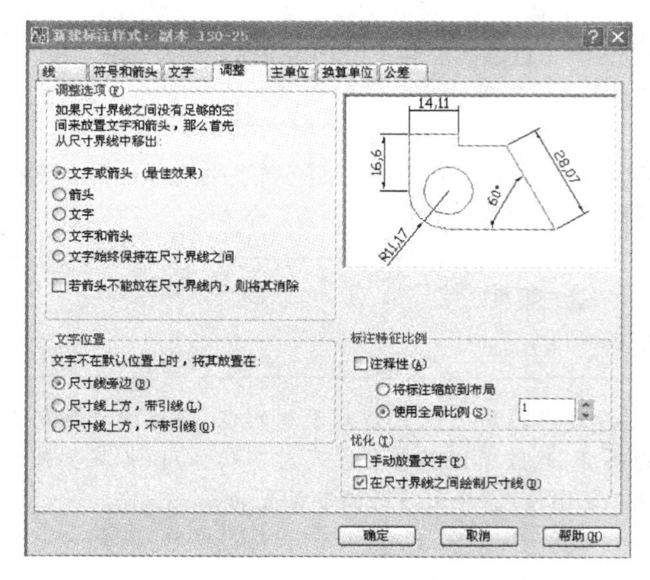

图 3.112 “调整”选项卡

间”5 个单选项和一个复选项。

文字或箭头(最佳效果):选中该选项,AutoCAD 将按照下列方式放置文字和箭头。当尺寸界线的距离足够放置文字和箭头时,文字和箭头都放置在尺寸界线内;否则,AutoCAD 将按最佳布局移动文字和箭头,此项为默认选项;当尺寸界线的距离仅够放置文字时,将文字放置在尺寸界线内,箭头放置在尺寸界线外;当尺寸界线的距离仅够放置箭头时,将箭头放置在尺寸界线内,文字放置在尺寸界线外;当尺寸界线的距离既不够放置文字又不够放置箭头时,文字和箭头均放置在尺寸界线外。

箭头:选中该选项,AutoCAD 将按照下列方式放置文字和箭头。当尺寸界线的距离足够放置文字和箭头时,文字和箭头都放置在尺寸界线内;当尺寸界线的距离仅够放置文字时,将文字放置在尺寸界线内,箭头放置在尺寸界线外;当尺寸界线的距离不够放置文字时,文字和箭头均放置在尺寸界线外。

文字:选中该选项,AutoCAD 将按照下列方式放置文字和箭头。当尺寸界线的距离足够放置文字和箭头时,文字和箭头都放置在尺寸界线内;当尺寸界线的距离仅够放置箭头时,将箭头放置在尺寸界线内,文字放置在尺寸界线外;当尺寸界线的距离不够放置箭头时,文字和箭头均放置在尺寸界线外。

文字和箭头:选中该选项,AutoCAD 将按照下列方式放置文字和箭头。当尺寸界线的距离足够放置文字和箭头时,文字和箭头都放置在尺寸界线内;当尺寸界线的距离不够放置文字箭头时,文字和箭头均放置在尺寸界线外。

文字始终保持在尺寸界线之间:选中该选项后,无论尺寸界线之间的距离是否能够容纳文字,AutoCAD 始终将文字放在尺寸界线之间。

若箭头不能放在尺寸界线内,则将其消除:选中该选项,如果尺寸界线内没有足够的空间,则将箭头消除。

b.“文字位置”选项区　该选项区用于控制标注文字从默认位置移动时标注文字的位置。共有 3 个选项,如图 3.112 所示。

尺寸线旁边:选中该选项,AutoCAD 将标注文字放在尺寸线旁,如图 3.113(b)所示。

尺寸线上方,带引线:如果文字移动到远离尺寸线,将创建一条从尺寸线到文字的引线,如图 3.113(c)所示。

尺寸线上方,不带引线:如果文字移动到远离尺寸线,不用引线将尺寸线与文字相连,如图

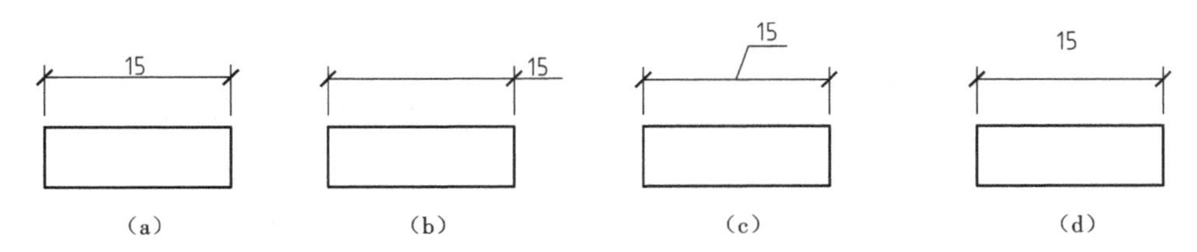

图3.113　文字位置

(a)原尺寸标注　(b)尺寸线旁边　(c)尺寸线上方,加引线　(d)尺寸线上方,不加引线

3.113(d)所示。

c.“标注特征比例”选项区　该选项区用于设置全局标注比例或图纸空间比例,包括“使用全局比例”和“将标注缩放到布局”2 个选项,如图 3.112 所示。

使用全局比例:该选项的作用是设置标注样式的总体尺寸比例因子。此比例因子将作用于超出标记、基线间距、尺寸界线超出尺寸线的距离、圆心标记、箭头、文本高度,但是不能作用于形位公差、角度。同时,全局比例因子的改变不会影响标注测量值,如图 3.114 所示。

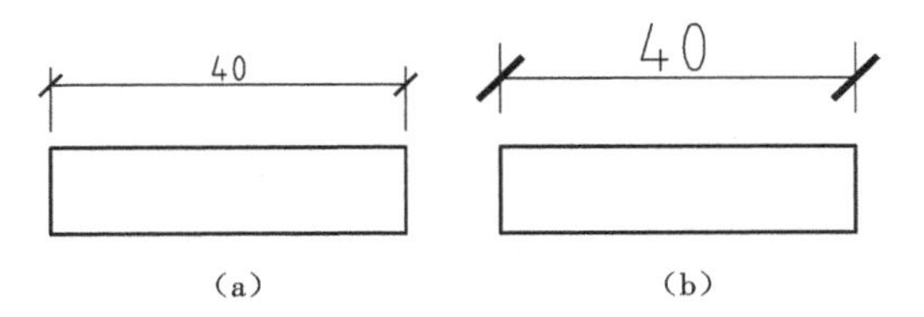

图3.114　全局比例对标注的影响

(a)全局比例为1　(b)全局比例为2

将标注缩放到布局:该选项的作用是根据当前模型空间视口和图纸空间的比例确定比例因子。

d.“优化”选项区　该选项的作用是文字的位置是自动定位还是手动定位,包括“手动放置文字”和“在尺寸界线之间绘制尺寸线”两个选项,如图 3.112 所示。

手动放置文字:该选项的作用是忽略所有水平对正设置,允许用户手工定位文本的标注位置。若不选择此项,则将按“文字”选项卡中设置的标注位置标注文本。

在尺寸界线之间绘制尺寸线:该选项的作用是即使将箭头放在尺寸界线之外,也始终在尺寸界线之间绘制尺寸线。

E.“主单位”选项卡

单击【新建标注样式】对话框中的“主单位”选项,将进入“主单位”选项卡,如图 3.115 所示。该选项卡的作用是设置主标注单位的格式和精度,以及标注文字的前缀和后缀。在该选项卡中,包括“线性标注”、“测量单位比例”和“角度标注”3 个选项区。

a.“线性标注”选项区　该选项区的作用是设置线性标注的格式和精度,以及标注文字的前缀和后缀,如图 3.115 所示。

单位格式:该选项的作用是设置除角度标注之外的所有标注类型的单位格式,有“科学”、“小数”、“工程”、“建筑”、“分数”和“Windows 桌面”6 种单位格式可选择。一般宜选“小数”格式。

精度:设置标注数字的小数位数。

分数格式:设置分数文本的格式。该选项只有在选中“分数”单位格式才可用。

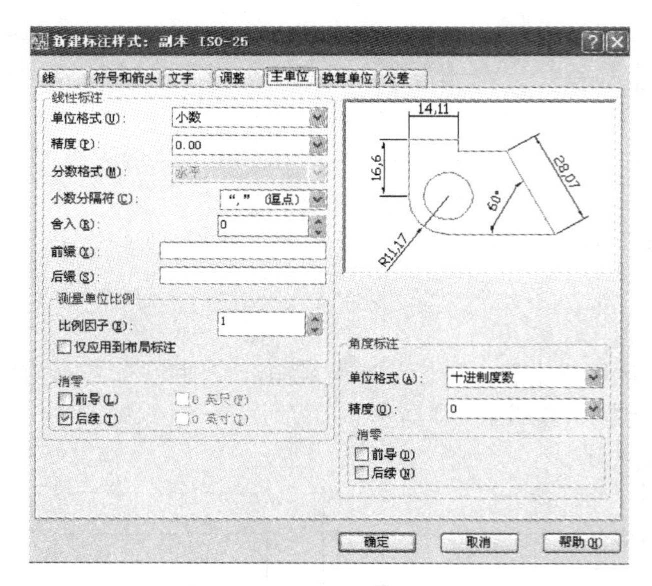

图 3.115 “主单位”选项卡

小数分隔符：该选项用来设置小数点分隔符的格式，有“句号”、“逗号”和“空格”3 种形式可供选择。

舍入：该选项的作用是设置除角度标注之外的所有标注类型的标注测量值的舍入规则。如果输入“0”，则所有标注距离都是实际测量值。如果输入非零值“m”，则所有标注距离都是以“m”为单位进行舍入，取最接近 m 的倍数作为标注值。

前缀：该选项的作用是给标注文字加一个前缀。

后缀：该选项的作用是给标注文字加一个后缀。

b.“测量单位比例”选项区　该选项有“比例因子”和“仅应用到布局标注”两个选项。

比例因子：设置线性标注测量值的比例因子。AutoCAD 按照此处输入的数值放大标注测量值。例如，如果输入“10”，实际测量值为“12”，则 AutoCAD 会将其标注为“120”。

仅应用到布局标注：仅对在布局中创建的标注应用测量单位比例因子。

消零：选中该选项，AutoCAD 将不再输出标注尺寸时的前导零和后续零。

c.“角度标注”选项区　该选项区用来设置角度标注的格式和精度，以及是否消零等，包含“单位格式”、“精度”和“消零”3 个选项，如图 3.115 所示。

单位格式：该选项的作用是设置角度标注的单位格式，有“十进制度数”、“度/分/秒”、“百分度”和“弧度”4 种单位格式可选择。

精度：设置角度标注的小数位数。

消零：选中该选项后，AutoCAD 将不再输出标注角度时的前导零或后续零。

F.“公差”选项卡

单击【新建标注样式】对话框中的“公差”选项，将进入“公差”选项卡，如图 3.116 所示。该选项卡的作用是控制公差格式。在该选项卡中，包括“公差格式”和“换算单位公差”2 个选项区，以下主要介绍“公差格式”选项区的设置。

a.“公差格式”选项区　该选项区用于设置公差的计算方式、精度、上偏差值、下偏差值、高度比例以及位置等，如图 3.117 所示。

方式：该选项卡的作用是设置计算公差的方式，共有 5 个方式。

无：不添加公差，如图 3.117(a)所示。

对称：添加正负公差。选中此项后，在“上偏差”中输入公差值，如图 3.117(b)所示。

极限偏差：分别添加正负公差。AutoCAD 将给出不同的正负变量值。正号“+”位于在

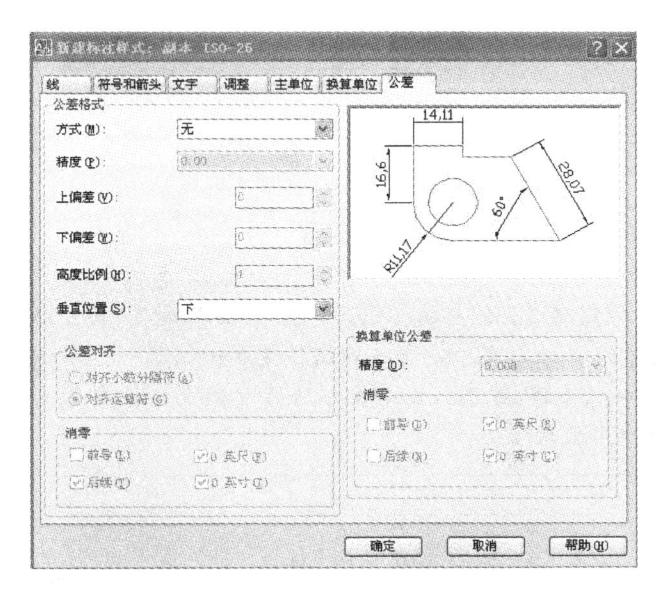

图 3.116 “公差”选项卡

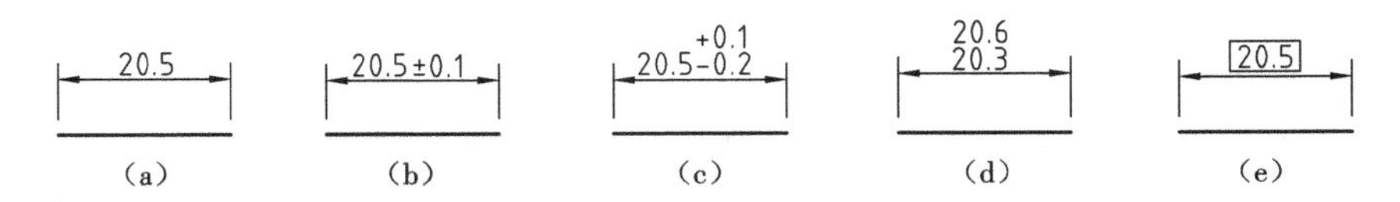

图 3.117 计算公差的各种方式

(a)无 (b)对称 (c)极限偏差 (d)极限尺寸 (e)基本尺寸

“上偏差”中输入的公差值前面，负号“ - ”位于在“下偏差”中输入的公差值前面，如图 3.117(c)所示。

极限尺寸：在这种标注中，AutoCAD 显示一个最大值和一个最小值。最大值等于标注值加上“上偏差”中的输入值，最小值等于标注值减去“下偏差”中的输入值，如图 3.117(d)所示。

基本尺寸：创建基本标注，在这种标注中，AutoCAD 在整个标注范围周围绘制一个框，如图 3.117(e)所示。

上偏差：可在文本输入框中输入上偏差值。

下偏差：可在文本输入框中输入下偏差值。

高度比例：用于设置公差值的高度相对于主单位高度的比例值。

垂直位置：用于控制对称公差和极限公差文字的垂直位置，有上、中、下 3 个选项，如图 3.118 所示。

至此，将【新建标注样式】对话框中各选项卡内容设置完成后，单击【新建标注样式】对话框中“确定”按钮，新的标注样式创建结束，接下来就可以进行尺寸标注了。

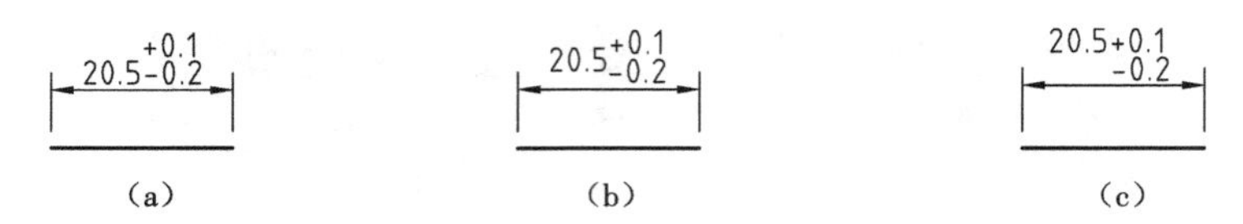

图 3. 118　公差文字的垂直位置

(a)垂直位置为下　(b)垂直位置为中　(c)垂直位置为上

实习实作:请创建"直线标注"的尺寸样式,要求如下,尺寸线颜色为绿色,尺寸界线超出尺寸线 4 mm,尺寸界线起点偏移量 3 mm,第一个箭头用建筑标记,第二个箭头用点,箭头大小 4 mm,宋体,字高 8 mm,文字距尺寸线 2 mm,小数分隔符用逗点,测量比例因子为 2,其余参数使用默认值。

4. 尺寸标注

在创建了尺寸标注样式之后,就可以使用尺寸标注命令进行尺寸标注了。AutoCAD 2008 提供了 11 个尺寸标注命令,利用它们可以完成不同类型尺寸的标注。启动尺寸标注命令有 3 种:①从"标注"下拉菜单中选择命令;②通过"标注"工具栏选择命令按钮(如图 3. 119 所示),③在命令行直接输入命令。

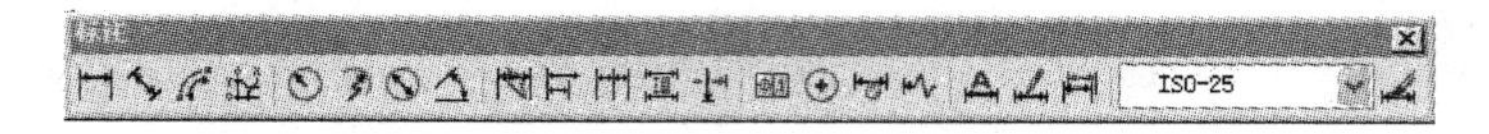

图 3. 119　"标注"工具栏

以下介绍各种尺寸标注命令的使用方法。

(1)线性尺寸标注

线性尺寸标注是建筑绘图中最常用的标注类型,它用来标注两点之间水平或垂直方向的距离。

1)命令调用方式

◇按钮:"标注"工具栏中的 按钮

◇菜单:标注(N)→线性(L)

◇命令:DIMLINEAR(简写:DLI)

2)操作步骤

①以上任一方法调用"DIMLINEAR"命令后,命令行提示:

◇指定第一条尺寸界线原点或 <选择对象>:

②打开捕捉,用鼠标指定第一个端点后,命令行接着提示:

◇指定第二条尺寸界线原点:

③用鼠标指定第二个端点后,命令行接着提示:

◇指定尺寸线位置或[多行文字(M)/文字(T)/角度(A)/水平(H)/垂直(V)/旋转

(R)]：

选项说明如下：

多行文字(M)：在命令行输入“M”，将打开多行文字编辑，可以用它编辑标注文字。

文字(T)：在命令行输入“T”，可以在命令行输入自定义标注文字；

角度(A)：在命令行输入“A”，设置标注文字的方向角；

水平(H)：在命令行输入“H”，创建水平线性标注；

垂直(V)：在命令行输入“V”，创建垂直线性标注；

旋转(R)：在命令行输入“R”，可以设置尺寸线旋转的角度。

④在视口指定一点作为尺寸线的位置后，标注结束。

水平、垂直、旋转尺寸标注如图3.120所示。

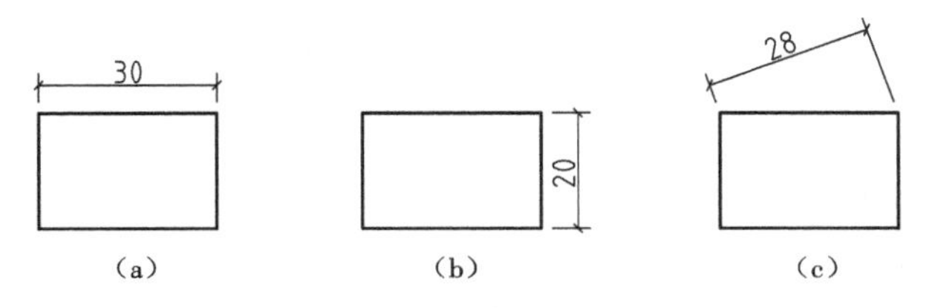

图3.120　水平、垂直、旋转尺寸标注

(a)水平标注　(b)垂直标注　(c)旋转标注

(2)对齐尺寸标注

对齐尺寸标注用于标注斜线的长度。

1)命令调用方式

◇按钮：“标注”工具栏中的按钮

◇菜单：标注(N)→对齐(G)

◇命令：DIMALIGNED(简写：DAL)

2)操作步骤

①以上任一方法调用“DIMALIGNED”命令后，命令行提示：

◇指定第一条尺寸界线原点或<选择对象>：

②用鼠标指定第一个端点后，命令行接着提示：

◇指定第二条尺寸界线原点：

③用鼠标指定第二个端点后，命令行接着提示：

◇指定尺寸线位置或[多行文字(M)/文字(T)/角度(A)]：

各选项含义同上。

④在视图中指定一点作为尺寸线的位置后，标注结束，如图3.121所示。

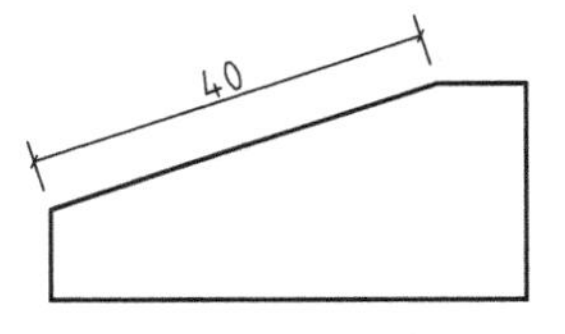

图3.121　对齐标注

(3)坐标尺寸标注

坐标尺寸标注用于标注指定点的 X 或 Y 坐标。AutoCAD 将坐标标注文字与坐标引线对齐。

1)命令调用方式

◇按钮:“标注”工具栏中的按钮

◇菜单:标注(N)→坐标(O)

◇命令:DIMORDINATE(简写:DOR)

2)操作步骤

①以上任一方法调用“DIMORDINATE”命令后,命令行提示:

◇指定点坐标:

②用鼠标指定第一个端点后,命令行接着提示:

◇指定引线端点或[X 基准(X)/Y 基准(Y)/多行文字(M)/文字(T)/角度(A)]:

选项说明如下:

X 基准(X):在命令行输入“X”,则标注横坐标;

Y 基准(Y):在命令行输入“Y”,则标注纵坐标;

多行文字(M):在命令行输入“M”,将打开多行文字编辑,可以用它编辑标注文字;

文字(T):在命令行输入“T”,可以在命令行输入自定义标注文字;

角度(A):在命令行输入“A”,设置标注文字的方向角。

③在视图中指定一点作为引线的端点后,标注结束。

(4)半径尺寸标注

半径尺寸标注用来标注圆弧和圆的半径。

1)命令调用方式

◇按钮:“标注”工具栏中的按钮

◇菜单:标注(N)→半径(R)

◇命令:DIMRADIUS(简写:DRA)

2)操作步骤

①以上任一方法调用“DIMRADIUS”命令后,命令行提示:

◇选择圆弧或圆:

②选择需标注的圆弧或圆后,命令行接着提示:

◇指定尺寸线位置或[多行文字(M)/文字(T)/角度(A)]:

③在视图中指定一点后,标注结束。

(5)直径尺寸标注

直径尺寸标注用来标注圆弧和圆的直径。

1)命令调用方式

◇按钮:“标注”工具栏中的按钮

◇菜单:标注(N)→直径(D)

◇命令:DIMDIAMETER(简写:DDI)

2)操作步骤

①以上任一方法调用“DIMDIAMETER”命令后,命令行提示:

◇选择圆弧或圆：

②选择需标注的圆弧或圆后，命令行接着提示：

◇指定尺寸线位置或[多行文字(M)/文字(T)/角度(A)]：

③在视图中指定一点后，标注结束。

提示：在标注半径或直径之前，应先执行"标注样式"→"修改"→"调整"选项卡，并在"调整"选项区中选择"文字"或"箭头"或"文字和箭头"选项，完成设置后再进行标注，这样才能标注出合理的半径或直径尺寸。

(6)角度尺寸标注

角度尺寸标注命令用于标注圆弧的圆心角、圆上某段弧对应的圆心角、两条相交直线间的夹角，或者根据3点标注夹角。

1)命令调用方式

◇按钮："标注"工具栏中的按钮

◇菜单：标注(N)→角度(A)

◇命令：DIMANGULAR(简写：DAN)

2)操作步骤

①以上任一方法调用"DIMANGULAR"命令后，命令行提示：

◇选择圆弧、圆、直线或〈指定顶点〉：

②用户可以选择一个对象(圆弧或圆)作为标注对象，也可以指定角的顶点和两个端点标注角度。如果选择圆弧，AutoCAD将把圆弧的两个端点作为角度尺寸界线的起点；如果选择圆，则把选取点作为尺寸界线的一个起点，然后指定另外一个尺寸界线的起点，如图3.122所示。

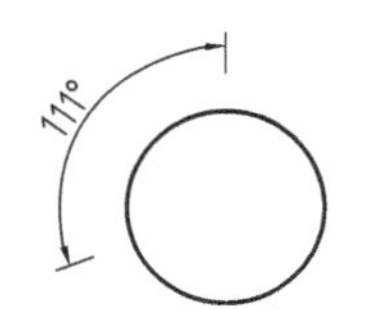

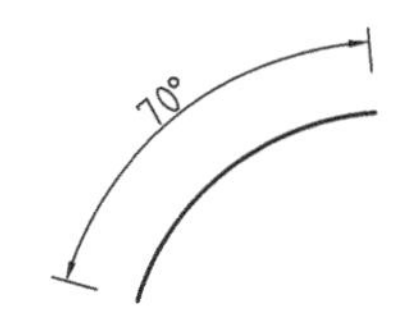

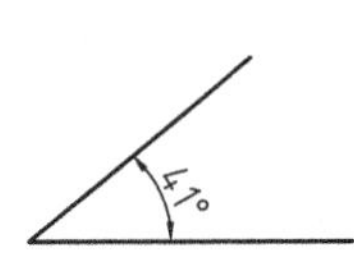

图3.122　角度尺寸标注

(7)快速引线标注

利用快速引线标注功能，可以实现多行文本旁注。旁注指引线既可以是直线，也可以是曲线；指引线的起始端既可以有箭头，也可以没有箭头。

1)命令调用方式

◇命令：QLEADER(简写：LE)

2)操作步骤

①调用"QLEADER"命令后，命令行提示：

◇指定第一条引线点或[设置(S)]<设置>：

②在视图中指定引线起点后，命令行接着提示：

◇指定下一点：

③在视图中指定引线折线起点后,命令行接着提示:

◇指定下一点:

④在视图中指定引线终点后,命令行接着提示:

◇指定文字宽度 <0>:

⑤回车,命令行接着提示:

◇输入注释文字的第一行 <多行文字(M)>:

⑥在命令行输入第一行注释文字后,回车,命令行接着提示:

◇输入注释文字的下一行:

⑦在命令行输入注释文字,回车,命令行接着提示:

◇输入注释文字的下一行:(重复第⑥步)

若注释输入结束,按两次回车键,结束标注。

(8)圆心标记标注

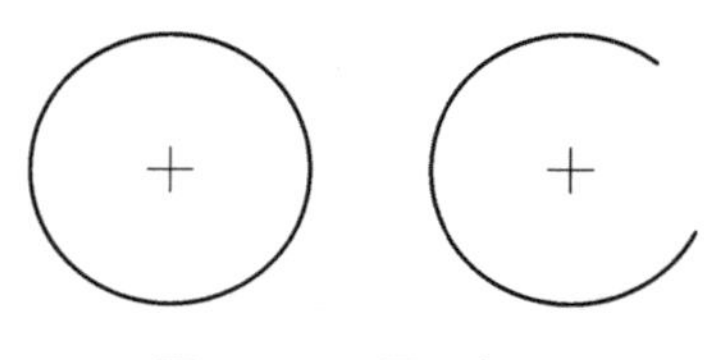

图 3.123　圆心标记

标注圆心标记可以用一定的记号标记圆弧或圆的圆心,如图 3.123 所示。

1)命令调用方式

◇按钮:"标注"工具栏中的⊕按钮

◇菜单:标注(N)→圆心标记(M)

◇命令:DIMCENTER(简写:DCE)

2)操作步骤

①以上任一方法调用"DIMCENTER"命令后,命令行提示:

◇选择圆弧或圆:

②在视图中选择一圆弧或圆对象后,标注结束,如图 3.123 所示。

(9)基线标注

基线标注创建一系列由相同的标注原点测量出来的标注。对于定位尺寸,可以利用基线标注命令进行标注,但必须注意的是,在进行基线尺寸标注之前,应先标注出基准尺寸。

1)命令调用方式

◇按钮:"标注"工具栏中的按钮

◇菜单:标注(N)→基线(B)

◇命令:DIMBASELINE(简写:DBA)

2)操作步骤

①以上任一方法调用"DIMBASELINE"命令后,命令行提示:

◇指定第一条尺寸界线原点或[放弃(U)/选择(S)] <选择>:

②打开对象捕捉,用鼠标指定第一条尺寸界线原点后,命令行接着提示:

◇指定第二条尺寸界线原点或[放弃(U)/选择(S)] <选择>:

③用鼠标指定下一个尺寸界线原点后,AutoCAD 重复上述过程。所有尺寸界线原点都选择完后,按两次回车键,标注结束,结果如图 3.124 所示。

(10)连续标注

连续标注命令可以方便、迅速地标注出同一行或列上的尺寸，生成连续的尺寸线。在进行连续标注之前，应先对第一条线段建立尺寸标注。

1)命令调用方式

◇按钮："标注"工具栏中的按钮

◇菜单：标注(N)→连续(C)

◇命令：DIMCONTINUE(简写：DCO)

2)操作步骤

①以上任一方法调用"DIMCONTINUE"命令后，命令行提示：

◇指定第一条尺寸界线原点或[放弃(U)/选择(S)] <选择>：

②打开对象捕捉，用鼠标指定第一条尺寸界线原点后，命令行接着提示：

◇指定第二条尺寸界线原点或[放弃(U)/选择(S)] <选择>：

③用鼠标指定下一个尺寸界线原点后，AutoCAD 重复上述过程。所有尺寸界线原点都选择完后，按两次回车键，标注结束，结果如图 3.125 所示。

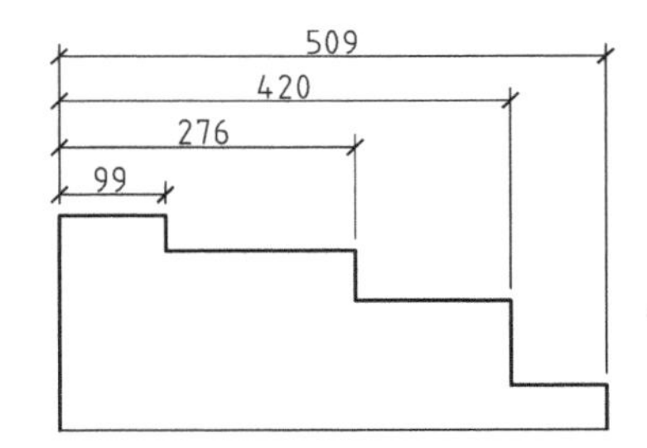

图 3.124　基线标注

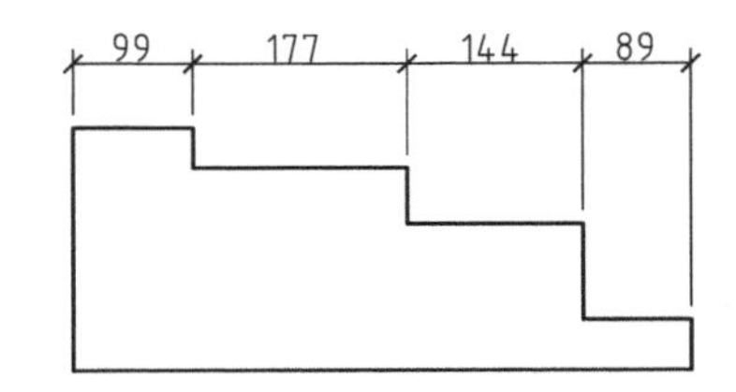

图 3.125　连续标注

提示：使用连续标注命令前，必须先调用线性标注或对齐标注的命令标注一个基准尺寸。

(11)快速标注

快速标注命令可以一次标注一系列相邻或相近的同一类尺寸，也可以标注同一个对象上多个点之间的尺寸。

1)命令调用方式

◇按钮："标注"工具栏中的按钮

◇菜单：标注(N)→快速标注(Q)

◇命令：QDIM

2)操作步骤

①以上任一方法调用"QDIM"命令后，命令行提示：

◇选择要标注的几何图形：

②选择要标注的多个对象(或组合对象)，然后按回车键或右击鼠标，命令行接着提示：

◇指定尺寸线位置或[连续(C)/并列(S)/基线(B)/坐标(O)/半径(R)/直径(D)/基准点(P)/编辑(E)]<连续>:

③在命令行输入标注类型,或者按“Enter”键使用缺省类型。

④在视口指定尺寸线位置后,标注结束,如图3.126所示。

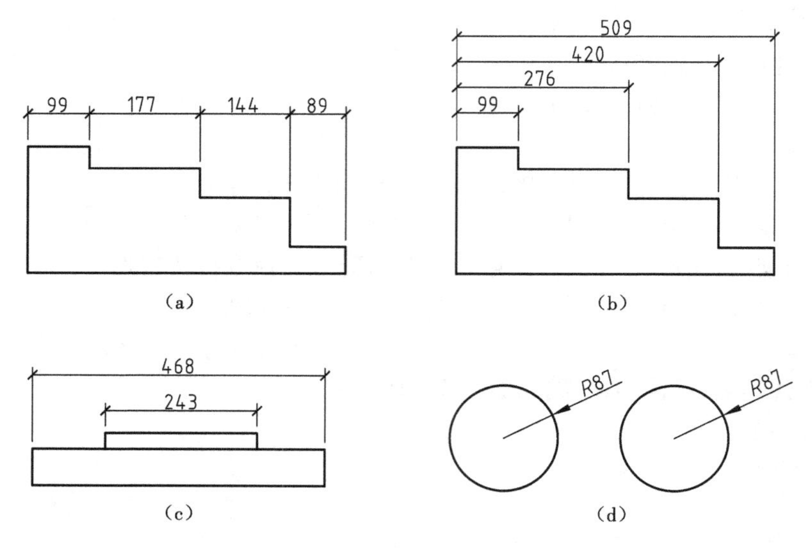

图3.126 各种快速标注

(a)连续 (b)基线 (c)并列 (d)半径

5.编辑尺寸标注

尺寸标注完后,有时需要对尺寸的格式、位置、角度、数值等进行修改。下面介绍尺寸的编辑方法。

(1)利用DIMEDIT命令编辑标注

利用“DIMEDIT”命令可以为尺寸指定新文本、恢复文本的缺省位置、旋转文本和倾斜尺寸界线,另外还可以同时对多个标注对象进行操作。

1)命令调用方式

◇按钮:“标注”工具栏中的按钮

◇命令:DIMEDIT(简写:DED)

2)操作步骤

①以上任一方法调用“DIMEDIT”命令后,命令行提示:

◇输入标注编辑类型[缺省(H)/新建(N)/旋转(R)/倾斜(O)]<默认>:

选项说明如下:

缺省(H):把标注文字移回到缺省位置。若在命令行输入“H”,回车,命令行接着提示:“选择对象:”选取一要修改的尺寸对象,命令行接着提示:“选择对象:”不断选取尺寸对象,待要修改的尺寸对象选取完毕后,回车,命令结束。

新建(N):打开"文字格式"修改标注文字。若在命令行输入"N",回车,将打开"文字格式"。在"文字格式"中改变尺寸文本及其特性,设置完毕后,单击"确定"按钮,关闭此对话框。命令行接着提示:"选择对象:"选取要修改的尺寸对象,命令行接着提示:"选择对象:"不断选取尺寸对象,待要修改的尺寸对象选取完毕后,回车,命令结束,如图 3.127(b)所示。

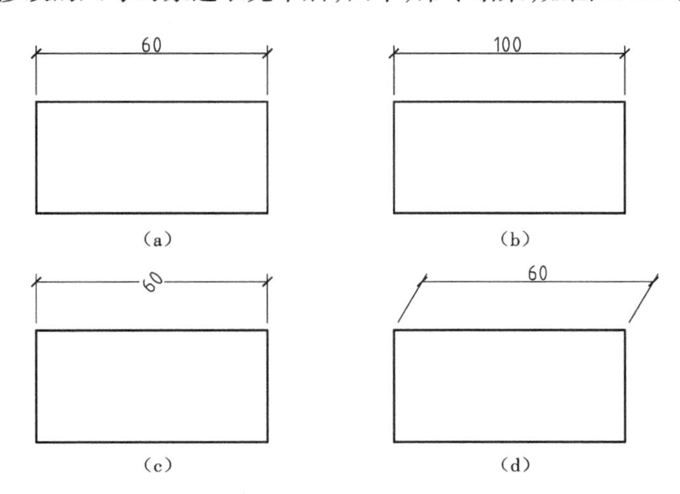

图 3.127　编辑尺寸标注

(a)原尺寸　(b)新建　(c)旋转　(d)倾斜

旋转(R):按指定角度旋转标注文字。若在命令行输入"R",回车,命令行接着提示:"指定标注文字的角度:"在命令行输入角度数值后,回车,命令行接着提示:"选择对象:"选取要修改的尺寸对象,命令行接着提示:"选择对象:"不断选取尺寸对象,待要修改的尺寸对象选取完毕后,回车,命令结束,如图 3.127(c)所示。

倾斜(O):调整线性标注尺寸界线的倾斜角度,AutoCAD 通常创建尺寸界线与尺寸线垂直的线性标注,当尺寸界线与图形中的其他图线重叠时本选项很有用处。若在命令行输入"O",回车,命令行接着提示:"选择对象:"选取要修改的尺寸对象后,回车,命令行接着提示:"输入倾斜角度(按"Enter"键表示无):"在命令行输入角度数值后,回车,则尺寸界线旋转输入的角度数值,命令结束,如图 3.127(d)所示。

(2) 利用 DIMTEDIT 命令编辑标注文字

利用"DIMTEDIT"命令可以重新调整尺寸文本的位置。尺寸文本位置可在尺寸线的中间、左对齐、右对齐,或把尺寸文本旋转一定角度。

1)命令调用方式

◇按钮:"标注"工具栏中的按钮

◇菜单:标注(N)→对齐文字(X)

◇命令:DIMTEDIT

2)操作步骤

①以上任一方法调用"DIMTEDIT"命令后,命令行提示:

◇选择标注：

②在视图中选择要修改的尺寸对象后，命令行接着提示：

◇指定标注文字的新位置或[左(L)/右(R)/中心(C)/缺省(H)/角度(A)]：

③指定标注文字的新位置后，命令结束，如图3.128所示。

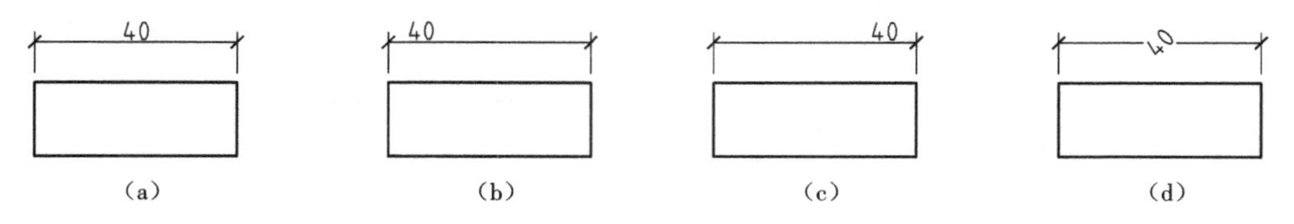

图3.128　编辑尺寸文字位置

(a)原尺寸　(b)左对齐　(c)右对齐　(d)角度

选项说明如下。

指定标注文字的新位置：在绘图区指定标注文字的新位置。

左：沿尺寸线左移标注文字。本选项只适用于线性、直径和半径标注。

右：沿尺寸线右移标注文字。本选项只适用于线性、直径和半径标注。

中心：把标注文字放在尺寸线的中心。

缺省：标注文字恢复到原来的状况。

角度：将标注文字旋转一定角度。

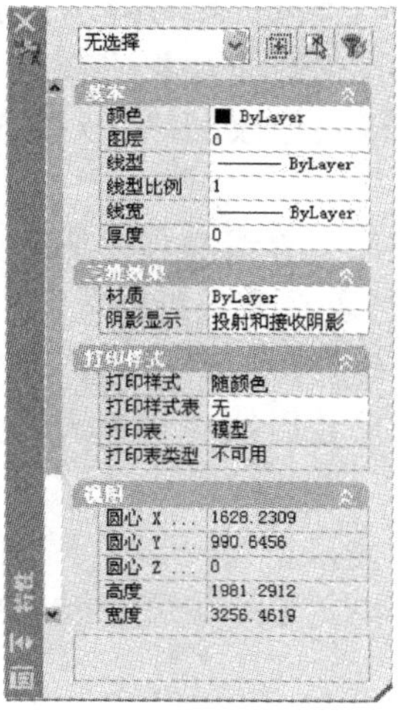

(3)利用【特性】窗口编辑标注特性

除了利用以上介绍的“DIMEDIT”和“DIMTEDIT”命令外，AutoCAD还可以使用【特性】对话框来修改标注的特性。

选择“修改”→“特性”命令，或在命令行输入“PROPERTIES”命令，或单击“标准”工具栏按钮，都可以打开【特性】窗口，如图3.129所示。

图3.129　【特性】窗口

对于标注，可以通过【特性】窗口中的“基本”选项修改标注尺寸的有关特性。

在“基本”选项中，可以设置标注的基本特性，如：颜色、图层和线型等。

6. 文字标注

(1)文字样式

AutoCAD图形中的文字都有与它关联的文字样式。文字样式是指控制文字外观的一系列特征，用于度量文字的字体、字高、角度、方向和其他特性。在绘图工程中，当关联的文字样式被修改时，图形中所有应用了此样式的文字均自动修改。我们可以在一个图形文件中设置一个或多个文字样式。

在创建文本之前，首先应选择好一种字体，确定字体的高度、宽度等，进而确定文字样式。AutoCAD 2008定义文字样式的命令是“Style”，可以通过以下3种方式启动“Style”命令。

◇按钮:“文字”工具栏中的 A 按钮

◇菜单:格式(O)→文字样式(S)

◇命令:STYLE(简写:ST)

选择上述任意一种方式调用“STYLE”命令,系统将打开【文字样式】对话框。该对话框包括“样式”、“字体”、“大小”和“效果”4个选项区,如图3.130所示。在【文字样式】对话框中,可以创建、删除文字样式。

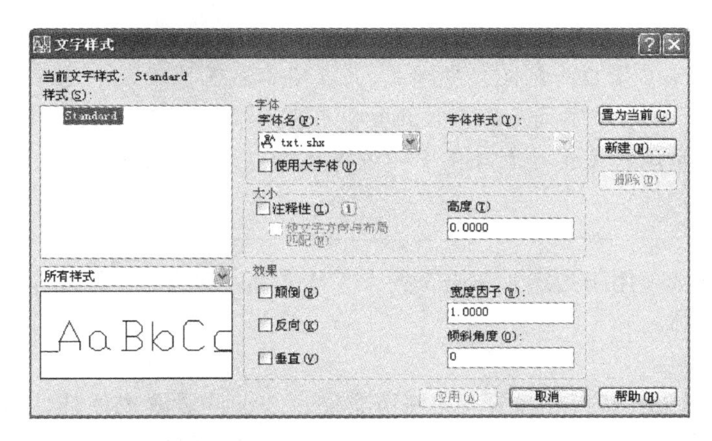

图3.130 【文字样式】对话框

置为当前:把所选文字样式,作为当前文字样式。

新建:用于定义新的文字样式。左击“新建”按钮,将弹出【新建文字样式】对话框,用户可以在对话框的“样式名”文本框中输入新建文字样式的名称,如图3.131所示。

图3.131 【新建文字样式】对话框

删除:用于删除用户定义的文字样式名。

提示:在图形中已使用的文字样式和“Standard”样式不可以删除。

1)样式

该选项区的主要作用是动态显示当前文字样式和文字样例。列表中的“Standard”是一种缺省的文字样式,该文字样式不能改名或删除。

2)字体

该选项包括“字体名”、“字体样式”和“使用大字体”3个选项。

字体名:用于选择所需要的字体。AutoCAD在“字体名”下拉列表中列出了所有注册的字体，如宋体、仿宋体、黑体、楷体等，以及 AutoCAD 目录中“Fonts”文件夹中 AutoCAD 特有的字体(.shx)。部分字体如图 3.132 所示

建筑制图　宋体　　　建筑制图　楷体

建筑制图　黑体　　　建筑制图　仿宋体

图 3.132　各种字体

提示：建文本请应先定义文字样式，并在字体名下拉列表中选择一种字体(一般为仿宋体)，否则汉字将无法正常显示。在字体名下拉列表的上部和下部区域列出同名的汉字字体，选择汉字字体时最好在下部区域选择，因在默认状态下，上部区域的汉字字体是头朝左显示。

使用大字体：该选项用于指定亚洲语言的大字体文件。只有在[字体名]中选择了.shx 字体，才可以使用大字体。

3)大小

注释性：在用布局出图时，可在模型中将所有文字和标注设置成注释性对象，其高度设成想在出图时打印的高度，在出图时将所有注释性对象注释比例改为出图比例，这样可以一次性地修改文字和标注，尤其是同一张图用两种以上不同比例出图时可以方便地修改，因此注释性非常有用。

高度：该选项的作用是根据输入的值设置文字的高度，默认值为 0。当输入一个非零值后，在使用各种创建文本命令创建文本时，均以该数值作为文字的高度。

提示：此数值最好采用默认值 0，这样便于在创建文本时灵活设置不同字体的高度。

---

4)效果

该选项区的主要作用是修改字体的特性，包括“颠倒”、“反向”、“垂直”、“宽度因子”以及“倾斜角度”5 个选项。

颠倒：该选项的作用是倒置显示字符。

反向：该选项的作用是反向显示字符。

提示：“颠倒”和“反向”只能控制单行文本，对多行文本不起作用。

垂直：控制.shx 字体垂直书写效果。

宽度因子：该选项用于设定文字的宽高比。宽度因子大于 1 时，文字变宽；宽度因子小于 1 时，则文字变窄。

倾斜角度：该选项用于设置文字的倾斜角度。角度值为正，文字向右倾斜；角度值为负，文字向左倾斜。

提示："宽度因子"一般设置为 0.67（制图标准中的长仿宋体宽高比），其他选项采用默认设置。

(2)文本的创建

完成文字样式的设定以后，就可以进行文本的创建。在 AutoCAD 2008 中，可根据文本的特点选择单行文本命令（TEXT 或 DTEXT）或多行文本命令（MTEXT）创建文本。

1)单行文本

对于一些简单的、不需要多种字体或多行的短输入文字项，可以用单行文本命令来创建文本。单行文本命令具有动态创建文本的功能，可以通过以下 3 种方式启动单行文本命令。

◇按钮："文字"工具栏中的 按钮

◇菜单：绘图(D)→文字(X)→单行文字(S)

◇命令：TEXT 或 DTEXT（简写：DT）

①选择上述任意一种方法调用命令后，命令行提示：

◇当前文字样式：Standard　文字高度：2.5　指定文字的起点或[对正(T)/样式(S)]：

②文字的起点为单行文字的左下角点，用鼠标在绘图区指定该点后，命令行接下来提示：

◇指定高度 <2.5 >

③可以按回车键选择默认高度，也可以输入新的文字高度值后回车，接下来提示：

◇指定文字的旋转角度 <0 >

④可以按回车键选择默认角度，也可以输入新的角度后回车，接下来就可以输入文字了。

⑤输入的文字在绘图区显示出来。输入一行文字后回车，则自动换行，接着可继续输入第二行文字，也可再回车结束命令。

在实际绘图中，往往需要标注一些特殊的字符，如希望在一段文字的上方加上画线，标注"°""±""Φ"等符号。由于这些特殊字符不能从键盘上直接输入，AutoCAD 提供了相应的控制符，以实现这些标注要求，见表 3.7。

AutoCAD 的控制符由两个百分号（%%）以及在后面紧接着一个字符构成。

表 3.7　单行文本中 AutoCAD 常用符号的输入代码

序号	代码	代码含义	举例
1	%%O	打开或关闭文字上划线	制图　表示为：%%O 制图%%O
2	%%U	打开或关闭文字下划线	文字　表示为：%%U 文字%%U
3	%%D	标注度"°"符号	90°　表示为：90%%D
4	%%P	标注正负公差(±)符号	±0.005　表示为：%%P0.005

续表

序号	代码	代码含义	举例
5	%%C	标注直径(Φ)符号	Φ500　表示为:%%C500
6	%%%	标注百分号"%"	80%　表示为:80%%%

当在"输入文字:"提示下输入控制符时,这些控制符将临时显示在屏幕上,当结束"TEXT"命令时,这些控制符即从屏幕中消失,转换成相应的特殊符号。

提示:在确定字高时,一般应选取标准字号(2.5 mm,3.5 mm,5 mm,7 mm,10 mm,14 mm,20 mm),且汉字高度不宜小于3.5 mm,字符高度不宜小于2.5 mm。考虑到打印出图时的比例因子,在模型空间中确定文字高度时应把希望得到的字高(出图后图纸中文字的实际高度)除以出图比例来定制字高。例如:在出图比例为1:200的图中,欲得到5 mm的字高,定制字高应为5÷(1/200)=1 000。

选项说明如下。

指定文字的起点:该选项指定单行文字起点位置。缺省情况下,文字的起点为左下角点。

对正(J):该选项用于设置单行文字的对齐方式。在命令行输入"J"后回车,系统提示:

◇输入选项[对齐(A)/调整(F)/中心(C)/中间(M)/右(R)/左上(TL)/中上(TC)/右上(TR)/左中(ML)/正中(ML)/右中(MR)/左下(BL)/中下(BC)/右下(BR)]:

其中常用的选项如下。

对齐(A):选择此项后,会要求给出两点,则文本将在点击的两点之间均匀分布,同时AutoCAD自动调整字符的高度,使字符的宽高比保持不变。

中间(M):该选项的作用是指定文字在基线的水平中点和指定高度的垂直中点上对齐。选择此项后,会要求指定一点,此点将是所输入文字的中心。此选项常用于设置墙体的轴线编号。

样式(S):该选项用于设定当前文字样式.在命令行输入"S"后回车,系统提示:

◇输入样式名或[?]<Standard>

输入样式名后,然后回车。如果不知道需要应用的样式名,则可以在命令行输入"?",然后回车,则系统提示:

◇输入要列出的文字样式<*>:

回车,AutoCAD将弹出"文本窗口",在"文本窗口"中列出了所有已定义的文字样式及其特性,如图3.133所示。如果文字样式太多,在"文本窗口"中一屏显示不下,则显示其中的一部分,按回车后可以显示下一屏,直到全部显示为止。

从"文本窗口"中查询文字样式后,就可以在命令行输入所需的文字样式后,按"回车"键,然后按前面介绍的步骤创建单行文本。

2)多行文本

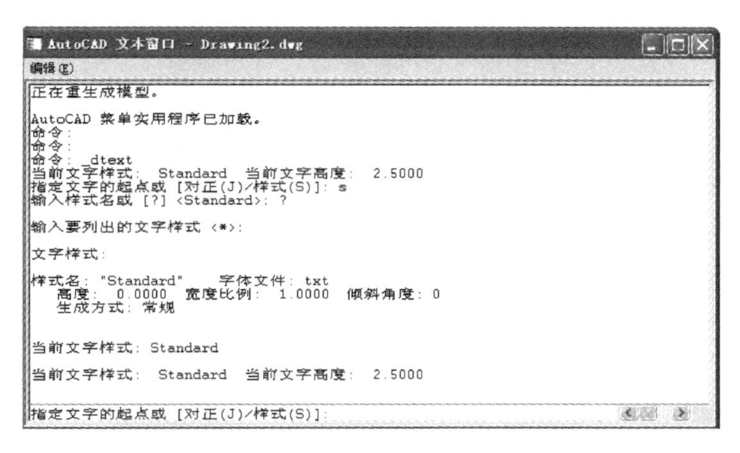

图3.133　文本窗口

前面介绍的“TEXT”和“DTEXT”命令均可创建单行文本,如果在输入每一行文字后回车换行,则可以创建另一行单行文本,这样也可以得到多行文本。但是这样得到的“多行文本”中的每一行均视为一个独立的对象,不能作为一个整体进行编辑。

如果希望将输入的多行文本作为一个对象,就要使用“MTEXT”多行文本命令。该命令可以激活多行文本编辑器,该编辑器有许多其他Windows文本编辑器具有的特征。通过它可以选择一种定义好的样式,改变文本高度,对某些字符设置加粗和斜体等格式,还可以选择一种对齐方式、定义行宽、旋转段落、查找和替换字符等。

要创建多行文本,可以通过以下3种方式启动多行文本命令。

◇按钮:“绘图”工具栏中的A按钮

◇菜单:绘图(D)→文字(X)→多行文字(M)

◇命令:MText(简写:MT)

①选择上述任意一种方法调用命令后,命令行提示:

◇指定第一角点:

②在绘图区域内单击一点作为多行文字的第一个角点后,命令行继续提示:

◇指定对角点或[高度(H)/对正(J)/行距(L)/旋转(R)/样式(S)/宽度(W)/栏(C)]:

③在绘图区域中单击另一点作为多行文字的对角点,也可以输入各种参数进行格式设置。选项说明如下。

指定第一角点:指定多行文本框的一角点。

指定对角点:指定多行文本框的对角点。

高度(H):该选项的作用是确定多行文本字符的字体高度。

对正(J):该选项的作用是根据文本框边界,确定文字的对齐方式(缺省是左上)和文字走向。

行距(L):该选项的作用是设置多行文本的行间距,有“至少”和“精确”两个选项。

a.“至少”:根据行中最大字符的高度自动调整文字行。在选择“至少”选项时,如行中包含有较大的字符，则行距会加大。

b. “精确”：强制多行文本对象中所有行间距相等。行间距由对象的文字高度或文字样式决定。

选择某一项后，就可以在命令行中输入行距。单倍行距是文字字符高度的 1.66 倍。可以以数字后跟 x 的形式输入间距增量表示单倍行距的倍数。不同的行距效果如图 3.134 所示。

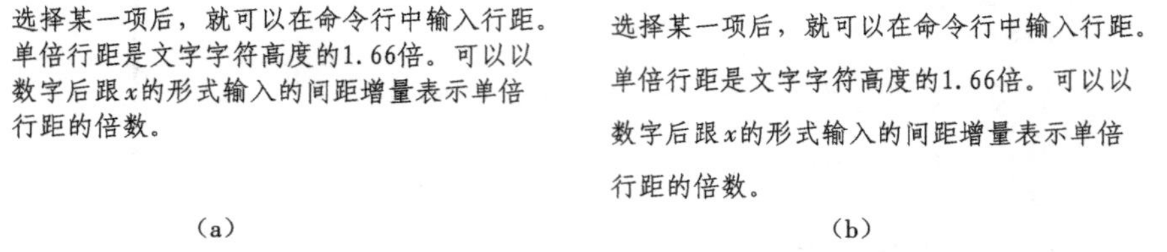

选择某一项后，就可以在命令行中输入行距。
单倍行距是文字字符高度的1.66倍。可以以
数字后跟x的形式输入的间距增量表示单倍
行距的倍数。

（a）

选择某一项后，就可以在命令行中输入行距。

单倍行距是文字字符高度的1.66倍。可以以

数字后跟x的形式输入的间距增量表示单倍

行距的倍数。

（b）

图 3.134 “行距”设置

（a）行距为 $1x$ （b）行距为 $1.5x$

旋转（R）：该选项的作用是设置文字边界的旋转角度，如图 3.135 所示。

样式（S）：该选项的作用是指定多行文本的文字样式。

宽度（W）：该选项的作用是指定多行文本边界的宽度。

栏（C）：该选项的作用是设定多行文本的栏数。

确定以上选项后，AutoCAD 将弹出【文字格式】对话框。在该对话框中，用户可以进行相应的设置，输入所需创建的文本，然后单击“确定”按钮，多行文本就创建完成了。

图 3.135 “旋转角度”设置

（a）旋转角度为 30° （b）旋转角度为 -30°

当绘图窗口中指定一个用来放置多行文字的矩形区域后，便可打开如图 3.136 所示的“文字格式”编辑器，编辑器由工具栏和文字输入窗口等组成，在文字输入窗口可以输入所需的文字，也可以从其他文件输入或粘贴文字等；在工具栏中包括“文字样式”、“字体”、“字号”、“文字特性”等内容，可以对输入文字进行编辑等操作。

图 3.136 文字格式

在编辑文字属性的时候,要注意当前的文字必须在选中的状态下,再进行属性编辑。当然也可以在文字编辑之前先将需要的属性设置好,再写入文字,此时文字将自动套用设置的属性。在文字输入窗口中,单击右键将出现快捷菜单,如图3.137所示。

图3.137　文字编辑器快捷菜单

(3)编辑文本

文本创建后,若要对其进行修改,可以选择"修改"→"对象"→"文字"菜单中的"编辑"、"比例"、"对正"选项来编辑文本,但更方便快捷编辑文本的方法是利用"DDEDIT"命令或利用【特性】对话框。

1)利用DDEDIT命令编辑文本

AutoCAD中编辑文本的基本命令是"DDEDIT"。如果编辑文本时,只需要修改文字的内容,而不修改文字特性时,则可以采用"DDEDIT"命令。启动"DDEDIT"命令后,AutoCAD会提示选择需要编辑的文本对象,用户可以选择单行文本,也可以选择多行文本。

通常,可以通过以下3种方式启动"DDEDIT"命令。

◇按钮:"文字"工具栏中的 按钮

◇菜单:修改(M)→对象(O)→文字(T)

◇命令:DDEDIT(简写:ED)

①选择上述任意一种方式调用"DDEDIT"命令后,命令行提示:

◇选择注释对象或[放弃(U)]:

②选择单行文本,AutoCAD将打开【编辑文字】对话框,从中可以修改文字内容,如图3.138所示。

编辑单行文本

图3.138　【编辑文字】对话框

提示:选中单行文本后,双击鼠标也可以打开【编辑文字】编辑对话框。

③若选择多行文本,则AutoCAD将打开【文字格式】编辑对话框,从中可以修改文字内容,也可以修改文字的各种特性,如图3.139所示。

提示:选中多行文本后,双击鼠标可以打开【文字格式】对话框,进行编辑。

2)利用特性对话框编辑文本

选择"修改"→"特性"命令或单击"标准"工具栏中的 按钮,AutoCAD将打开【特性】对话框。选中单行文本或多行文本后,就可以在【特性】对话框中编辑文本。

在【特性】对话框中,用户不仅可以修改文本的内容,而且可以重新选择文本的文字样式,

图 3.139 【文字格式】编辑对话框

设定新的对正类型，定义新的高度、旋转角度、宽度比例、倾斜角度、文本位置以及颜色等该文本的所有特性。

单行文本和多行文本的【特性】对话框稍有差别，如图 3.140 所示。

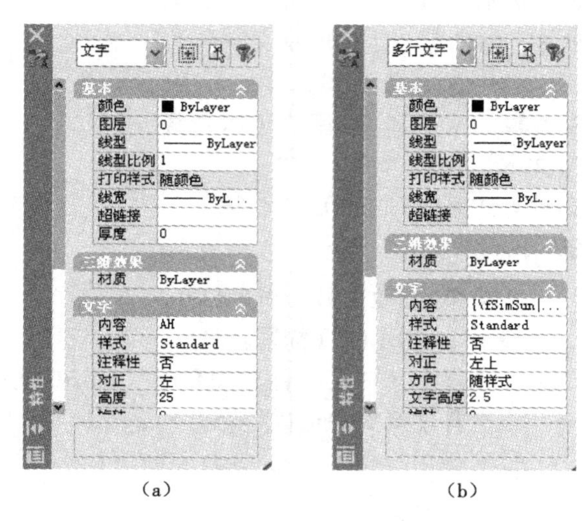

(a)　　　　(b)

图 3.140 【特性】对话框

(a)单行文本对话框　(b)多行文本对话框

3.4 轴测投影图的绘制

3.4.1 轴测投影认知

轴测图是一种能够在一个投影图中同时反映形体三维结构的图形。

如图 3.141 所示，是一立体的正投影图和轴测投影。显而易见，轴测图直观形象，易于看懂。因此，工程中常将轴测投影用作辅助图样，以弥补正投影图不易被看懂的不足。与此同时，轴测投影也存在着不易反映物体各表面的实形，因而度量性差、绘图复杂、会产生变形等缺点。

如图 3.142 所示，P 为轴测投影面，S 为投影方向，长方体上的坐标轴 OX、OY、OZ 均倾斜

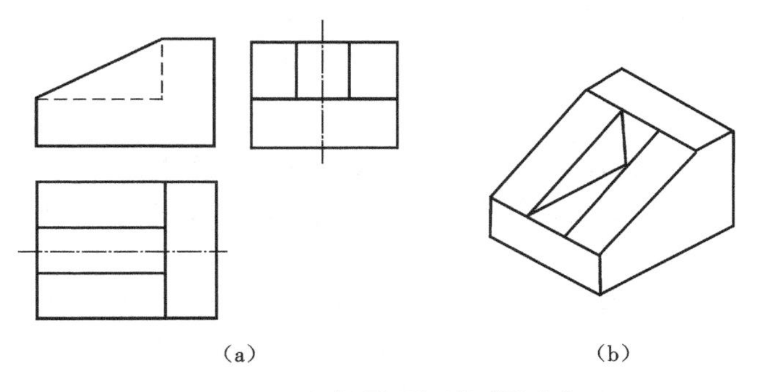

图 3.141　正投影图与轴测图对比

(a)正投影图　(b)轴测图

于 P 面，投影方向 S 与 P 面垂直。按此方法得到的 P 面轴测图称为正轴测图。如图 3.143 所示，P 为轴测投影面，S 为投影方向，立体上的坐标面 XOZ 平行于 P 面，投影方向 S 与 P 面不垂直。以此种投影方法产生的轴测图称为斜轴测图。

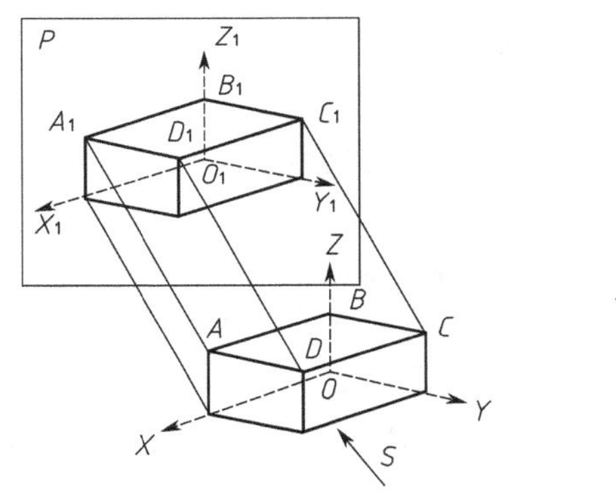

图 3.142　正轴测图的形成

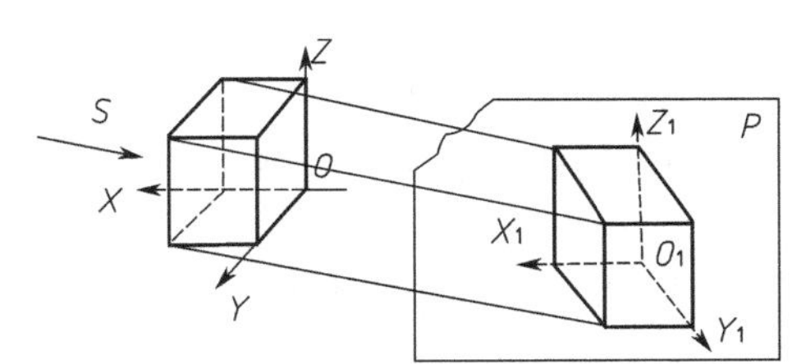

图 3.143　斜轴测图的形成

1. 轴测投影常用术语

(1)轴测投影面

作轴测投影的平面，称为轴测投影面。

(2)轴测投影轴

空间形体直角坐标轴 OX、OY、OZ 在轴测投影面上的投影 O_1X_1、O_1Y_1、O_1Z_1 称为轴测投影轴，简称轴测轴。

(3)轴间角

轴测轴之间的夹角 $\angle X_1O_1Z_1$、$\angle X_1O_1Y_1$、$\angle Y_1O_1Z_1$ 称为轴间角。

(4)轴伸缩系数

轴测轴与空间直角坐标轴单位长度之比，称为轴伸缩系数。

由于空间形体的直角坐标轴可与投影面 P 倾斜，其投影都比原来长度小，它们的投影与

原来长度的比值,称为轴伸缩系数,分别用 p、q、r 表示,即

$$p = O_1X_1/OX, q = O_1Y_1/OY, r = O_1Z_1/OZ$$

2. 轴测投影图的分类

(1)根据投影方向 S 对轴测投影面的夹角不同,轴测投影可分为两大类。

①正轴测投影:用一组垂直于轴测投影面的平行投影线投射,且空间直角坐标轴 OX、OY、OZ 均倾斜于轴测投影面时所形成的轴测投影,简称正轴测。

②斜轴测投影:用一组倾斜于轴测投影面(也倾斜于 3 个坐标轴)的平行投影线投射,且空间直角坐标轴中有两个坐标轴平行于轴测投影面时所形成的轴测投影,简称斜轴测。

(2)根据 3 个坐标轴的轴伸缩系数的不同,每类轴测图又可分为 3 种。

①正(斜)等轴测图:3 个轴伸缩系数都相等 $p = q = r$;

②正(斜)二轴测图:其中 2 个轴伸缩系数相等 $p = q \neq r$; $p = r \neq q$; $q = r \neq p$;

③正(斜)三轴测图:3 个轴伸缩系数都不相等 $p \neq q \neq r$。

(3)标准推荐

为了作图方便、表达效果更好,GB 50001—2010 推荐了 4 种标准轴测图:正等轴测; 正二轴测;正面斜等轴测和正面斜二轴测;水平斜等轴测和水平斜二轴测。

3. 轴测投影图的特性

轴测投影属于平行投影,所以轴测投影具有平行投影的所有特性。

①空间相互平行的直线,它们的轴测投影也互相平行。

②空间中凡是与坐标轴平行的直线,在其轴测图中也必与轴测轴互相平行。

③空间中两平行线段或同一直线上的两线段长度之比,在轴测图上保持不变。

应当注意的是,当所画线段与坐标轴不平行时,决不可在图上直接量取,而应先作出线段两端点的轴测图,然后连线得到线段的轴测图。另外,在轴测图中一般不画虚线。

3.4.2 正等轴测投影图的绘制

1. 正等轴测图的形成

正—— 采用正投影方法。

等—— 三轴测轴的简化轴伸缩系数相同,即 $p = q = r$。

由于正等测图绘制方便,因此在实际工作中应用较多。如本教材中的许多例图都采用了正等测画法。

(1)轴间角

由于空间坐标轴 OX、OY、OZ 对轴测投影面的倾斜角相等,可计算出其轴间角 $\angle XOY = \angle XOZ = \angle YOZ = 120°$,如图 3.144 所示,其中 OZ 轴画成铅垂方向。

(2)轴伸缩系数

由理论计算可知:3 根轴的轴伸缩系数为 0.82。如按此系数作图,就意味着在画正等测图时,物体上凡是与坐标轴平行的线段都应将其实长乘以 0.82。为方便作图,轴向尺寸一般采用简化轴伸缩系数:$p = q = r = 1$。这样轴向尺寸即被放大 $k = 1/0.82 \approx 1.22$ 倍,所画出的轴测

图也就比实际物体大，这对物体的形状没有影响，但简化了作图，且两者的立体效果是一样的，如图 3.145 所示。

2. 平面立体正等轴测图的画法

画平面立体正等轴测图最基本的方法是坐标法，即沿轴测轴度量定出物体上一些点的坐标，然后逐步由点连线画出图形。在实际作图时，还可以根据物体的形体特点，灵活运用各种不同的作图方法如坐标法、切割法、叠加法等。

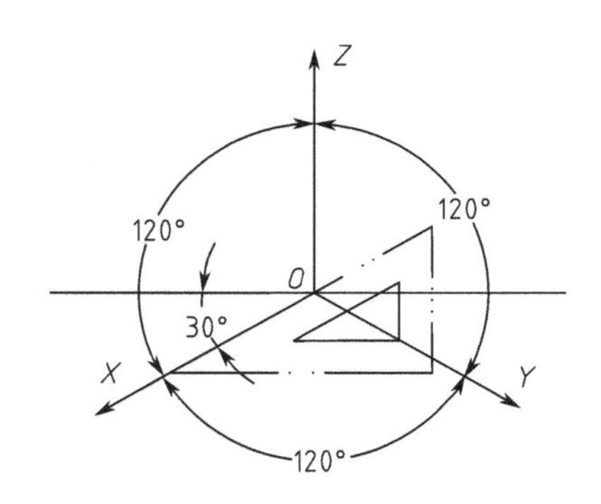

图 3.144 正等轴测图的轴间角

(1)坐标法

画轴测图时，先在物体三视图中确定坐标原点和坐标轴，然后按物体上各点的坐标关系采用简化轴伸缩系数，依次画出各点的轴测图，由点连线而得到物体的正等轴测图。

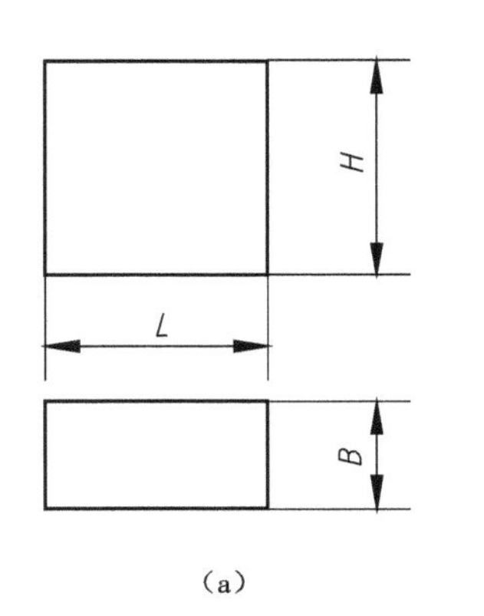

(a)

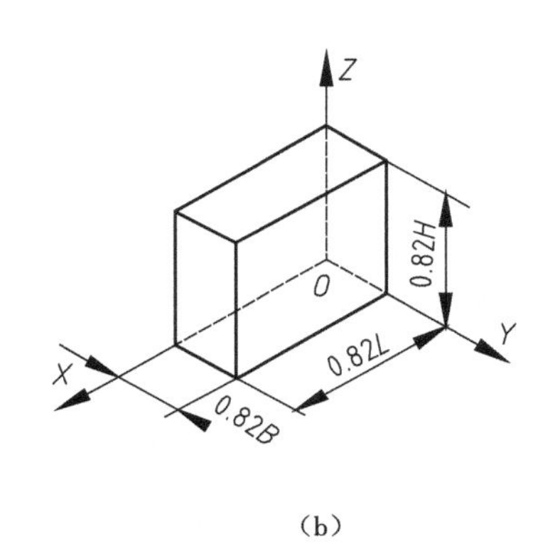

(b)

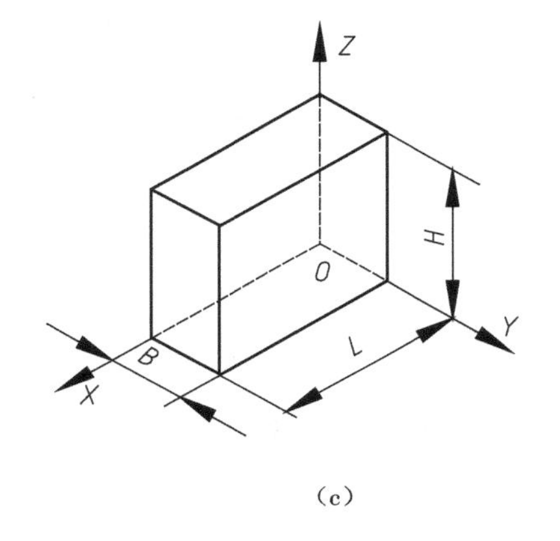

(c)

图 3.145 正等轴测图的绘制

(a)正投影图 (b)正等轴测图 (c) 采用简化轴伸缩系数的正等轴

坐标法是绘制轴测图的基本方法，适用于平面立体、曲面立体、正等测及其他轴测图的绘制。

(2)切割法

切割法适用于以切割方式构成的平面立体。先绘制挖切前完整形体的轴测图，再依据形体上的相对位置逐一进行切割。

(3)叠加法

适用于绘制由堆叠形成的物体轴测图。作图时应注意物体堆叠时的定位关系，首先将物体看成由几部分堆叠而成，然后依次画出这几部分的轴测投影，即得到该物体的轴测图。

以上 3 种方法都需要先定坐标原点，然后按各线、面端点的坐标在轴测坐标系中确定其位置，故坐标法是画图时最基本的方法。当绘制复杂物体的轴测图时，这 3 种方法往往综合使用。

【例 3.31】 用坐标法作长方体的正等轴测图，如图 3.146 所示。

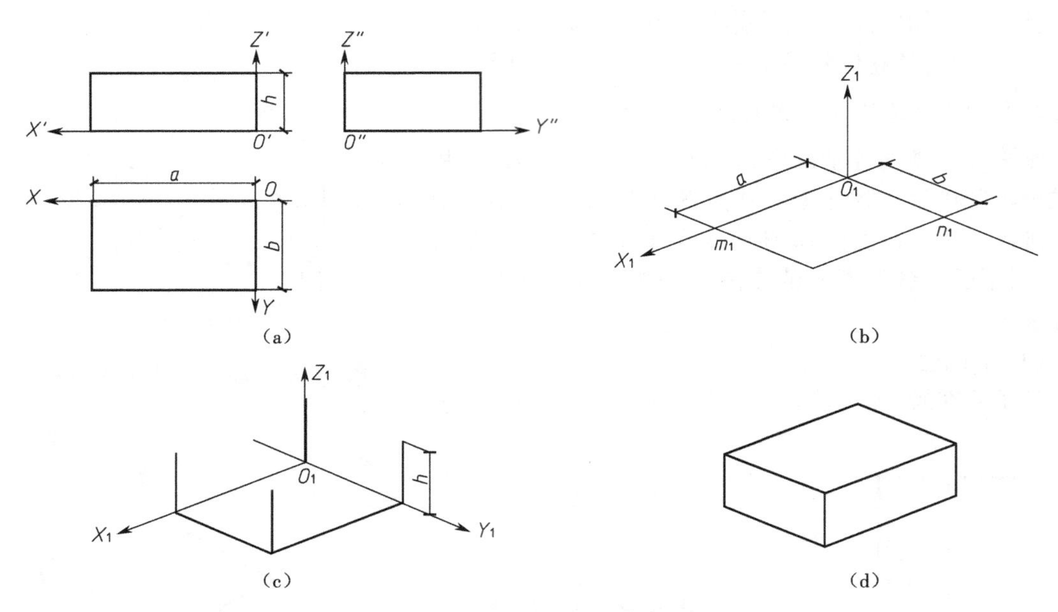

图 3.146　正等轴测图的绘制步骤

(a)定出原点和坐标轴的位置　(b)长方体底面轴测图　(c)作长方体顶面各角点　(d)长方体正等轴测图

【解】

①如图 3.146(a)所示,在正投影图上定出原点和坐标轴的位置;

②如图 3.146(b)所示,画轴测轴,在 O_1X_1 和 O_1Y_1 上分别量取 a 和 b,对应得出点 m_1 和 n_1,过 m_1、n_1 作 O_1X_1 和 O_1Y_1 的平行线,得长方体底面的轴测图;

③如图 3.146(c)所示,过底面各角点作 O_1Z_1 轴的平行线,量取高度 h,得长方体顶面各角点;

④如图 3.146(d)所示,连接各角点,擦去多余图线、加深,即得长方体的正等轴测图,图中虚线可不必画出。

3. 回转体正等轴测图的画法

(1)平行于坐标平面圆的正等轴测图特点

画回转体时经常遇到圆或圆弧,由于各坐标面对正等轴测投影面都是倾斜的,因此平行于坐标平面圆的正等轴测投影是椭圆。而圆的外切正方形在正等测投影中变形为菱形,因而圆的轴测投影就是内切于对应菱形的椭圆,如图 3.147 所示。

(2)圆的正等轴测图画法

1)弦线法(坐标法)

这种方法画出的椭圆较准确,但作图较麻烦。步骤如图 3.148 所示。

2)简化作图法

轴测投影中的椭圆常采用 4 段圆弧连接近似画出。这 4 段圆弧的圆心用椭圆的外切菱形求得,因此也称这个方法为“菱形四心法”。以水平面圆的正等轴测图为例说明这种画法,如

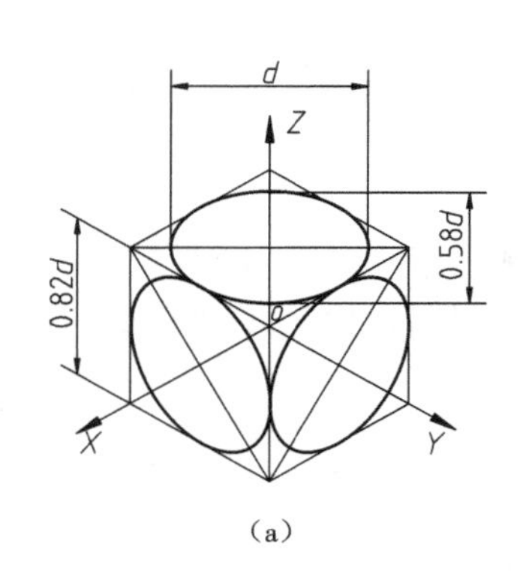

(a)

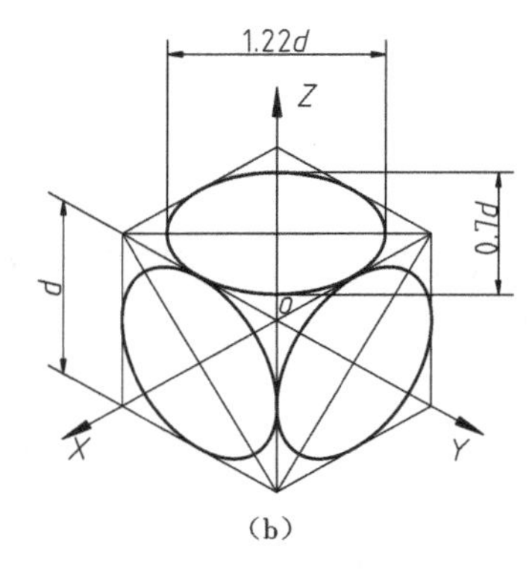

(b)

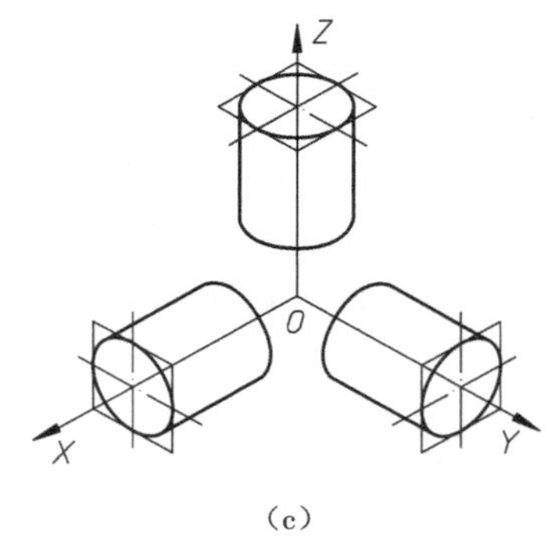

(c)

图3.147　平行于坐标面圆的正等轴测图

(a)圆的正等轴测图　(b)采用简化系数后圆的正等轴测图　(c)圆柱的正等轴测图

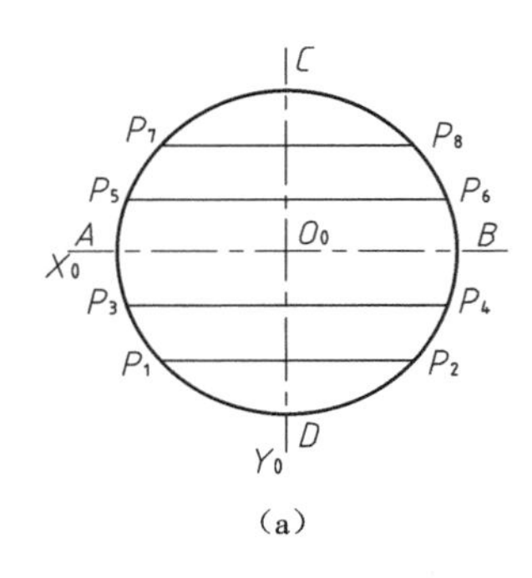

(a)

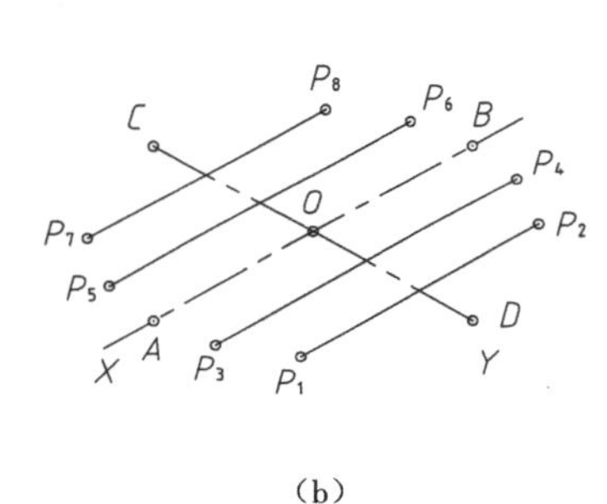

(b)

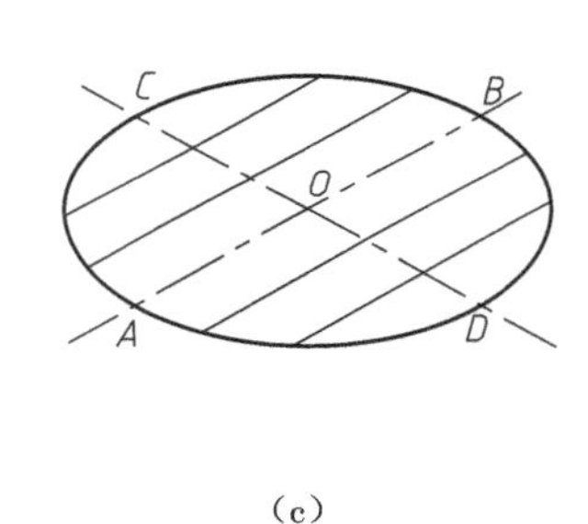

(c)

图3.148　用弦线法绘制圆轴测图的步骤

(a)在圆上作若干弦线　(b)作出轴测轴及各弦线　(c)依次光滑连接弦线各端点

图3.149所示。

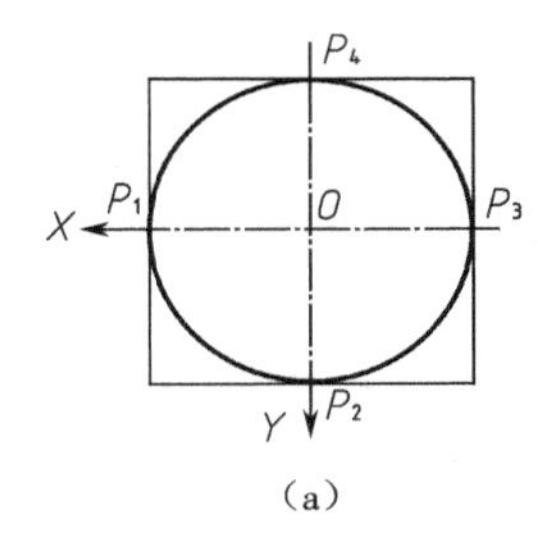

(a)

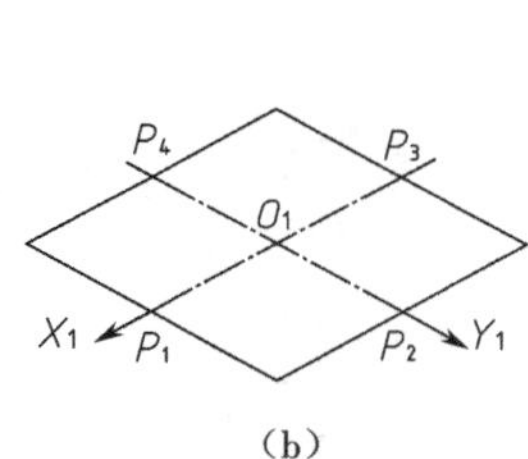

(b)

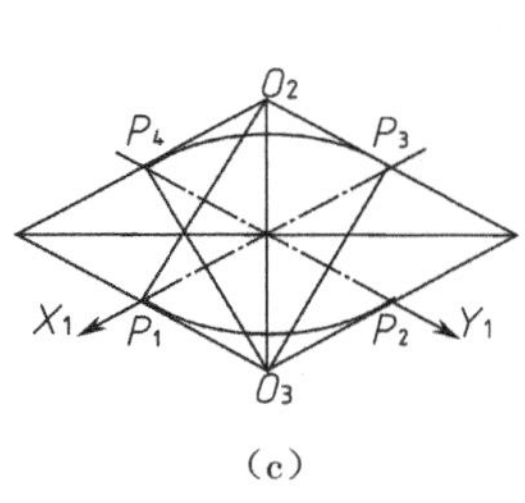

(c)

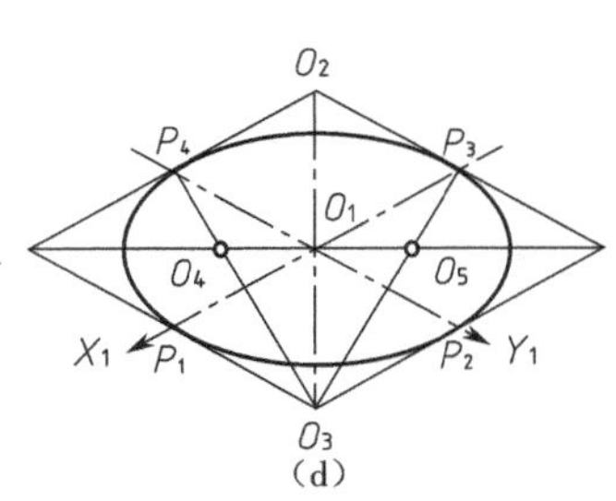

(d)

图3.149　圆轴测图的近似画法

(a)作圆外切正方形　(b)圆外切正方形的正等轴测图　(c)作大圆弧　(d)作小圆弧、加深

①在正投影视图中作圆的外切正方形，P_1、P_2、P_3 和 P_4 为4个切点，并选定坐标轴和原点，如图3.149(a)所示。

②确定轴测轴，并作圆外切正方形的正等轴测图，如图3.149(b)所示。

③分别以钝角顶点 O_2、O_3 为圆心，以 O_2P_1、O_3P_3 为半径画圆弧 P_1P_2，P_3P_4，如图3.149(c)

所示。

④O_3P_4、O_3P_3与菱形长对角线的交点为 O_4、O_5，分别以 O_4、O_5为圆心，O_4P_4、O_5P_3 为半径，画圆弧 P_1P_4、P_2P_3，如图 3.149(d)所示。

(3)圆柱体的正等轴测图画法

掌握了圆的正等轴测图画法，圆柱体的正等轴测图也就容易画出了。只要分别作出其顶面和底面的椭圆，再作其公切线就可以了。图 3.150(a)～(f)为绘制圆柱体正等轴测图的步骤。

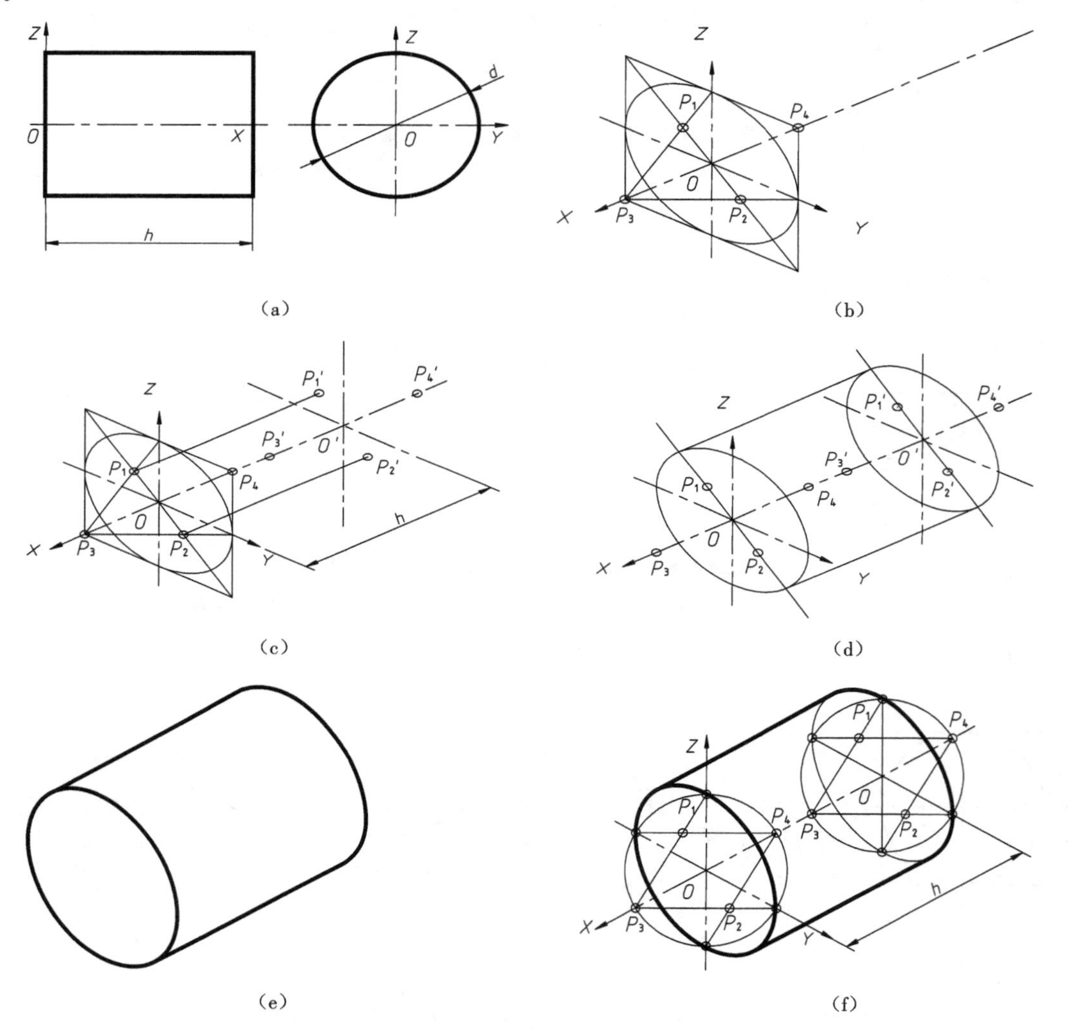

图 3.150　圆柱体正等轴测图的画法

(a)定出圆点和坐标轴　(b)绘轴测轴，求四圆心　(c)平移四圆心

(d)绘平移后的椭圆及公切线　(e)检查、加深后的正等轴测图　(f)简捷方法找四圆心

①根据投影图定出坐标原点和坐标轴，如图 3.150(a)所示。

②绘制轴测轴,作出侧平面内的菱形,求四圆心,绘出左侧面圆的轴测图,如图3.150(b)所示。

③沿 X 轴方向平移左面椭圆的四圆心,平移距离为圆柱体长度 h,如图3.150(c)所示。

④用平移的四圆心绘制右侧面椭圆,并作左侧面椭圆和右侧面椭圆的公切线,如图3.150(d)所示。

⑤擦除不可见轮廓线并加深结果,如图3.150(e)所示。

⑥用简便方法直接画圆找四圆心,如图3.150(f)所示。

3.4.3 斜等轴测投影图的绘制

1. 斜二轴测图

图3.151所示为斜二等轴测图。

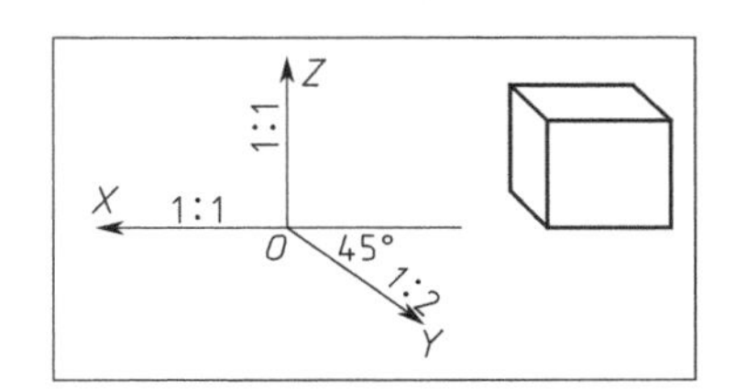

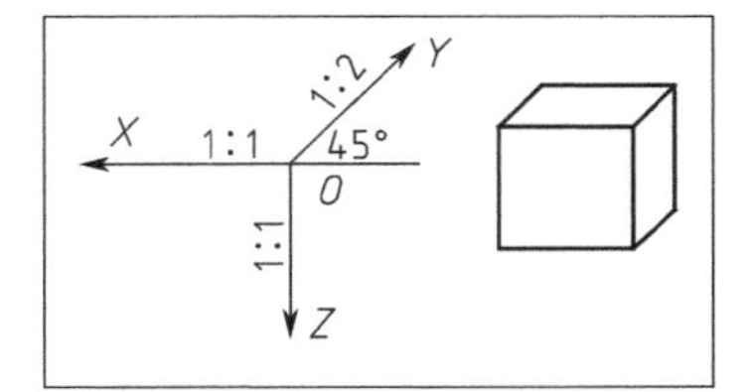

图3.151 斜二等轴测图坐标

轴伸缩系数:$p=r=1, q=0.5$。

轴间角:$\angle XOZ=90°, \angle XOY=\angle YOZ=135°$。

2. 平行于各坐标面圆的斜二轴测图画法

如图3.152所示平行于 V 面的圆仍为圆,反映实形。平行于 H 面的圆为椭圆。

平行于 W 面的圆与平行于 H 面的圆的椭圆形状相同。

由于两个椭圆的作图用斜二轴测图相当繁琐,所以当物体这两个方向上有圆时,一般不用斜二轴测图,而采用正等轴测图。

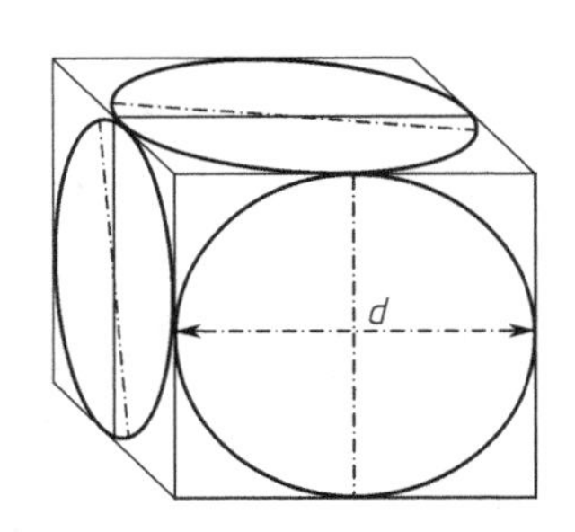

图3.152 各种圆的斜二等轴测图

提示:在斜二轴测图中,物体上平行于 V 面的平面都反映实形。

3. 正面斜二轴测图画法

图3.153为已知物体主、俯视图,画其正面斜二轴测图。

4. 水平斜等轴测图画法

水平斜等轴测图的绘制如图3.154所示。

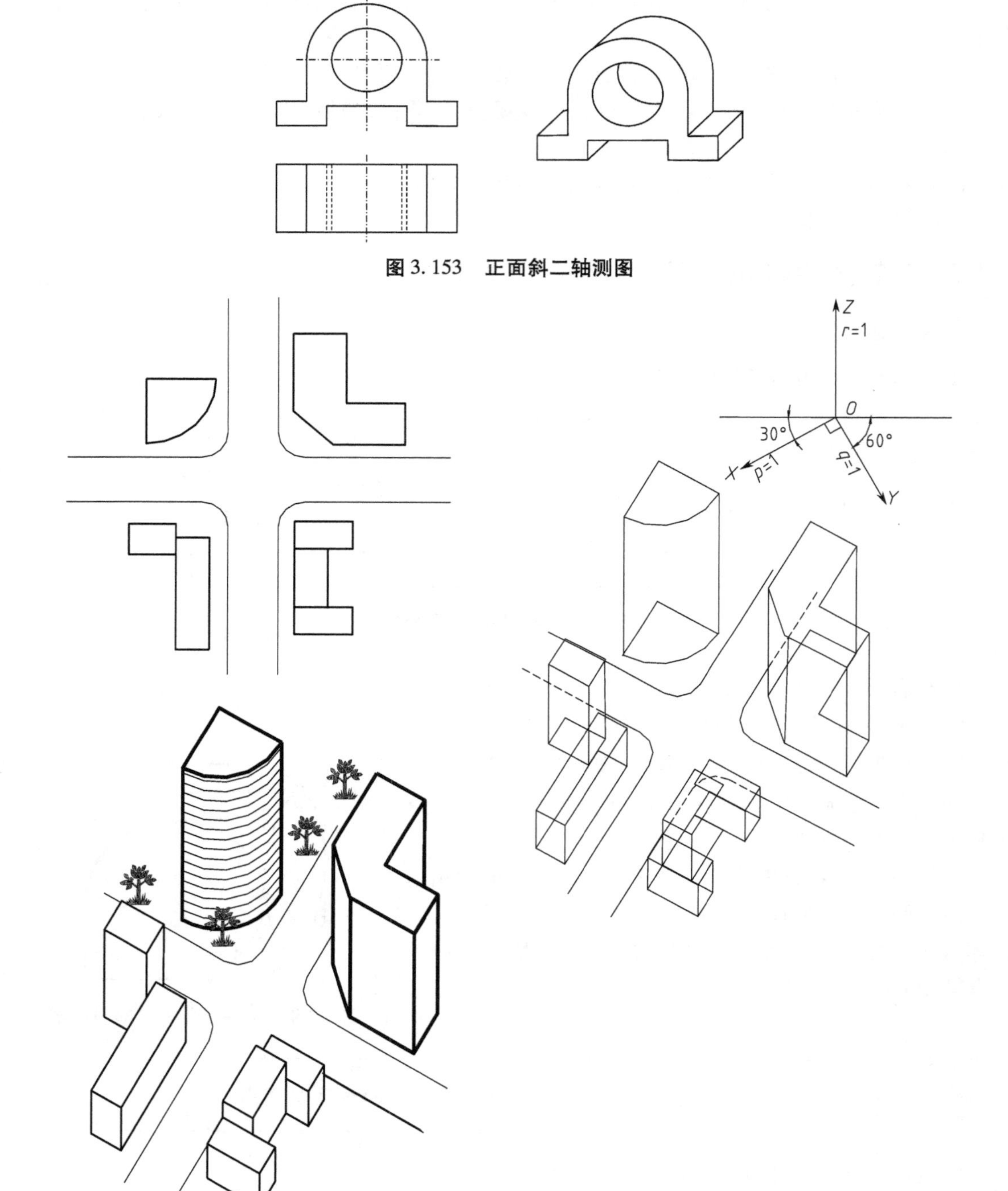

图 3. 153　正面斜二轴测图

图 3. 154　水平斜等轴测图的绘制

3.4.4　轴测图投影方向的选择

1. 轴测图的直观性分析

影响轴测图直观性的因素主要有两个:形体自身的结构;轴测投影方向与各直角坐标面的相对位置。

2. 轴测图种类的选择

(1)各种轴测图的比较

将正等测、正二等测和斜二等测的表现效果和作图过程稍加比较,不难发现:

①正二等轴测图的直观性最好,但作图较繁;

②斜二等轴测图中平行于某一坐标面的图形反映实形,因此适用于画在投影平行面上形状比较复杂的物体;

③正等轴测图的直观性逊于正二等和斜二等轴测图,但作图方便,特别适用于表达几个方向上都有圆的物体。

所以,选择轴测图种类时一般是"先'正'后'斜',先'等'后'二'"。

(2)选择轴测图种类时应注意的问题

①避免物体的表面或棱线在轴测图中积聚成直线或点。

②避免物体的表面被遮挡以影响表现效果。

3. 绘制轴测图的注意事项

用轴测图形表达一个建筑形体时,为了使其直观性良好,表达更清楚,应注意以下几点。

(1)避免被遮挡

在轴测图中,应尽量多地将隐蔽部分(如孔、洞、槽)表达清楚。如图3.155所示,该形体中部的孔洞在正等测图中看不到底(被左前侧面遮挡),而在正二测和正面斜轴测图中能看到底,故直观性较好。

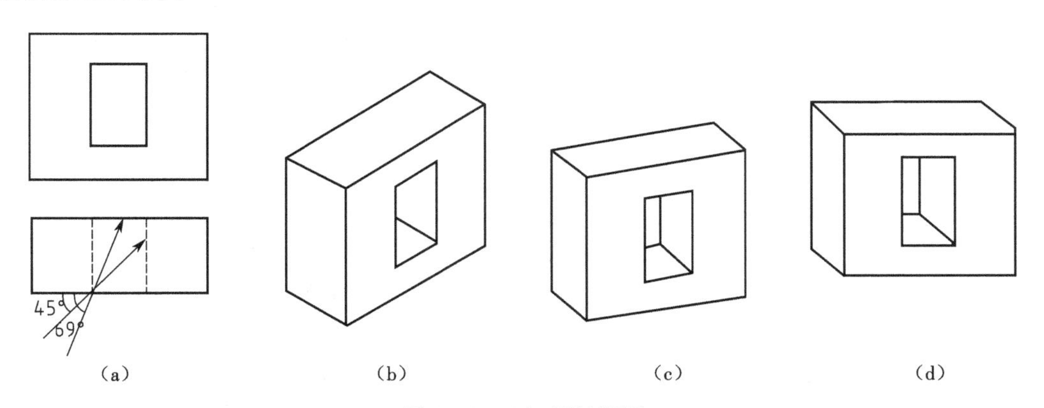

图3.155　孔、洞轴测图

(a)平面图　(b)正等轴测图　(c)正二轴测图　(d)正面斜轴测图

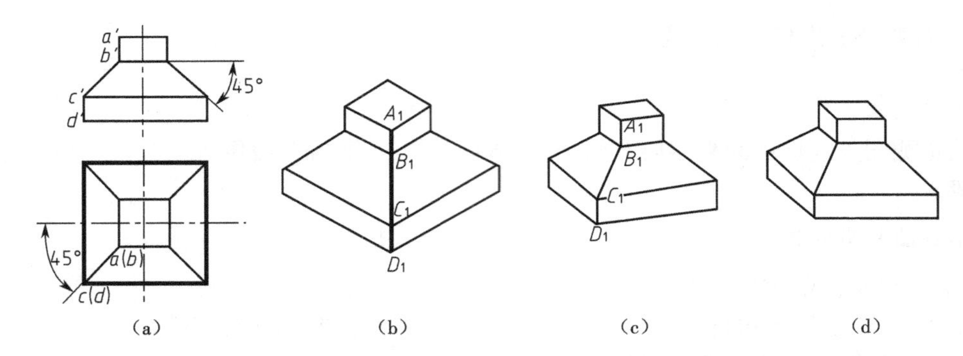

(a)　　(b)　　(c)　　(d)

图 3.156　正投影及 3 种轴测图

(a)正投影　(b)正等轴测图　(c)正二轴测图　(d)正面斜轴测图

(2)避免转角处交线投影成一直线

如图 3.156 所示,在正等测图中,由于形体左前方转角处的交线 A_1B_1、B_1C_1、C_1D_1 均处在与 V 面成 45°角的同一平面上,与投影方向平行,必然投影成一直线,故直观性不如图 3.156(c)、(d)。

(3)避免平面体投影成左右对称的图形

如图 3.156(b)所示,正等测投影方向恰好与形体的对角线所在平面平行,故轴测图左右对称。而图 3.156(c)、(d)则不是这样,直观性相对较好。

(4)合理选择投影方向

如图 3.157 所示,反映出轴测图 4 种不同投影方向及其图示效果。显然,该形体不适合作仰视轴测图,如图 3.157(d)、(e)所示,而适合作俯视轴测图,如图 3.157(b)、(c)所示。且图 3.157(b)的图示效果又好于图 3.157(c)。究竟从哪个方向投影才能清楚地表达建筑形体,应根据具体情况而选择。

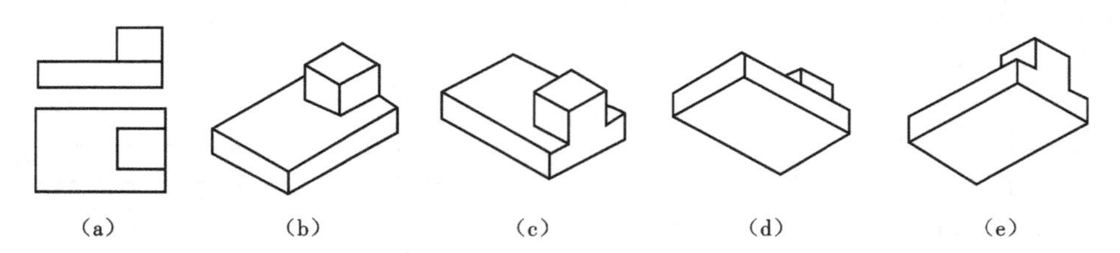
(a)　　(b)　　(c)　　(d)　　(e)

图 3.157　轴测图的 4 种投影方向及图示效果

(a)正投影　(b)由左前上向右后下投影　(c)右前上向左后下投影

(d)左前下向右后上投影　(e)右前下向左后上投影

3.4.5　轴测图选择示例

【例 3.32】　求作图 3.158 中滑块的轴测图。

分析过程:①滑快底部带有梯形槽,应突出表达底部形状,请你选择轴测图;②投射方向可选择为从左向右,从前向后,从下向上的投射方式;③轴测图种类选正等轴测或斜二轴测均可。

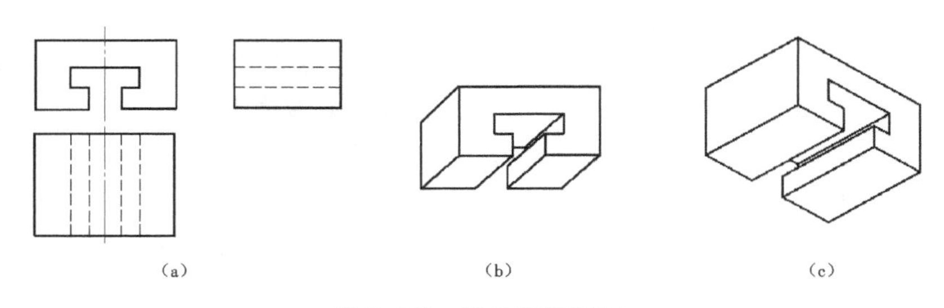

图3.158　滑块的轴测图

(a)正投影　(b)斜二轴测图　(c)正等轴测图

作图过程从略。

【例3.33】　试分析图3.159中支架轴测图的绘制。

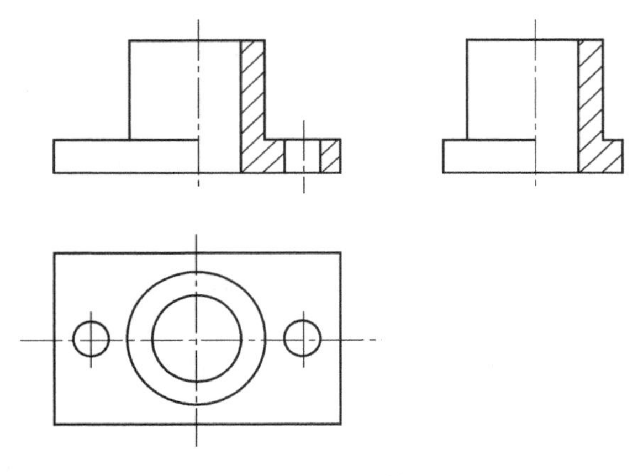

图3.159　支架的轴测图

分析过程:支架由圆柱筒和底板组成,各圆均平行于 *XOY* 坐标面。选择正等轴测图较方便。为了表示其内部形状,沿轴线切去物体的1/4,以轴测剖视图表示。

实习实作:请同学们完成图3.159中支架轴测图的绘制。(轴测剖视图的画法可先画外形再取剖视)

任务3 小结

投影是假设按规定方向射来的光线能够透过物体照射形成的影子,能反映物体的外形、上部、内部的情况。它分为中心投影和平行投影(正投影和斜投影),建筑工程中常用平行投影,其基本性质有积聚性、实形性和类似性。

本任务介绍了三面投影体系的建立及投影规律:长对正、高平齐、宽相等。

任何复杂的形体都可以看成是由点、线、面所组成的。点的投影仍然是点,线的投影可以是点或线,面的投影可以是线或面。注意点的位置、相对位置、点是否在直线上、直线相对位置、直线与平面的相对位置等，位置不同，投影特性也不同。

组合体是由各种基本形体以不同的方式组合而成的。基本形体常分为平面体（棱柱、棱锥）和曲面体（圆柱、圆锥、球、环）。建筑工程中使用的基本形体大部分是较规整的形体。因此要重点理解正平面体和正曲面体的投影特性。组合体的尺寸标注正确与否关系到建筑物能否准确施工，因此要严格按照制图标准的规定练习尺寸标注。

轴测投影中介绍了轴测投影的形成、正轴测、斜轴测的分类、坐标、轴间角、轴伸缩系数的规定、绘制步骤和方法等。

由于组合体形状比较复杂，千差万别，要下工夫掌握绘制和识读组合体投影图的一般思路与方法。

习　题

一、选择题

1. 三视图是(　　)投影的一种。

A. 中心　　B. 平行　　C. 斜轴测　　D. 正轴测

2. (　　)是正投影的主要特性之一。

A. 近大远小　　B. 有投影中心　　C. 实形性　　D. 光线与投影面倾斜

3. 投影的要素为投影线、(　　)、投影面。

A. 观察者　　B. 物体　　C. 光源　　D. 画面

4. 画剖切轴测图的方法有两种，其中之一是先画(　　)，再作剖切。

A. 断面　　B. 外形　　C. 三视图　　D. 剖面线

5. 徒手绘图，手指应握在距铅笔笔尖约(　　)mm 处，手腕和小手指对纸面的压力不要太大。

A. 40　　B. 35　　C. 30　　D. 25

6. 草图的线条要求(　　)、基本平直、方向正确。

A. 粗细分明　　B. 尺寸准确　　C. 快、准、好　　D. 粗细一致

7. 草图就是指以(　　)估计图形与实物的比例。

A. 类比　　B. 测量　　C. 查表　　D. 目测

8. 绘制正等轴测图的方法有基面法、叠加法和(　　)。

A. 坐标定点法　　B. 切割法　　C. 辅助平面法　　D. 换面法

9. 绘制正等轴测剖视图时，平行于坐标面的剖面中，有两个面剖面线与水平方向成60°，另一个面的剖面线方向应为(　　)。

A. 30°　　B. 垂直　　C. 75°　　D. 水平的

10. 正二等轴测图中，其中有一个轴间角为(　　)。

A. 97°10′　　B. 90°　　C. 120°　　D. 135°

11. 相邻两轴测轴之间的夹角，称为(　　)。
A. 夹角　　B. 轴间角　　C. 两面角　　D. 倾斜角
12. 空间3个坐标轴在轴测投影面上轴伸缩系数一样的投影，称为(　　)。
A. 正轴测投影　　B. 斜轴测投影　　C. 正等轴测投影　　D. 斜二轴测投影
13. 正等轴测图中，轴伸缩系数为(　　)。
A. 0.82　　B. 1　　C. 1.22　　D. 1.5
14. 正等轴测图中，简化轴伸缩系数为(　　)。
A. 0.82　　B. 1　　C. 1.22　　D. 1.5
15. 国家标准推荐的轴测投影为(　　)。
A. 正轴测投影和斜轴测投影　　B. 正等测和正二测
C. 正二测和斜二测　　D. 正等测和斜二测
16. 正轴测投影图中，其中两个轴的轴伸缩系数(　　)的轴测图称为正二等轴测图。
A. 相同　　B. 不同　　C. 相反　　D. 同向
17. 正二轴测投影图中的轴间角分别为(　　)。
A. 120°、120°和90°　　B. 131°25′、131°25′和97°10′
C. 90°、90°和60°　　D. 60°、60°和45°
18. 画正二轴测图，首先要确定(　　)。
A. 轴测轴　　B. 三视图位置　　C. 物体的位置　　D. 投影方向
19. 画正二轴测图时，在坐标面上的圆投影均为椭圆，(　　)。
A. 三个椭圆均不同　　B. 三个椭圆均相同
C. 其中二个椭圆相同　　D. 三个椭圆的短轴相同
20. 正等轴测投影图中，肋板的剖面线通过纵向对称平面时，应(　　)。
A. 不画剖面符号　　B. 画剖面符号　　C. 加标注　　D. 画波浪线
21. 正等轴测投影图中，画剖视图的方法有(　　)等几种。
A. 全剖法、半剖法、断面法　　B. 剖面法、局部剖切法、断面法
C. 复合法、全剖法、半剖法　　D. 剖切法、剖面法、重合法、坐标法
22. 正等轴测投影图中，剖视图中剖面线的画法应(　　)。
A. 与正投影相同　　B. 与水平线成45°
C. 平行于迹线三角形的对应边　　D. 任意角度
23. 正等轴测投影图中，剖视图中剖面线应画成(　　)。
A. 粗实线　　B. 点画线　　C. 双点画线　　D. 细实线
24. 四心圆法画椭圆，4个圆心(　　)上。
A. 均在椭圆的长轴　　B. 均在椭圆的短轴
C. 在椭圆的长、短轴　　D. 不在椭圆的长、短轴
25. 椭圆的长、短轴方向是互相(　　)的。
A. 平行　　B. 交叉　　C. 相交　　D. 垂直

二、判断题

1. 在正等轴测图中,轴伸缩系数常简化为1。(　　)
2. 在正等轴测图中,常采用简化轴伸缩系数,这样绘制的图形和实物比例是1∶1。(　　)
3. 正轴测投影和斜轴测投影的区别在于投射线与轴测投影面的倾角不同。(　　)
4. 正轴测投影和斜轴测投影的轴伸缩系数是相同的。(　　)
5. 正二轴测图作图时,首先要确定轴测轴。(　　)

任务4　建筑施工图的识读与绘制

导入

1. 建筑工程项目建造流程

建设单位提出拟建报告和计划任务书→上级主管部门对建设项目的批文→城市规划管理部门同意设计的批文→向建筑设计部门办理委托设计手续→初步设计→技术设计→施工图设计→招标施工、监理单位→施工单位施工→质检部门验收→交付使用。

任何一栋建筑物的建造,其设计工作都是不可缺少的重要环节。

2. 建筑工程设计的内容

2.1　建筑设计

建筑设计可以是单独建筑物的建筑设计,也可以是建筑群的总体设计。根据审批下达的设计任务和国家有关政策规定,综合分析其建筑功能、建筑规模、建筑标准、材料供应、施工水平、地段特点、气候条件等因素,提出建筑设计方案,直至完成全部建筑施工图设计。建筑设计应由建筑设计师完成。

此阶段所产生的对施工员岗位及岗位群有用的结果为:建筑施工图。

2.2　结构设计

结构设计需要结合建筑设计完成结构方案与选型,确定结构布置、进行结构计算和构件设计,直至完成全部结构施工图设计。结构设计应由结构工程师完成。

此阶段所产生的对施工员岗位及岗位群有用的结果为:结构施工图。

2.3　设备设计

设备设计需要根据建筑设计完成给水排水、采暖通风空调、电气照明以及通讯、动力、能源等专业的方案、选型、布置以及施工图设计。设备设计应由设备工程师完成。

此阶段所产生的对施工员岗位及岗位群有用的结果为:设备施工图。

提示:可由学生上网查阅或调研(到施工现场、设计单位、学长)完成。

3. 民用建筑的基本构件及其作用

3.1　基础

基础是建筑物最下部的承重构件,它承受建筑物的全部荷载,并将荷载传给地基。

3.2　墙和柱

墙和柱是建筑物的承重和维护构件,承受来自屋顶、楼面、楼梯的荷载并传给基础,同时能遮挡风雨。其中外墙起围护作用,内墙起分隔作用。为扩大空间,提高空间的灵活性,也为了结构需要,有时以柱代墙,起承重作用。

3.3　楼(地)面

楼(地)面是建筑物中水平方向的承重构件,同时在垂直方向将建筑物分隔为若干层,并承受作用其上的家具、设备、人员、隔墙等荷载及楼板自重,并将这些荷载传给墙或柱。

3.4　楼梯

楼梯是建筑物垂直方向的交通设施,供人、物上下楼层和疏散人流使用。

3.5　门窗

门窗均属围护构件,具有连接室内外交通及通风、采光的作用。

3.6　屋顶

屋顶是建筑物最上部的围护结构和承重结构,主要起到防水、隔热和保温的作用。

上述为房屋的基本组成部分,除此以外房屋结构还包括台阶、阳台、雨篷、勒脚、散水、雨水管、天沟等建筑细部结构和建筑配件,在房屋的顶部还有上人孔,以供维修人员上屋顶检修。

提示:可针对在建或已建好的建筑物进行针对性讲解与学习。

4.1　建筑施工图的认知

1.建筑施工图的作用与内容

建筑施工图(简称建施图),其作用是表示建筑物的总体布局、外部造型、内部布置、细部构造、内外装饰、固定设施和施工要求。

其内容包括总平面图、施工总说明、门窗表、建筑平面图、建筑立面图、建筑剖面图和建筑详图等。

2.建筑施工图的识读与绘制应遵循的标准

①房屋建筑施工图的识读与绘制,应遵循画法几何的投影原理、《房屋建筑制图统一标准》(GB 50001—2010)和《房屋建筑 CAD 制图统一规则》(GB/T 18112—2010)。

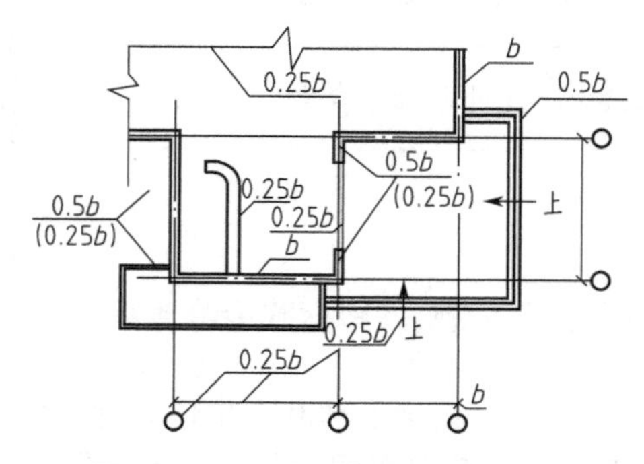

图 4.1　平面图图线宽度选用示例

②总平面图的识读与绘制,还应遵守《总图制图标准》(GB/T 50103—2010)。

③建筑平面图、建筑立面图、建筑剖面图和建筑详图的识读与绘制,还应遵守《建筑制图标准》(GB/T 50104—2010)。

下面简要说明《建筑制图标准》中常见的基本规定。

(1)图线

图线的宽度 b 应根据图样的复杂程度和比例,按《房屋建筑制图统一标准》(GB 50001—2010)中

(图线)的规定选用,如图4.1～图4.3所示。绘制较简单的图样时,可采用两种线宽的线宽组,其线宽比最好为 b∶0.25b。

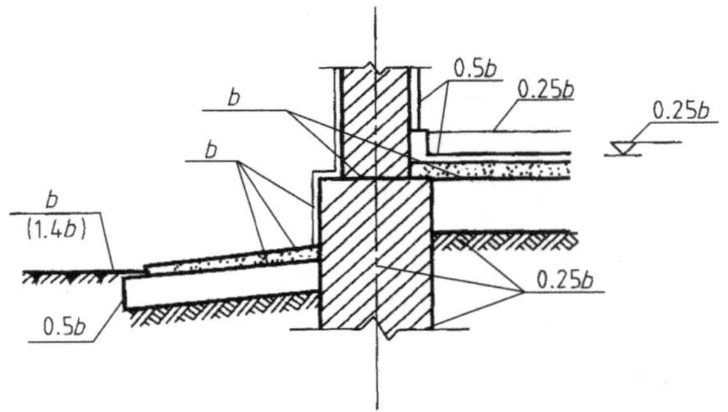

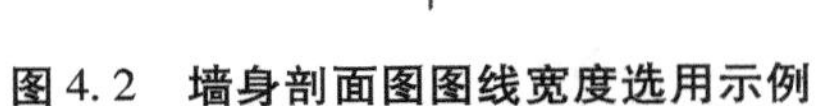

图4.2 墙身剖面图图线宽度选用示例

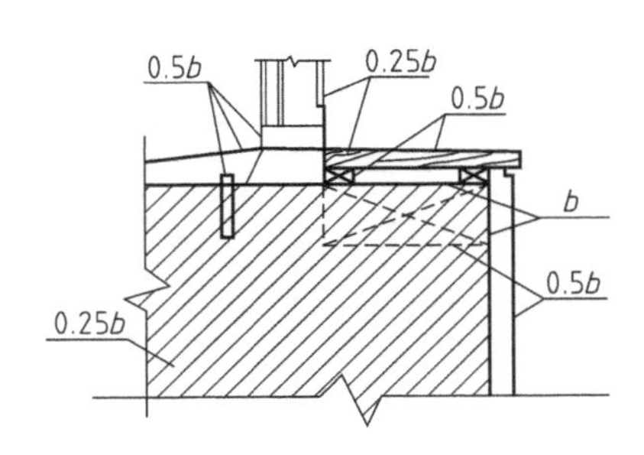

图4.3 详图图线宽度选用示例

建筑专业、室内设计专业制图采用的各种图线,应符合表4.1的规定。

表4.1 图线

名称	线型	线宽	用途
粗实线		b	1. 平、剖面图中被剖切的主要建筑构造(包括构配件)轮廓线 2. 建筑立面图或室内立面图的外轮廓线 3. 建筑构造详图中被剖切的主要部分轮廓线 4. 建筑构配件详图中的外轮廓线 5. 平、立、剖面图的剖切符号
中实线		0.5b	1. 平、剖面图中被剖切的次要建筑构造(包括构配件)轮廓线 2. 建筑平、立、剖面图中建筑构配件的轮廓线 3. 建筑构造详图及建筑构配件详图中的一般轮廓线
细实线		0.25b	小于0.5b图形线、尺寸线、尺寸界线、图例线、索引符号、标高符号、详图材料做法引出线等
中虚线		0.5b	1. 建筑构造详图及建筑构配件不可见的轮廓线 2. 平面图中的起重机(吊车)轮廓线 3. 拟扩建的建筑物轮廓线
细虚线		0.25b	图例线、小于0.5b的不可见轮廓线
粗单点长画线		b	起重机(吊车)轨道线
细单点长画线		0.25b	中心线、对称线、定位轴线
折断线		0.25b	不需画全的断开界线
波浪线		0.25b	不需画全的断开界线、构造层次的断开界线

注:地平线的线宽可用1.4b

(2)比例

建筑专业、室内设计专业制图选用的比例,应符合表4.2的规定。

表4.2　比例

图名	比例
建筑物或构筑物的平面图、立面图、剖面图	1∶50,1∶100,1∶150,1∶200,1∶300
建筑物或构筑物的局部放大图	1∶10,1∶20,1∶25,1∶30,1∶50
配件及构造详图	1∶1,1∶2,1∶5,1∶10,1∶15,1∶20,1∶25,1∶30,1∶50

(3)构造及配件图例

由于建筑平、立、剖面图常用1∶100,1∶200或1∶50等较小比例,图样中的一些构造及配件,不可能也没必要按实际投影画出,只需用规定的图例表示即可。

表4.3　构造及配件图例

名称	图例	说明
墙体	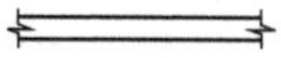	应加注文字或填充图例表示墙体材料,在项目设计图纸说明中列材料图例表给予说明
楼梯	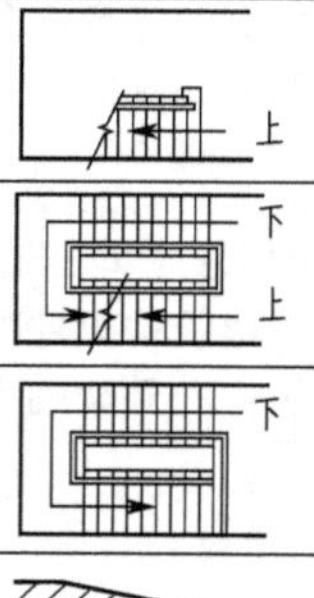 上 下 上 下	1.上图为底层楼梯平面,中图为中间层楼梯平面,下图为顶层楼梯平面 2.楼梯及栏杆扶手的形式和梯段踏步数应按实际情况绘制
坡道	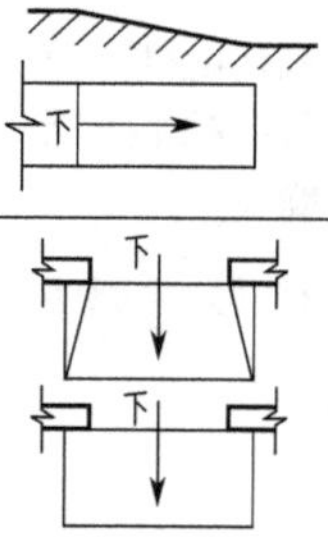 下 下 下	上图为长坡道,下图为门口坡道
检查孔	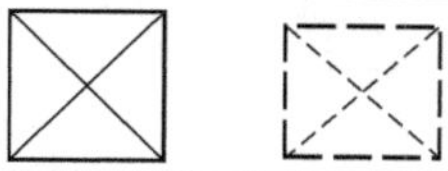	左图为可见检查孔,右图为不可见检查孔
孔道		阴影部分可以涂色代替

续表

名称	图例	说明
坑槽		
烟道	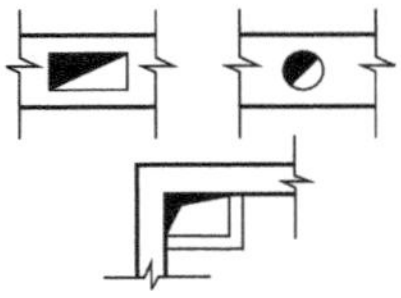	1. 阴影部分可以涂色代替 2. 烟道与墙体为同一材料,其相交接处墙身线应断开
通风道	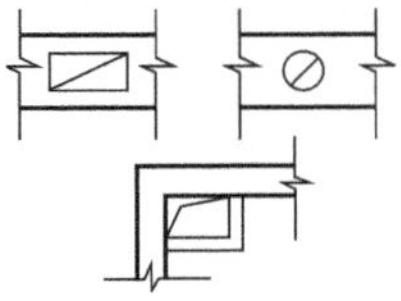	
单扇门 (包括平开或单面弹簧)	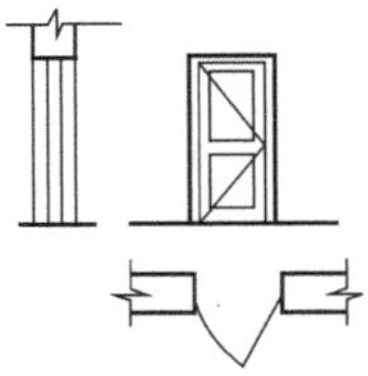	
双扇门 (包括平开或单面弹簧)	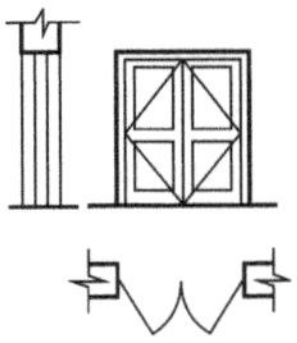	
墙中双扇推拉门	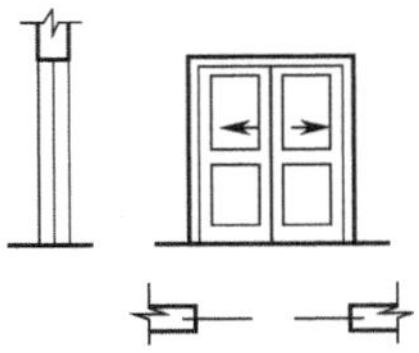	
竖向卷帘门	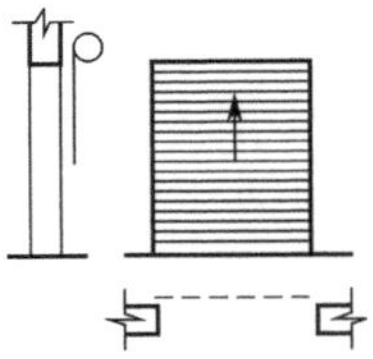	

续表

名称	图例	说明
单扇双面弹簧门	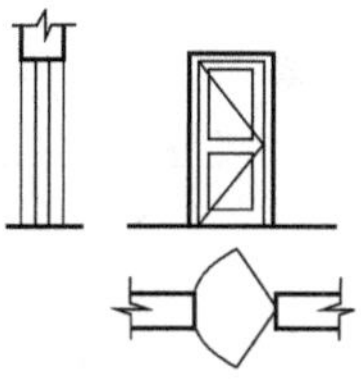	1. 门的名称代号用 M 2. 图例中剖面图左为外，右为内；平面图下为外，上为内 3. 立面图上开启方向线交角的一侧为安装合页的一侧，实线为外开，虚线为内开 4. 平面图上门线应 90°或 45°开启，开启弧线宜绘出 5. 平面图上的开启线一般设计图中可不表示，在详图及室内设计图上应表示 6. 立面形式应按实际情况绘制
双扇双面弹簧门	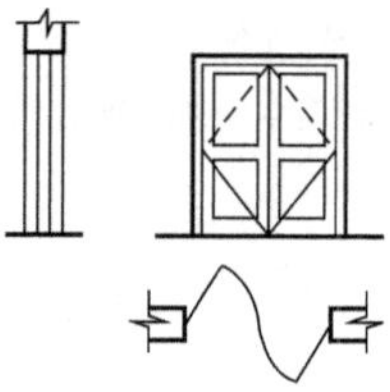	
单层固定窗	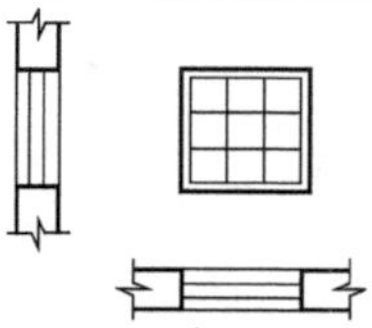	
单层外开上悬窗	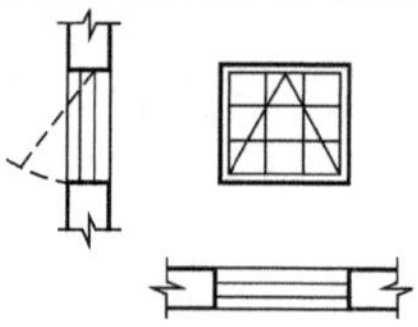	
单层中悬窗	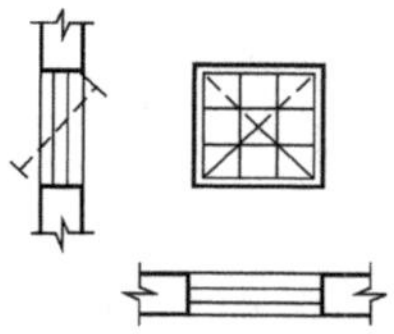	
立转窗	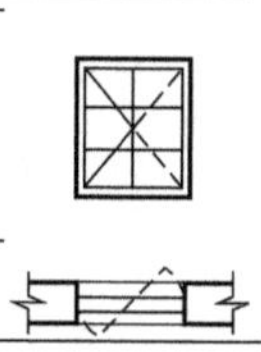	
推拉窗	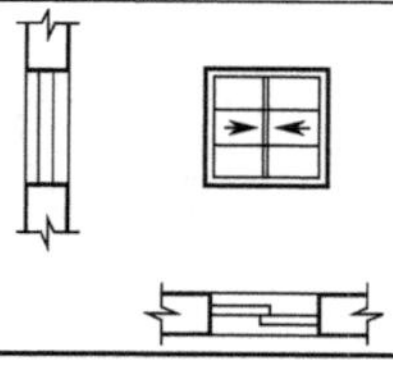	

续表

名称	图例	说明
单层外开平开窗		1. 窗的名称代号用C表示 2. 立面图中的斜线表示窗的开启方向，实线为外开，虚线为内开；开启方向线交角的一侧为安装合页的一侧，一般设计图中可不表示 3. 图例中，剖面图所示左为外，右为内，平面图所示下为外，上为内 4. 平面图和剖面图上的虚线说明开关方式，在设计图中不需要表示 5. 窗的立面形式应按实际绘制 6. 小比例绘图时平、剖面的窗线可用粗实线表示 7. 高窗中的 h 为窗底距本层楼地面的高度
双层内外开平开窗		
高窗	$h=$	

(4)常用符号

1)*索引符号和详图符号*

图样中的某一局部或构件，如需另见详图，应以索引符号索引，如图4.4(a)所示。索引符号是由直径为8～10 mm的圆和水平直径组成，圆及水平直径均应以细实线绘制。索引符号应按下列规定编写。

①索引出的详图，如与被索引的详图绘在同一张图纸内，应在索引符号的上半圆中用阿拉伯数字注明该详图的编号，并在下半圆中间画一段水平细实线，如图4.4(b)所示。需要标注比例时，文字在索引符号右侧或延长线下方，与符号下对齐。

②索引出的详图，如与被索引的详图不在同一张图纸内，应在索引符号的上半圆中用阿拉伯数字注明该详图的编号，在索引符号的下半圆中用阿拉伯数字注明该详图所在图纸的编号，如图4.4(c)所示。数字较多时，可加文字标注。

③索引出的详图，如采用标准图，应在索引符号水平直径的延长线上加注该标准图册的编号，如图4.4(d)所示。需要标注比例时，文字在索引符号右侧或延长线下方，与符号下对齐。

索引符号如用于索引剖视详图，应在被剖切的部位绘制剖切位置线，并以引出线引出索引符号，引出线所在的一侧应为剖视方向，如图4.5所示。

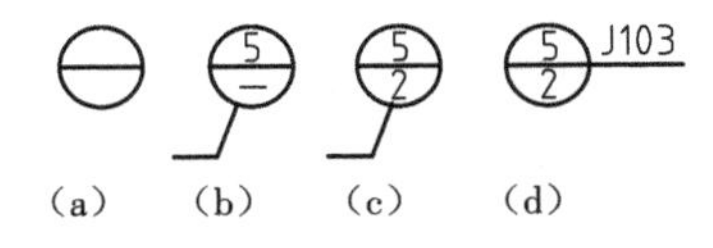

图4.4　索引符号图

(a)索引符号　(b)同一张图纸内索引

(c)不同张图纸内索引　(d)索引图采用标准图

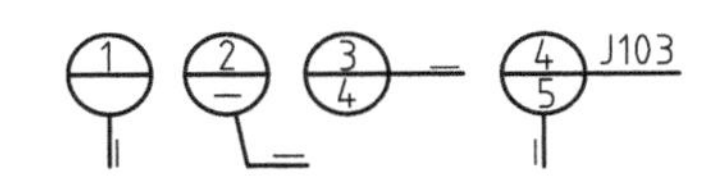

图4.5　用于索引剖面详图的索引符号

零件、钢筋、杆件、设备等的编号直径宜以 5 ~6 mm 的细实线圆表示，同一图样应保持一致，其编号应用阿拉伯数字按顺序编写，如图 4.6 所示。消火栓、配电箱、管井等的索引符号，直径宜以 4 ~6 mm 为宜。

详图的位置和编号，应以详图符号表示。详图符号的圆应以直径为 14 mm 的粗实线绘制。详图应按下列规定编号。

①详图与被索引的图样同在一张图纸内时，应在详图符号内用阿拉伯数字注明详图的编号，如图 4.7 所示。图 4.7 说明编号为 5 的详图就出自本张图纸。

图 4.6　零件、钢筋等的编号　　　图 4.7　与被索引图样同在一张图纸内的详图符号

②详图与被索引的图样不在同一张图纸内，应用细实线在详图符号内画一水平直径，在上半圆中注明详图编号，在下半圆中注明被索引的图纸的编号，如图 4.8 所示。

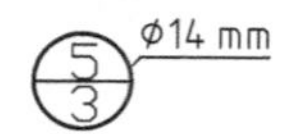

图 4.8　与被索引图样不在同一张图纸内的详图符号

图 4.8 表示详图编号为 5，而被索引的图纸编号为 3。

2) 引出线

①引出线应以细实线绘制，宜采用水平方向的直线，与水平方向成 30°、45°、60°、90°的直线，或经上述角度再折为水平线。文字说明宜注写在水平线的上方，如图 4.9(a)所示，也可注写在水平线的端部，如图 4.9(b)所示。索引详图的引出线，应与水平直径线相连接，如图 4.9(c)所示。

②同时引出几个相同部分的引出线，宜互相平行，如图 4.10(a)所示，也可画成集中于一点的放射线，如图 4.10(b)所示。

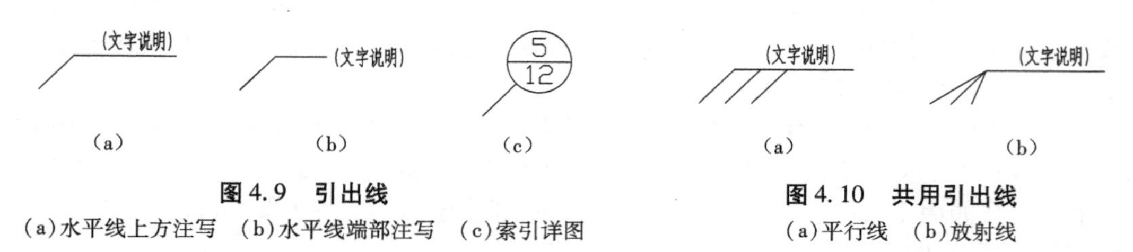

图 4.9　引出线

(a)水平线上方注写　(b)水平线端部注写　(c)索引详图

图 4.10　共用引出线

(a)平行线　(b)放射线

③多层构造或多层管道共用引出线，应通过被引出的各层，并用圆点示意对应各层次。文字说明宜注写在水平线的上方，或注写在水平线的端部，说明的顺序应由上至下，并应与被说明的层次相互一致；如层次为横向排序，则由上至下的说明顺序应与由左至右的层次对应一致，如图 4.11 所示。

3) 定位轴线

定位轴线是房屋施工放样时的主要依据。在绘制施工图时，凡是房屋的墙、柱、大梁、屋架

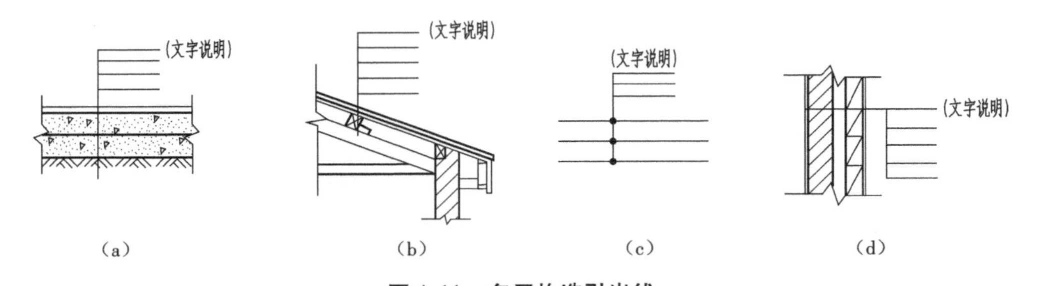

图 4.11　多层构造引出线

(a)楼地面构造　(b)坡屋顶构造　(c)外墙面构造　(d)墙身剖面构造

等主要承重构件均应画出定位轴线。定位轴线的画法如下。

①定位轴线应用细单点长画线绘制。

②定位轴线应编号,编号应注写在轴线端部的圆内。圆应用细实线绘制,直径为 8 ~ 10 mm。定位轴线圆的圆心应在定位轴线的延长线或延长线的折线上。

③平面图上定位轴线的编号,宜标注在图的下方与左侧。横向编号应用阿拉伯数字,从左至右顺序编写;竖向编号应用大写拉丁字母,从下至上顺序编写,如图 4.12 所示。

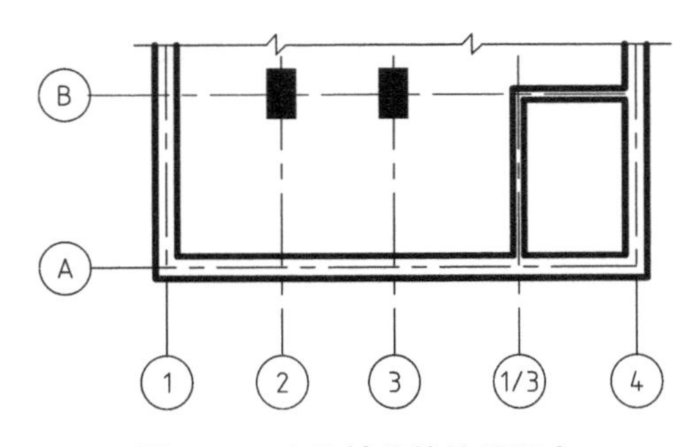

图 4.12　定位轴线的编号顺序

④拉丁字母的 I、O、Z 这 3 个字母不能用做轴线编号(避免与 0、1、2 混淆)。如字母数量不够使用,可增用双字母或单字母加数字注脚,如 A_A、B_A……Y_A或 A_1、B_1……Y_1。

⑤组合较复杂的平面图中定位轴线也可采用分区编号,如图 4.13 所示,编号注写形式为“分区号-该分区编号”。分区号采用阿拉伯数字或大写拉丁字母表示。

⑥附加定位轴线的编号,应以分数形式表示,并应按下列规定编写。

两轴线间的附加轴线,应以分母表示前一轴线的编号,分子表示附加轴线的编号,编号宜用阿拉伯数字顺序编写,如:

(1/2)表示 2 号轴线之后附加的第 1 根轴线　　(3/C)表示 C 号轴线之后附加的第 3 根轴线。

1 号轴线或 A 号轴线之前的附加轴线的分母应以 01 或 0A 表示,如:

(1/01)表示 1 号轴线之前附加的第 1 根轴线;(3/0A)表示 A 号轴线之前附加的第 3 根轴线

一个详图适用于几根轴线时,应同时注明各有关轴线的编号,如图 4.14 所示。

通用详图中的定位轴线,应只画圆,不注写轴线编号。圆形与弧形平面图中定位轴线的编号,其径向轴线应以角度进行定位,其编号宜用阿拉伯数字表示,从左下角或 -90°(若径向轴线很密,角度间隔很小)开始,按逆时针顺序编写;其环向轴线宜用大写拉丁字母表示,从外向内顺序编写,如图 4.15 所示。折线形平面图中定位轴线的编号可按图 4.16 的形式编写。

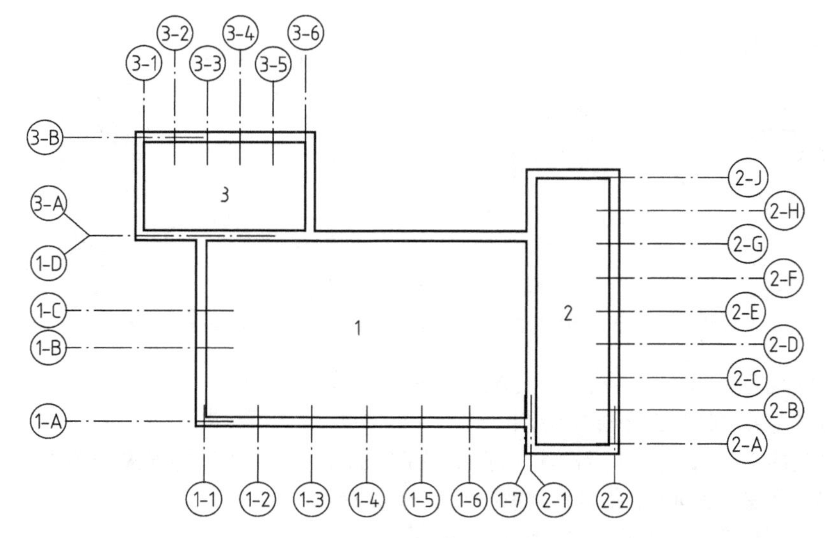

图 4.13　定位轴线的分区编号

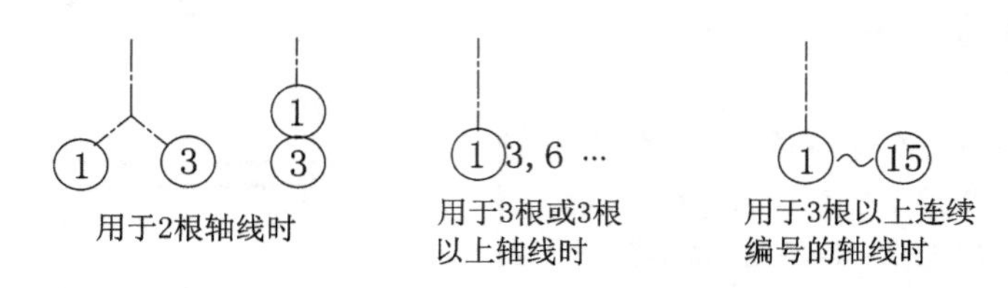

图 4.14　详图的轴线编号

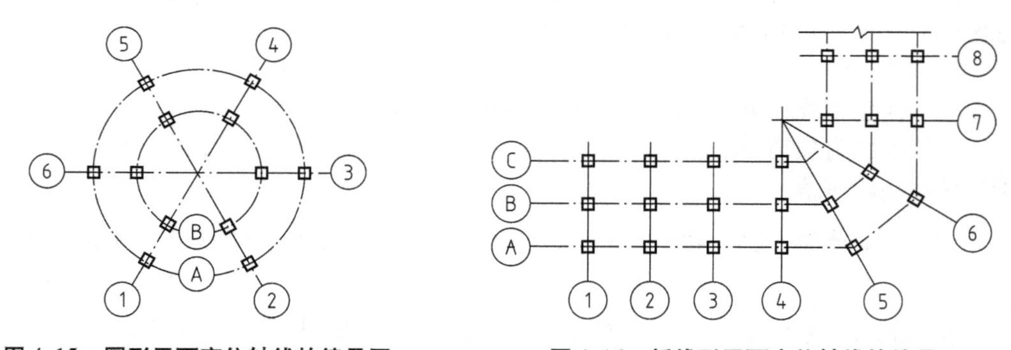

图 4.15　圆形平面定位轴线的编号图　　　　图 4.16　折线形平面定位轴线的编号

4)标高

标高是标注建筑物高度的另一种尺寸形式。

①标高符号。标高符号应以直角等腰三角形表示,按图 4.17(a)形式用细实线绘制,如标注位置不够,也可按照图 4.17(b)形式绘制。标高符号的具体画法如图 4.17(c)、(d)所示。

总平面图室外地坪标高符号,宜用涂黑的三角形表示,如图 4.18(a)所示,具体画法如图 4.18(b)所示。

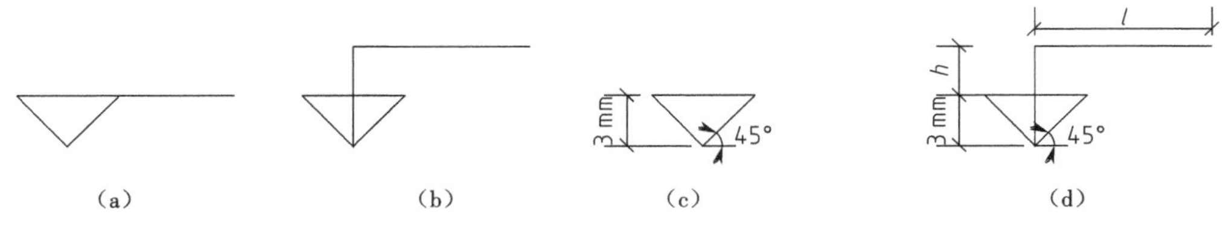

图 4.17　标高符号

(a)平面图中楼地面标高符号　(b)标高引出标注　(c)标高符号具体画法　(d)引出标高具体画法

(l—取适当长度注定标高数字　h—根据需要取适当高度)

标高符号的尖端应指至被注高度的位置。尖端宜向下,也可向上。标高数字应注写在标高符号的上侧或下侧,如图 4.19 所示。

标高数字应以米为单位,注写到小数点以后第 3 位。在总平面图中,可注写到小数点以后第 2 位。零点标高应注写成 ±0.000,正数标高不注"+",负数标高应注"-",例如 3.200、-0.600。在图样的同一位置需表示几个不同标高时,标高数字可按图 4.20 的形式注写。

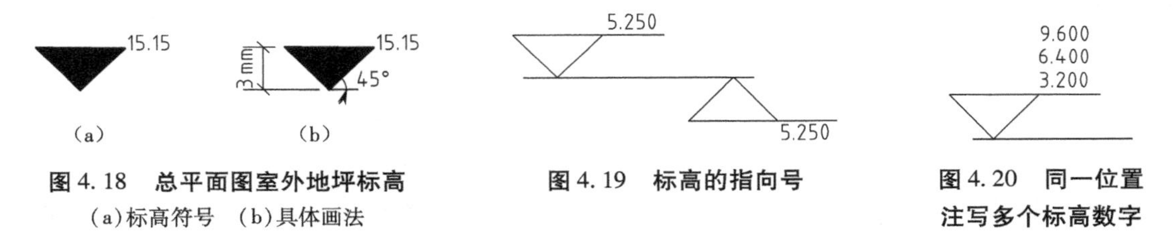

图 4.18　总平面图室外地坪标高

(a)标高符号　(b)具体画法

图 4.19　标高的指向号

图 4.20　同一位置注写多个标高数字

②标高分类。标高分为绝对标高和相对标高。绝对标高是以青岛黄海平均海平面的高度为零点参照点时所得到的高差值。在实际施工中,用绝对标高不方便。因此,习惯上将每一幢房屋室内底层地面的高度定为零点的相对标高,比零点高的标高为"正",比零点低的标高为"负"。在施工总说明中,应说明相对标高与绝对标高之间的关系。

房屋的标高,还有建筑标高和结构标高的区别。如图 4.21 所示,建筑标高是指装修完成后的尺寸,它已将构件粉饰层的厚度包括在内;而结构标高应该剔除外装修层的厚度,是构件的毛面标高。

5)其他符号

对称符号由对称线和两端的两对平行线组成。对称线用细单点长画线绘制;平行线用细实线绘制,其长度宜为 6 ~10 mm,每对的间距宜为 2 ~3 mm;对称线垂直平分两对平行线,两端超出平行线宜为 2 ~3 mm,如图 4.22 所示。

指北针的形状如图 4.23 所示,其圆的直径宜为 24 mm,用细实线绘制;指北针尾部的宽度宜为 3 mm,指针头部应注"北"或"N"字。需用较大直径绘制指北针时,指针尾部的宽度宜为直径的 1/8。

提示:标准部分可请学生自己阅读《建筑制图标准汇编》。

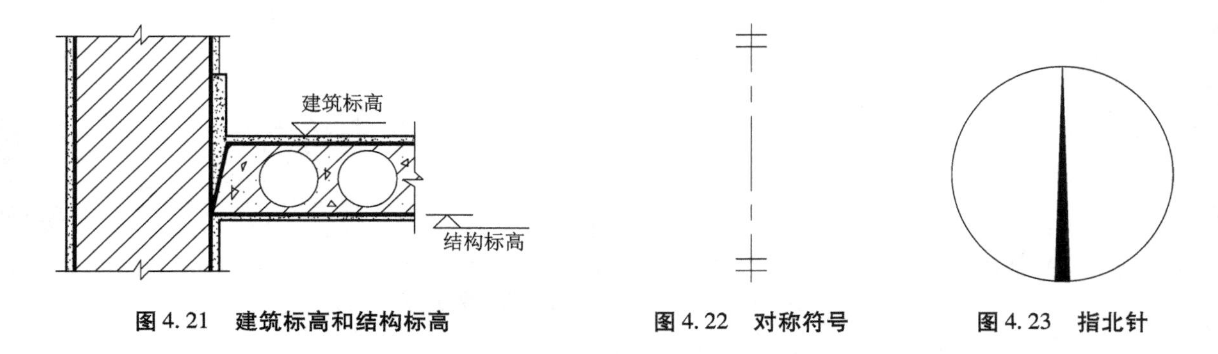

图 4.21　建筑标高和结构标高　　图 4.22　对称符号　　图 4.23　指北针

4.2　图纸首页

在施工图的编排中,将图纸目录、建筑设计说明、总平面图及门窗表等编排在整套施工图的前面,常称为图纸首页。

4.2.1　图纸目录

以本章所附的一套建筑施工图为例,其图纸目录如表 4.4 所示。

读图时,首先要查看图纸目录。图纸目录可以帮助了解该套图纸有几类,各类图纸有几张,每张图纸的图号、图名、图幅大小;如采用标准图,应写出所使用标准图的名称、所在标准图集的图号和页次。图纸目录常用表格表示。

图纸目录有时也称为"首页图",意思是第一张图纸,建施-01 即为本套图纸的首页图。

图纸目录编制目的是为了便于查找图纸。从图纸目录中可以读出以下资料:

①设计单位——某建筑设计事务所(甲级资质)

②建设单位——某房地产开发公司

③工程名称——某生态住宅小区 E 型工程住宅楼

④工程编号——工程编号是设计单位为便于存档和查阅而采取的一种管理方法。

⑤图纸编号和名称——每一项工程会有许多张图纸,在同一张图纸上往往画有若干个图形。因此,设计人员为了表达清楚,便于使用时查阅,就必须针对每张图纸所表示的建筑物的部位,给图纸起一个名称,另外再用数字编号,确定图纸的顺序。

⑥图纸目录各列、各行表示的意义。图纸目录第 2 列为图别,填有"建施"字样,表示图纸种类为建筑施工图;第 3 列为图号,填有 01、02……字样,表示为建筑施工图的第 1 张、第 2 张……第 4 列为图纸名称,填有总平面图、建筑设计说明……字样,表示每张图纸具体的名称;第 5、6、7 列为张数,填写新设计、利用旧图或标准图集的张数,本套图纸均为新设计,且张数为 1 张;第 8 列为图纸规格,填有 A3、A2、A2^{+}……字样,表示图纸的图幅大小分别为 A3 图幅、A2 图幅、A2 加长图幅。图纸目录的最后几行,填有建筑施工图设计中所选用的标准图集代号、项目负责人、工种负责人、归档接收人、审定人、制表人、归档日期等基本信息。该套图纸共有建筑施工图 17 张。

表4.4　图纸目录

某生态住宅小区E型工程建施图目录表

设计单位：××建筑设计事务所(甲级)

建设单位：××房地产开发公司

设计号	05-2005		工程名称：某生态住宅小区	单项名称			小区住宅楼	
工种	建筑	设计阶段	施工图　结构类型　砖混结构	完成日期			年　月　日	
序号	图别	图号	图纸名称	张数			图纸规格	备注
				新设计	利用图			
					旧图	标准图		
17	建施	17	门窗大样图(二)	1			A2	
16	建施	16	门窗大样图(一)、地下室防水大样	1			A2	
15	建施	15	①-⑦大样	1			A2	
14	建施	14	楼梯间2大样、①-②厨厕大样	1			A2	
13	建施	13	楼梯间1大样	1			$A2^+$	
12	建施	12	2-2剖面图	1			A2	
11	建施	11	Ⓐ-Ⓖ轴立面图、1-1剖面图	1			$A2^+$	
10	建施	10	㉙-①轴立面图	1			$A2^+$	
9	建施	09	①-㉙轴立面图	1			$A2^+$	
8	建施	08	屋构架平面图	1			$A2^+$	
7	建施	07	屋面层平面图	1			$A2^+$	
6	建施	06	三~七层平面图	1			$A2^+$	
5	建施	05	二层平面图	1			$A2^+$	
4	建施	04	一层平面图	1			$A2^+$	
3	建施	03	负一层平面图	1			$A2^+$	
2	建施	02	建筑设计说明、门窗表	1			A2	
1	建施	01	总平面图	1			A3	
	利用标准图集代号：西南J212、J312、J412、J501、J515、J516、J517、J611、J812							
项目负责人			工种负责人		归档接收人			
审定人			制表人		归档日期		年　月　日	

提示：目前图纸目录的形式由各设计单位自己规定，尚无统一的格式。但总体上包括上述内容。

实习实作：阅读建筑施工图的图纸目录。

4.2.2 建筑设计说明

建筑设计说明的内容根据建筑物的复杂程度有多有少，但无论内容多少，必须说明设计依据、建筑规模、建筑物标高、装修做法和对施工的要求等。下面以“建筑设计说明”为例，介绍读图方法。

(1)设计依据

设计依据包括政府的有关批文。这些批文主要有两个方面的内容：一是立项，二是规划许可证等。

(2)建筑规模

建筑规模主要包括占地面积(规划用地及净用地面积)和建筑面积。这是设计出来的图纸是否满足规划部门要求的依据。占地面积指建筑物底层外墙皮以内所有面积之和。建筑面积指建筑物外墙皮以内各层面积之和。

(3)标高

在房屋建筑中，规定用标高表示建筑物的高度。建筑设计说明中要说明相对标高与绝对标高的关系。例如，附图建施-01 中“相对标高 ±0.000 相当于绝对标高 1891.15 m”，这就说明该建筑物底层室内地面设计在比海平面高 1891.15 m 的水平面上。

(4)装修做法

这方面的内容比较多，包括地面、楼面、墙面等的做法。我们需要读懂说明中的各种数字、符号的含义。例如，附图建施-03 中散水坡面的说明：“散水坡面详西南 J802，沿房屋周边转通”这是说明散水坡面的做法。

(5)施工要求

施工要求包含两个方面的内容，一是要严格执行施工验收规范中的规定，二是对图纸中不详之处的补充说明。

实习实作：阅读建筑施工图的设计总说明。

4.2.3 门窗统计表

分楼层统计不同类型门窗的数量。

实习实作：阅读建筑施工图的门窗统计表。

4.3　总平面图

总平面图有建筑总平面图和水电总平面图之分。建筑总平面图又分为设计总平面图和施工总平面图。此节介绍的是建筑总平面图中的设计总平面图，简称总平面图。

4.3.1　总平面图的作用和形成

1. 总平面图的作用

在建筑图中，总平面图是用来表达一项工程总体布局的图样。它通常表示了新建房屋的平面形状、位置、朝向及其与周围地形、地物的关系。总平面图是新建房屋与其他相关设施定位的依据，也是土方工程、场地布置以及给排水、暖、电、煤气等管线总平面布置图和施工总平面布置图的依据。

2. 总平面图的形成

在地形图上画出原有、拟建、拆除的建筑物或构筑物以及新旧道路等的平面轮廓，即可得到总平面图。附图建施-01 即为××花园小区住宅楼所在地域的建筑总平面图。

4.3.2　总平面图的表示方法

1. 总平面图的比例

不论是一幢大的还是小的房屋，要在图纸上画出与实物同样大小的图样是办不到的，都需要将物体按一定比例缩小后表示出来。物体在图纸上的大小与实际大小相比的关系叫做比例，一般注写在图名一侧；当整张图纸只用一种比例时，也可以将比例注写在标题栏内。必须注意的是，图纸上所注尺寸是按物体实际尺度注写的，与比例无关。因此，读图时物体大小以所注尺寸为准，不能用比例尺在图上量取。

《总图制图标准》（GB/T 50103—2010）规定（以下简称“总图标准”），总图采用的比例，宜符合表4.5的规定。

表4.5　总图比例

图名	比例
现状图	1:500、1:1 000、1:2 000
地理交通位置图	1:25 000～1:200 000
总体规划、总体布置、区域位置图	1:2 000，1:5 000，1:10 000，1:25 000，1:50 000
总平面图、竖向布置图、管线综合图、土方图、铁路、道路平面图	1:300、1:500，1:1 000，1:2 000

续表

图名	比例
场地园林景观总平面图、场地园林景观竖向布置图、种植总平面图	1:300、1:500、1:1 000
铁路、道路纵断面图	垂直:1:100,1:200,1:500 水平:1:1 000,1:2 000,1:5 000
铁路、道路横断面图	1:20、1:50、1:100、1:200
场地断面图	1:100,1:200,1:500,1:1 000
详图	1:1,1:2,1:5,1:10,1:20,1:50,1:100,1:200

在实际工作中,由于各地国土管理局所提供地形图的比例为1:500,故我们常接触的总平面图中多采用这一比例。

2. 总平面图的图例

由于总平面图采用的比例较小,所以各建筑物或构筑物在图中所占的面积较小。同时根据总平面图的作用,也无需将其画得很细。故在总平面图中,上述形体可用图例(规定的图形画法叫做图例)表示。总图标准分别列出了总平面图图例、道路和铁路图例、管线和绿化图例,表4.6摘录了其中一部分。若这个标准中的图例不够用,需另行设定图例时,则应在总平面图上专门画出自定的图例,并注明其名称。

表4.6　常用的建筑总平面图图例

名称	图例	备注	名称	图例	备注
新建建筑物	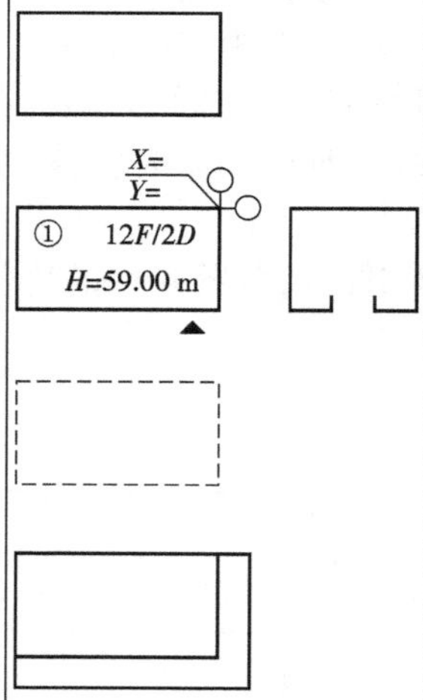 X= Y= ① 12F/2D H=59.00 m	新建建筑物以粗实线表示与室外地坪相接处±0.00外墙定位轮廓线 建筑物一般以±0.00高度处的外墙定位轴线交叉点坐标定位。轴线用细实线表示,并标明轴线号 根据不同设计阶段标注建筑编号,地上、地下层数,建筑高度,建筑出入口位置(两种表示方法均可,但同一图纸采用一种表示方法) 地下建筑物以粗虚线表示其轮廓 建筑上部(±0.00以上)外挑建筑用细实线表示	原有建筑物		用细实线表示
			计划扩建的预留地或建筑物		用中粗虚线表示
			拆除的建筑物	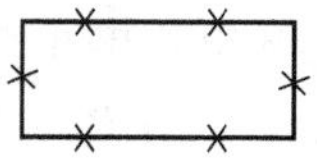	用细实线表示
			建筑物下面的通道	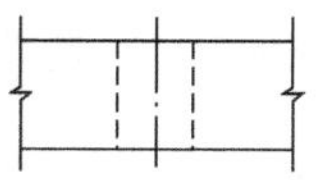	—
			散状材料露天堆场	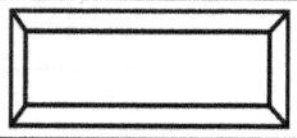	需要时可注明材料名称
			其他材料露天堆场或露天作业场	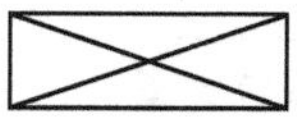	需要时可注明材料名称

续表

名称	图例	备注
铺砌场地		—
敞棚或敞廊		—
高架式料仓		—
漏斗式贮仓		左、右图为底卸式 中图为侧卸式
冷却塔（池）		应注明冷却塔或冷却池
水塔、贮罐		左图为卧式贮罐 右图为水塔或立式贮罐
水池、坑槽		也可以不涂黑
明溜矿槽(井)		—
斜井或平硐		
烟囱		实线为烟囱下部直径，虚线为基础，必要时可注写烟囱高度和上、下口直径
围墙及大门		—
挡土墙	5.00 1.50	挡土墙根据不同设计阶段的需要标注 墙顶标高 墙底标高
挡土墙上设围墙		—
台阶及无障碍坡道	1. 2.	1. 表示台阶（级数仅为示意） 2. 表示无障碍坡道
露天桥式起重机	G_n=(t)	起重机起重量 G_n，以吨计算 “·”为柱子位置

名称	图例	备注
露天电动葫芦	G_n=(t)	起重机起重量 G_n，以吨计算 “·”为支架位置
门式起重机	G_n=(t) G_n=(t)	起重机起重量 G_n，以吨计算 上图表示有外伸臂 下图表示无外伸臂
架空索道		“I”为支架位置
斜坡卷扬机道		—
斜坡栈桥（皮带廊等）		细实线表示支架中心线位置
坐标	1. X=105.00 / Y=425.00 2. A=105.00 / B=425.00	1. 表示地形测量坐标系 2. 表示自设坐标系 坐标数字平行于建筑标注
方格网交叉点标高	−0.50 | 77.85 78.35	“78.35”为原地面标高 “77.85”为设计标高 “-0.50”为施工高度 “-”表示挖方（“+”表示填方）
填方区、挖方区、未整平区及零线	+ − + −	“+”表示填方区 “-”表示挖方区 中间为未整平区 点画线为零点线
填挖边坡		—
分水脊线与谷线		上图表示脊线 下图表示谷线
洪水淹没线		洪水最高水位以文字标注

续表

名称	图例	备注
地表排水方向		—
截水沟	1 40.00	“1”表示1%的沟底纵向坡度，“40.00”表示变坡点间距离，箭头表示水流方向
排水明沟	107.50 + 1 40.00 107.50 1 40.00	上图用于比例较大的图面 下图用于比例较小的图面 “1”表示1%的沟底纵向坡度，“40.00”表示变坡点间距离，箭头表示水流方向 “107.50”表示沟底变坡点标高（变坡点以“+”表示）
有盖板的排水沟	1 40.00 1 40.00	—
雨水口	1. 2. 3.	1. 雨水口 2. 原有雨水口 3. 双落式雨水口

名称	图例	备注
消火栓井		—
急流槽		箭头表示水流方向
跌水		
拦水（闸）坝		—
透水路堤		边坡较长时，可在一端或两端局部表示
过水路面		—
室内地坪标高	151.00 (±0.00)	数字平行于建筑物书写
室外地坪标高	143.00	室外标高也可采用等高线
盲道		—
地下车库入口		机动车停车场
地面露天停车场		—
露天机械停车场		露天机械停车场

3. 总平面图的定位

表明新建筑物或构筑物与周围地形、地物间的位置关系，是总平面图的主要任务之一。它一般从以下3个方面描述。

(1)定向

在总平面图中，指向可用指北针或风向频率玫瑰图表示。指北针的形状如图4.23所示。

风由外面吹过建设区域中心的方向称为风向。风向频率是在一定时间内某一方向出现风向的次数占总观察次数的百分比，用公式表示为

$$风向频率 = \frac{某一风向出现的次数}{总观察次数} \times 100\%$$

风向频率是用风向频率玫瑰图（简称风玫瑰图）表示的，如图4.24所示，图中细线表示的是16个罗盘方位，粗实线表示常年的风向频率，虚线则表示夏季六、七、八这3个月的风向频率。在风向频率玫瑰图中所表示的风向，是从外面吹向该地区中心的。

小组讨论：风向频率玫瑰图对建筑施工及施工布置有什么影响？

(2)定位

定位是指确定新建建筑物的平面尺寸。

新建建筑物的定位一般采用两种方法，一是按原有建筑物或原有道路定位；二是按坐标定位。采用坐标定位又分为测量坐标定位和建筑坐标定位两种。

①根据原有建筑物定位。以周围其他建筑物或构筑物为参照物进行定位是扩建中常采用的一种方法。实际绘图时，可标出新建筑物与其他附近的房屋或道路的相对位置尺寸。

②根据坐标定位。以坐标表示新建筑物或构筑物的位置。当新建筑物所在地形较为复杂时，为了保证施工放样的准确性，可使用坐标表示法，如图4.25所示。常采用的方法如下。

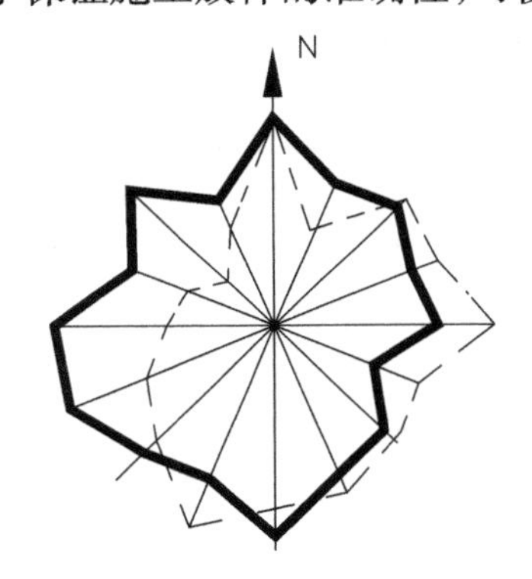

图4.24　风向频率玫瑰图

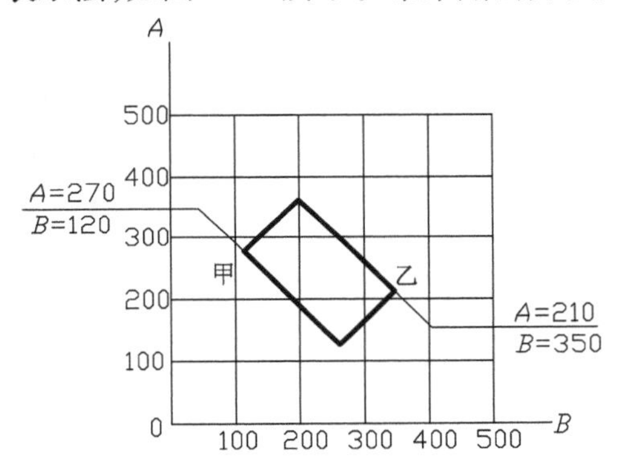

图4.25　建筑物坐标示意

a.测量坐标　国土管理部门提供给建设单位的红线图，是在地形图上用细线画成交叉十字线的坐标网，南北方向的轴线为X，东西方向的轴线为Y，这样的坐标称为测量坐标。坐标网常采用100 m×100 m或50 m×50 m的方格网。一般建筑物的定位标记有两个墙角的坐标。

b.施工坐标　施工坐标一般在新开发区房屋朝向与测量坐标方向不一致时采用。施工坐标是将建筑区域内某一点定为“0”点，采用100 m×100 m或50 m×50 m的方格网，沿建筑物主墙方向用细实线画成方格网通线，横墙方向(竖向)轴线标为A，纵墙方向的轴线标为B。施工坐标与测量坐标的区别如图4.26所示。

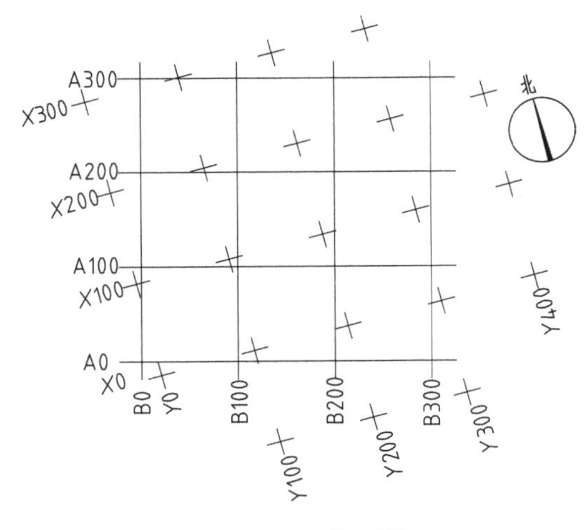

图4.26　坐标网格

注：X为南北方向轴线，X的增量在X的轴线上；Y为东西方向轴线，Y的增量在Y轴线上。A轴相当于测量坐标网中的X轴，B轴相当于测量坐标网中的Y轴。

通常,在总平面图上应标注出新建建筑物的总长和总宽,按规定该尺寸以米为单位。

实习实作:建施-02 中使用什么坐标来定位?

(3)标高

在总平面图中,用绝对标高表示高度数值,其单位为米。

4. 总平面图的图线

在总平面图中每个图样的线型,应根据其所表示的不同重点,采用不同粗细的线型。主要部分选用粗线,其他部分选用中粗线和细线,见表 4.7。

表 4.7　图线线型

名称		线型	线宽	用途
实线	粗		b	1. 新建建筑物 ±0.000 高度的可见轮廓线 2. 新建的铁路、管线
	中		0.7b 0.5b	1. 新建构筑物、道路、桥涵、边坡、围墙、露天堆场、运输设施的可见轮廓线 2. 原有标准轨距铁路
	细		0.25b	1. 新建建筑物 ±0.000 高度以上可见建筑物、构筑物轮廓线 2. 原有建筑物、构筑物、铁路、道路、桥涵、围墙的可见轮廓线 3. 新建人行道、排水沟、坐标线、尺寸线、等高线
虚线	粗		b	新建建筑物、构筑物的地下轮廓线
	中		0.5b	计划预留扩建的建筑物、构筑物、预留地、铁路、道路、桥涵、围墙、运输设施、管线、建筑红线及预留用地各线
	细		0.25b	原有建筑物、构筑物、管线的地下轮廓线
单点长画线	粗		b	露天矿开采界线
	中		0.5b	土方填挖区的零点线
	细		0.25b	分水线、中心线、对称线、定位轴线
双点长画线	粗		b	用地红线
	中		0.7b	地下开采区塌落界线
	细		0.5b	建筑红线
折断线			0.5b	断线
不规则曲线			0.5b	新建人工水体轮廓线

注:根据各类图纸所表示的不同重点确定使用不同粗细线型

实习实作:在建施-02中寻找,使用了表4.7中的哪些图线?

4.3.3 总平面图的主要内容

1. 建筑红线

各地方国土管理局提供给建设单位的地形图为蓝图,在蓝图上用红色笔划定土地使用范围的线称为建筑红线。任何建筑物在设计和施工中均不能超过此线。如附图建施-01总平面图所示,第一幢房屋西北方向边线处已标出的红线即为建筑红线。

2. 区分新旧建筑物

从表4.6可知,在总平面图上将建筑物分为5种情况,即新建建筑物、原有建筑物、计划扩建的预留地或建筑物、拆除的建筑物和新建的地下建筑物或构筑物。当我们阅读总平面图时,要区分哪些是新建的建筑物,哪些是原有的建筑物。在设计中,为了清楚表示建筑物的总体情况,一般还在图形中右上角以点数或数字表示房屋层数。当总图比例小于1:500时,可不画建筑物的出入口。

3. 标高

标注标高要用标高符号,标高符号的画法如图4.17和1.5.18所示。

4. 等高线

地面上高低起伏的形状称为地形,用等高线表示。等高线是用学习情境1中任务4标高投影方式画出的单面正投影。从地形图上的等高线可以分析出地形的高低起伏状况。等高线的间距越大,说明地面越平缓;相反,等高线的间距越小,说明地面越陡峭。从等高线上标注的数值可以判断出地形是上凸还是下凹;数值由外圈向内圈逐渐增大,说明此处地形是往上凸;相反,数值由外圈向内圈减小,则此处地形为下凹。

5. 道路

由于比例较小,总平面图上只能表示出道路与建筑物的关系,不能作为道路施工的依据。一般是标注出道路中心控制点,表明道路的标高及平面位置即可。

6. 其他

总平面图除了表示以上的内容外,一般还有挡土墙、围墙、绿化等与工程有关的内容,读图时可结合表4.3阅读。

4.3.4 总平面图的识读方法

1. 看图名、比例、图例及有关文字说明

这是阅读总平面图应具备的基本知识。

2. 了解新建工程的总体情况

它是指了解新建工程的性质与总体情况。工程性质是指建筑物的用途,商店、教学楼、办公楼、住宅、厂房等。了解总体情况主要是了解建筑物所在区域的大小和边界、建筑物和构筑物的位置及层数、周围环境，弄清周围环境对该建筑的不利影响，道路、场地和绿化等布置情况。

3. 明确工程具体位置

它是指明确新建工程或扩建工程的具体位置。新建房屋的定位方法有两种：一种是参照物法，即根据已有房屋或道路定位；另一种是坐标定位法，即在地形图上绘制测量坐标网。标注房屋墙角坐标的方法，如图 4.25 所示。确定新建筑物的位置是总平面图的主要作用。

4. 看新建房屋的标高

看新建房屋底层室内标高和室外整平地面的绝对标高，可知室内外地面的高差以及正负零与绝对标高的关系。

5. 查看室内外地面标高

从标高和地形图可知道建造房屋前建筑区域的原始地貌。

6. 明确新建房屋的朝向和主要风向

看总平面图中指北针和风向频率玫瑰图，可明确新建房屋朝向和该地区常年风向频率。有些图纸上只画出单独的指北针。

7. 道路交通及管线布置情况

看总平面图中道路交通的组织情况，能否形成小循环，小区道路设计能否满足消防要求，消防车与救护车能否顺利到达每户住户门前，道路端头要满足回转用的空间和场地。

看总平面图中给排水管道的布置情况，能否顺利与市政给排水管网相连接。

8. 道路与绿化

道路与绿化是主体工程的配套工程。从道路可了解建成后的人流方向和交通情况，从绿化可以看出建成后的环境绿化情况。

4.3.5 总平面图识读实例

附图中的建施-01 是某生态小区的总平面图，比例为 1∶500。图中粗实线表示新建住宅楼，其中 E 幢楼为插图所表示的新建住宅楼。它的平面形状是。角注的 8 个小圆点代表楼的层数为 8 层。它的定位采用参照物法：E 幢楼南距花园 5 m，西距 D 幢楼 8.8 m，北距 A 幢楼 30 m。首层室内地面相对标高正负零相当于绝对标高 305.5 m，室外整平地面绝对标高为 305.2 m，室内外高差为 0.3 m。建筑物周围有通道，还有草坪、树木等绿化要求。

从指北针可以看出，新建建筑物坐南朝北。小区还设有停车场、各种活动设施、喷水池等。与该小区相邻的东边是中源中路，南边是 * * 镇工业总公司，西边是农田，北边是一条小路，小区入口紧临华华装饰工程公司。

实习实作：识读附图中建筑设计总说明，熟悉建筑设计总说明的内容；识读附图中建筑总平面图，熟悉建筑总平面图的图示内容和深度。

4.4　建筑平面图

4.4.1　建筑平面图认知

1. 建筑平面图的形成

建筑平面图实际上是水平剖视图。假想用一水平剖切平面，沿着房屋门窗洞口位置将房屋剖切开，如图4.27(a)所示，移去上面部分，如图4.27(b)所示，对剖切面以下部分所作出的水平投影图，即是建筑平面图，如图4.27(c)所示。这样就可以看清房间的相对位置，以及门窗洞口、楼梯、走道的布置和墙体厚度等。

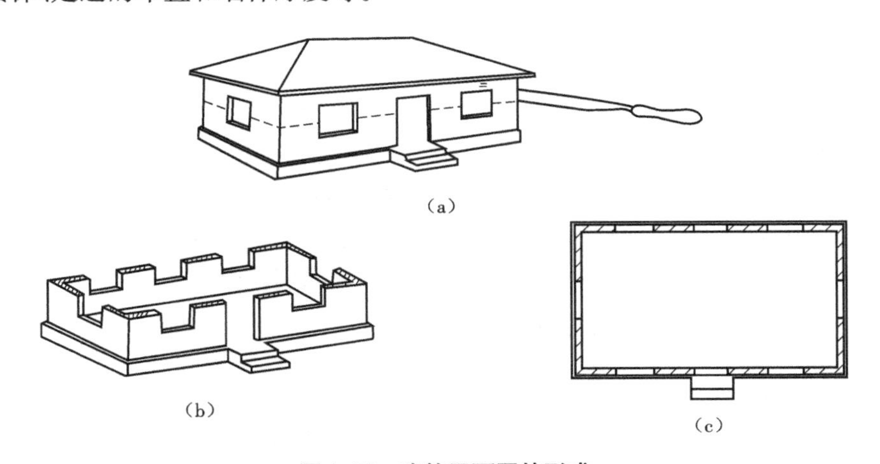

图4.27　建筑平面图的形成

(a)假定沿水平方向剖切　(b)切开后移去上面部分　(c)相应的平面图

2. 建筑平面图的作用

建筑平面图简称平面图，是建筑施工图中重要的基本图。在施工过程中，可作为放线、砌筑墙体、安装门窗、室内装修、施工备料及编制预算的依据。

3. 建筑平面图的分类

根据剖切平面位置的不同，建筑平面图可分为以下几类。

(1)底层平面图

底层平面图又称为首层平面图或一层平面图。它是所有建筑平面图中首先绘制的一张图。绘制此图时，应将剖切平面选放在房屋的一层地面与从一楼通向二楼的休息平台之间，且尽量通过该层上所有的门窗洞口，见附图中的建施-04。

(2)标准层平面图

由于房屋内部平面布置的不同，所以对于多层或高层建筑而言，应该每一层均有一张平面图。其名称就用本身的层数来命名，例如“二层平面图”，见附图中的建施-05。但在实际的建筑设计中，多层或高层建筑往往存在许多相同或相近平面布置形式的楼层，因此在实际绘图时，可将这些相同或相近的楼层合用一张平面图来表示。这张合用的图，就叫做“标准层平面图”，有时也可用其相对应的楼层数命名，例如“三～七层平面图”等，见附图中的建施-06。

(3)顶层平面图

顶层平面图也可用相应的楼层数命名。

(4)屋顶平面图和局部平面图

除了上述平面图外，建筑平面图还应包括屋顶平面图和局部平面图。其中，屋顶平面图是将房屋的顶部单独向下所作的俯视图，主要用来描述屋顶的平面布置及排水情况，见附图中的建施-07。而对于平面布置基本相同的中间楼层，其局部的差异无法用标准层平面图来描述，此时则可用局部平面图表示。

(5)其他平面图

在多层和高层建筑中，若有地下室或地下车库，则还应有地下负一层、负二层……见附图中的建施-03。

4. 建筑平面图的数量

一般房屋每层有一张平面图，3 层的建筑物就有 3 张，并在图的下面注明相应的图名，如首层(底层)平面图、二层平面图等。如果其中有几层的房间布置、大小等条件完全相同，也可用一张图来表示，称为标准层平面图；如果建筑平面图左右对称，也可将两层平面图画在同一个平面图上，左边为一层平面图，右边为另一层平面图，中间用一个对称符号分界。

4.4.2　建筑平面图的有关图例及符号

由于建筑平面图的绘图比例较小，所以其上的一些细部构造和配件只能用图例表示。有关图例画法应按照《建筑制图统一标准》(GB/T 50104—2010)中的规定执行。一些常用的构造及配件图例见表 4.3。

4.4.3　建筑平面图的内容、图示方法和示例

1. 一(底)层平面图

底层平面图是房屋建筑施工图中最重要的图纸之一。下面以附图中建施-04 所示一层平面图为例，介绍底层平面图的主要内容。

(1)图名、比例、图例及文字说明

图名：一层平面图

比例：1∶100

图例：本图中所使用的图例有卷帘门、柱、楼梯、门窗等

文字说明：本层建筑面积为 762 m^2

(2)纵横定位轴线、编号及开间、进深

建筑工程施工图中用轴线来确定房间的大小、走廊的宽窄和墙的位置，主要墙、柱、梁的位置都要用轴线来定位，如图 4.12 所示。除标注主要轴线之外，还可以标注附加轴线。附加轴线编号用分数表示，如图 4.14 所示。如建施-04 底层平面图，其横向定位轴线有 ①～㉙ 根主

要轴线，纵向定位轴线有Ⓐ～Ⓗ等 8 根轴线。建筑物横向定位轴线之间的距离称为开间，如①～④之间为 4 500 mm，④～⑦之间为 4 200 mm；纵向定位轴线之间的距离称为进深，如Ⓐ～Ⓓ之间为 5 700 mm，Ⓔ～Ⓖ之间为 4 500 mm。

(3)房间的布置、用途及交通联系

平面布置是平面图的主要内容，着重表达各种用途房间与过道、楼梯、卫生间的关系。房间用墙体分隔，如建施-04 一层平面图。从该图可以看出，该层平面主要是商业门面、消防控制室的布置。

(4)门窗的布置、数量、开启方向及型号

在平面图中，只能反映出门、窗的平面位置、洞口宽度及与轴线的关系。门窗应按表 4.3 所示常用建筑配件图例进行绘制。在施工图中，门用代号“M”表示，窗用代号“C”表示，如“M1”表示编号为 1 的门，而“C2724”则表示窗洞口宽 2 700 mm，窗洞口高 2 400 mm。门窗的高度尺寸在立面图、剖面图或门窗表中查找，本例中门窗数量及规格见建施-01 中门窗统计表。门窗的制作安装需查找相应的详图。

如：

M0920——门宽 900 mm，高 2 000 mm；　GM1824——钢门宽 1 800 mm，高 2 400 mm；

JM ——卷门；　MC——门带窗；

C1518——窗宽 1 500 mm，高 1 800 mm；LC1518——铝合金窗宽 1 500 mm，高 1 800 mm。

(5)房屋的平面形状和尺寸标注

平面图中标注的尺寸分内部尺寸和外部尺寸两种，主要反映建筑物中门窗的平面位置及墙厚、房间的开间进深大小、建筑的总长和总宽等。

内部尺寸一般用一道尺寸线表示墙与轴线的关系、房间的净长、净宽以及内墙门窗与轴线的关系。

外部尺寸一般标注 3 道尺寸。最里面一道尺寸表示外墙门窗大小及与轴线的平面关系，也称门窗洞口尺寸(属定位尺寸)。中间一道尺寸表示轴线尺寸，即房间的开间与进深尺寸(属定形尺寸)。最外面一道尺寸表示建筑物的总长、总宽，即从一端外墙皮到另一端外墙皮的尺寸(属总尺寸)。

从建施-04 底层平面图中可以看出：商业门面、消防控制室的平面形状均为长方形，其开间×进深的尺寸有：4 500 mm×12 300 mm，4 500 mm×5 700 mm，3 600 mm×6 600 mm 等。其内部尺寸有：柱尺寸 400 mm×280 mm。其外部尺寸有：①～④轴线间商业门面尺寸有 280 mm，4 020 mm，200 mm 等 3 个细部尺寸；①～④轴线间商业门面的开间×进深的尺寸为 4 500 mm× 5 700 mm；①～㉙轴线墙外皮间的总长度为 40 440 mm；Ⓐ～Ⓗ轴线墙外皮间的总宽度为 14 050 mm。

④～⑦和㉓～㉖之间各有一单跑楼梯。⑦～⑨和㉑～㉓之间各有一双跑楼梯，楼梯间的开间×进深的尺寸为 2 700 mm×5 700 mm，1 350 mm×4 200 mm。建筑平面图比例较小，楼梯在平面图中只能示意楼梯的投影情况，楼梯的制作、安装详图详见楼梯详图或标准图集。在

平面图中,表示的是楼梯设在建筑中的平面位置、开间和进深大小、楼梯的上下方向及上一层楼的步数。

在房屋建筑工程中,各部位的高度都用标高来表示。除总平面图外,施工图中所标注的标高均为相对标高。在平面图中,因为各房间的用途不同,房间的高度不都在同一个水平面上,如建施-04 一层平面图中,±0.000 表示消防控制室和楼梯间的地面标高,0.300 表示商业门面的地面标高。

(6)房屋的朝向及剖面图的剖切位置、索引符号

建筑物的朝向在底层平面图中用指北针表示。建筑物主要入口在哪面墙上,就称建筑物朝哪个方向。如建施-04 一层平面图所示,指北针朝上,建筑物的主要入口在 Ⓒ 轴线上,说明该建筑朝北,也就是人们常说的"坐南朝北"。

本商住楼的 1-1 剖切位置在⑧~⑨轴线间、2-2 剖切平面在④~⑦轴线间。

Ⓐ、Ⓗ 轴线处的室外踏步做法用详图索引符号标出:详西南 J812。

(7)墙厚(柱的断面)

建筑物中墙、柱是承受建筑物垂直荷载的重要结构,墙体又起着分隔房间的作用,因此它们的平面位置、尺寸大小都非常重要。从建施-04 一层平面图中我们可以看到,外横墙和外纵墙墙厚均为 240 mm,柱尺寸为 400 mm×400 mm。

2. 其他各层平面图和屋顶平面图

除底层平面图外,在多层或高层建筑中,一般还有地下室平面图、标准层平面图、顶层平面图、屋顶平面图和局部平面图。标准层平面图和顶层平面图所表示的内容与底层平面图相比大同小异,屋顶平面图主要表示屋顶面上的情况和排水情况。下面以标准层平面图和屋顶平面图为例进行介绍。

(1)负一层平面图

负一层平面图与底层平面图的区别主要表现在以下几个方面。

①房间布置。建施-03 负一层平面图主要表示了车库的布置,有 18 个车位;车库入口位置在①轴线处;车库上楼梯间位置在 Ⓒ 轴线处;室外有盲沟,排水坡度为 1%。

②标高。车库地面标高为 -3.900 m,室外盲沟标高为 -4.000 m 和 -4.300 m。

③文字说明。本层建筑面积 768 m^2,排水沟水引入小区车库集水坑。

(2)标准层平面图

本住宅楼为商住楼,即一层为商业门面,二层以上为住宅。

①房间布置。标准层平面图的房间布置与二层平面图房间布置不同的必须表示清楚。建施-05、06 等平面图中的所有房间布置均相同。

②墙体的厚度(柱的断面)。由于建筑材料强度或建筑物的使用功能不同,建筑物墙体厚度或柱截面尺寸往往不一样(顶层小、底层大),墙厚或柱变化的高度位置一般在楼板的下皮。建施-05 与建施-06 的内外墙厚均相同,其外横墙和外纵墙墙厚均为 240 mm。

③建筑材料。建筑材料的强度要求、材料的质量好坏在图中表示不出来,但是在相应的说

明中必须叙述清楚，该说明详见学习情境2。

④门与窗。标准层平面图中门窗设置与底层平面图往往不完全一样，在底层建筑物的入口处一般为门洞或大门，而在标准层平面图中相同的平面位置处，一般情况下都改成了窗。如建施-04 中第一、二单元的入口处均为门带窗（MC2227），而建施-05、06 图中相同的平面位置处均变为 C1527 的窗。

⑤表达内容。标准层平面图不再表示室外地面的情况，但要表示下一层可见的阳台或雨篷。楼梯表示为有上有下的方向。如建施-04 其楼梯间处就表示了入口处的雨篷。建施-05、06 中的楼梯方向有上有下。

（3）屋顶平面图

屋顶平面图主要表示3个方面的内容，如建施-07 所示屋顶平面图。

①屋面排水情况。如排水分区、分水线、檐沟、天沟、屋面坡度、雨水口的位置等。如建施-07 中的排水坡度有2%、1%两种。

②突出屋面的物体。如电梯机房、楼梯间、水箱、天窗、烟囱、检查孔、管道、屋面变形缝等的位置。如建施-07 中突出屋面的楼梯间和烟道。

③细部做法。屋面的细部做法包括高出屋面墙体的泛水及压顶、雨水口、砖踏步、烟道等，其施工做法均参见西南 J212-1。

实习实作：识读附图建施-03～建施-08 的各建筑平面图，熟悉建筑平面图的图示内容和深度。

4.4.4　绘制建筑平面图的步骤

以附图建施-05 二层平面图为例，说明手工绘制平面图的步骤。

1. 准备阶段

准备绘图工具及用品。

2. 选定比例和图幅

根据建筑物的复杂程度和大小，按表4.2 选定比例，由建筑物的大小以及选定的比例，估计注写尺寸、符号和有关说明所需的位置，选用标准图幅。

建施-05 的比例为1∶100，建筑物总长为 40 440 mm，总宽为 12 540 mm，考虑四周标注尺寸、注写轴线编号和文字说明需留用各400 mm 的位置，这样绘制本图所需位置为41 240 mm × 13 340 mm。而 A2 图幅的大小为42 000 mm × 29 700 mm，扣减图框所占位置后，A2 图幅的长边不能满足该平面图绘制需要，所以建施-05 选用 $A2^{+}$ 图幅绘制。

3. 绘图稿

①按选定的比例和图幅，绘制图框和标题栏。图框线按装订边留 25 mm，非装订边留 10 mm 进行绘制，标题栏选用标准标题栏的样式进行绘制。

②进行图面布置。根据房屋的复杂程度及大小，确定图样的位置。注意留出注写尺寸、符

号和有关文字说明的空间。一般情况下,图形的中心点在图纸中心点的左方和上方各 10 ~ 20 mm 处。

③画铅笔线图。用铅笔在绘图纸上画成的图称为一底图,简称“一底”。具体操作如下。

a. 画出定位轴线　定位轴线是建筑物的控制线,故在平面图中,可按从左向右,自上而下的顺序绘制承重墙、柱、大梁、屋架等构件的轴线,如图 4. 28(a)所示。

b. 画出全部墙厚、柱断面和门窗位置　此时应特别注意构件的中心是否与定位轴线重合。画墙身轮廓线时,应从轴线处分别向两边量取。由定位轴线定出门窗的位置,然后按表 4. 3 的规定画出门窗图例,如图 4. 28(b)所示。若表示的是高窗、通气孔、槽等不可见的部分,则应以虚线绘制。

c. 画其他构配件的轮廓　所谓其他构配件,是指台阶、坡道、楼梯、平台、卫生设备、散水和雨水管等,如图 1. 5. 28(c)所示。

以上三步用较硬的铅笔(H 或 2H)轻画。

④检查后描粗加深有关图线。在完成上述步骤后,应仔细检查,及时发现错误。然后按照《建筑制图统一标准》(GB/T 50104—2010)的有关规定,描粗加深图线(用较软的铅笔 B 或 2B 绘制)。

⑤标注尺寸和符号。轴线按从左向右用阿拉伯数字,自下而上用大写的拉丁字母顺序进行编号,其中 I、O、Z 这 3 个字母不能使用。外墙一般应标注 3 道尺寸,内墙应注出墙、柱与定位轴线的相对位置和其定形尺寸,门窗洞口注出宽度尺寸和定位尺寸,外墙之间应注出总尺寸,根据需要再适当标注其他尺寸。另外,还应标注不同标高房间的楼面标高。绘制有关的符号,如底层平面图中的指北针、剖切符号、详图索引符号、定位轴线编号以及表示楼梯和踏步上下方向的箭头等。一般用 HB 的铅笔,如图 4. 28(c)所示。

⑥复核。图完成后需仔细校核,及时更正,尽量做到准确无误。

⑦上墨(描图)。用描图纸盖在“一底”图上,用黑色的墨水(绘图墨水、碳素墨水)按“一底”图描出的图形称为底图,又叫“二底”。

以上只是绘制建筑平面图的大致步骤,在实际操作时,可按房屋的具体情况和绘图者的习惯加以改变。

提示:平面图的线型要求如下:剖到的墙轮廓线,画粗实线;看到的台阶、楼梯、窗台、雨篷、门扇等画中粗实线;楼梯扶手、楼梯上下引导线、窗扇等,画细实线;定位轴线画细单点长画线。

实习实作:绘制建施-04 一层平面图,熟悉各种制图工具、图线、比例等的应用。

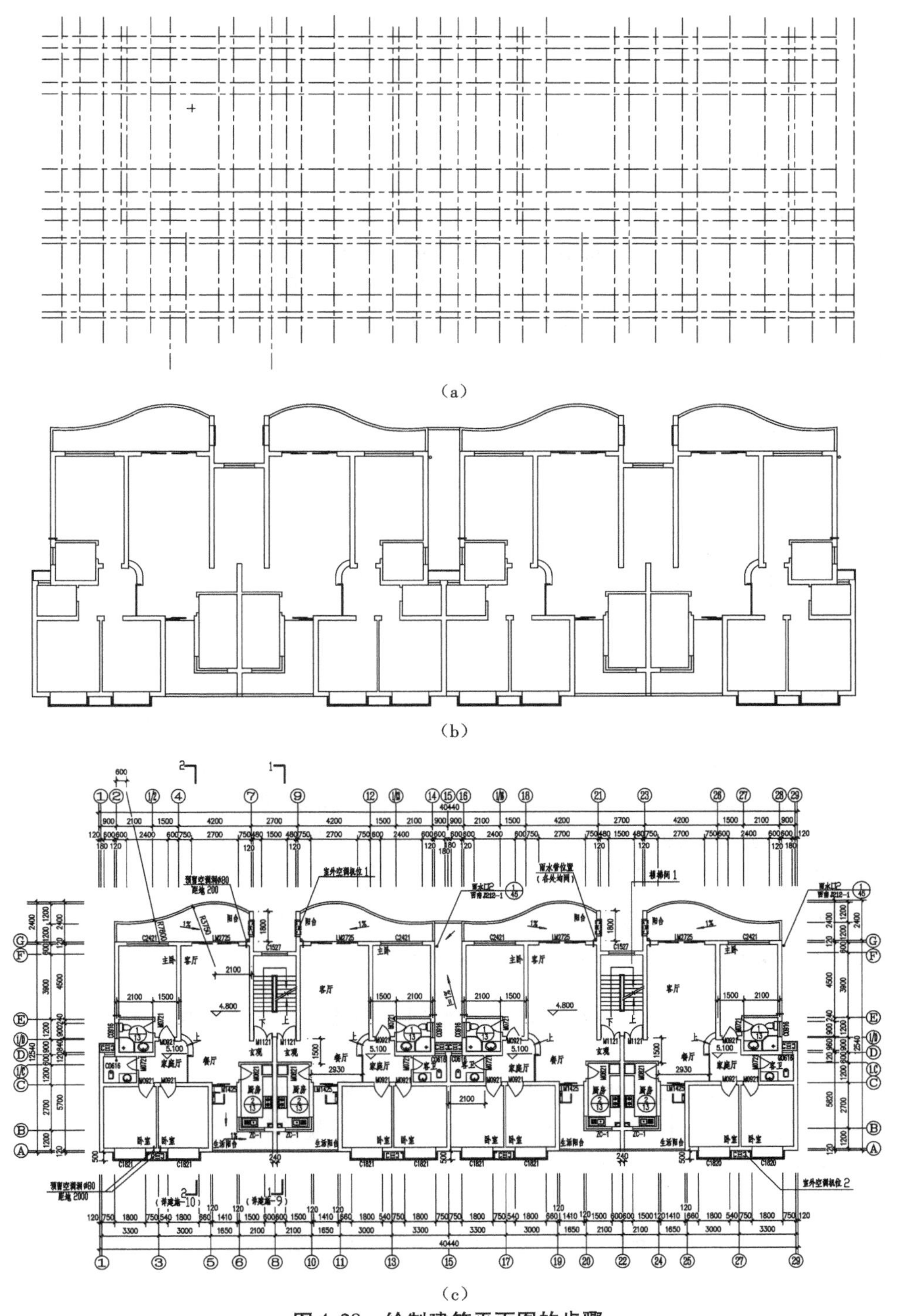

图4.28　绘制建筑平面图的步骤

(a)画定位轴线　(b)画墙、柱断面和门窗洞　(c)画构配件和细部,标注尺寸、编号、符号和说明

4.5 建筑立面图

4.5.1 建筑立面图的形成、作用、数量及命名

1. 建筑立面图的形成

建筑立面图是在与建筑物立面相平行的投影面上所作的正投影，相当于正投影图中的正立和侧立投影图。建筑立面图应包括投影方向可见的建筑外轮廓线和墙面线脚、构配件、墙面做法及必要的尺寸和标高等。它主要用来表示房屋的外形外貌，反映房屋的高度、层数、屋顶形式，墙面的做法，门窗的形式、大小和位置，以及窗台、阳台、雨篷、檐口、勒脚、台阶等构造和配件各部位的标高。

2. 建筑立面图的作用

建筑立面图在施工过程中主要用于指导室外装修。

3. 建筑立面图的数量

立面图的数量根据建筑物各立面形状和墙面装修要求决定。当建筑物各立面造型不一样、墙面装修各异时，就需要画出所有立面图。当建筑物各立面造型简单，可以通过主要立面图和墙身剖面图表明次要立面形状和装修要求时，可省略该立面图不画。

4. 建筑立面图的命名

立面图的命名方式有 3 种。

①按轴线编号命名。对于有定位轴线的建筑物，可以根据两端的定位轴线编号编注建筑立面图的名称，如建施-09 中的①-㉙轴立面图，建施-11 中的Ⓐ-Ⓖ轴立面图。

②按建筑物的朝向命名。对于无定位轴线的建筑物，可根据建筑物立面的朝向分别称为东立面图、南立面图、西立面图、北立面图。

③按立面的主次命名。把建筑物的主要出入口或反映建筑物外貌主要特征的立面图称为正立面图，而把其他立面图分别称为背立面图、左侧立面图和右侧立面图。

4.5.2 建筑立面图的内容、图示方法和示例

现以附图中建施-09 所示立面图为例，说明建筑立面图的图示内容和读图要点。

1. 图名、比例

图名：①-㉙轴立面图，就是将这幢商住楼由南向北投影所得。

比例：1∶100。立面图比例应与建筑平面图所用比例一致，便于对照阅读。

2. 建筑物在室外地坪线以上的全貌

立面图反映建筑物在室外地坪线以上的全貌，门窗和其他构配件的形状、位置。从建施-09 中可以看出，外轮廓线所包围的范围显示出该商住楼的总长和总高，总长为 40 200 mm，总高为 23 100 mm。屋顶为平屋顶，高出屋顶的为钢筋混凝土构架。

3. 表明装饰做法和色彩

立面图表明外墙面、屋面、阳台、门窗、雨篷等的色彩和装饰做法。外墙面以及一些构配件

和设施的做法，在建筑立面图中常用引出线作文字说明。建施-09 中，其外墙面的装饰做法和色彩有：石材面、浅灰色铝合金百叶、墨绿色钢栏杆、米黄色外墙砖饰面、白色外墙砖饰面、30 宽灰色凹缝、墨绿色铝合金框白玻璃。

4. 尺寸标注

沿立面图高度方向标注 3 道尺寸：细部尺寸、层高及总高度。

①细部尺寸。最里面一道是细部尺寸，表示室内外地面高差、防潮层位置、窗下墙高度、门窗洞口高度、洞口顶面到上一层楼面的高度、女儿墙或挑檐板高度。建施-09 中左侧标注的细部尺寸从下往上有 3 400 mm、1 100 mm、700 mm、2 100 mm、500 mm、400 mm 等。

②层高。中间一道表示层高尺寸，即上下相邻两层楼地面之间的距离。建施-09 中的层高尺寸有 4 800 mm（商业门面层高）和 3 000 mm（住宅楼层高）两种。

③总高度。最外面一道表示建筑物总高，即从建筑物室外地坪至女儿墙压顶（或至檐口）的距离。建施-09 中商住楼的总高度为 24 600 mm。

5. 立面图的标高及文字说明

①标高。标注房屋主要部位的相对标高，如室外地坪、室内地面、各层楼面、檐口、女儿墙压顶、雨罩等。如建施-09 中的 ±0. 000、0. 300、4. 800、5. 100、8. 100、11. 100、14. 100、17. 100、20. 100、23. 100、26. 100、27. 600。

②说明。索引符号及必要的文字说明。如建施-09 中的“注：外立面设计参见立面渲染图及二次设计”、详图索引符号。

实习实作：识读附图建施-10（㉙-①轴立面图）、建施-11（Ⓐ-Ⓖ轴立面图），熟悉建筑立面图的图示内容和深度。

4. 5. 3　手工绘制建筑立面图的方法和步骤

绘制建筑立面图与绘制建筑平面图一样，也是先选定比例和图幅、绘图稿、上墨或用铅笔加深 3 个步骤。以附图建施-09（①-㉙轴立面图）为例，着重说明绘制的步骤和在上墨或用铅笔加深建筑立面图图稿时对图线的要求。

①准备绘图工具及用品。

②选取和平面图相同的绘图比例及图幅，绘制图框和图标（用 H 或 2H 铅笔）。

③绘出室外地坪线、两端外墙的定位轴线，确定图面布置（用 H 或 2H 铅笔）。

④用轻淡的细线绘出室内地坪线、各层楼面线、屋顶线和中间的各条定位轴线、两端外墙的墙面线（用 H 或 2H 铅笔）。

⑤从楼面线、地面线开始，量取高度方向的尺寸，从各条定位轴线开始，量取长度方向的尺寸，绘出凹凸墙面、门窗洞口以及其他较大的建筑构配件的轮廓（用 H 或 2H 铅笔）。

⑥绘出细部底稿线，并标出尺寸、绘出符号、编号、书写说明等。在注写标高时，标高符号应尽量排在一条铅垂线上，标高数字的小数点也都按垂直方向对齐，这样做不但便于看图，而且图面也清晰美观（用 HB 铅笔）。

在上墨或用铅笔加深建筑立面图图稿时，如附图建施-09 所示，图线按表 4. 1 的规定进行绘制(用 B 或 2B 铅笔)。如图 4.29 所示。

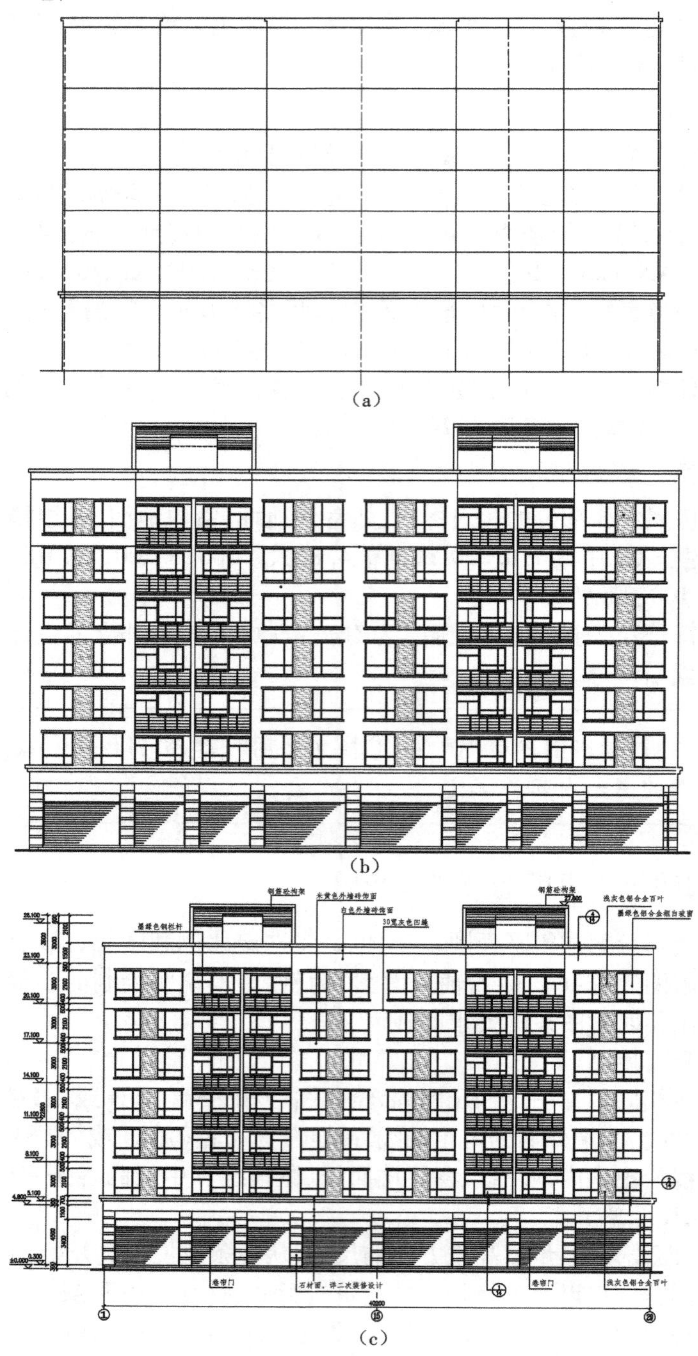

图 4.29　绘制建筑立面图的步骤

(a)绘制轴线、地坪线和楼层线　(b)绘制外轮廓线和门窗等细部

(c)检查加深,注写标高、尺寸及材料

提示：立面图的线型要求是地坪线画加粗实线(1.4b)；外轮廓线(天际线)画粗实线(b)；凹进或凸出墙面的轮廓线、门窗洞轮廓线，画中粗线(0.5 b)；门窗分格线、墙面分格线、勒脚、雨水管、图例线等，画细实线(0.25 b)。

手工绘图时，对于立面图上相同的构件，只画出其中的一至两个，其余的只画外形轮廓，如图中的门窗等；计算机绘图时，需全部绘出。

实习实作：绘制建施-11 中Ⓐ-Ⓖ轴立面图，熟悉各种制图工具、图线、比例等的应用。

4.6　建筑剖面图

三视图虽然能清楚地表达出物体的外部形状，但内部形状却需用虚线来表示，对于内部形状比较复杂的物体，就会在图上出现较多的虚线，虚实重叠，层次不清，看图和标注尺寸都比较困难。为此，国标规定用剖面图表达物体的内部形状。

4.6.1　剖面图的形成与基本规则

1. 剖面图的形成

假想用一个剖切平面将物体切开，移去观察者与剖切平面之间的部分，将剩下的那部分物体向投影面投影，所得到的投影图就叫做剖面图，简称为剖面。

图4.30所示为一杯形基础，图4.30(a)、(b)为剖切前的立体图和两个基本视图，其杯形孔在正立面图中为虚线。图4.30(c)为剖切过程，假想的剖切平面 P 平行于投影面 V，且处于形体的对称面上。这样，剖切平面剖切处的断面轮廓和其投影轮廓完全一致，仅仅发生实线与虚线的变化，为了区分断面与非断面，在断面上画出了断面符号(又称材料图例)。

2. 画剖面图的基本规则

根据剖面图的形成过程和读图需要，可概括出画剖面图的基本规则如下。

①假想的剖切平面应平行于被剖视图的投影面，且通过形体的相应投影轮廓线，而不致产生新的截交线，剖切面最好选在形体的对称面上。

②剖切处的断面用粗实线绘制，其他可见轮廓线用细实线或中粗线。不可见的虚线只在影响形体表达时才保留。

③为了区分断面实体和空腔，并表现材料和构造层次，在断面中画上材料图例(也称剖面符号)。其表示方法有3种：不需明确具体材料时，一律画45°方向间隔均匀的细实线，且全图方向间隔一致；按指定材料图例(如表4.8所示)绘制，若有两种以上材料则应用中实线画出分层线；在断面很狭小时，用涂黑(如金属薄板，混凝土板)或涂红(如小比例的墙体断面)表示。

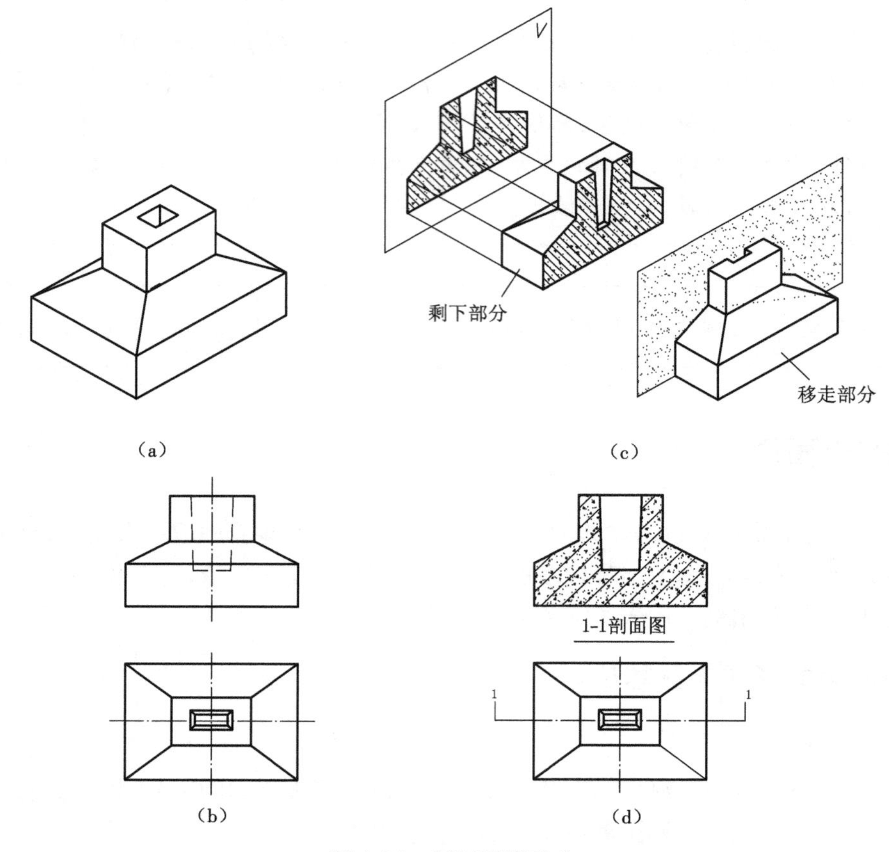

图 4.30　剖面图的形成

(a)立体图　(b)剖切前　(c)剖切过程　(d)剖切后

④标注剖切代号。在一组视图中，为了标明剖面图与其他视图的关系，一般应标注剖切代号，它包含 4 项内容：在对应的视图上用粗短线标记剖切平面的位置，一般将粗短线画在图形两边，长 6 ~ 10 mm；对剖切平面编号，用粗阿拉伯数字按剖切顺序由左至右、由下至上连续编排，并应注写在剖视方向线的端部，标记剖面图的投影方向，在粗短线的外端顺投影方向画粗短线，长 4 ~ 6 mm，如 1 └　┘ 1；在剖面图下方图名处注写剖面编号，如 1-1 剖面图。需要转折的剖切位置线，应在转角的外侧加注与该符号相同的编号。

⑤在一组视图中，无论采用几个剖面图，都不影响其他视图的完整性。

表 4.8　常用建筑材料图例

序号	名称	图例	说明	序号	名称	图例	说明
1	自然土壤		细斜线为 45°（以下均相同）	13	多孔材料		包括珍珠岩，泡沫混凝土、泡沫塑料

续表

序号	名称	图例	说明	序号	名称	图例	说明
2	夯实土壤			14	纤维材料		各种麻丝、石棉、纤维板
3	砂、灰土粉刷		粉刷的点较稀	15	松散材料		包括木屑、稻壳
4	砂砾石三合土			16	木材		木材横断面、左图为简化画法
5	普通砖		砌体断面较窄时可涂红	17	胶合板		层次另注明
6	耐火砖		包括耐酸砖	18	石膏板		
7	空心砖		包括多孔砖	19	玻璃		包括各种玻璃
8	饰面砖		包括地砖、瓷砖、马赛克、人造大理石	20	橡胶		
9	毛石			21	塑料		包括各种塑料及有机玻璃
10	天然石材		包括砌体、贴面	22	金属		断面狭小时可涂黑
11	混凝土		断面狭窄时可涂黑	23	防水材料		上图用于多层或比例较大时
12	钢筋混凝土			24	网状材料		包括金属、塑料网

4.6.2　剖面图的类型与应用

为了适应建筑形体的多样性，在遵守基本规则的基础上，由于剖切平面数量和剖切方式不同而形成下列常用类型：全剖面图、半剖面图、局部剖面图、阶梯剖面图和旋转剖面图。

1. 全剖面图

全剖面图是用一个剖切平面把物体全部剖开后所画出的剖面图。它常应用在外形比较简单，而内部形状比较复杂的物体上。图 4. 31 就是全剖面图。

图 4. 31(a)为一双杯基础的三面投影图。若需将其正立面图改画成全剖面，并画出左侧立面的剖面图，材料为钢筋混凝土。可先画出左侧立面图的外轮廓后，再分别改画成剖面图，并标注剖切代号，如图 4. 31(b)所示。

从图中可以看出，为了突出视图的不同效果，平面图的可见轮廓线改用中实线；剖面图的断面轮廓用粗实线，而杯口顶用细实线，材料图例中的 45°细线方向一致；剖面取在前后的对称面上，而 B-B 剖面取在右边杯口的局部对称线上。

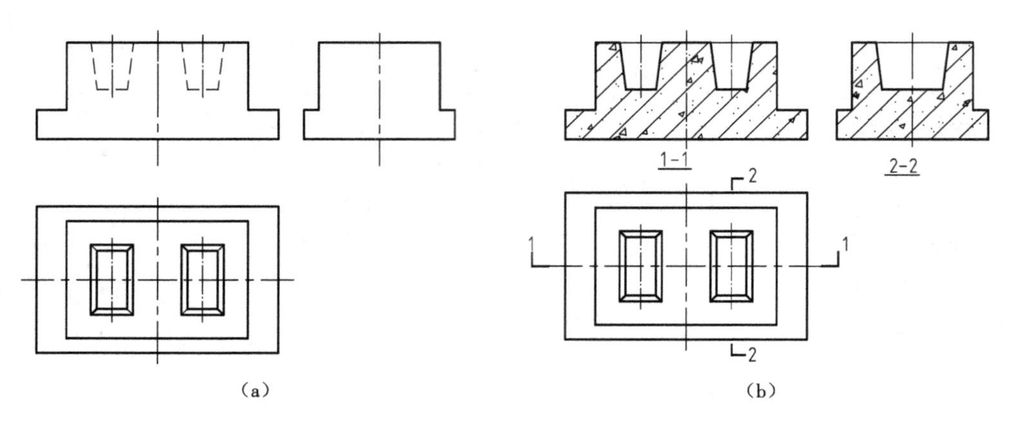

(a)　　(b)

图 4.31　全剖面图

(a)三面投影图　(b)剖面图

2. 半剖面图

在对称物体中,以对称中心线为界,一半画成外形视图,一半画成剖面图后组合形成的图形称为半剖面图,如图 4.32 所示,半剖面图经常运用在对称或基本对称,内外形状均比较复杂的物体上,同时表达物体的内部结构和外部形状。

在画半剖面图时,一般多是把半个剖面图画在垂直对称线的右侧或画在水平对称线的下方。必须注意:半个剖面图与半个外形视图间的分界线必须画成单点长画线。此外,由于内部对称,其内形的一半已在半个剖面图中表示清楚,所以在半个外形视图中,表示内部形状的虚线就不必再画出。

半剖面的标注方法与全剖面相同,在图 4.32 中由于正立面图及左侧立面图中的半剖面都是通过物体左右和前后的对称面进行剖切的,故可省略标注;如果剖切平面的位置不在物体的对称面上,则必须用带数字的剖切符号把剖切平面的位置表示清楚,并在剖面图下方标明相应的剖面图名称:×-×(省去剖面图 3 个字)。

3. 局部剖面图

用剖切平面局部地剖开不对称的物体,以显示物体该局部的内部形状所画出的剖面图称为局部剖面图。如图 4.33 所示的柱下基础,为了表现底板上的钢筋布置,对正立面和平面图都采用了局部剖面的方法。

当物体只有局部内形需要表达,而仍需保留外形时,用局部剖面就比较适合,能达到内外兼顾、一举两得的表达目的。

局部剖面只是物体整个外形投影图中的一个部分,一般不标注剖切位置。局部剖面与外形之间用波浪线分界。波浪线不得与轮廓线重合,不得超出轮廓线,在开口处不能有波浪线。

在建筑工程图中,常用分层局部剖面图来表达屋面、楼面和地面的多层构造,如图 4.34(b)所示。

4. 阶梯剖面图

用一组投影平行面剖开物体,将各个剖切平面截得的形状画在同一个剖面图中所得到的

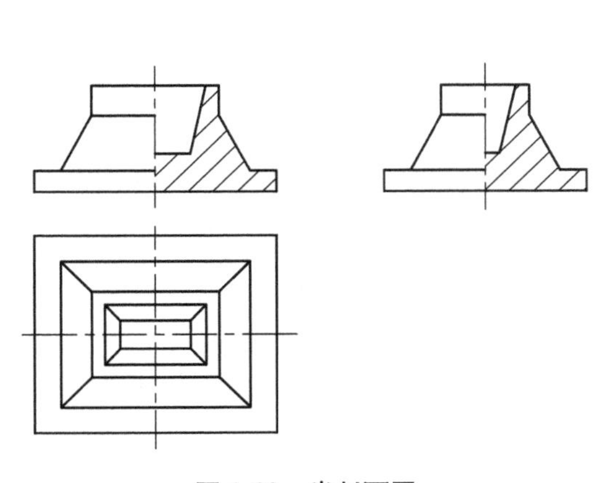

图 4.32　半剖面图

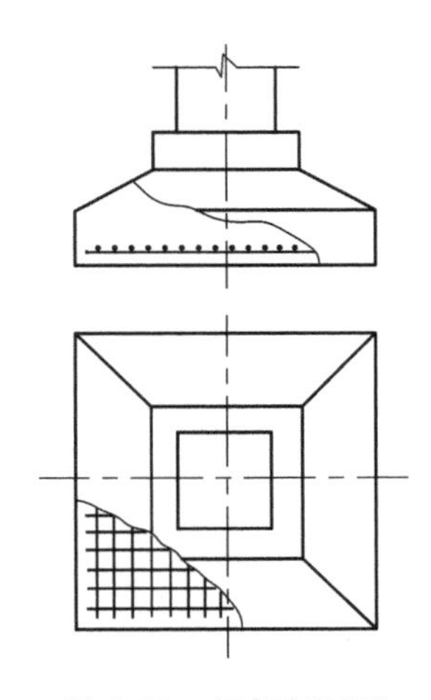

图 4.33　局部剖面图

(a)立体图　(b)平面图

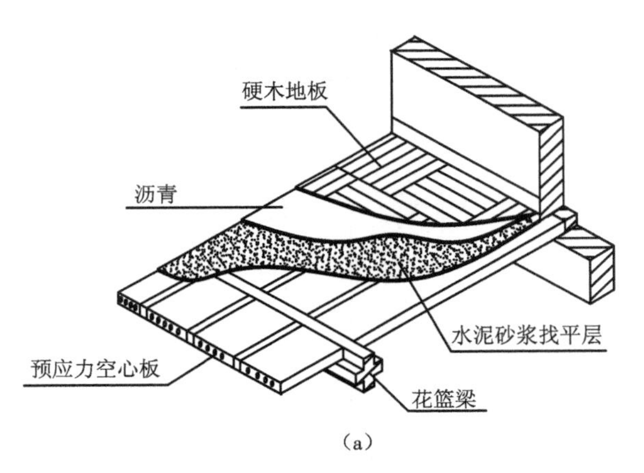

(a)

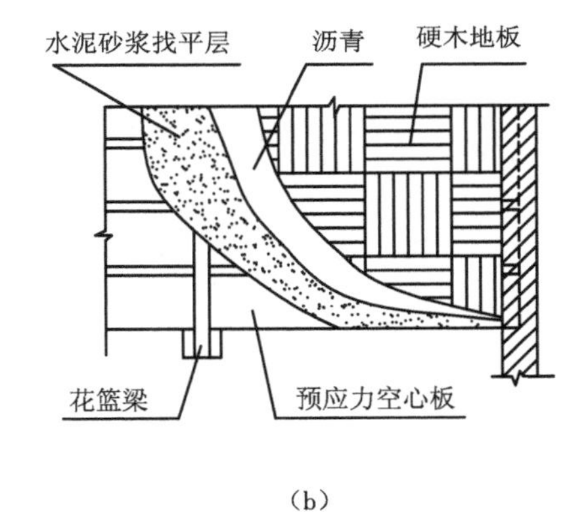

(b)

图 4.34　分层局部剖面图

(a)立体图　(b)平面图

图形称为阶梯剖面图，如图4.35所示。阶梯剖面图运用在内部有多个孔槽需剖切，而这些孔槽又分布在几个互相平行层面上的物体，可同时表达多处内部形状结构，其整体感较强。

在阶梯剖面图中不可画出两剖切平面的分界线，还应避免剖切平面在视图中的轮廓线位置处转折。在转折处的断面形状应完全相同。

阶梯剖面一定要完整地标注剖切面起始和转折位置、投影方向和剖面名称。

5. 旋转剖面图

用两个或两个以上相交平面作为剖切面剖开物体，将倾斜于基本投影面的部分旋转到平行于基本投影面后得到的剖面图，称为旋转剖面图，如图4.36中1-1剖面所示。

旋转剖面应用在物体内部有多处孔槽需剖切，每两剖切平面的交线又垂直于某一投影面时，以该交线为旋转轴。

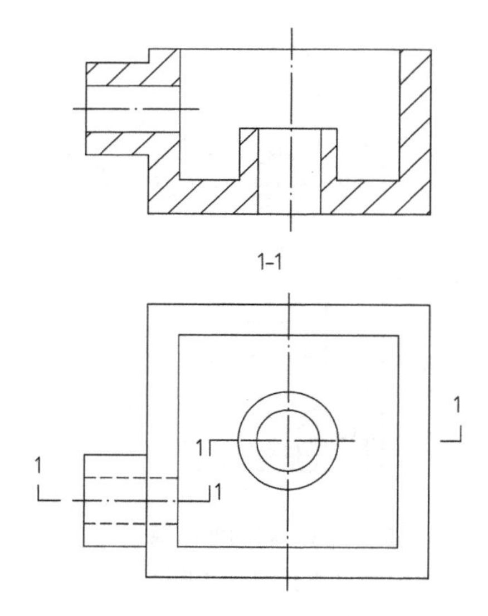

图 4.35 阶梯剖面图

画旋转剖面图时一定要假想着把倾斜部分旋转到某投影面的平行面上，否则不能得到实长。

旋转剖面图同样要完整地标注剖切面的起始和转折位置、投影方向和剖面名称。

4.6.3 断面图的形成类型与应用

对于某些单一杆件或需要表示构件某一部位的截面形状时，可以只画出形体与剖切平面相交的那部分图形。即假想用剖切平面将形体剖切后，仅画出剖切平面与形体接触部分的正投影称为断面图，简称断面，如图 4.37 所示。

1. 断面图与剖面图的区别

当某些建筑形体只需表现某个部位的截断面实形时，在进行假想剖切后只画出截断面的投影，而对形体的其他投影轮廓不予画出，称此截断面的投影为断面图

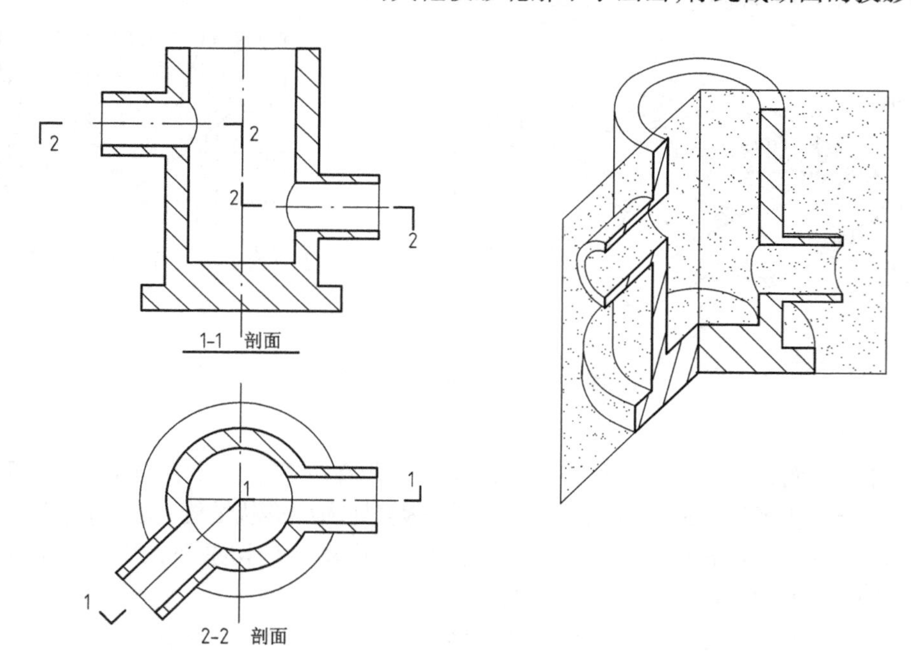

图 4.36 旋转剖面图

（又称截面图）。

①断面图只画形体被剖切后剖切平面与形体接触到的那部分，而剖面图则要画出被剖切后剩余部分的投影，即剖面图不仅要画剖切平面与形体接触的部分，而且还要画出剖切平面后

面没有被切到但可以看得见的部分，如图4.38所示（即：断面是剖面的一部分，剖面中包含断面）。

②断面图和剖面图的剖切符号不同，断面图的剖切符号只画剖切位置线，长度为6～10 mm的粗实线，不画剖视方向线。而标注断面方向的一侧即为投影方向一侧。如图4.38中所示的编号“1”写在剖切位置线的右侧，表示剖开后自左向右投影。

③剖面图用来表达形体内部形状和结构；而断面图则用来表达形体中某断面的形状和结构。

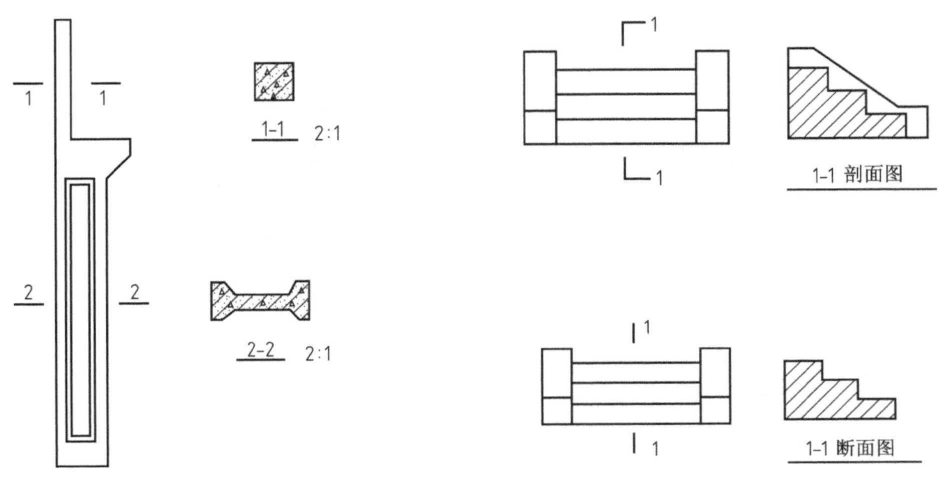

图4.37　断面图　　　　图4.38　剖面图与断面图的区别

2. 断面图的类型与应用

根据形体的特征不同和断面图的配置形式不同，可分为移出断面、重合断面和中断断面3种。

(1)移出断面

将形体某一部分剖切后所形成的断面移画于主投影图的一侧，称为移出断面。如图4.37中1-1，2-2所示为钢筋混凝土牛腿柱的正立面图和移出断面图。

移出断面图的轮廓要画成粗实线，轮廓线内画图例符号，如图4.37所示的1-1、2-2断面图中，画出了钢筋混凝土材料的图例。

移出断面可画在剖切平面的延长线上或其他任何位置。当断面图形对称，则只需用细单点长画线表示剖切位置，不需进行其他标注。如断面图画在剖切平面的延长线上时，可标注断面名称。

(2)重合断面

将断面图直接画于投影图中，两者重合在一起，称为重合断面图。如图4.39所示为一槽钢的重合断面图。它是假想用一个垂直于槽钢轴线的剖切平面剖切槽钢，然后将断面向右旋转90°，使它与正立面图重合后画出来的。

由于剖切平面剖切到哪里，重合断面就画在哪里，因而重合断面不需标注剖切符号和编号。为了避免重合断面与投影图轮廓线相混淆，当断面图的轮廓线是封闭的线框时，重合断面的轮廓线用细实线绘制，并画出相应的材料图例；当重合断面的轮廓线与投影图的轮廓线重合时，投影图的轮廓线仍完整画出，不应断开，如图 4.39 所示。

（3）中断断面

对于单一的长向杆件，也可以在杆件投影图的某一处用折断线断开，然后将断面图画于其中，不画剖切符号，如图 4.40 所示的槽钢杆件中断断面图。

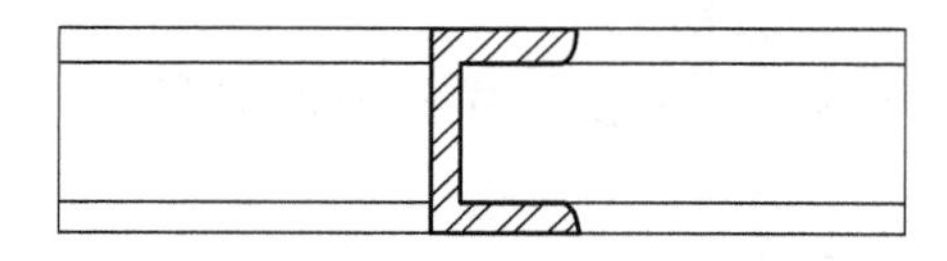

图 4.39 重合断面图

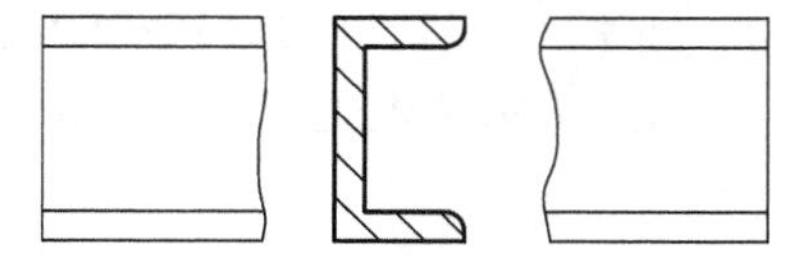

图 4.40 中断断面图

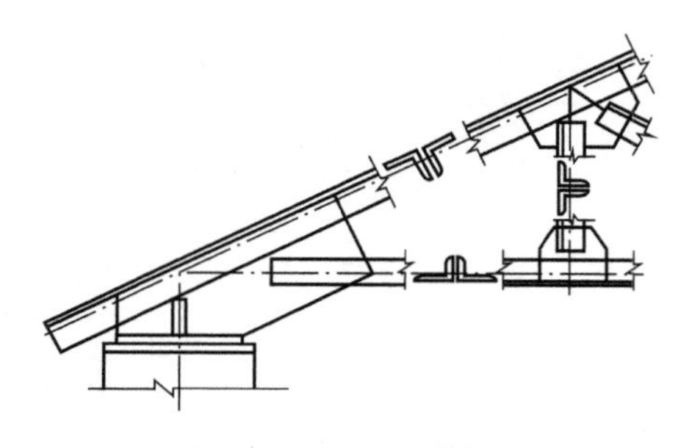

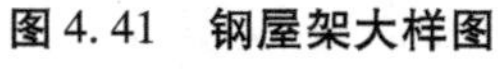

图 4.41 钢屋架大样图

同样，钢屋架的大样图也常采用中断断面的形式表达其各杆件的形状，如图 4.41 所示。中断断面的轮廓线用粗实线，断开位置线可为波浪线、折断线等，但必须为细线，图名沿用原投影图的名称。

实习实作：绘制各种剖面图和断面图，特别注意粗实线、中实线、细实线的应用。

前面是针对形体而言讲述剖面图和断面图，那么什么是建筑剖面图呢？

从建筑平面图和立面图中，可以了解建筑物各层的平面布置以及立面形状，但是无法得知层与层之间的联系。建筑剖面图就是用来表示建筑物内部垂直方向的结构形式、分层情况、内部构造以及各部位高度的图样。

4.6.4 建筑剖面图的形成、数量与作用

1. 建筑剖面图的形成

建筑剖面图实际上是垂直剖面图。假想用一个平行于正立投影面或侧立投影面的垂直剖切面，将建筑物剖开，移去剖切平面与观察者之间的部分，作出剩余部分的正投影图，称为剖面图，如图 4.42 所示。

绘制建筑剖面图时，常用一个剖切平面剖切，需要时也可转折一次，用两个平行的剖切平面剖切。剖切符号按规范规定，绘注在底层平面图中。

2. 建筑剖面图的数量

剖切部位应选择在能反映建筑物全貌、构造特征，以及有代表性的部位，如层高不同、层数不同、内外空间分隔或构造比较复杂之处，一般应把门窗洞口、楼梯间及主要出入口等位置作为剖切部位。

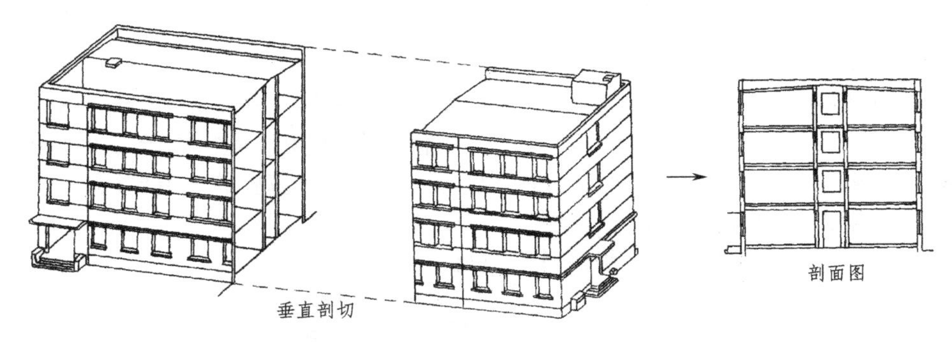

图4.42　建筑剖面图的形成

一幢建筑物应绘制几个剖面图,应按建筑物的复杂程度和施工中的实际需要而定。剖切符号可选用粗阿拉伯数字表示,如1-1等。

建筑剖面图以剖切符号的编号命名,如剖切符号的编号为1,则得到的剖面图称为1-1剖面图或1-1剖面。

建筑剖面图应包括剖切面和投影方向可见的建筑构造、构配件以及必要的尺寸和标高等。它主要用来表示建筑内部的分层、结构形式、构造方式、材料、做法、各部位间的联系以及高度等情况。

3.建筑剖面图的作用

在施工中,建筑剖面图是进行分层、砌筑内墙、铺设楼板、屋面板和楼梯等工作的依据。

4.6.5　建筑剖面图的有关图例和规定

1.比例

剖面图所采用的比例一般应与平面图和立面图的比例相同,以便和它们对照阅读。

2.定位轴线

在剖面图中应画出两端墙或柱的定位轴线及其编号,以明确剖切位置及剖视方向。

3.图线

剖面图中的室内外地坪线用特粗实线(1.4b)表示。剖到的部位如墙、柱、板、楼梯等用粗实线(b)表示,未剖到的用中粗线(0.5b)表示,其他如引出线等用细实线(0.25b)表示。基础用折断线省略不画,另由结构施工图表示。

4.多层构造引出线

多层构造引出线及文字说明要求如图4.11所示。

实习实作:绘制竖向排列和横向排列的构造引出线并注写文字说明。

5.建筑标高与结构标高

建筑标高是指各部位竣工后的上(或下)表面的标高;结构标高是指各结构构件不包括粉

刷层时的下(或上)皮的标高,如图 4.21 所示。

6. 斜度与坡度

斜度是指直线或平面对另一直线或平面的倾斜度。坡度是一直线或平面对水平面的倾斜度。建筑物倾斜的地方,如屋面、散水、天沟、檐沟、地沟等,需用坡度来表示倾斜的程度。图 4.43(a)是坡度较小时的表示方法,箭头指向下坡方向,2% 表示坡度的高宽比;图 4.43(b)、图 4.43(c)是坡度较大时的表示方法,分别读作 1∶2 和 1∶2.5。图 4.43(c)中直角三角形的斜边应与坡度平行,直角边上的数字表示坡度的高宽比。

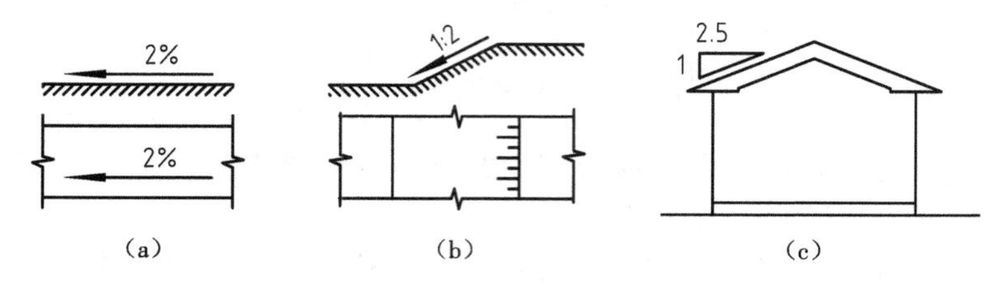

图 4.43　坡度的表示方法

(a)坡度为 2%　(b)坡度为 1∶2　(c)坡度为 1∶2.5

实习实作:对点 A 作坡度为 1∶6 的直线 AB。

4.6.6　建筑剖面图的内容和图示方法

以附图中建施-11(1-1 剖面图)为例,阐述建筑剖面图的图示内容和读图要点。

1. 图名、比例和定位轴线

图名为 1-1 剖面图,由图名可在该商住楼的一层平面图(建施-04)上查找编号为 1 的剖切符号,明确剖切位置和投射方向。由位置线可知:1-1 剖面是用一个侧平面剖切所得到的,该剖切面剖切了楼梯间、商业门面(一层)和玄观、厨房、生活阳台(二层以上),剖视方向向左,即向西。对照各层平面图和屋顶平面图识读 1-1 剖面图。

比例为 1∶100,与建筑平面图和立面图的比例一致。

在建筑剖面图中,宜绘出被剖切到的墙或柱的定位轴线及其间距。

2. 剖切到的建筑构配件

在建筑剖面图中,应绘出建筑室内外地面以上各部位被剖切到的建筑构配件,包括室内外地面、楼板、屋顶、外墙及其门窗、梁、楼梯、阳台、雨篷等。

室内外地面(包括台阶)用粗实线表示,通常不画出室内地面以下的部分,因为基础部分将由结构施工图中的基础图来表达,所以地面以下的基础墙不画折断线。

在 1∶100 的剖面图中示意性地涂黑表示楼板和屋顶层的结构厚度。

墙身的门窗洞顶面和屋面板地面的涂黑矩形断面,是钢筋混凝土门窗过梁或圈梁。

3. 未剖切到的可见部分

当剖切平面通过玄观、厨房、生活阳台并向左投射时,剖面图中画出了可见的阳台等。若有未剖切到突出的建筑形体还要画出可见的房屋外形轮廓。

4. 尺寸标注

剖面图上应标注剖切部分的重要部位和细部必要的尺寸，如建施-11 剖面图左右两边高度方向的尺寸。其尺寸标注一般有外部尺寸和内部尺寸之分。外部尺寸沿剖面图高度方向标注3道尺寸，所表示的内容同立面图。内部尺寸应标注内门窗高度、内部设备等的高度。

5. 标高

施工时，若仅依据高度方向尺寸建造容易产生累积误差，而标高是以 ±0.000 为基准用仪器测定的，能保证房屋各层楼面保持水平。所以，在剖面图上除了标注必要的尺寸外，还要标注各重要部位的标高，并与立面图上所标注标高保持一致。通常应标注室外地坪、室内地面、各层楼面、楼梯平台等处的建筑标高，屋顶的结构标高等。

6. 表示各层楼地面、屋面、内墙面、顶棚、踢脚、散水、台阶等的构造做法

表示方法可以采用多层构造引出线标注，若为标准构造做法，则标注做法的编号。

7. 表示檐口的形式和排水坡度

檐口的形式有两种，一种是女儿墙，另一种是挑檐，如图 4.44 所示。

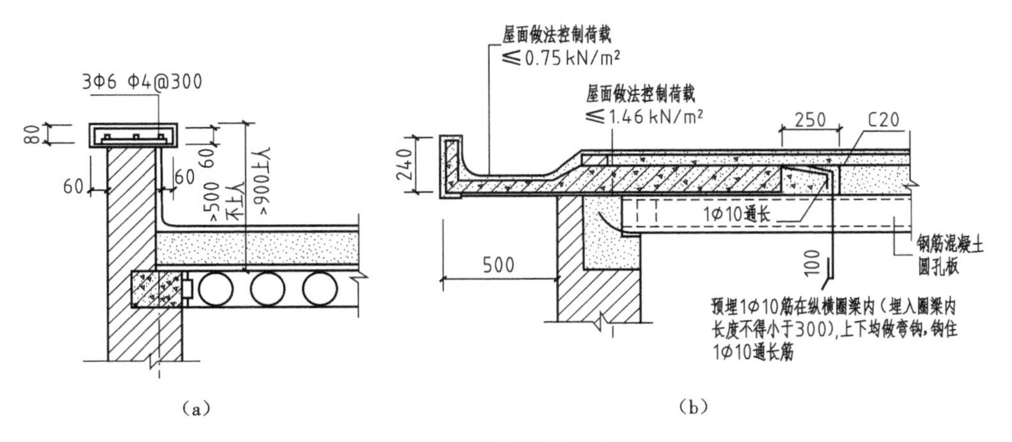

图 4.44 檐口的形式

(a)女儿墙 (b)挑檐

8. 表示详图部位标注索引符号

在建筑剖面图上另画详图的部位标注索引符号，表明详图的编号及所在位置，具体如附图建施-11 中 $\frac{1}{14}$、$\frac{5}{14}$。

4.6.7 建筑剖面图的识读实例

图 4.45 为 1-1 剖面图，图号是建施-11，绘制比例为 1∶100。

从建施-04（一层平面图）中的剖切位置，了解到 1-1 剖切平面从⑦～⑨轴线之间经Ⓗ、Ⓐ轴线，剖开了楼梯、玄观、厨房、生活阳台等，向左投影。

1-1 剖面图表明该建筑物为 7+1（地下）层楼房，平屋顶，屋顶四周有女儿墙，屋顶中央有

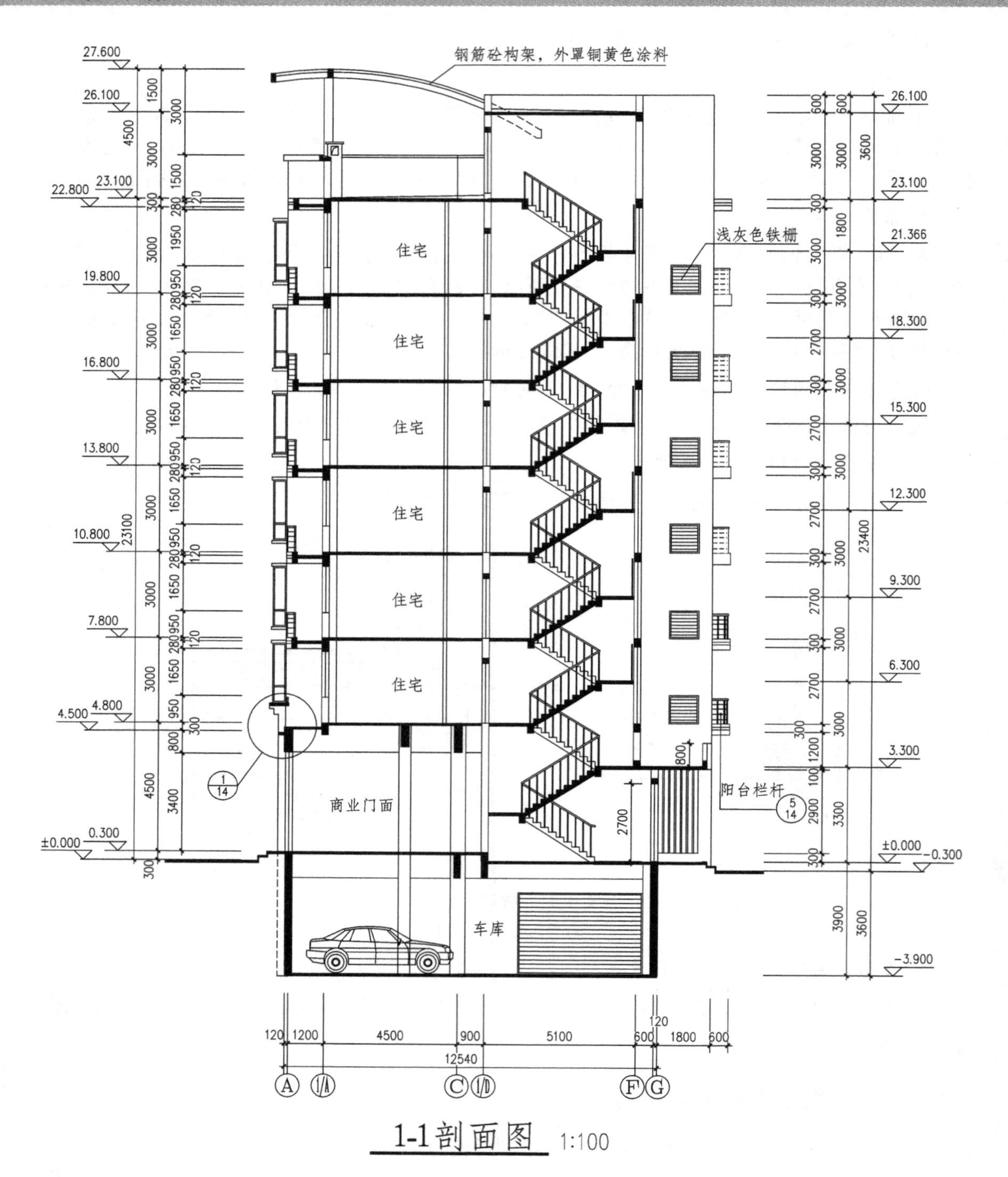
钢筋砼构架，外罩铜黄色涂料
住宅
住宅
住宅
住宅
住宅
住宅
商业门面
车库
浅灰色铁栅
阳台栏杆
27.600
26.100
23.100
22.800
21.366
19.800
18.300
16.800
15.300
13.800
12.300
10.800
9.300
7.800
6.300
4.800
4.500
3.300
0.300
±0.000
-0.300
-3.900
120
1200
4500
900
5100
600
1800
12540
A
1/A
C
1/D
F
G
1-1剖面图 1:100

图 4.45　1-1 剖面图

钢筋混凝土构架。该建筑物为砖混结构，水平承重构件为钢筋混凝土楼板，竖向承重构件为页岩砖墙。室内外高差为0.3 m，各层楼地面标高分别为：－3.900 m，±0.000 m，4.800 m，7.800 m……

Ⓒ轴外墙门洞高2 700 mm，洞口上方涂黑矩形为钢筋混凝土过梁。即Ⓐ轴附加轴线窗洞高1 650 mm，洞口上皮至上一层楼面高400 mm(280＋120)。女儿墙高1 500 mm。Ⓒ轴内侧为剖到的楼梯间1，可以看到楼梯平台、栏杆、扶手等，其楼梯间顶面是平屋顶。

Ⓒ轴外侧为剖到的楼梯间2的侧立面(一层)和二～七层未剖到的阳台侧立面，但可看见室外空调机位(浅灰色的铁栅)，还可看见未剖到的弧形阳台部分。

Ⓐ轴内侧是剖到的厨房和生活阳台。即A轴外侧是未剖到但可见的卧室阳光窗的侧立面，其中二层窗台下有装饰腰线，屋顶为平屋顶，其上做有钢筋混凝土构架。地下负一层Ⓐ、Ⓒ轴涂黑处为钢筋混凝土墙体，Ⓒ轴处为承重梁；一层的Ⓐ、Ⓒ轴处亦为承重梁；二层以上的涂黑处为门窗洞口的过梁或圈梁、楼板等。

实习实作：阅读建施-12(2-2剖面图)，熟悉建筑剖面图的图示内容。

4.6.8　绘制建筑剖面图的步骤与方法

一般做法是在绘制好平面图、立面图的基础上绘制剖面图，并采用相同的图幅和比例。其步骤如下。

①确定定位轴线和高程控制线的位置。其中，高程控制线主要指室内外地坪线、楼层分格线、檐口顶线、楼梯休息平台线、墙体轴线等。

②画出内外墙身厚度、楼板、屋顶构造厚度，再画出门窗洞高度、过梁、圈梁、防潮层、挑出檐口宽度、梯段及踏步、休息平台、台阶等的轮廓。

③画未剖切到但可见的构配件轮廓线及相应的图例，如墙垛、梁(柱)、阳台、雨篷、门窗、楼梯栏杆、扶手。

④检查后按线型标准的规定加深各类图线。

⑤按规定标注高度尺寸、标高、屋面坡度、散水坡度、定位轴线编号、索引符号等；注写图名、比例及从地面到屋顶各部分的构造说明。

⑥复核。

以上各节介绍的图纸内容都是建筑施工图中的基本图纸，表示全局性的内容，比例较小。

提示：剖面图的线型规定：室外地面线画成加粗实线(1.4b)；被剖切到的主要构配件轮廓线，画成粗实线(b)；被剖切到的次要构配件轮廓线、构配件可见轮廓线，都画成中实线(0.5b)；楼面、屋面的面层线、墙上的装饰线以及一些固定设备、构配件的轮廓线等画成细实线(0.25b)。

实习实作:绘制建施-12(2-2 剖面图),熟悉各种制图工具、图线、比例等的应用。

4.7 平、立、剖面图联合识读

建筑平、立、剖面图表示的是同一个建筑物,建筑平面图表示了建筑物的长度和宽度,立面图和剖面图表示了建筑物的长度(或宽度)和高度。因此,要了解建筑物的长、宽、高这 3 个尺寸,必须同时看平面图、立面(或剖面)图。

4.7.1 联合读图的步骤

①以建筑平面图的轴线网为准,对照检查立面图和剖面图的轴线编号是否互相对应。

②根据建筑平、立、剖面图,了解建筑物的外形及内部的大致形状。例如建筑物的长、宽、高 3 个尺寸,房间的形状是长的还是方的。

③根据建筑平面图、剖面图,可以看出墙体的厚度及所使用的材料(如砖、混凝土等)。

④根据建筑平面图、立面图,可全面了解外墙门窗的尺寸、种类、数量和式样。

⑤根据建筑平面图,了解每层房间的分布情况,了解内部隔墙、承重墙、门窗洞口分布的位置。

⑥根据建筑平面图、剖面图,了解各房间的尺寸(长度、宽度、高度)和门窗洞口的尺寸(宽度和高度)。

⑦根据建筑剖面图,了解楼地面和屋面的构造做法以及基础的位置。

⑧根据建筑立面图、剖面图,了解建筑物的内外装修。

⑨阅读索引符号,了解详图索引的位置,以便与有关详图对照阅读。

⑩最后要把建筑平面图、立面图、剖面图上的内容一一对照阅读。例如,立面图上的窗是平面图上的哪一部分,剖面图上的窗又相当于平面图、立面图上的哪一部分,立面图上的标高又是剖面图的哪一部分,剖面图上的楼梯是平面图上的哪一座楼梯等。

4.7.2 联合读图实例

通过对前面平、立、剖面图的识读,了解到图 5.45 所示住宅楼为一近似矩形,总长为 40.44 m,总宽为 12.54 m,总高为 24.6 m。

楼层为 7 +1 层。对照屋顶平面图和立面图可知 4 个立面均竖直到顶。

对照Ⓐ-Ⓒ轴立面图和建筑平面图,可知一层和二层之间有装饰腰线(Ⓐ-Ⓓ),二层以上每层窗的形式相同,为 C0916。

对照①-㉙轴立面图和建筑平面图,可知在标高 5.1 m 处有一拉通的装饰腰线;一层安有卷帘门;二层以上每层窗的形式相同,为 C1821 的墨绿色铝合金框白玻窗。一层墙面为石材面,二~六层的外墙面为米黄色墙饰面砖,七层的外墙面为白色外墙砖,标高 4.4 m 和 19.8 m 处用 30 mm 宽的灰色凹缝分隔。

对照㉙-①轴立面图和建筑平面图，可知在标高5.1 m处有一装饰腰线；一层消防控制室的门带窗为MC2437，楼梯间门为M2227（电子防盗门），商业门面窗为C2724和C2424两种；二层以上有弧形阳台和C2421的窗（墨绿色铝合金框白玻窗）、LM2725的铝合金门；墙面装修材料有白色和灰色外墙砖两种材料。

对照建筑平面图、立面图、剖面图和门窗统计表，可知建筑物的各个门窗洞口尺寸及材料。

总之，阅读建筑平、立、剖面图以后要对整个建筑物建立起一个完整的概念。

实习实作：阅读建施-01至建施-12的平、立、剖面图，熟悉建筑施工图的图示内容。

4.8　建筑详图

4.8.1　概述

1.基本概念

对一个建筑物来说，有了建筑平、立、剖面图是否就能施工了呢？不行。因为平、立、剖面图的图样比例较小，建筑物的某些细部及构配件的详细构造和尺寸无法表示清楚，不能满足施工需求。所以，在一套施工图中，除了有全局性的基本图样外，还必须有许多比例较大的图样，对建筑物的形状、大小、材料和做法加以补充说明，这就是建筑详图。它是建筑细部施工图，也是建筑平、立、剖面图的补充，还是施工的重要依据之一。

2.建筑详图主要图示特点

①比例较大，常用比例为1:1，1:2，1:5，1:10，1:20等。

②尺寸标注齐全、准确。

③文字说明详细、清楚。

④详图与其他图的联系主要采用索引符号和详图符号，有时也用轴线编号、剖切符号等。

⑤对于采用标准图或通用详图的建筑构配件和剖面节点，只注明所用图集名称、编号或页次，而不画出详图。

3.基本内容

建筑详图包括的主要图样有墙身剖面图、楼梯详图、门窗详图及厨房、浴室、卫生间详图等。

建筑详图主要表示建筑构配件（如门、窗、楼梯、阳台、各种装饰等）的详细构造及连接关系；表示建筑细部及剖面节点（如檐口、窗台、明沟、楼梯扶手、踏步、楼地面、屋面等）的形式、层次、做法、用料、规格及详细尺寸；表示施工要求及制作方法。

4.识读详图注意事项

①首先要明确该详图与有关图的关系。根据所采用的索引符号、轴线编号、剖切符号等明确该详图所示部分的位置，将局部构造与建筑物整体联系起来，形成完整的概念。

②读详图要细心研究,掌握有代表性部位的构造特点,灵活应用。

一个建筑物由许多构配件组成,而它们多数都是相同类型,因此只要了解一两个的构造及尺寸,可以类推其他构配件。

下面以外墙详图、楼梯详图、门窗详图为例,说明其图示内容和阅读方法。

4.8.2　外墙详图

1.外墙详图的形成与用途

(1)外墙详图的形成

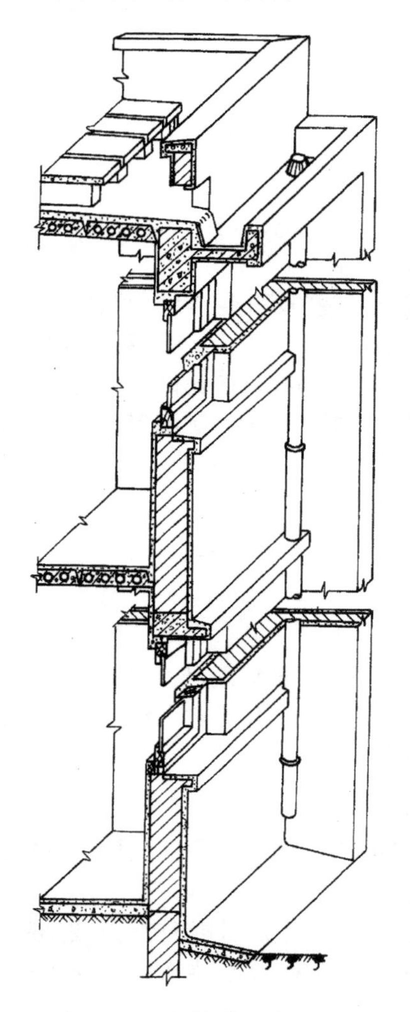

图4.46　外墙详图的形成

假想用一个垂直墙体轴线的铅垂剖切平面,将墙体某处从防潮层剖切到屋顶,所得到的局部剖面图称为外墙详图,如图4.46所示。

绘制外墙详图时,一般在门窗洞口中间用折断线断开。实际上外墙详图是几个节点详图的组合。

在多层或高层建筑中,如果中间各层墙体构造完全相同,则外墙详图只画出底层、中间层及顶层3个部位的节点组合图,基础部分不用画,用折断线表示。

(2)外墙详图的用途

外墙详图与建筑平面图配合使用,为砌墙、室内外装修、立门窗、安装预制构配件提出具体要求,并为编制施工预算提供依据。

2.外墙详图的主要内容

①注明图名和比例,多用1:20。

②外墙详图要与基本图标识一致。外墙详图要与平面图中的剖切符号或立面图上的索引符号所在位置、剖切方向及轴线一致。

③表明外墙的厚度及与轴线的关系。轴线在墙中央还是偏心布置,墙上哪儿有突出变化,均应标注清楚。

④表明室内外地面处的节点构造。该节点包括基础墙厚度、室内外地面标高以及室内地面、踢脚或墙裙、勒脚、散水或明沟、台阶或坡道,墙身防潮层、首层内外窗台的做法等。

⑤表明楼层处的节点构造。该节点是指从下一层门或窗过梁到本层窗台部分,包括窗过梁、雨罩、遮阳板、楼板及楼面标高、圈梁、阳台板及阳台栏杆或栏板,楼面、室内踢脚或墙裙、楼层内外窗台、窗帘盒或窗帘杆,顶棚或吊顶、内外墙面做法等。当几个楼层节点完全相同时,可用一个图样表示,同时标有几个楼面标高。

⑥表明屋顶檐口处的节点构造。该节点是指从顶层窗过梁到檐口或女儿墙上皮部分，包括窗过梁、窗帘盒或窗帘杆、遮阳板、顶层楼板或屋架、圈梁、屋面、顶棚或吊顶、檐口或女儿墙、屋面排水天沟、下水口、雨水斗和雨水管等。

⑦尺寸与标高标注。外墙详图上的尺寸和标高方法与立面图和剖面图的注法相同。此外，还应标注挑出构件（如雨罩、挑檐板等）挑出长度和细部尺寸及挑出构件的下皮标高。

⑧文字说明和索引符号。对于不易表示的更为详细的细部做法，注有文字说明或索引符号，表示另有详图表示。

3. 外墙详图的识读示例

①如图 4.47 所示为墙身详图，比例为 1∶20。

②该墙身详图是用 1-1 剖面位置剖切Ⓐ轴后所得的剖面图。

③负一层和一层的墙厚为 240 mm，轴线居中；二层以上由于剖到的是生活阳台栏板，墙厚 120 mm，位于Ⓐ轴左侧。

④由于生活阳台标高比楼面标高低 120 mm，所以二楼以上标高数值比楼面标高数值少 120 mm。

⑤用分层构造示意图，具体标出了砼压顶、女儿墙、屋顶、生活阳台楼面、地面等的构造做法。

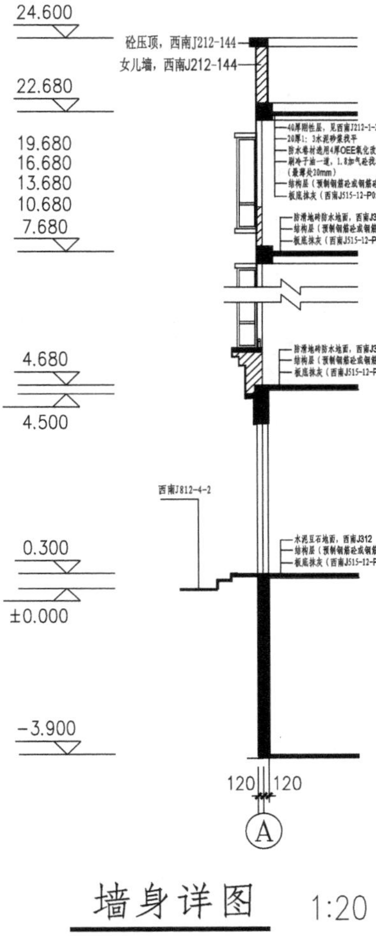

墙身详图　1:20

图 4.47　外墙详图

4.8.3　楼梯详图

1. 概述

(1)楼梯的组成

楼梯一般由楼梯段、平台、栏杆（栏板）和扶手 3 部分组成，如图 4.48 所示。

①楼梯段。它是指两平台之间的倾斜构件。它由斜梁或板及若干踏步组成，踏步分踏面和踢面。

②平台。它是指两楼梯段之间的水平构件。根据位置不同又有楼层平台和中间平台之分，中间平台又称为休息平台。

③栏杆（栏板）和扶手。栏杆和扶手设在楼梯段及平台悬空的一侧，起安全防护作用。栏杆一般用金属材料做成，扶手一般用金属材料、硬杂木或塑料等做成。

(2)楼梯详图的主要内容

要将楼梯在施工图中表示清楚，一般要有 3 部分内容，即楼梯平面图、楼梯剖面图和踏步、

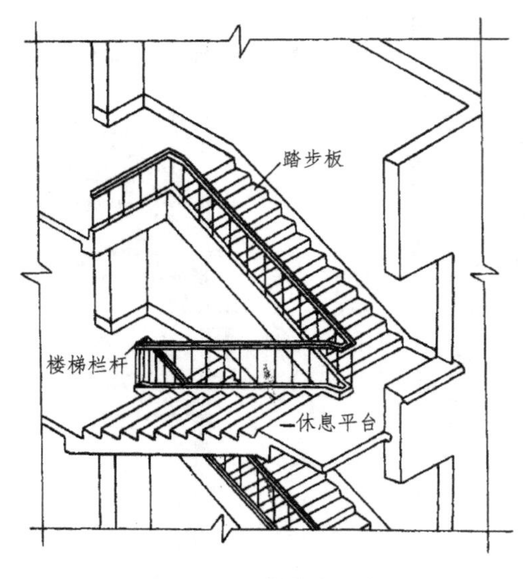

图 4.48 楼梯的组成

栏杆、扶手详图。

2. 楼梯平面图

楼梯平面图的形成同建筑平面图一样，假设用一水平剖切平面在该层往上行的第一个楼梯段中剖切开，移去剖切平面及以上部分，将余下的部分按正投影的原理投射在水平投影面上所得到的图，称为楼梯平面图。因此，楼梯平面图是房屋平面图中楼梯间部分的局部放大。如图 4.49 中楼梯平面图是采用 1∶50 的比例绘制。

楼梯平面图一般分层绘制，底层平面图是剖在上行的第一跑上。因此，除表示第一跑的平面外，还能表明楼梯间一层休息平台下面小房间以及进入楼层单元处的平面形状或负一层的楼梯情况。中间相同的几层楼梯同建筑平面图一样，可用一个图来表示，这个图称为标准层

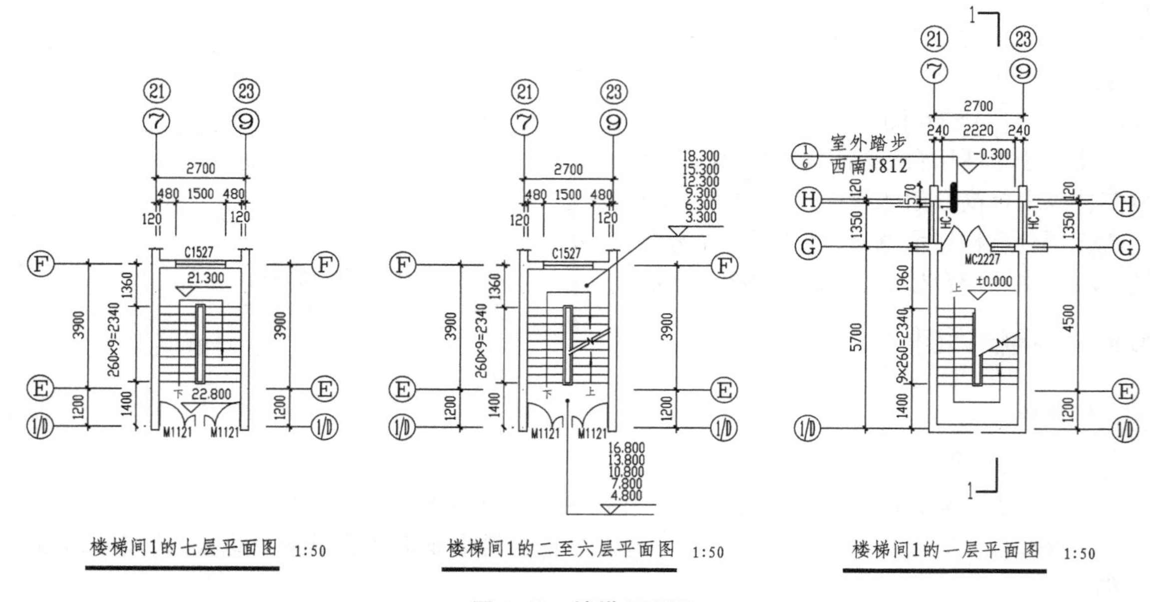

图 4.49 楼梯平面图

平面图。最上面一层平面图称为顶层平面图。因此，楼梯平面图一般有底层平面图、标准层平面图和顶层平面图 3 个。该商住楼的主楼梯由于二层与三至七层的平面图不一致，故有 3 个楼梯平面图图样。

需要说明的是按假设的剖切面将楼梯剖切开，折断线本应该为平行于踏步的折断线，为了与踏步的投影区别开，《建筑制图统一标准》(GB/T 50104—2010)规定画为 45°斜折断线。

楼梯平面图用轴线编号表明楼梯间在建筑平面图中的位置,注明楼梯间的长宽尺寸、楼梯跑(段)数、每跑的宽度、踏步步数、每一步的宽度、休息平台的平面尺寸及标高等。

图4.49的识读:楼梯平面图有3个,即楼梯间1的一层平面图(底层平面图)、楼梯间1的二至六层平面图(标准层平面图)、七层平面图(顶层平面图);该楼梯间平面适用于⑦~⑨轴、㉑~㉓轴;楼梯间的开间×进深尺寸为2 700 mm×5 100 mm;楼梯平台宽1 670 mm,休息平台宽1 350 mm;260×9 =2 340 mm,表示楼梯有9个踏面,每个踏面宽260 mm;楼梯间的门窗编号(MC2227、C1527、M1121)、位置、尺寸、室外台阶的做法(西南J812);楼梯间1的平台标高和休息平台标高;楼梯间1的墙厚为240 mm,轴线居中。

3. 楼梯剖面图

(1)楼梯剖面图的形成

假想用一铅垂剖切平面,通过各层的一个楼梯段将楼梯剖切开,向另一未剖切到的楼梯段方向进行投射,所绘制的剖面图称为楼梯剖面图,如图4.50所示。剖切面所在位置表示在楼梯首层平面图上。

(2)楼梯剖面图的内容与读图示例

楼梯剖面图重点表明楼梯间竖向关系。该商住楼楼梯间1的剖面图如图4.51所示。楼梯剖面图的作用是完整、清楚地表明各层梯段及休息平台的标高,楼梯的踏步步数、踏面的宽度及踢面的高度,各种构件的搭接方法,楼梯栏杆(板)的形式及高度,楼梯间各层门窗洞口的标高及尺寸。

①图名与比例。楼梯剖面图的图名与楼梯平面图中的剖切编号相同,比例也与楼梯平面图的比例相一致。图4.51为1-1楼梯剖面图,比例为1∶50。

②轴线编号与进深尺寸。楼梯剖面图的轴线编号和进深尺寸与楼梯平面图的编号相同、尺寸相等。图4.51中的轴线编号为⑦~⑨和㉑~㉓,表明两部楼梯的布置是相同的。楼梯开间×进深为2 700 mm×5 100 mm。

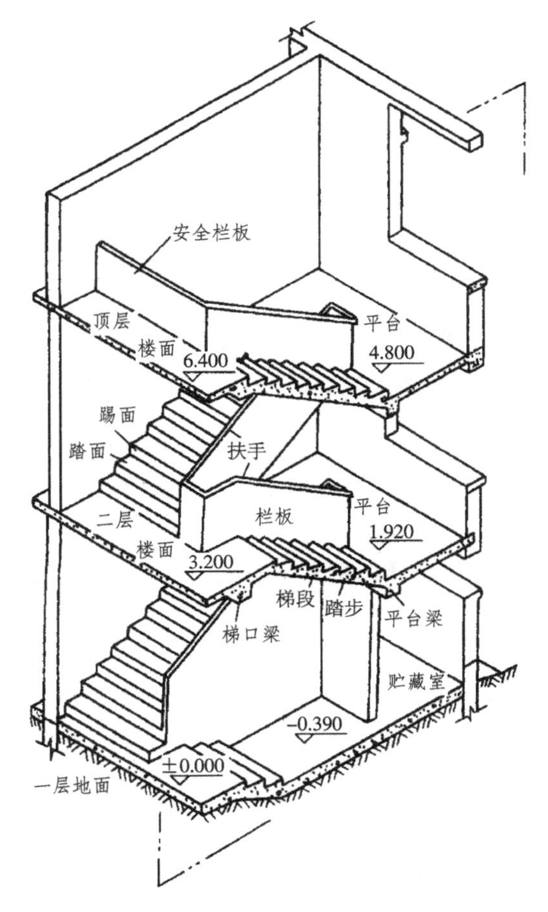

图4.50　楼梯剖面图的形成

③楼梯的结构类型和形式。钢筋混凝土楼梯有现浇和预制装配两种;从楼梯段的受力形式又可分为板式和梁板式。图4.51中的楼梯为预制装配式楼梯。

④建筑物的层数、楼梯段数及每段楼梯踏步个数和踏步高度(又称踢面高度)。图 4.51 中的建筑物在地面以上有七层,双跑楼梯,每段楼梯有 9 个踏步,其踢面高度约为 167 mm。

⑤室内地面、各层楼面、休息平台的位置、标高及细部尺寸。图 4.51 中的地面标高为 ±0.000 m,各层楼面标高分别为:4.800 m、7.800 m、10.800 m……各休息平台的标高分别为:3.300 m、6.300 m、9.300 m……

⑥楼梯间门窗、窗下墙、过梁、圈梁等位置及细部尺寸。

⑦楼梯段、休息平台及平台梁之间的相互关系。若为预制装配式楼梯,则应写出预制构件代号。

⑧栏杆或栏板的位置及高度。

⑨投影后所看到的构件轮廓线,如门窗、垃圾道等。

4. 楼梯踏步、栏杆(板)及扶手详图

踏步、栏杆、扶手这部分内容与楼梯平面图、剖面图相比,采用的比例要大一些,其目的是表明楼梯各部位的细部做法。

①踏步。图 4.51 中楼梯详图的踏步采用防滑地砖,具体做法见西南 J412-18-3183。

②栏杆。图 4.51 中采用金属空花楼梯栏杆,栏杆高度大于等于 1 000 mm,灰色静电喷塑,具体做法详见西南 J412-43-1。

③扶手。图 4.51 中楼梯采用黑色塑料扶手,具体做法详见西南 J412-58-2。

除以上内容外,楼梯详图一般还包括顶层栏杆立面图、平台栏杆立面图和顶层栏杆楼层平台段与墙体的连接。

4.8.4 门窗详图

门窗详图是建筑详图之一,一般采用标准图或通用图。如果采用标准图或通用图,在施工中,只注明门窗代号并说明该详图所在标准图集的编号,并不画出详图;如果没有标准图,则一定要画出门窗详图。

一般门窗详图由立面图、节点详图、五金表和文字说明 4 部分组成。

实习实作:识读建施-13(厨厕大样图)、建施-14(节点大样图)。

4.9 工业厂房

4.9.1 概述

工业厂房施工图的用途、内容和图示方法与前面叙述的民用房屋施工图类似。但是由于生产工艺条件不同,使用要求方面各有各的特点,因此施工图所反映的某些内容或图例符号有所不同。现以某厂装配车间为例,介绍单层工业厂房的组成部分及单层工业厂房建筑施工图的内容和特征。

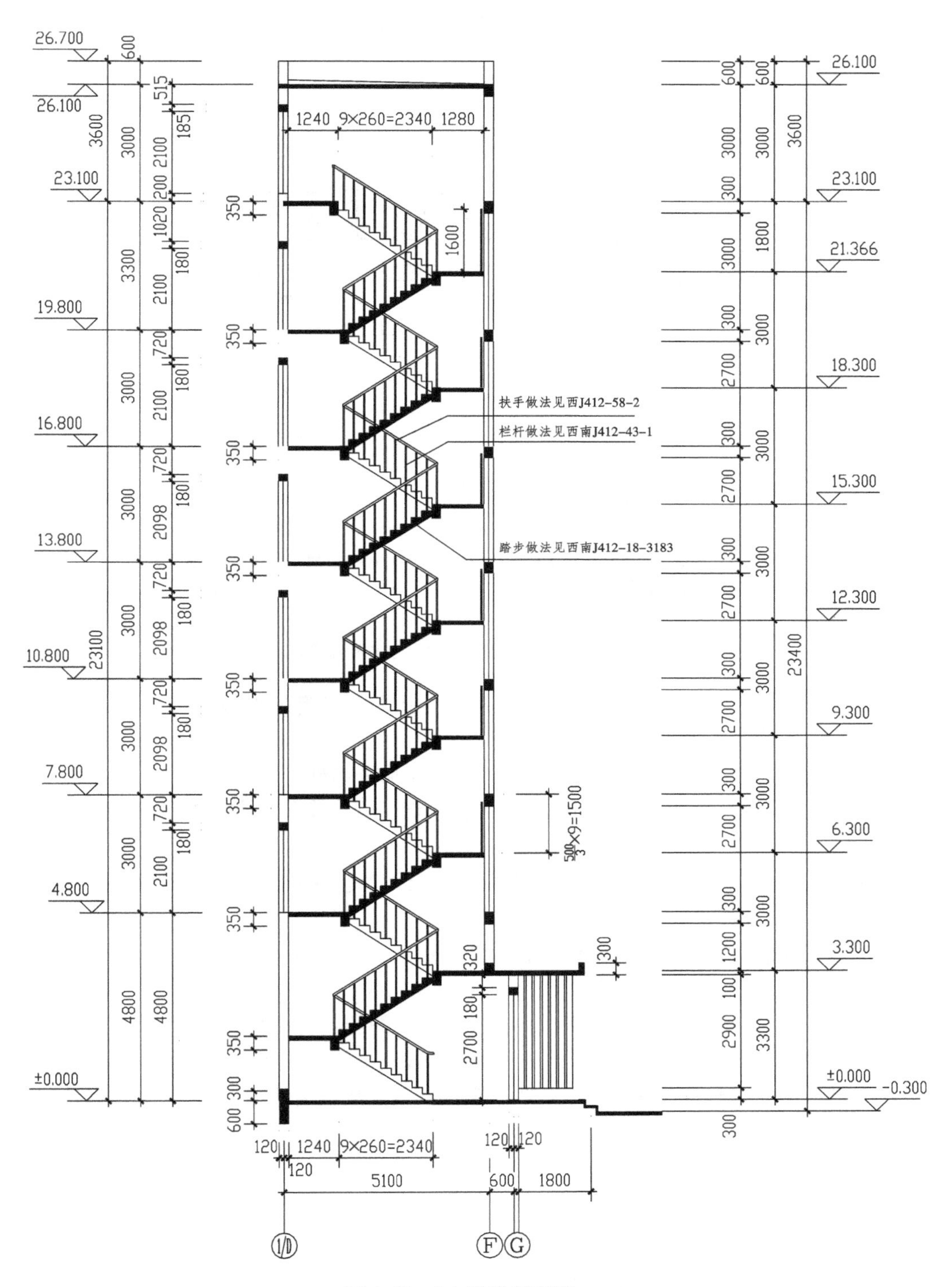

图 4.51　1-1 楼梯剖面图

单层工业厂房大多数采用装配式钢筋混凝土结构，如图4.52所示，主要构件有如下几部分。

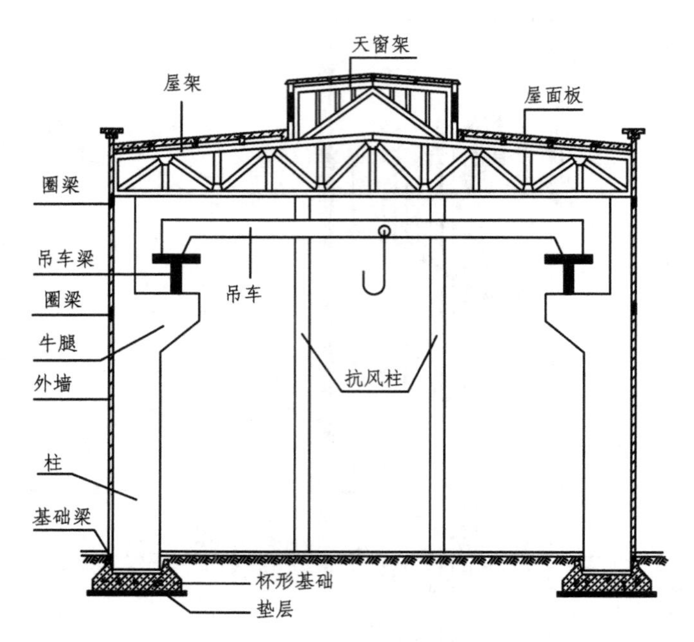

图4.52 单层工业厂房的组成及其名称

①屋盖结构。屋盖结构起承重和围护作用。其主要构件有屋面板、屋架，屋面板安装在天窗架和屋架上，天窗架安装在屋架上，屋架安装在柱子上。

②柱子。用以支承屋架和吊车梁，是厂房的主要承重构件。

③吊车梁。设有吊车的厂房，为了吊车的运行要设置吊车梁。吊车梁两端搁置在柱子的牛腿上。

④基础。用以支承柱子和基础梁，并将荷载传给地基。单层厂房的基础多采用杯形基础，柱子安装在基础的杯口内。

⑤支撑。包括屋盖结构的垂直和水平支撑以及柱子间支撑。其作用是加强厂房的整体稳定性和抗震性。

⑥围护结构。主要指厂房外墙及与外墙连在一起的圈梁、抗风柱。

装配式钢筋混凝土结构的柱、基础、连系梁或系杆、吊车梁及屋顶承重结构等都是采用预制构件，并且采用标准构件较多，各有关单位编制了一些标准构件图集，包括节点做法，供设计施工选用。

4.9.2 单层工业厂房建筑施工图

1.建筑平面图

该装配车间是单层单跨厂房。其建筑平面图（如图4.53所示，比例为1:200）显示了以下内容。

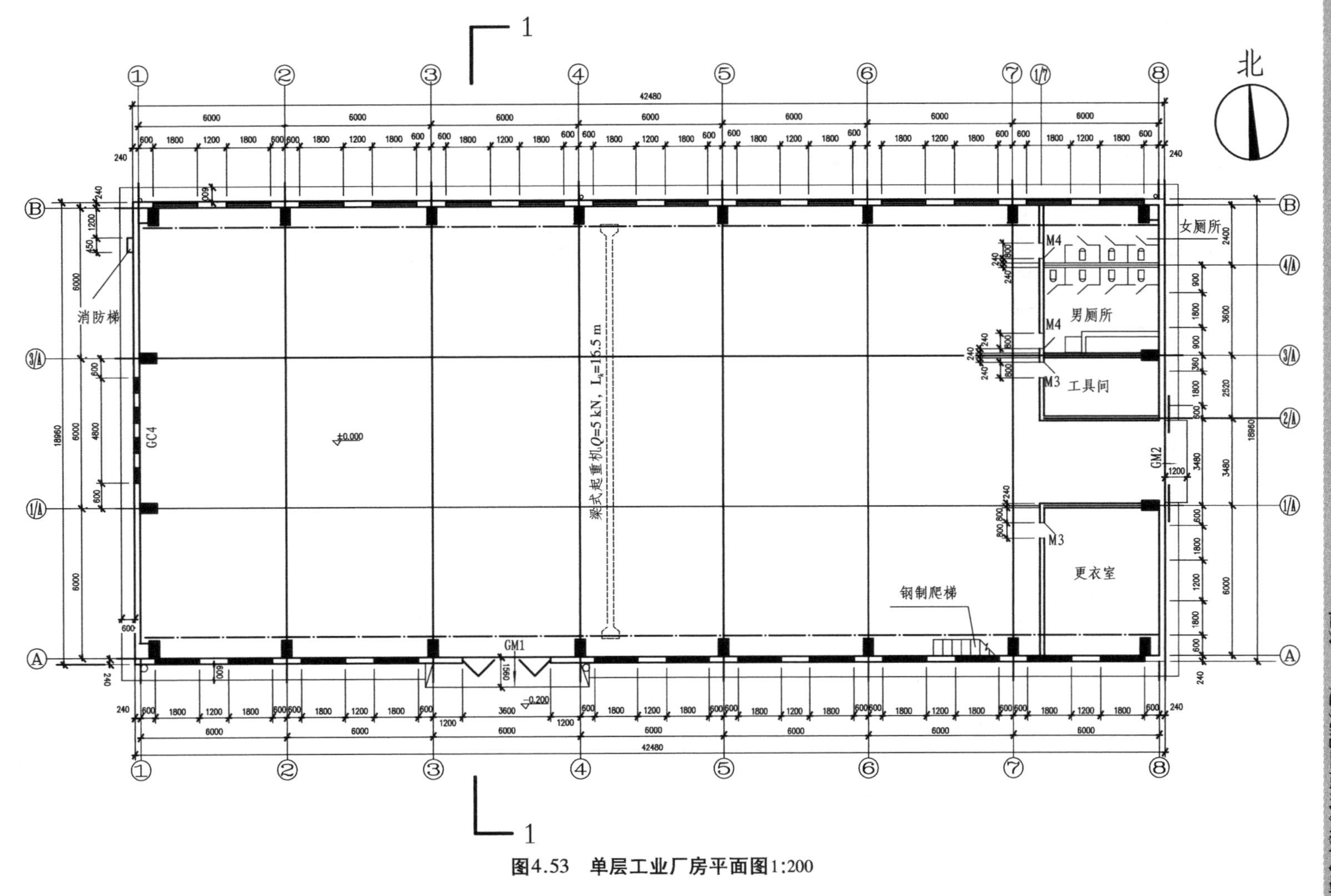

图4.53　单层工业厂房平面图1:200

(1)柱网布置

厂房中为了支承屋顶和吊车,需设置柱子,为了确定柱子的位置,在平面图上要布置定位轴线,横向定位轴线①~⑧和纵向定位轴线Ⓐ~Ⓑ即构成柱网,表示厂房的柱距与跨度。本车间柱距是6 m,即横向定位轴线间距离(如①~②轴线距离);该车间跨度为18 m,即纵向定位轴线Ⓐ~Ⓑ之间距离。厂房的柱距决定屋架的间距和屋面板、吊车梁等构件的长度;厂房跨度决定屋架的跨度和起重机的轨距。我国单层厂房的柱距与跨度的尺寸都已系列化、标准化。

定位轴线一般是柱或承重墙中心线,而在工业建筑中的端墙和边柱处的定位轴线,常常设在端墙的内墙面或边柱的外侧处,如横向定位轴线①和②,纵向定位轴线Ⓐ和Ⓑ。在两个定位轴线间,必要时可增设附加定位轴线,如Ⓐ轴线后附加的第1、2、3、4根轴线;⑦轴线后附加的第1根轴线。

(2)吊车设置

车间内设有梁式悬挂起重机(吊车)一台,吊车画法及图例另见其他。图中选用的吊车起质量为5 kN,即$Q=5$ kN;吊车轨距为16.5 m,即$L_k=16.5$ m,用虚线所画的图例表示;用粗单点长画线表示起重机轨道的位置,即吊车梁的位置,上下起重机用的钢梯置于⑥~⑦轴线间的Ⓐ轴线纵墙内缘。

(3)墙体、门窗布置

在平面图中需表明墙体和门窗的位置、型号及数量。图4.53中四周的围护墙厚为240 mm;两端山墙内缘各有两根抗风柱,柱的中心线分别与附加轴线1/A、3/A相重合,外缘分别与①、⑧轴线相重合。

门窗表示方法与民用建筑门窗相同,在表示门窗的图例旁边注写代号,门的代号是M,窗的代号是C,在代号后面要注写序号如M1、C1……同一序号表示同一类型门窗,它们的构造和尺寸相同(本图所示GC——钢窗、GM——钢门)。本图中开设的两个外门分别标注了GM1钢折叠门、GM2钢推拉门,门的入口设有坡道,室内外高差200 mm;内门有工具间和更衣室的门为M3,男、女厕所的门为M4。纵墙方向开设的钢窗,由于图形较小和需要标注的尺寸较多,其型号就标注在立面图上。厂房室外四周设有散水,散水宽800 mm。距Ⓑ轴线1 200 mm的西侧山墙外缘还设有消防梯。

(4)辅助生活间的布置

车间的东侧一个柱距为辅助建筑,有更衣室、工具间及男、女厕所等,它们的墙身定位均用附加轴线来标明。

(5)尺寸布置

平面图上通常沿长、宽两个方向分别标注3道尺寸:第1道尺寸是门窗洞的宽度和窗间墙宽度及其定位尺寸;第2道尺寸是定位轴线间尺寸;第3道尺寸是厂房的总长和总宽。此外,还包括厂房内部各部分的尺寸、其他细部尺寸和标高尺寸。

(6)有关符号(如指北针、剖切符号、索引符号)

在工业建筑平面图中同民用建筑一样需设置指北针,表明建筑物朝向;设置剖切符号,反映剖面图的剖切位置及剖视方向;在需要另画详图的局部或构件处画出索引符号。如图4.53中右上角的指北针,③～④轴线间的1-1剖切符号。

2. 建筑立面图

厂房建筑立面图和民用建筑立面图基本相同,反映厂房的整个外貌形状以及屋顶、门、窗、天窗、雨篷、台阶、雨水管等细部的形状和位置,室外装修及材料做法等。

在立面图上,通常要注写室内外地面、窗台、门窗顶、雨篷底面以及屋顶等处的标高。从图4.54可以看到①-⑧轴立面图,1.5.55可以看到Ⓑ-Ⓐ轴立面图,比例均为1∶200。读图时应配合平面图,主要了解以下内容。

①了解厂房立面形状。从①-⑧轴立面图看,该厂房为一矩形立面。从Ⓑ-Ⓐ轴立面图看,该厂房为双坡顶单跨工业厂房。

②了解门、窗立面形式、开启方式和立面布置。从①-⑧轴立面图看,Ⓐ轴线上有对开折叠大门,并有较大的门套。窗的立面形式从下至上有4段组合窗,下起第1段为单层外开平开窗,第2段为单层固定窗,第3段为单层中悬窗,第4段为固定窗。

③了解有关部位的标高。图4.54中标注了室内外地面标高、窗台顶面、窗眉底面、檐口、大门上口、大门门套和边门雨篷顶面的标高。

④了解墙面装修。墙面的装修一般是在立面图中标注简单的文字说明,本例中南墙的外墙面有间隔成上、中、下3段1∶1∶4水泥石灰砂浆粉刷的混水墙,每两段混水墙之间为清水墙;勒脚高300 mm,用1∶2水泥石灰砂浆粉刷;窗台、窗眉、檐口采用1∶2水泥砂浆粉面。

⑤了解突出墙面的附加设施。从①-⑧轴立面图中可以看出在Ⓐ轴线处设有消防梯、⑧轴线处设有边门雨篷。

从平面图可以看出,⑧-①轴立面图与①-⑧轴立面图基本相同,只是①～⑧轴线的左右位置互调,但没有大门和大门口的坡道。因此,⑧-①轴立面图可以省略不画。东山墙立面图和西山墙立面图也基本相同,只是东山墙上有边门,没有爬梯,故省略不画。

3. 建筑剖面图

建筑剖面图有横剖面图和纵剖面图。在单层厂房建筑设计中,纵剖面一般不画,但在工艺设计中有特殊要求时,也需画出。现介绍该厂房1-1剖面图,如图4.56所示,此图为横剖面图,主要表明以下内容。

①表明厂房内部的柱、吊车梁断面及屋架、天窗架、屋面板以及墙、门窗等构配件的相互关系。

②各部位竖向尺寸和主要部位标高尺寸。

③屋架下弦底面(或柱顶)标高10.000 m,以及吊车轨顶标高8.200 m,是单层厂房的重要尺寸,它们是根据生产设备的外形尺寸、操作和检修所需的空间、起重机的类型及被吊物件尺寸等要求来确定的。

④详图索引符号。由于剖面图比例较小,形状、构造做法、尺寸等表达不够清楚,和民用建筑一样需另画详图,需标出索引符号。

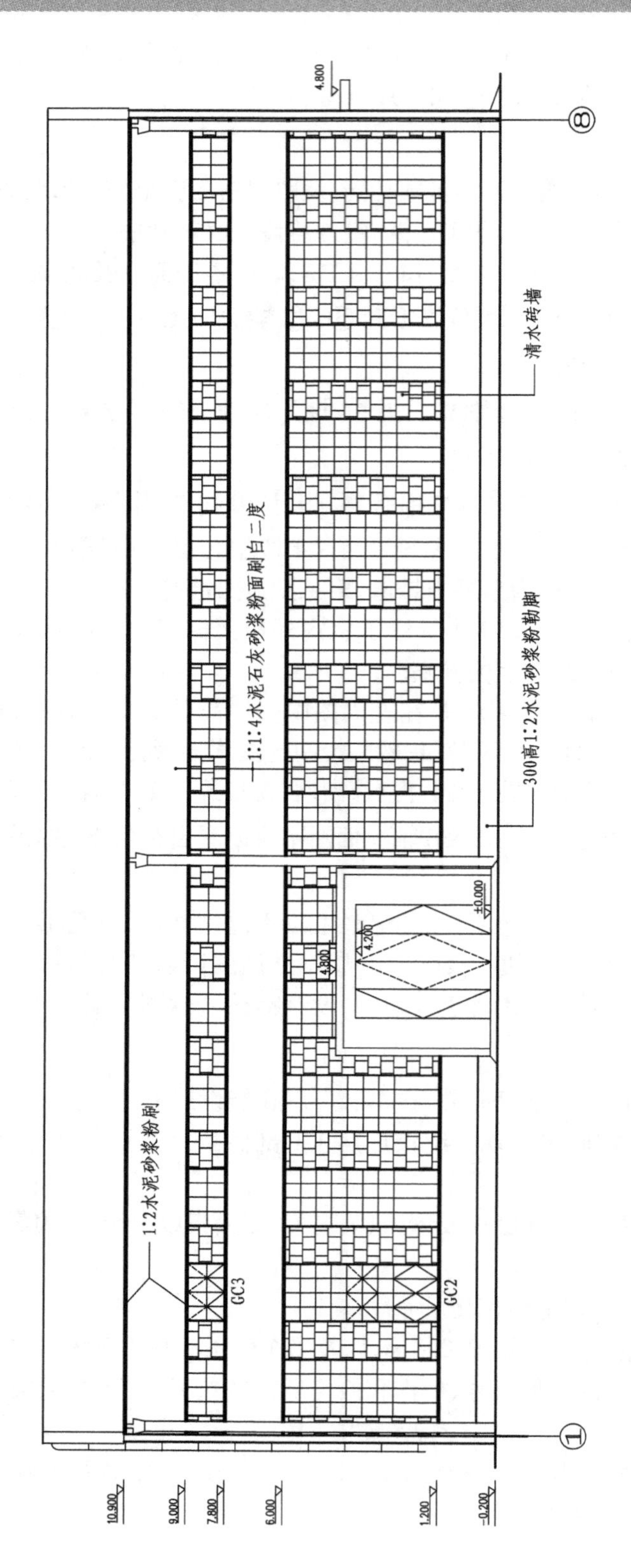

图4.54 单层工业①-⑧轴立面图1:200

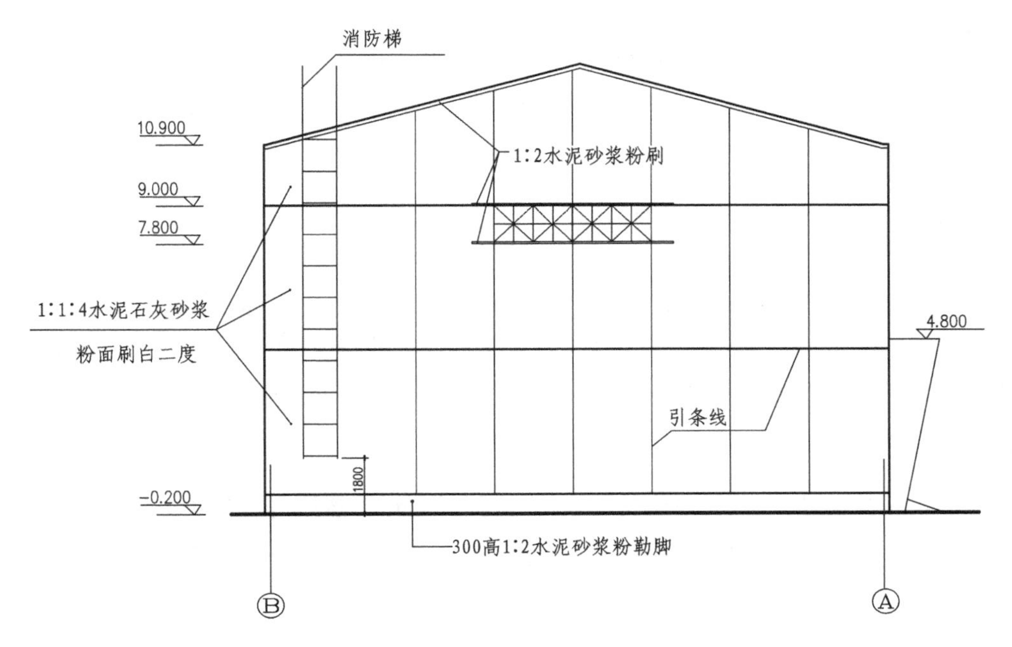

图4.55　单层工业厂房Ⓑ-Ⓐ轴立面图 1:200

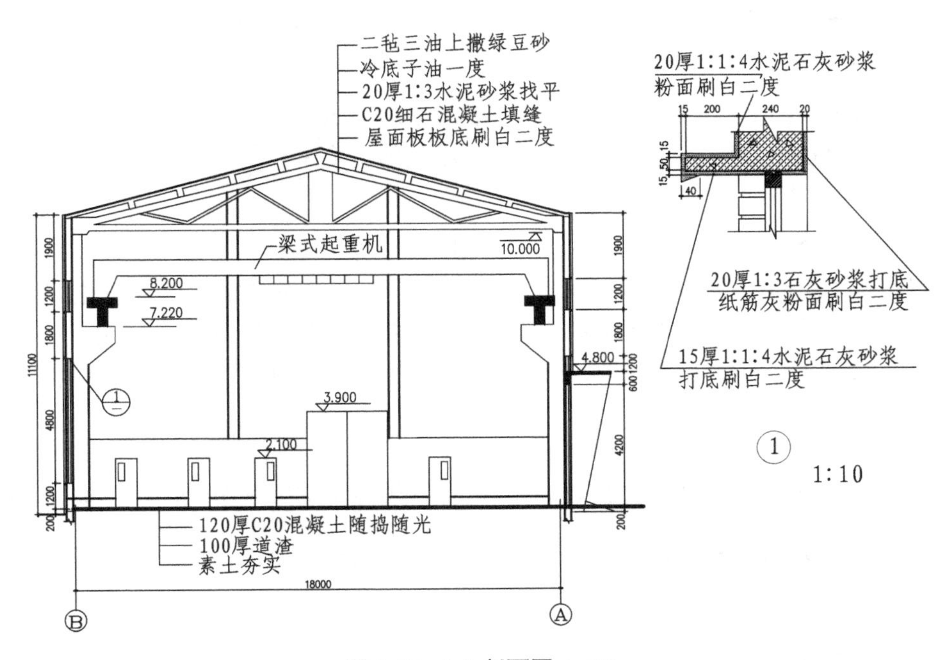

图4.56　1-1剖面图 1:200

4. 建筑详图

与民用建筑一样，为了将厂房细部或构配件的形状、尺寸、材料、做法等表示清楚，需要用较大比例绘制详图。单层厂房一般都要绘制墙身剖面详图,用来表示墙体各部分,如门、窗、勒脚、窗套、过梁、圈梁、女儿墙等详细构造、尺寸标高以及室内外装修等。单层工业厂房的外墙剖面还应表明柱、吊车梁、屋架、屋面板等构件的构造关系和联结。其他节点详图如屋面节点、柱节点详图从略。

4.10 计算机绘制建筑工程图

学习计算机绘图软件(AutoCAD)的最终目的是学会准确绘制工程图样。在实际工作中用AutoCAD 绘制工程图,是将常用的绘图环境设成样图,使用时只需单击即可调用。在绘图中只有合理充分地应用 AutoCAD 的相关功能,才能快速地绘制一张工程图样。

4.10.1 概述

绘制建筑工程图时,必须先对建筑工程图进行总体布局,然后再根据各种设计图的要求进行组织。绘制建筑工程图的要点主要包括图幅大小、比例、线条粗细、文字高度的选择和尺寸标注等。

1. 比例

绘制建筑工程图时,比例大小随图形类型而定,一般情况下,总平面图常用比例为 1:500 或 1:1 000;建筑施工图和结构施工图常用比例为 1:100,详图比例多为 1:20。

2. 图线粗细

如果按照给定的比例绘制图形,且采用 1:1的比例打印出图,那么图线的粗细可以通过控制多段线的线宽或在图形输出时指定各图层中各颜色的线宽来控制。从实用角度和打印效果出发,采用第一种方法较好。

3. 文字高度与格式的确定

在绘制建筑工程图的过程中,尺寸标注和文字注解都会涉及文字高度的设置问题。文字高度最好是在图形已经按比例完成后确定,文字高度的定义要科学,不能忽大忽小,也不能喧宾夺主——不能把文字和标注的高度定得太大,更不能把文字高度定得太小,以至于打印出的图看不清注解。

在绘图前,要定义好尺寸标注、注解文字等的文字格式,这样在录入文字或进行标注时才可以保持文字格式的一致,避免大量的格式修改,保持图样上的文字格式前后一致,整齐划一。

4.10.2 图框的绘制与标题栏的填写

1. 图框的绘制

按照《房屋建筑制图统一标准》(GB 50001—2010)的规定,建筑工程制图一般采用 A0 ~ A4 图幅,下面以 A3 图幅为例说明图框的绘制方法。

(1)设置图形尺寸界限

在命令行键入“LIMITS”命令并按回车键,设置 A3 图纸的尺寸界限为 420 mm × 297 mm。

◇命令:LIMITS ↙

◇重新设置模型空间界限:

◇指定左下角点或[开(ON)/关(OFF)] <0.0000,0.0000 > :↙

◇指定右下角点 <420.0000,297.0000 > :↙

(2)设置绘图窗口为 A3 图纸大小

在命令窗中键入“ZOOM”命令后,再键入“ALL”,则画面显示为 A3 图纸大小。

◇命令:Z(或 ZOOM)↙

◇指定窗口角点,输入比例因子(nX 或 nXP),或[全部(A)/中心点(C)/动态(D)/范围(E)/上一个(P)/比例(S)/窗口(W)] <实时> :A ↙

(3)用矩形命令,绘制 A3 图纸边界线

◇命令:RECTANG ↙

◇指定第一个角点或[倒角(C)/标高(E)/圆角(F)/厚度(T)/宽度(W)]:0,0 ↙

◇指定另一个角点或[尺寸(D)]:420,297 ↙

至此就绘制好 A3 图纸的边界线,下面就可以进行图框线的绘制。根据规定,带装订线的图纸幅面样式,图框距图纸边界线左边的距离为 25 mm,距其他 3 条边的距离均为 10 mm,图框线为粗实线。

(4)用多段线命令绘制图框

◇命令:PLINE ↙

◇指定起点:25,10 ↙

◇当前线宽为 0.0000

◇指定下一个点或[圆弧(A)/半宽(H)/长度(L)/放弃(U)/宽度(W)]:W ↙

◇指定起点宽度 <0.0000 > :0.8 ↙

◇指定端点宽度 <0.8000 > :↙

◇指定下一个点或[圆弧(A)/半宽(H)/长度(L)/放弃(U)/宽度(W)]:410,10 ↙

◇指定下一个点或[圆弧(A)/半宽(H)/长度(L)/放弃(U)/宽度(W)]:410,287 ↙

◇指定下一个点或[圆弧(A)/半宽(H)/长度(L)/放弃(U)/宽度(W)]:25,287 ↙

◇指定下一个点或[圆弧(A)/半宽(H)/长度(L)/放弃(U)/宽度(W)]:C ↙

2. 标题栏的填写

绘制好 A3 图纸的边界线和图框后,就可以进行标题栏的绘制了。标题栏采用多段线命令根据 GB 50001—2010 的规定进行绘制。

①绘制标题栏的横向分格线。

②绘制标题栏的竖向分格线。根据标题栏格式大小,从右至左逐一绘制各竖向分格线。

③在标题栏内填写适当大小的文字,完成标题栏的填写。如果没有定义文字样式,必须先定义,否则不能正常显示输入的汉字。在建筑工程图中,字体样式一般选用仿宋。

4.10.3　创建样图

AutoCAD 重要的功能之一就是可让用户创建自己所需要的样图,并能在“启动”对话框和

执行“NEW”命令出现的【创建新图形】对话框中方便调用它。用户可根据需要，创建系列样图，这将大大提高绘图效率，也使图样标准化。

1. 样图的内容

创建样图的内容应根据需要而定，其基本内容包括以下几个方面。

①绘图环境 9 项初步设置。用【选项】对话框修改系统配置；用【单位控制】对话框确定绘图单位；用“LIMITS”命令选图幅；用“ZOOM”命令使整张图全屏显示；用【辅助绘图工具】对话框设置辅助绘图工具模式（包括固定捕捉设置和极轴设置）；用“LTSCALE”命令设线型比例；用“LAYER”命令建图层，设线型、颜色、线宽；用“STYLE”命令设置所需的文字样式；用“PLINE”命令画图框、标题栏（不注写具体内容）。

②设置所需的标注样式。

③创建所需的图块即建立图形库（样图中图块可用“BMAKE”命令来创建）。

2. 创建样图的方法

创建样图的方法有多种，下面介绍两种常用的方法。

（1）从“创建新图形”（或“启动”）对话框中的“缺省设置”创建样图

①输入“NEW”命令，弹出【创建新图形】对话框，如图 4. 57 所示，显示有 3 个选项：“从草图开始”、“使用样板”、“使用向导”。用户可以根据需要来选择一个选项，新建一个新图形。

②设置样图的所有基本内容及其他所需内容。

③用“QSAVE”命令，弹出【图形另存为】对话框，在该对话框“文件类型”下拉列表中选择“AutoCAD 图形样板（ *. dwt）”，选项，在“保存于”下拉列表中选择“样板”（SYS）文件夹。在“文件名”文字编辑框中输入样图名，如“A1 样图”，如图 4. 58 所示。

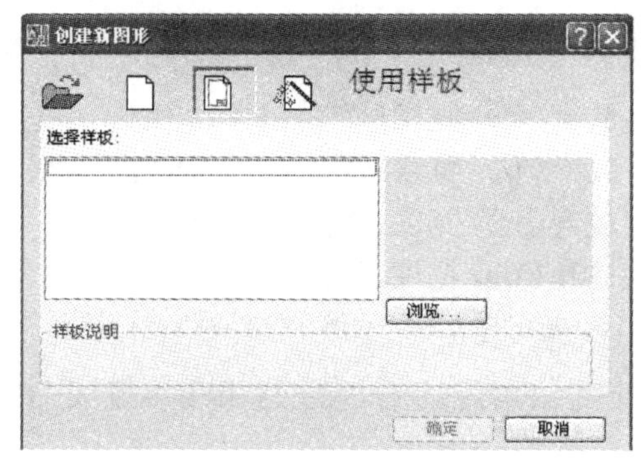

图 4. 57 【创建新图形】对话框

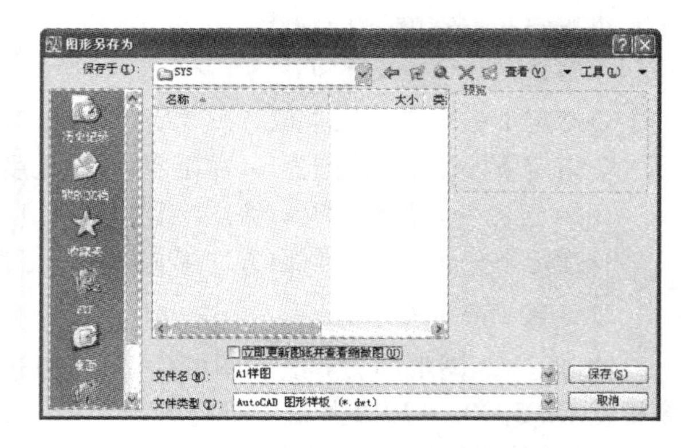

图 4. 58 【图形另存为】对话框

④单击【图形另存为】对话框中的“保存”按钮，弹出【样板选项】对话框，如图 4. 59 所示。

⑤在【样板选项】对话框的说明框中输入一些说明性的文字，单击“确定”按钮，AutoCAD 即将当前图形存储为 AutoCAD 中的样板文件。关闭该图形，完成样图的创建。

（2）用已有的图创建样图

如果已有某张图中的绘图环境与所要创建的样图基本相同时，可以该图为基础来快速创建样图，方法如下。

①输入“OPEN”命令，打开一张已有的图。

②从下拉菜单中选择“文件”→“另存为”命令，弹出【图形另存为】对话框，在“保存类型”下拉列表中选择“AutoCAD 图形样板文件(*.dwt)”选项，在“保存在”下拉列表中选择“样板”(SYS)文件夹。在“文件名”文字编辑框中输入样图名。

③单击【图形另存为】对话框中的“保存”按钮，弹出【样板说明】对话框，在其编辑框中输入说明文字后，单击“确定”按钮，退出【图形另存为】对话框。此时 AutoCAD 将打开的已有图又存储一份为样板的图形文件，并且将此样板图设为当前图(可从最上边标题行中看出，当前图形文件名由刚打开的图名改为样板图的文件名)。

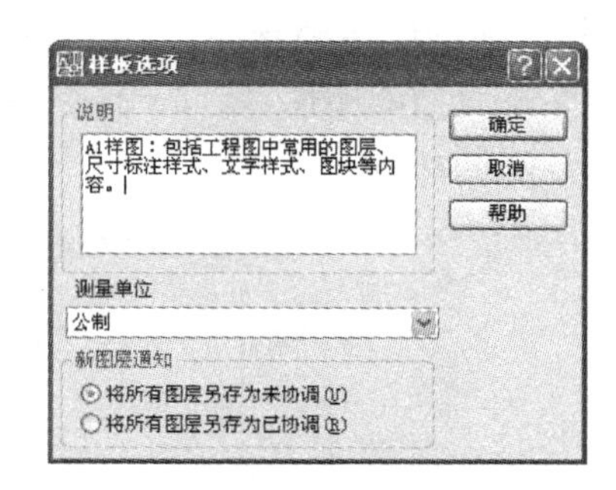

图4.59　【样板选项】对话框

④按样图所需内容修改当前图。

⑤单击“QSAVE”命令，保存修改。关闭该图形，完成创建。

提示：用此方法来创建图幅大小不同，但其他内容相同的系列样图非常方便。创建了样图之后，再新建一张图时，就可从弹出的【启动】对话框或【创建新图形】对话框中选择“使用样板”选项，此时在对话框中部的列表框中将显示所创建的样图的名称。单击该列表框中的“A1.dwt”，即可新建一张包括所设绘图环境的新图。

提示：在实际工作中，为方便绘图，可将不同的样板图框绘制好，将这些样板图框复制到“Program\AutoCAD2008\Template”文件夹内，即可在后面使用时直接调用这些样板图。

4.10.4　使用鸟瞰视图

要在不大的一块绘图区内绘制出一张较大的专业图，使用“ZOOM”(显示缩放)和“PAN”(平移)命令是必不可少的。而且图越大，这两个命令的使用率就越高；图越大，也会越感到在操作这两个命令时可视性越差(所谓可视性差就是不能快速地找到需要观察或缩放的部位)。绘制较大的专业图时，使用鸟瞰视图这个辅助工具，将可使“PAN”(平移)和“ZOOM”(显示缩放)两个命令实现可视化操作。

1. 输入命令

从下拉菜单选取：“视图”→“鸟瞰视图”，或从键盘键入“DSVIEWER”命令。

2. 命令的操作

输入命令后，立刻弹出“鸟瞰视图”视窗，AutoCAD 将该视窗定位在屏幕的右下角，如图

4.60 所示。在"鸟瞰视图"视窗中光标呈窗口状,进行显示缩放操作的光标窗口内有一个指明窗口扩展方向的图框;进行平移操作的光标窗口内是一个"×"记号,操作时可单击左键在两种窗口之间切换。

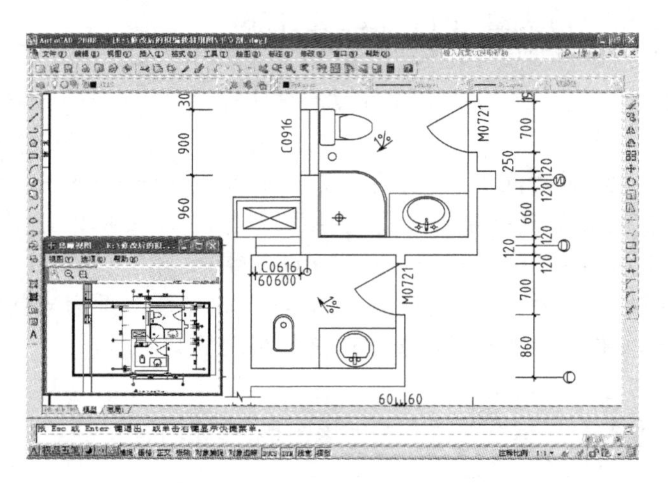

图 4.60 "鸟瞰视图"视窗

进行平移显示或缩放时,在"鸟瞰视图"视窗内移动鼠标,绘图区域内的图形将随之移动;用窗口套住需要放大的部分,单击鼠标左键,随着鼠标的移动,将在绘图区找到需要显示和缩放的部分;再次单击鼠标左键,又回到平移状态。这样利用"鸟瞰视图"可方便、快速地找到需要显示和缩放的部位。

提示:"鸟瞰视图"视窗可以移动至任何位置。

"鸟瞰视图"视窗中下拉菜单各项含义如下。

(1)"视图"菜单

该菜单提供了 3 个选项。

①"放大"(Zoom In):该选项拉近视图,放大图形的细节,但只能看到较小区域。

②"缩小"(Zoom Out):该选项拉远视图,可看到更大的区域。

③"全局"(Global):该选项使"鸟瞰视图"视窗中显示整张图纸。

提示:以上 3 项也可通过"鸟瞰视图"视窗中工具栏上的 3 个图标按钮来激活。当显示全图时,缩小菜单项和图标都变暗,不可用。当图形充满整个"鸟瞰视图"窗口时,放大菜单项和图标都变暗不可用。有时,两个菜单项都变暗。

(2)"选项"菜单

该菜单提供了 3 个可用的选项。

①“自动视口”:打开该选项,“鸟瞰视图”视窗中将自动地显示当前的有效视口,且不随有效视口的变化而变化。

②“动态更新”:该选项控制“鸟瞰视图”的内容是否随图形的改变而改变。

③“实时缩放”:该选项控制在“鸟瞰视图”视窗中缩放时,AutoCAD 绘图区内图形显示是否实时变化。

4.10.5　用 PURGE 命令清理图形文件

该命令可对图形文件进行处理,去掉多余的图层、线型、标注样式、文字样式和图块等,以缩小图形文件占用磁盘的空间。

1. 输入命令

从下拉菜单选取:“文件”→“绘图实用程序” →“清理” →“全部”(或其他选项),或从键盘输入“PURGE”。

2. 命令的操作

输入命令后,将出现如图 4.61 所示的对话框。单击“全部清理”按钮,将显示如图 4.62 所示的【确认清理】对话框,此时若单击“是”按钮,将有选择性的逐个清理多余的图块或标注样式等;若单击“全部是”按钮,将清理掉所有多余的图层、线型、标注样式、文字样式和图块等。

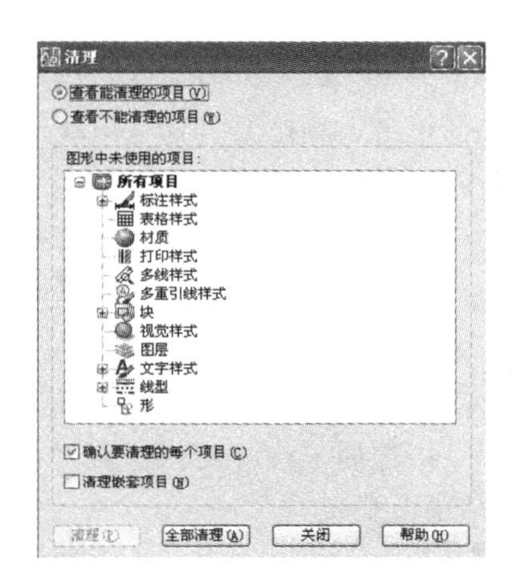

图 4.61　【清理】对话框

图 4.62　【确认清理】对话框

4.10.6　使用剪贴板功能

AutoCAD 与 Windows 下的其他应用程序一样,具有利用剪贴板将图形文件内容“剪下”和“贴上”的功能,并可同时打开多个图形文件,这些一起打开的图形文件可通过“Ctrl + Tab”组合键来切换,也可用下拉菜单中的“窗口”菜单选项进行当前图形文件的切换。利用剪贴板功能可以实现 AutoCAD 图形文件间及与其他应用程序(如 Word)文件之间的数据交流。

在 AutoCAD 中,可操作“CUTCLIP”(剪切)命令和“COPYCLIP”(复制)命令将图形的某部分“剪下”,“剪下”的图形将以原有的形式放入剪贴板。其插入点不能自定,AutoCAD 将插入基点定在选择窗口的左下角点。

在 AutoCAD 中,操作“PASTECLIP”(粘贴)命令可将剪贴板上的内容粘贴到当前图中;

在“编辑”下拉菜单中选择“粘贴为块”命令,或将剪贴板上的内容按图块粘贴到当前图中;在“编辑”下拉菜单中选择“指定粘贴”命令,可将剪贴板上的内容按指定格式粘贴到当前图中。

在绘制一张专业图时,如需引用其他图形文件中的内容,而且只需引用一次时,不必将其制成图块,使用剪贴板功能更为合理、快捷。具体操作如下。

①打开一张要进行粘贴的图和一张要被复制剪切的图。

②从下拉菜单“窗口”项中选择“水平平铺”或“垂直平铺”选项,使两图同时显示。用鼠标单击要被复制剪切的图,设为当前图。

③单击工具栏上“COPYCLIP”(复制到剪贴板)命令图标,输入命令后,命令区出现提示行:

◇选择对象:(用窗口选择需剪切的内容)

◇选择对象:↙(所选内容复制到剪贴板,结束命令)。

④再用鼠标单击要进行粘贴的图(或用“窗口”菜单),把要进行粘贴的图设置为当前图。

⑤单击“PASTECLIP”(粘贴)命令图标,输入命令后,命令区出现提示行:

◇指定插入点:(用鼠标及捕捉指定插入点,剪切板中的内容粘贴到当前图中指定的位置,结束命令)。

说明:①在 AutoCAD 中,可采用从资源管理器拖放的方式打开多个图形文件,以节约文件打开的时间;②在 AutoCAD 中,允许在图形文件之间直接拖曳复制实体,通过格式刷可在图形文件之间复制颜色、线型、线宽、剖面线、线型比例;③在 AutoCAD 中,可在不同的图形文件之间执行多任务、无间断的操作,使绘图更加方便快捷。

4.10.7 按形体的真实大小绘图

大多数专业图的绘图比例都不是 1:1,在计算机上如果像手工绘图一样按比例来绘图有时相当麻烦。如果直接按以上所设绘图环境 1:1绘制出工程图的全部内容,然后再用 SCALE 命令进行比例缩放或在输出图时调整比例,其输出图中的线型、尺寸、剖面线间距、文字大小等将不能满足标准要求。如何按形体的真实大小绘图,而且使输出图中的线型、字体、尺寸、剖面线等都符合制图标准,这是一个值得重视的问题。

以绘制一张 A1 图幅比例为 1:50 的专业图为例,介绍一种较易掌握且比较实用的方法。

具体操作方法如下。

①选 A1 样图新建一张图。

②用“SCALE”命令,基点定在坐标原点“0,0”处,输入比例系数“50”,将整张图(包括图框标题栏)放大 50 倍。

③用“ZOOM”命令,选择“A”选项使放大后的图形全屏显示(此时栅格不可用)。

④按形体真实大小(即按尺寸数值)绘出各图形状,但不画剖面线、不注尺寸、不写文字。

⑤再用“SCALE”命令,基点仍定在坐标原点“0,0”处,输入比例系数“0.02”,将整张图缩

小50倍。

⑥绘制工程图中的剖面线、注写文字、标注尺寸(该尺寸样式中“比例因子”输入“50”)。

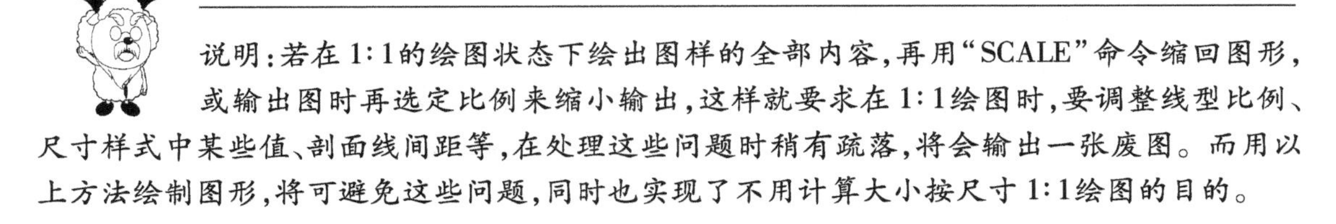

说明:若在1:1的绘图状态下绘出图样的全部内容,再用“SCALE”命令缩回图形,或输出图时再选定比例来缩小输出,这样就要求在1:1绘图时,要调整线型比例、尺寸样式中某些值、剖面线间距等,在处理这些问题时稍有疏落,将会输出一张废图。而用以上方法绘制图形,将可避免这些问题,同时也实现了不用计算大小按尺寸1:1绘图的目的。

4.10.8　绘制专业图实例

1. 房屋平面图绘制

绘制如图4.63所示的底层平面图。

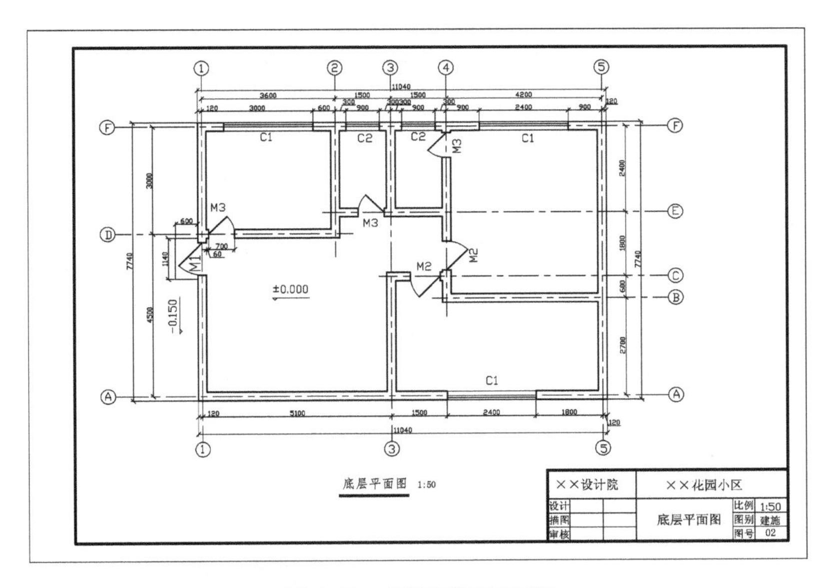

图4.63　平面图绘图实例

操作步骤如下。

①打开AutoCAD,从图形样板中打开A3样图(A3.dwt)。

②找到合适的保存路径,另存为“底层平面图.dwg”。

③用“SCALE”命令,基点定在坐标原点“0,0”处,输入比例系数“50”,将整张图(包括图框标题栏)放大50倍。

④用“ZOOM”命令,选择“A”选项使放大后的图形全屏显示。

⑤调出轴线图层,绘制①、Ⓐ轴线,然后使用“OFFSET”(偏移)命令,绘出其余的轴线。

⑥输入Mline命令或选择“绘图”菜单下的“多线”命令绘制墙体。

◇命令:ML↙

◇指定起点或[对正(J)/比例(S)/样式(SJ)]:S↙

◇输入多线比例<20.00>:240↙

◇指定起点或[对正(J)/比例(S)/样式(SJ)]:J↙

◇输入对正类型[上(T)/无(Z)/下(B)]:Z↙

◇指定起点或[对正(J)/比例(S)/样式(SJ)]:(可利用对象捕捉方式选择两轴线的交点作为起点位置,开始绘制墙体线,重复使用Mline命令绘出所有的墙体线)

⑦使用“Explode”命令,分解所有墙体线,进行修剪。

⑧根据设计要求,在适当的位置绘出门、窗图例。

⑨再用“SCALE”命令,基点仍定在坐标原点“0,0”处,输入比例系数“0.02”,将整张图缩小50倍。

⑩绘制工程图中的轴线编号、注写文字、标注尺寸。

经过以上步骤就可得到图4.63所示的实例图形。

2. 立面图绘制

根据1.5.63图,绘制⑤-①轴立面图。具体操作步骤如下。

①前4步基本同平面图的绘制。

②调用轴线图层,绘制⑤、①两根轴线。

③使用“直线”命令绘制地坪线、外墙线、檐口线、屋脊线以及入口处的雨篷等。

④使用“直线”命令绘制窗的位置和开启方式。

⑤再用“SCALE”命令,基点仍定在坐标原点“0,0”处,输入比例系数“0.02”,将整张图缩小50倍。

⑥绘制立面图中的轴线编号、注写文字、标注尺寸等。

经过以上步骤就可得到图4.64所示的实例图形。

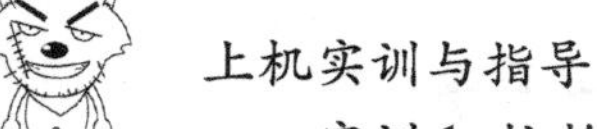

上机实训与指导

实训1:按教材所述创建样图的内容和方法,根据施工图需要创建一张“A3样图(.dwt)”。

实训2:用“OPEN”命令同时打开前面所保存的2~3个图形文件,练习用“Ctrl+Tab”组合键来切换当前的图形文件;练习用“窗口”下拉菜单指定所打开的某一图形文件为当前图形文件;练习用“窗口”下拉菜单中的“水平平铺”、“垂直平铺”、“层叠”选项来显示所打开的一组图形文件。

实训3:绘制教材附图中的专业图。

4.10.9 图形打印

同所有工程设计一样,土木工程设计的图样仍然是设计思想的最终载体,它将在房屋建筑设计、交流和施工中发挥重要作用。因此,和文字、表格处理系统一样,图形编辑系统也提供了图形输出功能,以实现图形信息从数字形式向模拟形式的转换,从数字设计媒体向传统设计媒

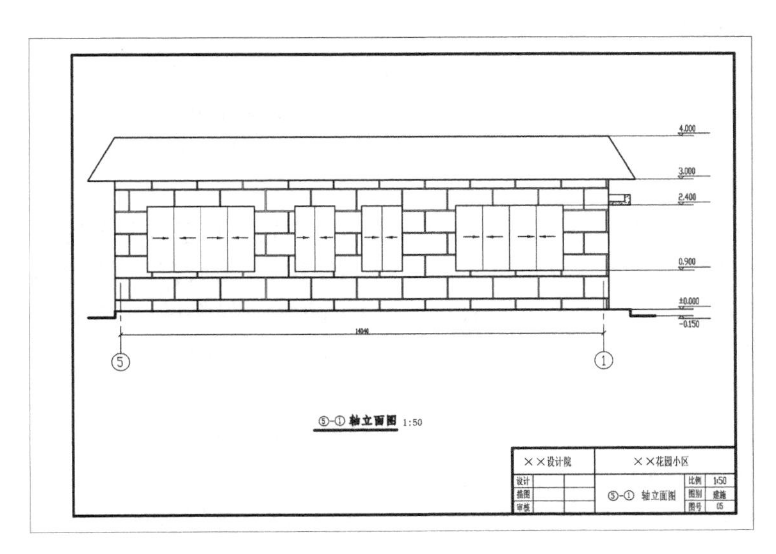

图 4.64　立面图绘图实例

体的转换。

其实，显示在屏幕上的图像也是计算机的输出结果。将图形在打印机或绘图仪上描绘出来和把图形在屏幕上显示出来，其原理和过程是完全相同的，都是把图形数据从图形数据库传送到输出设备上。只是为了区别起见，习惯上把绘制在传统介质（绘图纸、胶片等）上的图形称为图形的硬拷贝。

1. 正确地设置绘图仪或打印机

把图形数据从数字形式转换成模拟形式、驱动绘图仪或打印机在图纸上绘制出图形，这一过程是通过绘图仪和打印机的驱动程序实现的。不同类型的绘图仪和打印机，需要使用不同的驱动程序，因此要在 AutoCAD 系统中输出图形，必须告诉 AutoCAD 所使用的绘图仪或打印机的型号，以便装入相应的驱动程序。这也是在绘图前必须配置绘图仪或打印机的原因。

一个绘图设备配置中应包含设备相关信息。例如，设备驱动程序名、设备型号、连接该设备的输出端口以及与设备有关的各种设置；同时，也应包含与设备无关的信息，例如图纸的尺寸、放置方向、绘图比例以及绘图笔的参数、优化、原点和旋转角度等。

需要注意的是，AutoCAD 并没有把绘图设备的相关配置信息存储在图形文件中。在准备输出图形时，可以在 AutoCAD 中进行图面的布置，在【打印】对话框中选择一个现有配置作为基础，对其中的某些参数进行必要的修改。用户也可以把当前配置储存为新的绘图设备默认配置。

（1）使用系统默认打印机

在 Windows 98 至 Windows XP 系统中，如果不加任何说明，直接打印图形时，AutoCAD 2008 将使用默认的系统打印机，一般激光打印机和喷墨打印机不用进行特殊设置，可以直接输出图形。对于针式打印机，由于打印图形的效果不佳，在此不作介绍。对于各种绘图机的设置见下面的介绍。

(2)在 AutoCAD 2008 中设置绘图仪或打印机

在 Windows XP 下,对于常见的激光打印机本地连接时,使用系统打印机(默认设备)就可以完成打印任务,不用作特殊设置。在 AutoCAD 2008 所提供的预设绘图仪或打印机的驱动程序都是比较常用或是现在已有的机型,对于比较新的机型,Windows 的驱动程序就不一定适用了。

大多数可以用于 AutoCAD 的绘图仪或打印机多附有它们自己的驱动程序,只要在购买时确认该绘图仪或打印机的驱动程序可以支持 AutoCAD 2008,然后再按安装软件的说明将该驱动安装到 AutoCAD 2008 中。安装完绘图仪或打印机的驱动程序后,将使 AutoCAD 2008 里的绘图仪或打印机的列表里多一项该驱动程序的名称,选取此驱动程序来设置就可以利用此绘图仪或打印机来出图。

在 AutoCAD 2008 里,要配置绘图仪和打印机可参照下列步骤。

①进入 AutoCAD 2008 的主操作画面中。

②选择下拉菜单的“文件”→“绘图仪管理器”命令,将出现【Plotters】(打印机)对话框,如图 4.65 所示。

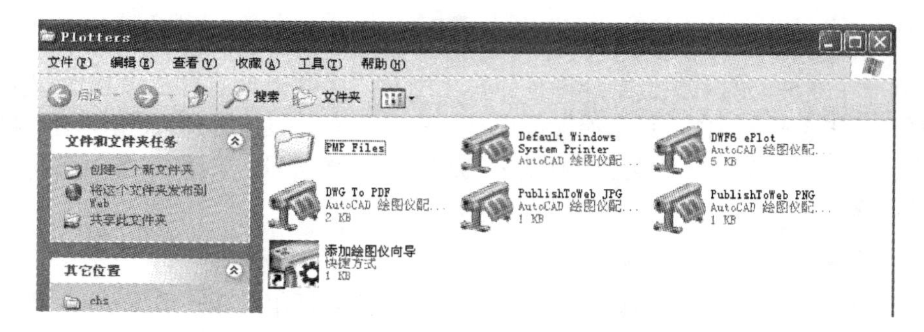

图 4.65 【Plotters】对话框

③在图 4.65 对话框中用鼠标左键双击“添加绘图仪向导”标签,并在图 4.66 中单击“下一步”按钮,将出现如图 4.67 所示的对话框(“我的电脑”单选按钮用于选择系统打印机以外

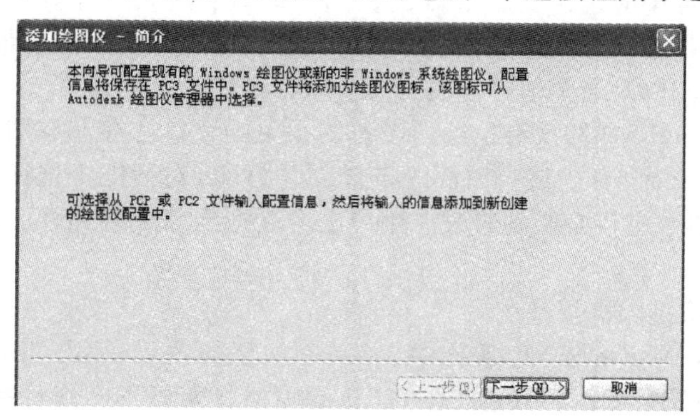

图 4.66 【添加打印机 - 简介】对话框

的本地设备;“网络绘图仪服务器”单选按钮则用于选择网络打印机;“系统打印机”单选按钮用于选择系统默认打印机——一般直接与本地连接的激光打印机选择此项),为了选择本地的非默认设备(如滚筒绘图仪),选择“我的电脑”单选按钮,从图 4.68 所示对话框中选择需要的设备(如图中选择了惠普的 7550A 绘图仪)。所有 AutoCAD 2008 的打印机或绘图仪驱动程序都会出现在此框中。新购买的打印机或绘图仪连接到计算机后,在此窗口中如果有对应的驱动程序,只要单击选取该驱动程序,然后再依提示安装即可。

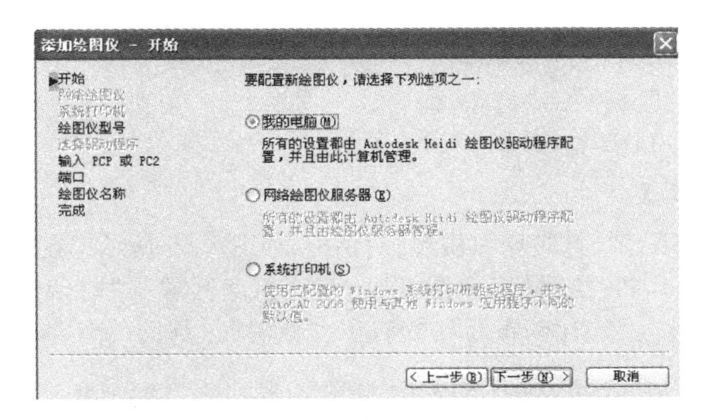

图 4.67　【添加绘图仪 - 开始】对话框

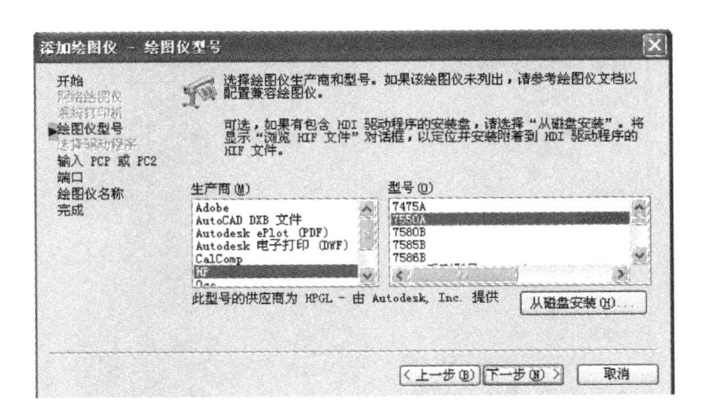

图 4.68　【添加绘图仪 - 绘图仪型号】对话框

④当选取某绘图仪或打印机的驱动程序后,系统就会针对该绘图仪或打印机的连接与其他设置询问相关的信息。可以说,只要连接设置正确,其他有关绘图输出的设置就可以按提示完成;如果连接设置不适当,出图时可重新根据需要修改。

4.10.10　图形的输出操作

在输出图形之前,应检查一下所使用的绘图仪或打印机是否准备好;检查绘图设备的电源开关是否打开,是否与计算机正确连接;运行自检程序,检查绘图笔是否堵塞跳线;检查是否装上图纸,尺寸是否正确,位置是否对齐。

1. 绘图命令 PLOT 的功能

绘图命令(PLOT)将主要解决绘图过程中的以下问题:打印设备的选择;设置打印样式表参数;确定图形中要输出的图形范围;选择图形输出单位和图纸幅面;指定图形输出的比例、图纸方向和绘图原点;图形输出的预览;输出图形。

2. 命令的启动方法

启动 PLOT 命令,可选择下列方式之一。

①单击标准工具栏上的打印按钮。

②选择下拉菜单的“文件”→“打印”命令。

③在命令行输入“PLOT”命令。

3. 图形输出参数设置

启动“PLOT”命令后,弹出【打印 - 模型】对话框,如图 4.69 所示。在图 4.69 中,共有 6 个选项:“页面设置”、“打印机/绘图仪”、“图纸尺寸”、“打印区域”、“打印偏移”、“打印比例”。下部有 5 个按钮,“预览”、“应用到布局”、“确定”、“取消”、“帮助”。

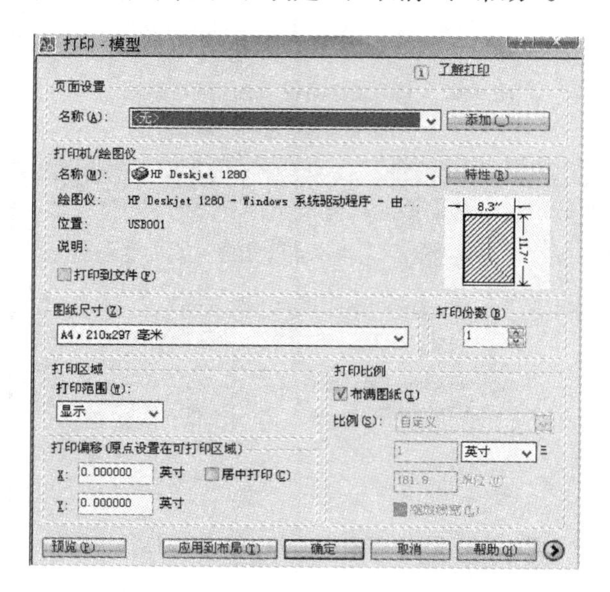

图 4.69 【打印 - 模型】对话框

在各个选项中,可以根据出图的需要,选择相应的页面名称、打印机或绘图仪的名称、出图尺寸、打印范围、是否需要居中打印、打印比例调节等。

(1)页面设置

页面设置用于选择一个已经设置好的图纸页面。出图时,需打印的图就会放在该页面内。

(2)打印机/绘图仪

在“名称”栏中,显示系统当前默认打印机/绘图仪的型号,单击下拉按钮可以选择其他绘图设备。图中选择的是 HP Deskjet 1280 打印机。

如果在“打印到文件”方框中打上“√”，表示当前没有连接合适的绘图设备，可先把图形输出为一个绘图文件，以后再打印出来。图形输出的其他设置都完成后，单击“打印”按钮，将弹出图 4.70 所示的【浏览打印文件】对话框，在选定的路径输入绘图文件名。绘图文件名的默认文件名为“Drawing1-Model. plt”，默认扩展名为 PLT。对于在网络环境下工作的用户，可利用这一功能实现脱机打印。

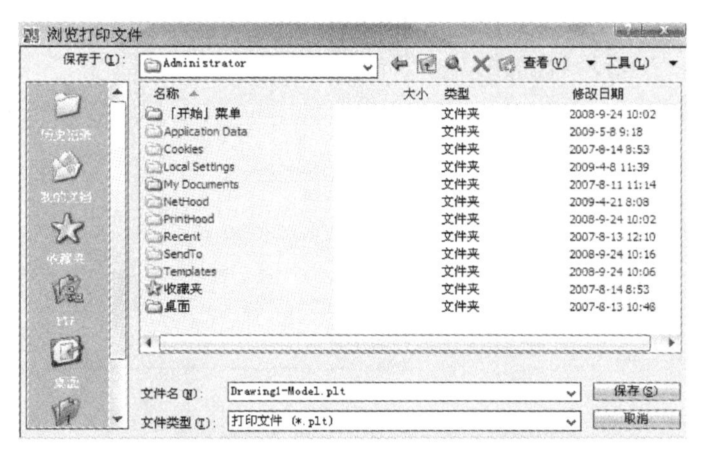

图 4.70　【浏览打印文件】对话框

(3)选择图纸幅面

单击图 4.69 中的“图纸尺寸”下拉列表，显示该绘图仪支持的标准图纸幅面的代号及其尺寸，单击选择需要的图纸大小(如在图 4.69 中选择了 A4 图幅)。

(4)打印区域

在打印范围下拉列表中，确定图形输出范围有 4 种方法，即窗口、范围、图形界限和显示。

①选择“窗口”选项后，单击“窗口”按钮，可以打印欲输出图形中的任一矩形区域内的图形。

提示：一般采用在当前的视窗内，使用光标从任意一点开始选择一矩形窗口，将打印所选定矩形窗口内的所有内容。

②选择“范围”单选按钮，则输出实际绘制的全部图形。

③选择“图形界限”单选按钮，则输出图形界限范围内的全部图形。

④选择“显示”单选按钮，则输出当前视窗内显示的全部图形。

(5)打印偏移

打印偏移用于控制输出图形在图纸中的位置。如选择在 X、Y 窗口中输入坐标点，则该坐标点代表拟打印图形的左下角点在图纸中的坐标位置。如选择“居中”打印，则拟打印的图形将会打印在图纸的正中位置。

提示：坐标输出和居中打印两者只能选其一。

(6)打印比例

选择布满图纸选项时，则拟打印的图形将充满整张图纸。如果去掉“布满图纸”选项方框中的“√”，则可选择拟打印图形在图纸中的显示比例。选择布满图纸选项和出图比例选项两者之间的区别如图4.71所示（出图的其余条件完全相同）。

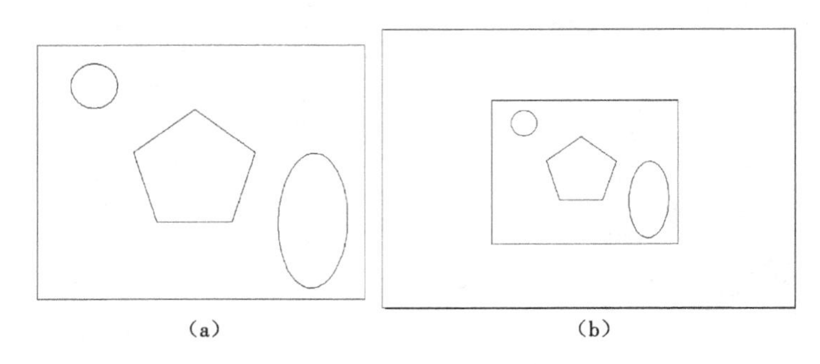

(a)　　　　(b)

图4.71　打印比例对出图的影响

(a)布满图纸　(b)比例1:5

(7)图形输出前的预览

完成打印设置后，可利用图4.69左下角的“预览”按钮预先浏览图形的输出效果。要退出预览时，可在该预览画面单击鼠标右键，在弹出的右键快捷菜单中选取“退出”(Exit)选项，即可返回【打印－模型】对话框，也可按“Esc”键退回。如果预览效果不理想，可返回【打印－模型】对话框重新调整绘图参数，直至满意为止。

4.图形输出实例

完成全部图形输出选择后，按【打印】对话框的“确定”按钮即可从绘图设备绘出图形。

在模型空间内，使用“PLOT”命令即可将图形绘制到图样上。它适合于输出图形各部分的绘图比例相同、图形方向也一致的情况。

例如，输出图4.72图形界面中的图形。其操作步骤如下。

①启动“PLOT”命令。选择下拉菜单中的“文件”→“打印”命令，弹出如图4.69所示的对话框。选择打印机为HP Deskjet 1280。

②选择A3图幅、窗口选择、居中打印、布满图纸、打印份数1份等选项，单击“预览”按钮，出现如图4.73的【图形输出预览】预览框。

③按【打印－模型】对话框的“确定”按钮或在预览界面中单击右键选择“打印”命令，即可输出图形。

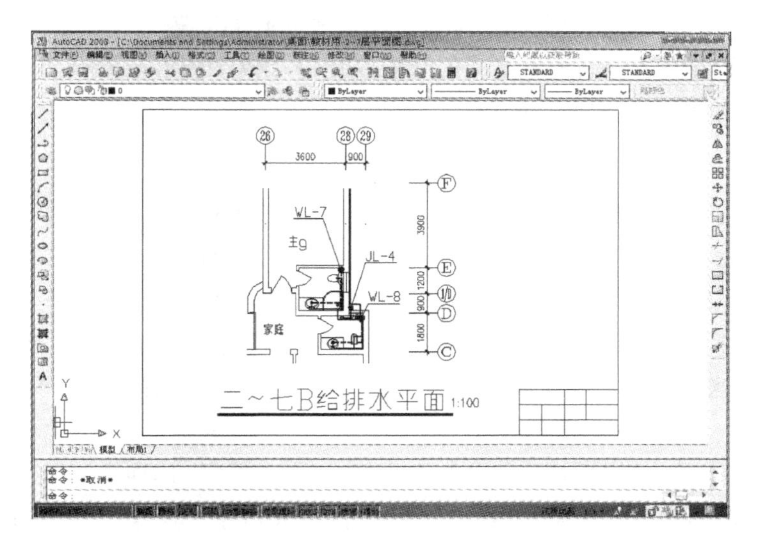

图4.72　图形输出示例

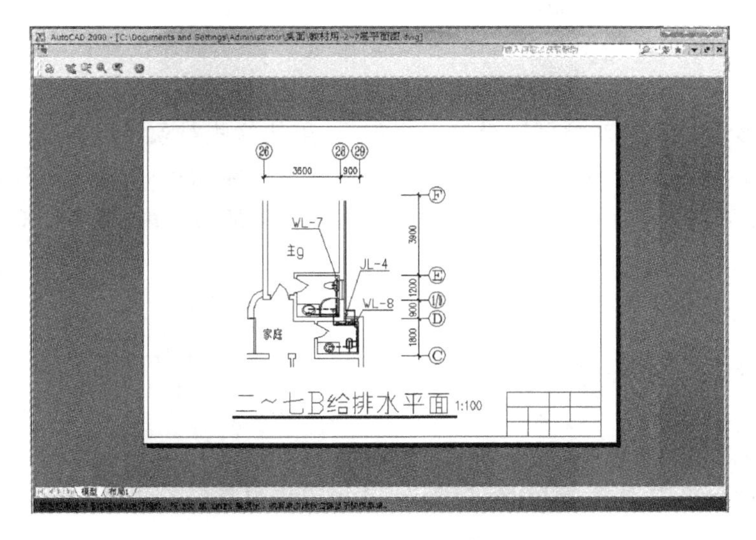

图4.73　【图形输出预览】预览框

提示：打印线条颜色、线型、线宽应在图层中完成设置。

4.10.11　利用布局打印

AutoCAD的工作空间分为模型空间和图纸空间，人们一般习惯在模型空间绘制图形，在图纸空间打印图形。一般情况下两者是独立的，即在图纸空间看不到模型空间中创建的实体，同时在模型空间看不到图纸空间的图形。作为设计者最关心的问题是模型空间图形能否完整、动态和实时地显示于图纸空间,模型空间的图形变化每次改动能否自动同步地显示于图纸空间。通过布局工具就可以完成这一任务。

1.布局的概念与作用

要理解布局,首先要理解布局与模型空间、图纸空间的关系。

模型空间是用户建立对象模型所在的环境。模型即用户所画的图形,可以是二维的,也可以是三维的,模型空间以现实世界的通用单位来绘制图形对象。

图纸空间是专门为规划打印布局而设置的一个绘图环境。作为一种工具,图纸空间用于安排在绘图输出之前设计模型的布局,在 AutoCAD 中,用户可以用许多不同的图纸空间来表现自己的图形。

广义概念上的布局包括两种:一种是模型空间布局(“模型”选项卡),用户不能改变模型空间布局的名字,也不能删除或新创建一个模型空间布局对象,每个图形文件中只能有一个模型空间布局;另外一种是图纸空间布局(“布局”选项卡),用于表现不同的页面设置和打印选项,用户可以改变图纸空间布局的名字,添加或删除(但至少保留 1 个)图纸空间布局。

狭义概念上的布局,单指图纸空间布局(除非特殊说明,否则下文中的“布局”均单指图纸空间布局)。

在模型空间绘制的图形对象属于模型空间布局(虽然这些对象可以在图纸空间的浮动视图区内显示出来);在图纸空间绘制的图形对象仅属于其所在的布局,而不属于其他布局。例如,在布局 1 的布局内绘制了一个线段,它仅显示在布局 1 的布局内,在布局 2 的布局内并不显示。

2.建立新布局

可以利用菜单栏、工具栏、命令行和屏幕“布局 x(x 一般取 1、2)”选项卡 4 种方式之一使用布局功能。

(1)用 LAYOUT 命令创建布局

“LAYOUT”命令可以创建、删除、保存布局,也可以更改布局的名称。

1)新建布局

◇命令:LAYOUT↙

◇输入布局选项[复制(C)/删除(D)/新建(N)/样板(T)/重命名(R)/另存为(SA)/设置(S)/?]<设置>:N↙

◇输入新布局名<布局 3>:创建布局举例↙

2)复制布局

用复制已有布局的方式建立新的布局。经过键入要复制的源布局和新建布局的名称(默认条件下,新布局名称为原布局名称后加括号,括号内为一个递增的索引数字号)即可完成该操作。

3)删除布局

选择该选项后,AutoCAD 提示输入要删除的布局名称,然后删除该布局。当删除所有的布局以后,系统会自动生成一个名为“布局1”的布局,以保证图纸空间的存在。

4)以原型文件创建新布局

以样板文件(.dwt)、图形文件(.dwg)或 DXF 文件(.dxf)中的布局为原型创建新的布局时,新布局中将包含源布局内的所有图形对象和浮动视口(浮动视口本身就是图纸空间的一个图形对象),但不包含浮动视口内的图形对象。选择“样板(T)”选项后,如果系统变量 FIELDIA = 1,则显示“从文件选择样板”对话框,在对话框中选择相应的文件(.dwt、.dwg、.dxf)后,单击“打开”按钮,AutoCAD 将用“插入布局”对话框显示该文件中包含的布局。用户可以从中选择一个布局作为新布局的模板。

5)重命名布局

重命名布局就是更改布局的名称。选择“重命名(R)”选项后,系统首先提示输入布局的原名称,然后提示输入布局的新名称。

6)另存布局

使用“另存为(SA)”选项可以将布局(包括布局内的图形对象和浮动视口)保存到一个模板文件(.dwt)、图形文件(.dwg)或 DXF 文件(.dxf)中,以备其他用户使用。

7)设置为当前布局

使用“设置(S)”选项可以将某一布局设置为当前布局。

8)显示布局

使用“?”选项可以显示图形中存在的所有布局。

(2)用 LAYOUTWIZARD 命令创建布局

激活“LAYOUTWIZARD”命令后,AutoCAD 显示【创建布局—开始】对话框,该对话框的左面显示了向导的运行步骤和当前步骤,依次点击下一步,选择相应选项后,即可完成布局的创建。

提示:如果在打印出图时,不能正常地打印出所需要的图线,可从以下几个方面进行检查。①查看需要打印的图层是否被关闭(OFF)、冻结(FREEZE)和锁住(LOCK)。②查看需要打印的图层上其打印机是否关闭,见符号。③查看需要打印的图线是否绘制在“0”图层上。因为绘制在“0”图层上的所有图线将不被打印。④检查完以上3步后,若仍然不能正常出图,还可以新建一张 CAD 图,把不能被正常打印视图上的所有图线及内容拷贝到新建图上,再进行打印,应该可以解决此问题。

4.10.12　高级应用技巧(拓展知识)

1. 高级图形查询

打开下拉菜单“工具”→“查询”→“……”,如图4.74所示,可以进行距离、面积、面域/质量特性、列表显示、点坐标、时间、状态、设置变量的查询。

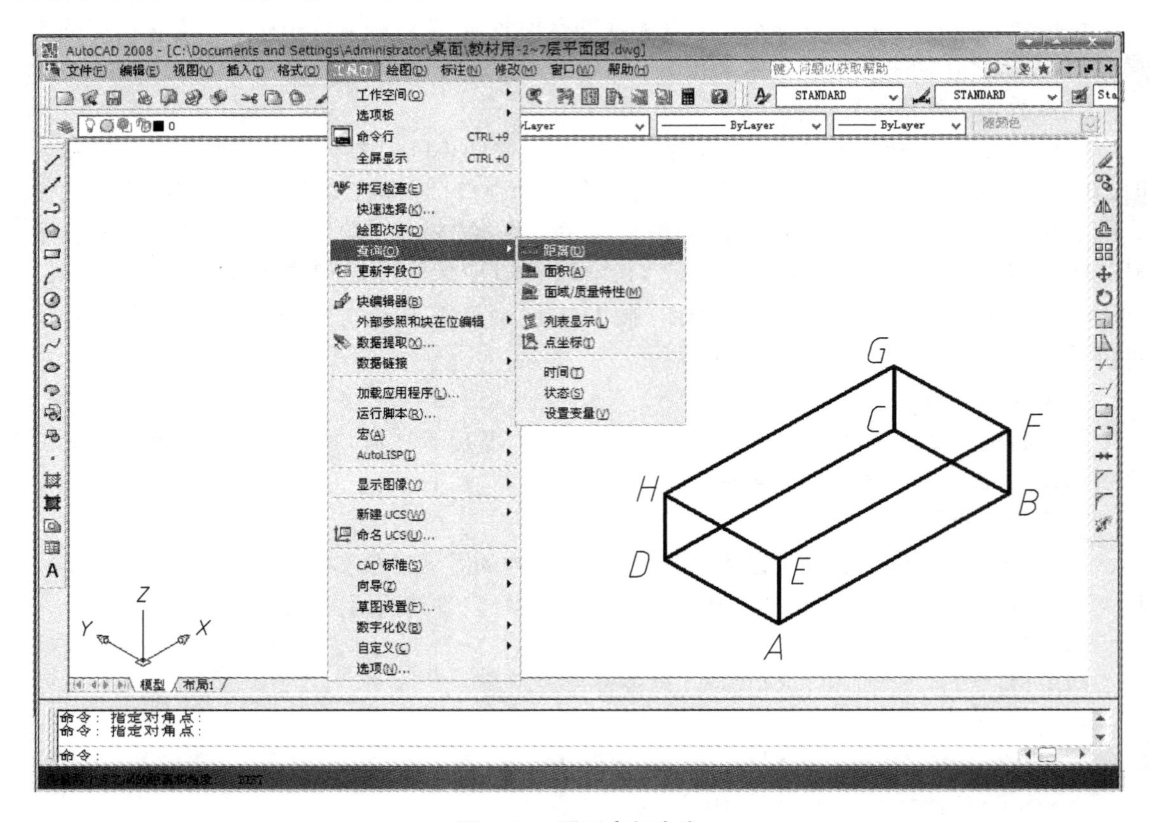

图 4.74 图形高级查询

示例：查询图 4.75 所示长方体的图形信息。

（1）坐标查询

查询图 4.75 所示长方体的 A 点坐标。单击下拉菜单“工具”→“查询”→“点坐标”选项，交互区命令执行过程如下。

◇命令：ID↙

◇指定点：（鼠标左键单击图 4.75 中的 A 点）

◇$X=-427.1056$　　$Y=2\ 261.284\ 8$　　$Z=0.000\ 0$（显示三维坐标值）

图 4.75 长方体信息查询

（2）长度查询

查询图 4.75 所示长方体的 AB 边长度。单击下拉菜单“工具”→“查询”→“距离”选项，交互区命令执行过程如下。

◇命令：DIST↙

◇指定第一点：（鼠标左键单击图 4.75 中的 A 点）

◇指定第二点：（鼠标左键单击图 4.75 中的 B 点）

◇距离 = 200.000 0，XY 平面中的倾角 = 0，与 XY 平面的夹角 = 0

◇X 增量 = 200.000 0，Y 增量 = 0.000 0，Z 增量 = 0.000 0

(3)面积查询

查询图 4.75 所示长方体 *EFGH* 面的面积。首先设置对象捕捉为捕捉“端点”，并打开对象捕捉状态，然后单击下拉菜单“工具”→“查询”→“面积”选项，交互区命令执行过程如下。

◇命令：AREA ↙

◇指定第一个角点或［对象(O)/加(A)/减(S)］：(鼠标左键单击图 4.75 中的 E 点)

◇指定下一个角点或按 ENTER 键全选：(鼠标左键单击图 4.75 中的 F 点)

◇指定下一个角点或按 ENTER 键全选：(鼠标左键单击图 4.75 中的 G 点)

◇指定下一个角点或按 ENTER 键全选：(鼠标左键单击图 4.75 中的 H 点)

◇指定下一个角点或按 ENTER 键全选：↙

◇面积 = 20 000.000 0，周长 = 600.000 0

(4)体积等信息查询

查询图 4.75 所示长方体的体积等信息，单击下拉菜单“工具”→“查询”→“面域”→“质量特性”选项，交互区命令执行过程如下。

◇命令：MASSPROP ↙

◇选择对象：(鼠标左键单击)

◇选择对象：↙

出现如图 4.76 对话框，即得各种查询信息。

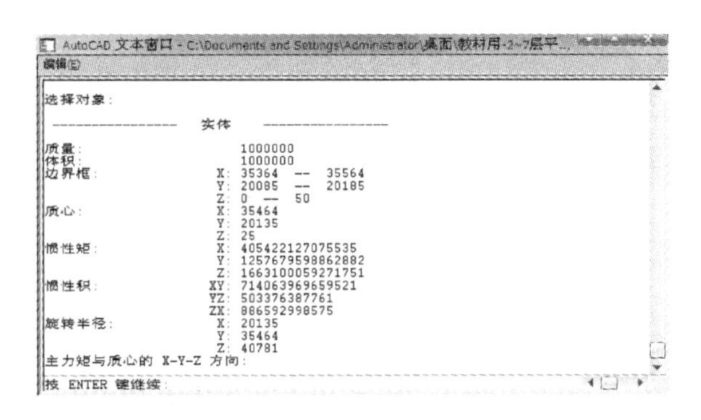

图 4.76　【查询信息】对话框

提示：①“MASSPROP”查询命令对求非规则圆形的体积和质心等信息非常有用。

②以上查询除可以用输入命令的方式完成外，也可把光标置于任一工具条上，单击右键，选取查询工具条，即图 4.77。

在查询距离、面积、面域/质量特性时，直接点取相应的图标即可。

图 4.77 查询工具条

2. Excel、Word 与 AutoCAD 在建筑工程中的结合应用

(1)工程数量的统计与表格绘制

AutoCAD 尽管有强大的图形绘制功能,但表格处理功能相对较弱,而在实际工作中,往往需要在 AutoCAD 中制作各种表格(工程数量表等)。如建筑结构施工图中的钢筋统计表,不仅要对单个构件进行统计,还要对整个工程所用钢筋量进行汇总统计。所以,在绘制图样中插入表格是工程绘图中不可缺少的。如何高效制作表格,是一个很实用的问题。

在 AutoCAD 环境下用手工画线方法绘制表格,然后再在表格中填写文字,不仅效率低下,而且很难精确控制文字的书写位置,文字的排版也很成问题。相对来说,Excel 的表格制作功能是十分强大的,因此我们可以在 Excel 中制表及统计,然后将表格放入 AutoCAD 中。

示例:绘制如图 4.78 所示的钢筋统计表。

E4 = 4340

	A	B	C	D	E	F	G	H	I
1	钢筋统计表								
2	构件名称	构件数	钢筋编号	钢筋规格	长度/mm	每件根数	总根数	单件重量/kg	总重量/kg
3	L-1	5	1	Φ14	3630	2	10	8.78	43.9
4			2	Φ14	4340	1	5	5.25	26.25
5			3	Φ10	3580	2	10	4.42	22.1
6			4	Φ6	920	25	125	5.11	25.55
7			钢筋总重					23.56	117.8

图 4.78 钢筋统计表原始数据

其具体绘制步骤如下。

①在 Excel 中输入并计算完成如图 4.79 所示的表格。

Microsoft Excel - Book1.xls

文件(F) 编辑(E) 视图(V) 插入(I) 格式(O) 工具(T) 数据(D) 窗口(W) 帮助(H)

A1 = 钢筋统计表

	A	B	C	D	E	F	G	H	I
1	钢筋统计表								
2	构件名称	构件数	钢筋编号	钢筋规格	长度/mm	每件根数	总根数	单件重量/kg	总重量/kg
3	L-1	5	1	Φ14	3630	2	10	8.78	43.9
4			2	Φ14	4340	1	5	5.25	26.25
5			3	Φ10	3580	2	10	4.42	22.1
6			4	Φ6	920	25	125	5.11	25.55
7			钢筋总重					23.56	117.8

图 4.79 在 Excel 中计算完成的统计表

②在 AutoCAD 中的菜单条中选择“编辑”→“选择性粘贴”选项,选择工作表(如图 4.79 所示),剪贴板上的表格即转化为 AutoCAD 实体,如图 4.80 所示,粘贴完 Excel 表格后的图形如图 4.81 所示。

工程中或其他行业有许多符号在 Excel 中很难输入,在表格转化成 AutoCAD 实体后应进行检查核对,可以在 AutoCAD 中输入相应的符号。

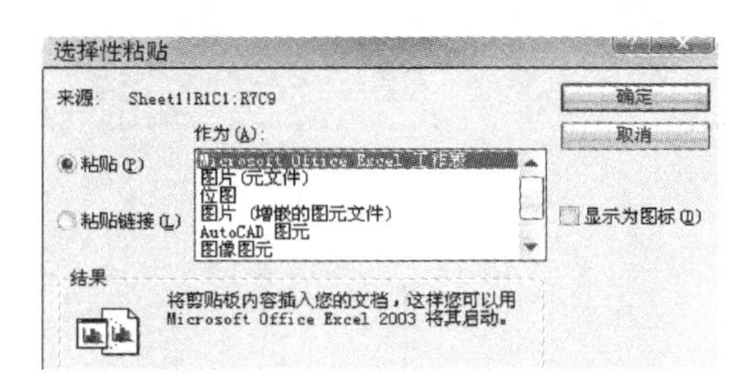

图 4.80　选择工作表粘贴

钢筋统计表

构件名称	构件数	钢筋编号	钢筋规格	长度/mm	每件根数	总根数	单件重量/kg	总重量/kg
L1	5	1	Φ14	3630	2	10	8.78	43.9
		2	Φ14	4340	1	5	5.25	26.25
		3	Φ10	3580	2	10	4.42	22.1
		4	Φ6	920	25	125	5.11	25.55
		钢筋总重					23.56	117.8

图 4.81　粘贴完 Excel 表格的 CAD 图

提示：对需要修改的数据可双击它，回到 Excel 中修改，修改完成后，关闭更新即可。

(2)在 Word 文档中插入 AutoCAD 图形

Word 软件有出色的图文并排方式，可以把各种图形插入到所编辑的文档中，这样不但能使文档的版面丰富，而且能使所传递的信息更准确。但是，Word 本身绘制图形的能力有限，难以绘制正式的工程图，特别是绘制复杂的图形。AutoCAD 是专业的绘图软件，功能强大，很适合绘制比较复杂的图形。用 AutoCAD 绘制好图形后，然后插入到 Word 制作复合文档是解决问题的好办法。

如图 4.82 所示，在 AutoCAD 中先单击标准工具条上的按钮，然后框选图形；或先选取图形后用“Ctrl + C”将图复制到剪贴板中；也可使用计算机键盘上的“PrScrn”键(抓图键)将 AutoCAD 的图形界面复制到剪贴板中(该种方法复制的图形是一个图片，图形内容不能在 Word 中进行修改)；进入 Word 中，用“Ctrl + V”或选择“编辑”下的“粘贴”、“选择性粘贴”选项，图形则粘贴在 Word 文档中，如图 4.83 所示。

显然，图 4.83 中插入 Word 文档中的图空边过大，效果不理想。可利用 Word“图片”工具栏上的裁剪功能进行修整：单击图形，在图形上下左右出现 8 个四方形黑点。单击鼠标右键在出现快捷菜单条的同时，屏幕上弹出如图 4.84 所示的“图片”工具栏。

单击“图片”工具条上的按钮。将鼠标移至黑点处，按住鼠标左键，出现拖动符号“T”

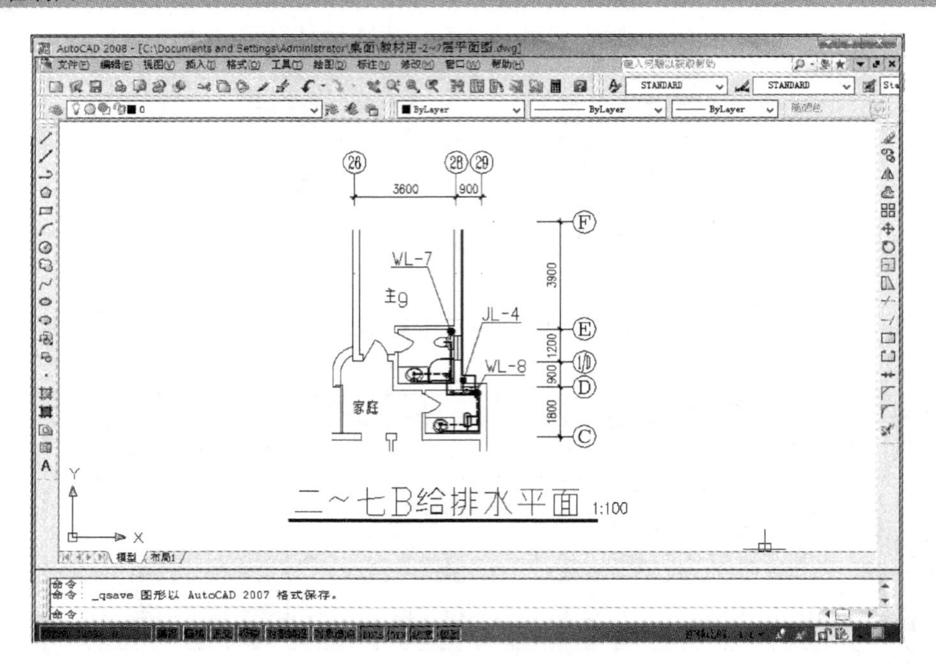

图 4.82　在 CAD 中的图

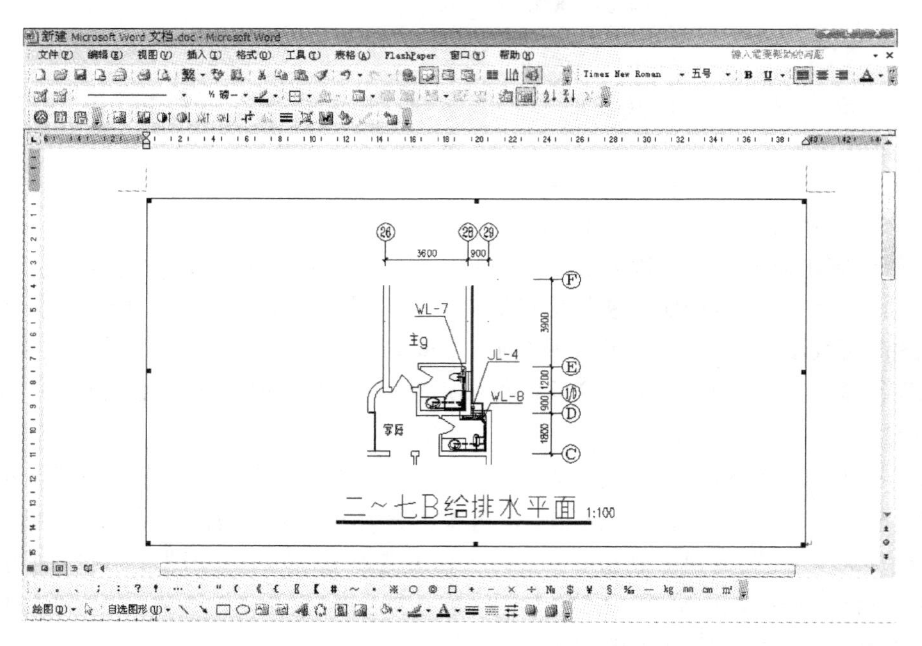

图 4.83　在 Word 中的图

后即可拖动鼠标对图形中的空边区域进行修整。修整后如图 4.85 所示。

(3)在 AutoCAD 中插入 Word 文档

在设计中有时需将大面积的文档调入图形中,如设计图样总说明等,文字多而图形相对较少的情况。我们可以先在 Word 中输入文字，然后用“Ctrl + C”将文字拷贝到剪贴板上；在 AutoCAD 中，启动多行文字“MTEXT”命令，再用“Ctrl + V”复制到文字输入框中。

图 4.84　“图片”工具条

以上仅介绍了作者认为比较简捷的一种操作方法，还

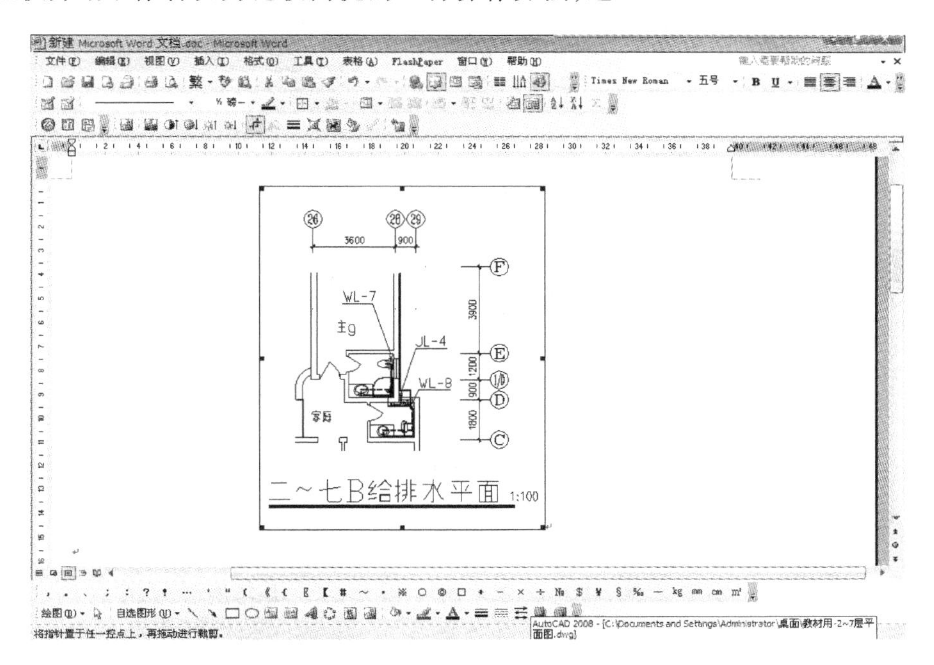

图 4.85　修整空边后的图

有许多其他的方法，读者可以去自行练习。如果用户需要将所绘图形以“图片”格式运用，可以用 AutoCAD 提供的“输出”菜单选项，先将 AutoCAD 图形以 BMP 或 WMF 等格式输出，然后以来自文件的方式插入 Word 文档即可。

3. 图块的应用

(1)块的概念

在一个图形中，所有的图形实体均可用绘图命令逐一绘制出来。如果需要绘制许多重复或相似的单个实体或一组实体，一个基本的方法是重复绘制这些实体，这样做不仅乏味、费时，而且不一定能保证这些实体完全相同。利用计算机绘图的一个基本原则是，同样的图形不应该绘制两次。因此，AutoCAD 提供了各种各样的复制命令，如“COPY”、“MIRROR”和“ARRAY”。但是，如果拷贝的实体同时需要进行旋转和缩放，还必须借助于“ROTATE”和“SCALE”命令。即使如此，简单实体复制所占用的存储空间也是相当可观的。那么，如何实现一组实体既能以不同比例和旋转角进行复制，又占用较少的存储空间呢？块是解决上述矛盾的一个途径。

所谓块，就是存储在图形文件中仅供本图形使用的由一个或一组实体构成的独立实体。块一经定义，用户即可在定义块的图形中任何位置，以任何比例和旋转角度插入任意次。图 4.86 表示以不同的比例因子和旋转角度插入图形中的八字翼墙断面图块。左上角为块定义的原始图形。

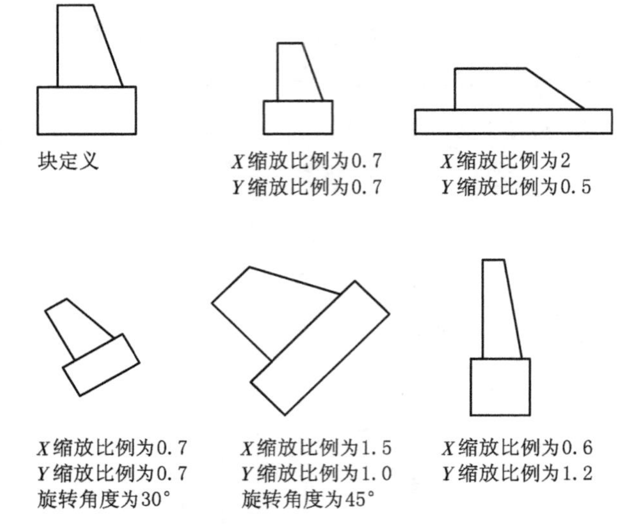

图4.86　块的应用示例

(2)块定义的组成

1)块名

块为用户自行定义的有名实体,块是以块名唯一识别的。块名最长不超过31个字符,可由字符、数字和专用字符“$”、边字符“-”和下划线“_”构成。最好根据块的内容或用途对块命名,以便顾名思义。

2)组成块的实体

块是一种复杂实体,组成它的实体常称之为子实体。定义块时,系统要求用户指定块中包含哪些子实体,这些实体在定义块时需要先行绘制。

3)块的插入基点

把一组子实体定义成块,目的是为了在本图中使用。插入一个块时,需要在图形中指定一点,作为块的定位点(兼作缩放中心和旋转中心),该点称块的插入点。那么,定义块上的哪一点作为插入点呢?这就是在定义块时需要指定的块上的一点,即所谓的插入基点。

提示:插入基点只是块定义的组成部分,而不是点实体。

(3)块定义的命令

对现有块重新进行定义是对图形进行编辑的强有力方法。如果用户定义了一个块,并在当前图形中进行了多次插入,后来发现所有插入块中的实体绘制错误或位置不正确,则用户可以使用分解命令把其中一个插入块炸开,修改块属实体或重新指定插入基点,然后使用原块名对该块重新定义。块定义的修改会引起当前图形的再生,使得当前图形中该块的所有插入块都会根据新的块定义自动进行更新。

块定义的命令可以采用“BMAKE”命令或“BLOCK”命令,两者均采用对话框的形式定义块。现就“BLOCK”命令定义块的过程予以介绍(需要定义的块如图4.87所示,插入后如图4.88所示)。

命令:BLOCK(显示图4.89所示的对话框后,输入名称“YQ-1”)

◇选择对象:(用鼠标左键拾取图4.87中的梯形和矩形)

◇指定插入基点:MID(指定插入基点为图4.87中矩形下边中点,对话框如图4.89所示,选择“确定”按钮完成块的定义)。

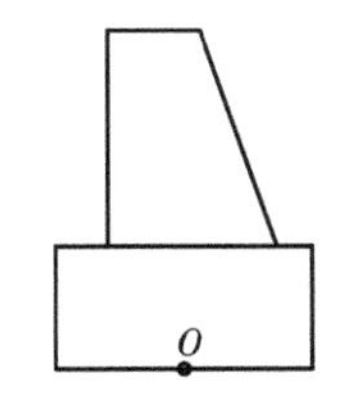

图4.87　块的定义

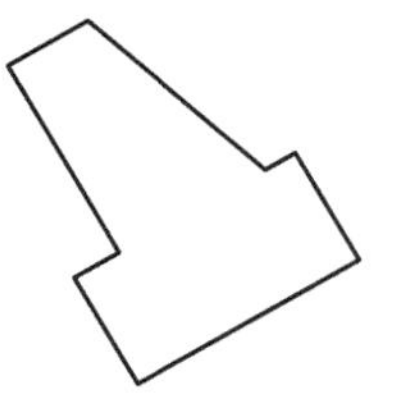

图4.88 插入块

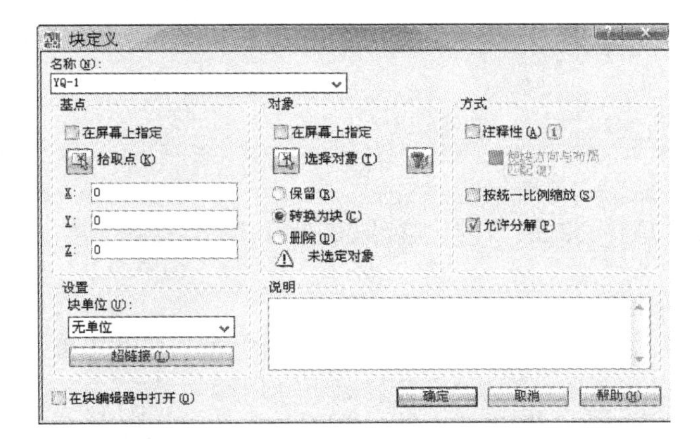

图4.89　【块定义】对话框

提示:尽管块定义本身存储在图形中,但并不是图形中的实体。必须使用INSERT命令将块插入到图形中才能产生块实体。

(4)块的插入

使用“INSERT”或“DDINSERT”命令,可以把已定义的块或外部图形文件插入到当前图形中。当把一个外部图形插入到当前图形中时,AutoCAD先从磁盘上将外部图形装入当前图形,再把它定义成当前图形的一个块,然后再把该块插入到图形中,即同时完成外部图形文件的块定义和块插入。

在插入块或图形时,用户需要指明插入块的块名、块插入的位置——插入点、块插入的比例因子和块插入的旋转角度。

现以“INSERT”命令为例介绍块的插入操作。在命令行输入 INSERT 命令。按下面提示完成块的插入操作。

◇命令:INSERT(出现如图 4.90 所示的对话框,输入旋转角度 30,比例因子不变)执行得到图 4.88。

(5)块的修改

当插入的图块不能完全符合要求而需要修改时,应该使用 EXPLODE 命令炸开使其成为下一级图元文件才可以修改,如果图块有嵌套,即图块中有图块,有时一次炸开不行,还需要在局部进行二次炸开操作。

(6)利用块绘制围墙图例

示例:绘制图 4.91 所示总平面图中的围墙图例。

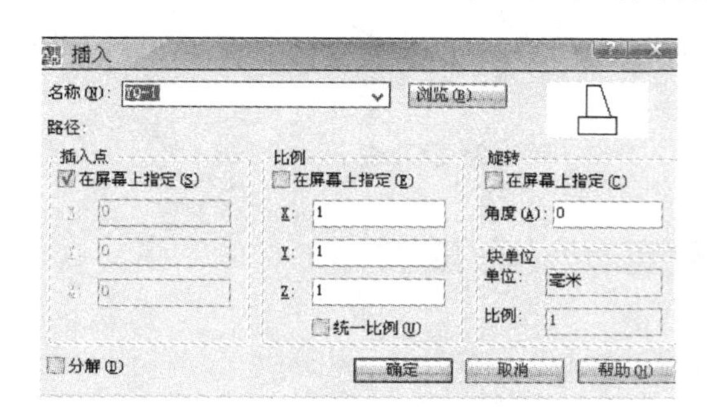

图 4.90 【插入】对话框

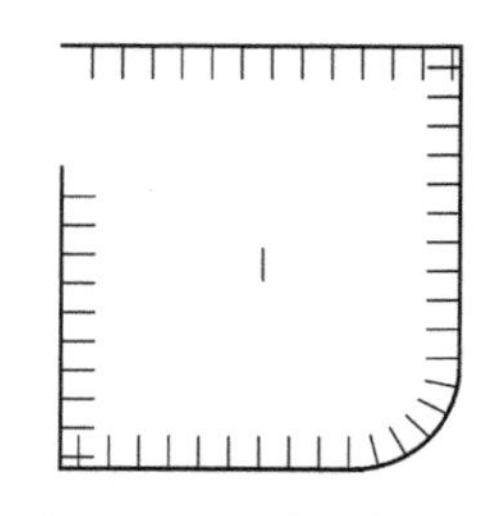

图 4.91 绘制围墙图例

①利用 LINE 或 PLINE 绘制围墙的边界线;若使用 LINE 绘制,则要转换为多段线。

②绘制一定长度的竖直线。

③定义图 4.91 中部的竖直线为图块,图块名为“Y1”,基点为其下端。

④命令:DIVIDE(定数等分)或 MEASURE(定距等分)↙

◇选择要定数等分的对象:(用鼠标左键拾取图 4.91 中的围墙边界线)

◇输入要插入数目或[块(B)]:B ↙(选择图块模式)

◇输入要插入的块名:Y1 ↙(输入图块名“Y1”)

◇是否对齐块和对象?[是(Y)/否(N)]<Y>:↙(保持图块与插入的位置相垂直)

◇输入线段数目:50 ↙(围墙边界线的分段个数,分为 50 段,结果见图 4.91)

任务 4 小结

房屋建筑工程施工图是建造房屋的技术依据。介绍了房屋建筑的组成与作用,房屋建筑建造程序、施工图分类;图样和建筑总平面图、建筑详图组成,应充分理解建筑施工图各图样的成图原理。以建筑平面图、立面图、剖面图 3 种基本图样为重点,详细介绍了其形成、内容、绘制步骤,既有手工绘制要求,也有计算机绘制要求等内容。施工图的图示内容十分繁杂,在实际工作中应当因工程而异、灵活运用、注重理解。识读房屋建筑施工图,必须具备一定的专业知识,按照正确的方法、步骤进行识读。这是将来的工作任务,结合施工现场进行教学,达到所学即所用的目的。

习　　题

一、选择题

1. 用(　　)的比例绘制房屋施工图时,断面内须画出材料图例。

A. 1∶20　　B. 1∶50　　C. 1∶100　　D. 1∶200

2. 用(　　)的比例绘制房屋施工图中的墙、柱断面时,断面内须画出抹灰层线。

A. 1∶200　　B. 1∶100　　C. 1∶50　　D. 1∶20

3. 建筑工程图样是按照(　　)进行编号的。

A. 工种　　B. 建筑　　C. 结构　　D. 设备

4. 图样的隶属编号由(　　)组成,其级数和位数由产品结构的复杂程序而定。

A. 数字　　B. 字母　　C. 数字和字母　　D. 产品代号

5. 在图样中标注分区代号时,字母、数字书写的顺序是(　　)。

A. 前、后　　B. 后、前　　C. 上、下　　D. 下、上

6. 房屋施工图中,应在(　　)建筑平面图中画出指北针。

A. 中间层　　B. 标准层　　C. 底层　　D. 顶层

7. 房屋的建筑详图符号中,详图编号填写在直径为(　　)毫米的圆内。

A. 6　　B. 8　　C. 10　　D. 14

8. 在图样的管理中,原图分两种,一种是勘察、测绘方面的硬版图,另一种是设计工作中的(　　)。

A. 复印图　　B. 效果图　　C. 铅笔图　　D. 蓝图

9. 凡是绘制了视图,编制了(　　)的图纸称为图样。

A. 标题栏　　B. 技术要求　　C. 尺寸　　D. 图号

10. 房屋平面图一般是指用(　　)剖切房屋画出的剖面图。

A. 水平面　　B. 侧平面　　C. 正平面　　D. 铅垂面

11. 画房屋剖面图时,应在(　　)平面图中标明剖切位置。

A. 顶层　　B. 底层　　C. 中间层　　D. 标准层

12. 图样分类编号,按对象功能、形状的相似性,采用(　　)进制分类法进行编号。

A. 二　　B. 十　　C. 十二　　D. 六十

13. 图样和文件的编号一般有分类编号和(　　)编号两大类。

A. 图纸　　B. 零件图　　C. 装配图　　D. 隶属

14. 房屋施工图样中,不应标注绝对高程的是(　　)。

A. 房屋总平面图中,地面等高线的高程

B. 房屋总平面图中,室外整平地面的高程

C. 房屋总平面图中,室内底层地面的高程

D. 房屋底层平面图中，室内底层地面的高程

15. 房屋结构按(　　)分为钢筋混凝土结构、混合结构、砖木结构、钢结构和木结构。

A. 基础的材料　　B. 承重构件的材料　　C. 承重墙的材料　　D. 楼板的材料

16. 房屋总平面图中的标高数字应该到小数点后第(　　)位。

A. 1　　B. 2　　C. 3　　D. 4

17. 房屋立面图中的室外地面线用(　　)绘制。

A. 细实线　　B. 中实线　　C. 粗实线　　D. 加粗实线

18. 除房屋的(　　)外，房屋的其他图样均标注相对高程。

A. 楼层结构平面布置图　　B. 总平面图

C. 屋顶平面图　　D. 基础平面图

19. 为了管理好建筑工程图样，必须对图样进行合理的(　　)。

A. 编号　　B. 分类　　C. 分类编号　　D. 图号编写

20. 应注写绝对标高的房屋施工图是(　　)。

A. 房屋的总平面图　　B. 房屋的建筑平面图

C. 房屋的建筑立面图　　D. 房屋的建筑剖面图

21. 图纸的装订位置，应在图纸的(　　)。

A. 左上角　　B. 左下角　　C. 右上角　　D. 右下角

22. 图纸一般折叠成(　　)的规格后再装订。

A. A3 或 A4　　B. A0 或 A1　　C. A1 或 A2　　D. A2 或 A3

23. 无论那种装订，都需将(　　)露在外面。

A. 明细表　　B. 技术要求　　C. 图形　　D. 标题栏

24. 无装订边图纸的装订，是在图纸的左下角，粘贴上(　　)。

A. 图订　　B. 装订胶带　　C. 胶布　　D. 硬纸板

25. 国家制图标准规定，图框格式分为(　　)两种，但同一产品的图样只能采用一种格式。

A. 横装和竖装　　B. 有加长边和无加长边

C. 不留装订边和留装订边　　D. 粗实线和细实线

26. 国家制图标准规定，(　　)分为不留装订边和留装订边两种，但同一产品的图样只能采用一种格式。

A. 图框格式　　B. 图纸幅面　　C. 基本图幅　　D. 标题栏

27. 某一产品的图样，有一部分图纸的图框为留装订边，有一部分图纸的图框为不留装订边，这种做法是(　　)。

A. 正确的　　B. 错误的　　C. 无所谓的　　D. 允许的

28. 为保证成套图纸的完整性，复制图纸一般复制(　　)套。

A. 1　　B. 2　　C. 3　　D. 4

29. (　　)应当作为主要的技术资料存档。

A. 草图　　B. 三视图　　C. 示意图　　D. 复制图

30. 混合结构的房屋是指(　　)的房屋结构。

A. 墙用砖,梁、楼板、屋顶为木制构件

B. 墙用砖,楼板、楼梯、屋顶为钢筋混凝土构件

C. 非承重墙用砖、承重构件为钢筋混凝土构件

D. 墙用砖,屋架为钢制构件

二、判断题

1. 图框的格式有两种,分别为有装订边和无装订边。（　　）

2. 图纸一般无需装订,卷起来即可。（　　）

3. 建筑工程必须每层都有相应的平面图。（　　）

4. 建筑立面图与其他图样一样,其图线都是粗、中、细 3 种线。（　　）

5. 凡是在平、立、剖面图中没有表达清楚的部位,都可以使用详图来表示。（　　）

6. 随着施工现场计算机的普及,使用计算机绘图和完成图档管理越来越普遍,所以没有必要再学习手工绘制建筑图了。（　　）

综合实训

同学们在课内实训和集中实训中,完成附图中的建筑平、立、剖面图的抄绘或测绘任务。(A3 图幅,手工和上机各 3 ~5 张)。

教学评估表

学习情境名称：________________班级：________________姓名：________________日期：________________

1. 本表主要用于对课程授课情况的调查，可以自愿选择署名或匿名方式填写问卷。

根据自己的情况在相应的栏目打“√”。

评估等级 / 评估项目	非常赞成	赞 成	不赞成	非常不赞成	无可奉告
(1)我对本书学习很感兴趣					
(2)教师教学设计好，有准备并阐述清楚					
(3)教师因材施教，运用了各种教学方法来帮助我的学习					
(4)学习内容能提升我的读图和绘图技能					
(5)有实物、图片、音像等材料，能帮助我更好地理解学习内容					
(6)对于教学内容教师知识丰富、能结合施工现场进行讲解					
(7)教师善于活跃课堂气氛，设计各种学习活动，利于学习					
(8)教师批阅、讲评作业认真、仔细，有利于我的学习					
(9)我理解并能应用所学知识和技能					
(10)授课方式适合我的学习风格					
(11)我喜欢这门课中的各种学习活动					
(12)学习活动有利于我学习该课程					
(13)我有机会参与学习活动					
(14)每项活动结束都有归纳与总结					
(15)教材编排版式新颖，有利于我学习					
(16)教材使用的文字、语言通俗易懂，有对专业词汇的解释、提示和注意事项，利于我自学					
(17)教材为我完成学习任务提供了足够信息和查找资料的渠道					
(18)教材通过讲练结合使我技能增强了					

续表

评估等级 评估项目	非常赞成	赞 成	不赞成	非常不赞成	无可奉告
(19)教学内容难易程度合适,紧密结合施工现场,符合我的需求					
(20)我对完成今后的工作任务更有信心					

2. 您认为教学活动使用的视听教学设备:

合适 □　　太多 □　　太少 □

3. 教师安排边学、边做、边互动的比例:

讲太多 □　　练习太多 □　　活动太多 □　　恰到好处 □

4. 教学进度:

太快 □　　正合适 □　　太慢 □

5. 活动安排的时间长短:

太长 □　　正合适 □　　太短 □

6. 我最喜欢本书中的教学活动是:

7. 我最不喜欢本书中的教学活动是:

8. 本书我最需要的帮助是:

9. 我对本书改进教学活动的建议是:

附录　教材附图(含建施图、结施图、设施图)

某生态住宅小区E型工程建施图目录表

新出图	200*-**	工程名称	某生态住宅小区	单项名称	小区商住楼
工种	建筑	设计阶段	施工图	结构类型	砖混结构
完成日期	年 月 日				

序号	图别	图号	图纸名称	张数			图纸规格	备注
				新设计	利用图			
					旧图	标准图		
18	建施	18	厨厕大样图	1			A2	
17	建施	17	①-⑦轴大样	1			A2	
16	建施	16	墙身详图及节点大样图	1			A2	
15	建施	15	楼梯间2 1-1剖面图	1			A2	
14	建施	14	楼梯间2平面图	1			A2	
13	建施	13	楼梯间1平面图、剖面图	1			A2+	
12	建施	12	2-2剖面图、屋构等平面大样	1			A2	
11	建施	11	Ⓐ-Ⓖ轴立面图、1-1剖面图	1			A2+	
10	建施	10	㉙-①轴立面图	1			A2+	
9	建施	09	①-㉙轴立面图	1			A2+	
8	建施	08	屋构架平面图	1			A2+	
7	建施	07	屋面层平面图	1			A2+	
6	建施	06	三~七层平面图	1			A2+	
5	建施	05	二层平面图	1			A2+	
4	建施	04	一层平面图	1			A2+	
3	建施	03	负一层平面图	1			A2+	
2	建施	02	建筑设计说明、门窗表	1			A2	
1	建施	01	总平面图	1			A3	
利用标准图集代号：西南J212、J312、J412、J501、J515、J516、J517、J611、J802、J812								

某建筑设计事务所(甲级)	填表		设计		工号		出图日期	200* 年 **月
	校对		组长		建施	00		

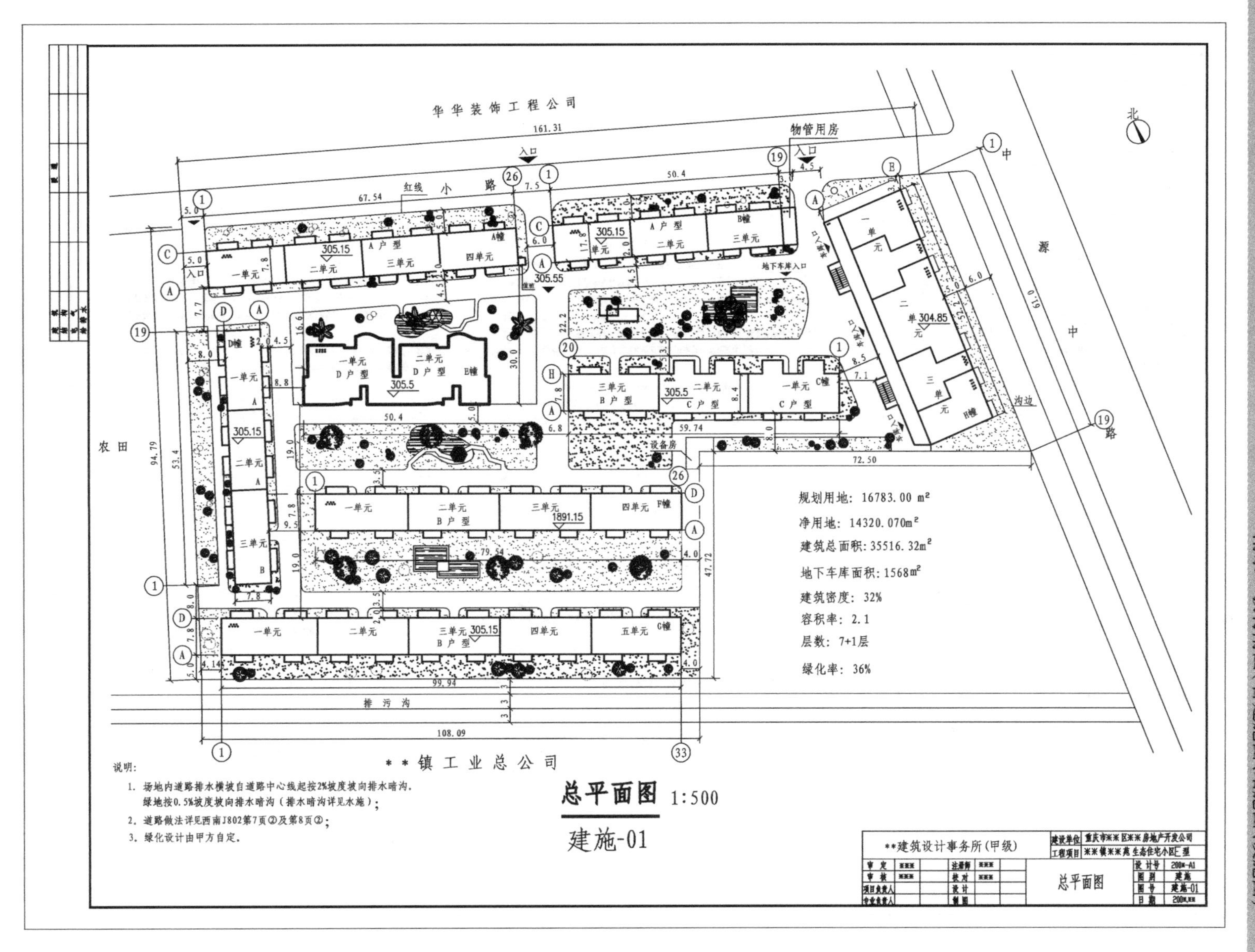
华华装饰工程公司
161.31
物管用房
入口
红线　小　路
中
源
中
路
沟边
61.0
72.50
地下车库入口
设备房
农田
排污沟
108.09
99.94
94.79
**镇工业总公司
规划用地：16783.00 m²
净用地：14320.070m²
建筑总面积：35516.32m²
地下车库面积：1568m²
建筑密度：32%
容积率：2.1
层数：7+1层
绿化率：36%
说明：
1. 场地内道路排水横坡自道路中心线起按2%坡度坡向排水暗沟，绿地按0.5%坡度坡向排水暗沟（排水暗沟详见水施）；
2. 道路做法详见西南J802第7页②及第8页②；
3. 绿化设计由甲方自定。
总平面图 1:500
建施-01
**建筑设计事务所(甲级)
建设单位　重庆市**区**房地产开发公司
工程项目　**镇**苑生态住宅小区E型
总平面图
设计号　200*-A1
图别　建施
图号　建施-01
日期　200*.**

建筑设计总说明

一、总则

1. 本工程按多层民用建筑设计，防火等级为二级.
2. 建设单位对本工程的具体要求和设计任务书.
3. 建设单位与我所签定的设计合同.
4. 本工程设计的正常使用年限为50年，抗震设防强度为6度.
5. 本工程尺寸单位除注明外，以mm为单位，座标，标高及里程以m为单位.

二、设计依据

1. 依据 ** 市**区建设委员会" **建委发（200*） 62号文，关于《**镇"**苑"小区 34~36 号地块工程 初步设计的批复》.
2. 依据（200*）盛公消（建）字第 ** 号.关于《初步设计消防设计的审核意见书》.
3. 重庆 ** 勘察实业总公司 所提供的《工程地质勘察报告》
4. 有关设计规范

a.《民用建筑设计通则》(JGJ 37-87).

b.《住宅建筑设计规范》(GB 50096—1999).

c.《建筑设计防火规范》(GBJ 16-87（2001年版）).

d.《汽车库、修车库、停车场设计防火规范》(GB 50067— 97).

三、设计范围

根据设计合同本工程设计范围 包括土建、给排水、电气.，该工程 室内精装修部分不在本次设计范围内.

四、总平面图设计

1. 本工程设计标高±0.000 m 等于绝对标高305.50 ，坐标系：重庆独立坐标系统.
2. 本工程总建筑面积 6 013 m²，总图编号为 ZJ-1. 图中尺寸以m计.

五、墙体

1. 本工程为地上 7 层、地下 1 层，均为砖混结构. 砌体材料强度要求详结施图.
2. 墙身防潮层：设于地坪下0.06 m处.采用20厚1:2水泥砂浆（掺3%~5%防水剂）砌筑.
3. 出屋面部分所有墙体为砖砌筑，采用MU7.5页岩砖，M5水泥混合砂浆砌筑. 构造柱及圈梁详见结施图. 女儿墙净高≥1 200 mm；女儿墙及压顶作法参西南J212-1 44 页，2 节点. 女儿墙每隔<3.0 m，设置构造柱，断面240×240；配筋4ø12，箍筋ø6@200.
4. 阳台栏杆详施工图.
5. 设备管道穿越钢筋砼墙体时，在管道安装完毕后矿棉水泥填塞密实，若留洞较大时，应先用1:2.5水泥砂浆砌砖填塞后，再用矿棉水泥填小缝.

六、室内装修

1. 楼地面

(1) 厨房及卫生间采用防滑地砖防水地面，作法详见西南J312（3183），卫生间防水详西南J517 -34-2.

(2) 房间地面采用水泥豆石地面，详见西南J312（3110a）、（3121a）.

(3) 楼梯间地面采用防滑地砖地面，参见西南J312 -18-3183.

(4) 卫生间楼地面较室内楼地面低60 mm. 阳台较室内楼地面低120 mm. 排水向落水管方向找坡（i=1%）.

2. 内墙面

(1) 本工程均采用中级抹灰，砼基层详见西南J515-4-N04. 砖基础详见西南J515-4 3-N07. 表面喷（刷）白色803内墙涂料二遍.

(2) 本工程厨房及卫生间内墙采用白色釉面瓷砖；厨房墙裙高1 500 mm，卫生间墙裙高1 800 mm 西南J515-5-N11

(3) 踢脚板采用水泥砂浆踢脚板，高150 mm（暗设）. 详西南J312-6-3126a.

(4) 内墙有特殊要求详见二次装饰图.

3. 天棚

采用水泥砂浆天棚，详见西南J515-12-P05，表面喷（刷）白色803内墙涂料二遍.

4. 楼梯

(1) 踏步采用 防滑地砖地面，按西南J412 -18-3183.

(2) 楼梯栏杆采用金属空花楼梯栏杆，作法详见西南J412-43-1. 栏杆高度≥1 000 mm，栏杆灰色静电喷塑.

(3) 楼梯扶手采用黑色塑料扶手，作法详见西南J412-58-2.

七、屋面

1. 本工程屋面防水等级为 二 级.
2. 屋面采用平屋面，屋面构造（自下而上），结构层（预制钢筋砼或钢筋砼板）；刷冷底子油一道，1:8 加气砼找坡 2%（最薄处20 mm）；20厚1:3水泥砂浆找平，防水卷材选用4厚OEE氧化改性沥青防水卷材. 40厚刚性层，刚性层作法参见西南J212-1-2104a

八、门窗

1. 门窗表中的门窗洞口尺寸应为做完地坪或窗台后至梁或框架梁底及墙与墙之间的尺寸，所有窗台低于800 mm高的窗均作护窗栏杆，参见西南J412-43-1，底层外窗设铁窗棂.
2. 木门的颜色由精装饰时统一考虑.
3. 铝合金门窗的洞口尺寸均应现场量取，铝合金门窗的制作厂家应根据建施图和现场实际情况，绘制铝合金门窗的立面分格和安装大样，经设计人认可后方可进行施工.
4. 安装防火门时应按生产厂家提供的资料在安装防火门的门洞留好埋件，以满足消防的要求.
5. 木质夹板门，百叶门，做法参见西南J611.

九、外墙面

本工程所有外墙均采用外墙面砖，具体色彩及分格详效果图及立面图标注. 作法详见西南J516-59-5407、5408.

十、室外及附属工程

1. 散水：沿建筑外墙四周作1 000 mm宽砼散水，作法详见西南J812-4-2.
2. 明沟：采用西南J812-3-4a,5a.
3. 晒衣架：每户的阳台均设置晒衣架，参照西南J501-5-5

十一、其他

1. 本工程应严格按国家现行的施工及验收规范进行施工，如在施工过程中发现问题或建设单位提出更改要求时均应通知我所，共同研究确定后再进行施工，以确保工程的质量. 未经允许，不得更改设计.
2. 本工程选用的设备，均应具有国家有关部门认可的生产产品方能使用，并应严格按照其产品说明进行施工.
3. 楼面预留孔洞详结施图，施工时不得遗漏，各种管道安装完成后缝隙用矿棉水泥填塞密实.
4. 本工程若需二次装修必须符合有关建筑设计防火规范之规定.
5. 所有铁件均为镀锌铁件，或是除锈后，红丹打底，再作暗灰色防锈漆二遍..
6. 凡预制构件均用MU10水泥混合砂浆座缝，构件应平稳，不得翘动.
7. 本工程应配合结构、电气、电讯、采暖通风、给排水等专业施工.

门窗表

类型		编号	采用图集	洞口尺寸(宽×高)	数量(樘)	备注
门	防火门	FM1021z	由厂家定做	1000x2100	2	
	防盗门	MC2227	由厂家定做	2220x2700	3	
		M1121		1100x2100	36	
	铝合金门	LM1425	由厂家定做	1400x2500	36	推拉门
		LM2725		2700x2500	36	
		MC2437		2400X3700	1	带窗门
	木门	M0921	西南 J611	900x2100	111	夹板门
		M0821		800x2100	36	半玻夹板门
		M0721		700x2100	72	百叶夹板门
窗	铝合金窗	C0624	由厂家定做	600x2400	2	平开窗
		C2424		2400X2400	5	推拉窗
		C2724		2700x2400	6	
		C0616		600x1600	36	平开窗
		C0916		900x1600	36	推拉窗
		C2421		2400x2100	36	
		C1821		1800x2100	72	阳光窗
		ZC-1		2100x1600	36	转折窗
		C1527		1500x2700	15	上悬窗
		C1530		1500x3000	3	
	铁花窗			1350X2900	12	由建设方选定

**建筑设计事务所(甲级)						建设单位	重庆市※※区※※房地产开发公司
						工程项目	※※镇※※苑生态住宅小区E型
审定			注册师		建筑设计总说明 门窗表	设计号	200※-A1
审核			校对			图别	建施
项目负责人			设计			图号	建施-02
专业负责人			制图			日期	200※.※※

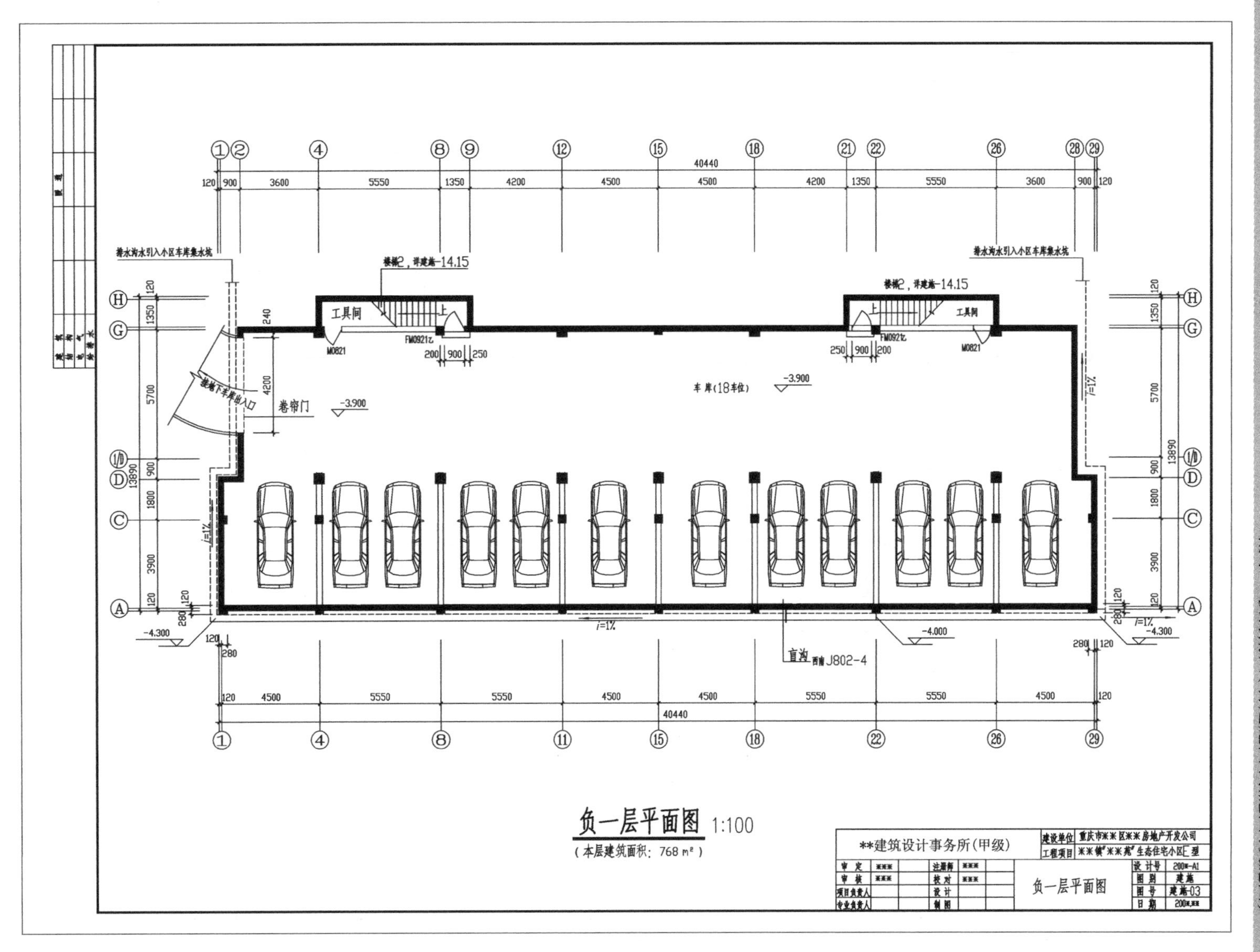
楼梯2，详建施-14.15
楼梯2，详建施-14.15
排水沟水引入小区车库集水坑
排水沟水引入小区车库集水坑
工具间
工具间
车库(18车位)
卷帘门
接地下车库出入口
-3.900
-3.900
-4.300
-4.300
-4.000
i=1%
盲沟 西南J802-4
40440
13890
负一层平面图 1:100
(本层建筑面积: 768 m²)
**建筑设计事务所(甲级)
建设单位 重庆市**区**房地产开发公司
工程项目 **镇"**苑"生态住宅小区E型
负一层平面图
设计号 200*-A1
图别 建施
图号 建施-03
日期 200*.**

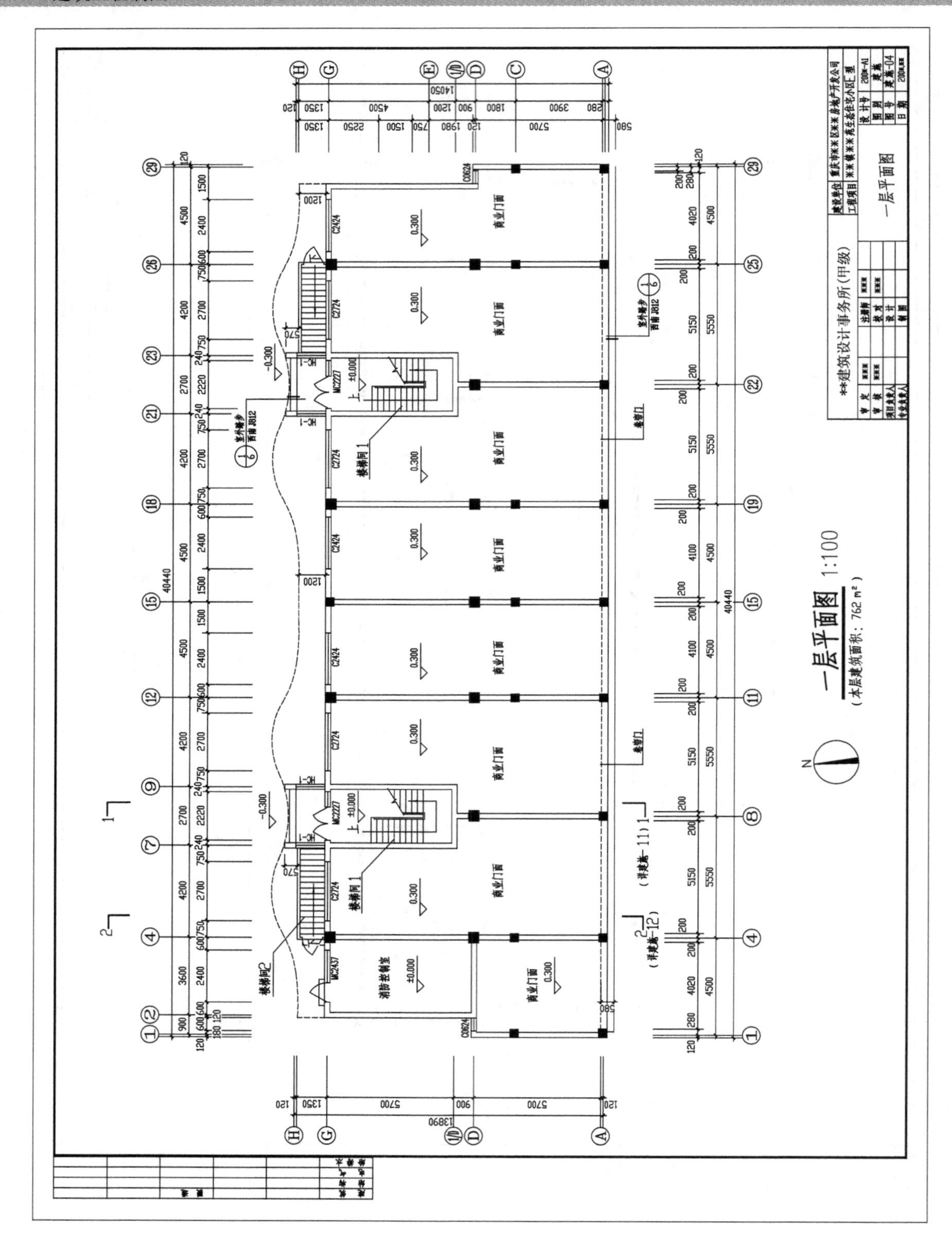

一层平面图 1:100
（本层建筑面积：762 m²）
**建筑设计事务所(甲级)
一层平面图
商业门面
消防控制室
楼梯间1
楼梯间2
40440

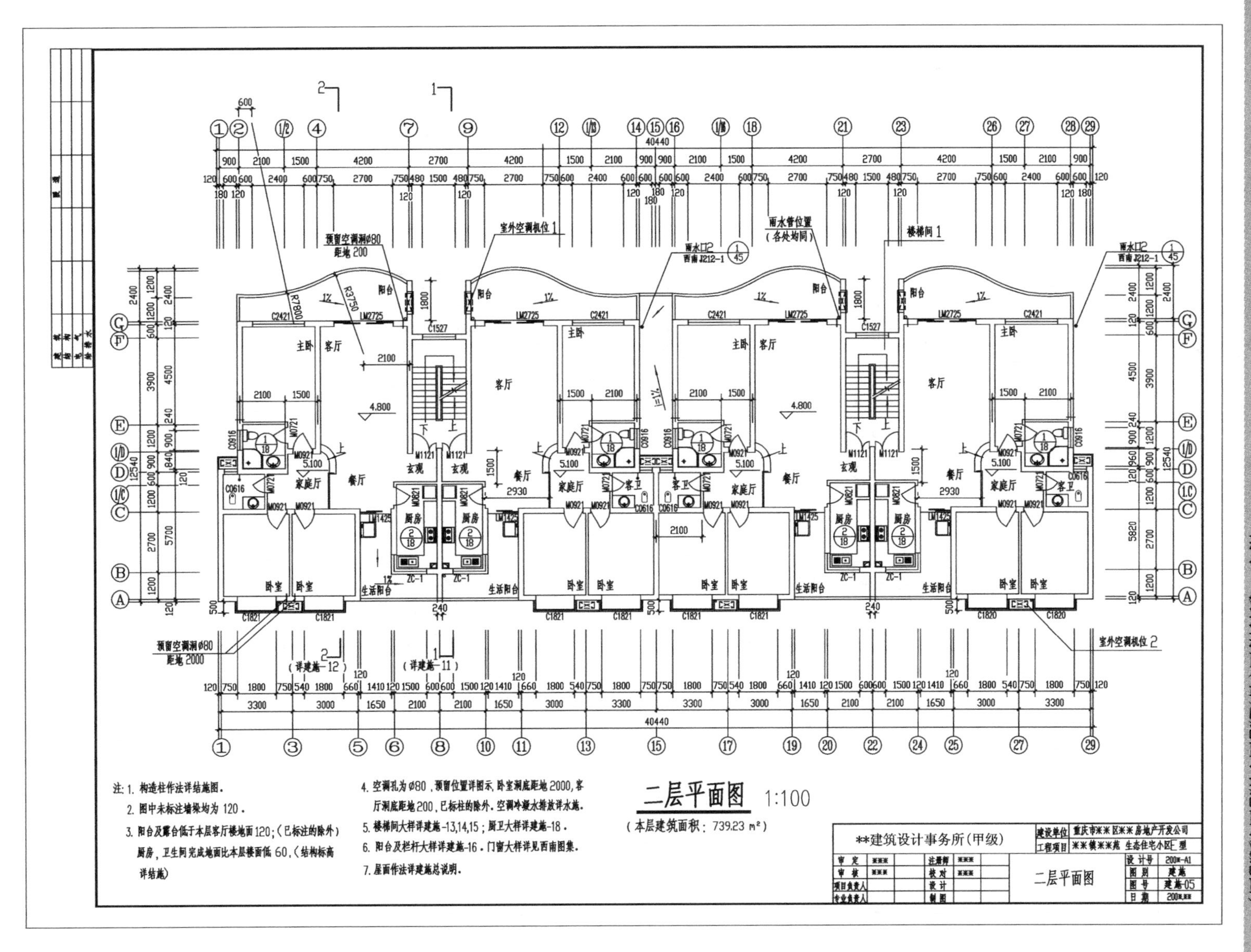
二层平面图 1:100
(本层建筑面积：739.23 m²)
注：1. 构造柱作法详结施图。
2. 图中未标注墙厚均为120。
3. 阳台及露台低于本层客厅楼地面120;(已标注的除外) 厨房，卫生间完成地面比本层楼面低60.(结构标高详结施)
4. 空调孔为φ80，预留位置详图示，卧室洞底距地2000，客厅洞底距地200，已标注的除外，空调冷凝水排放详水施。
5. 楼梯间大样详建施-13,14,15；厨卫大样详建施-18。
6. 阳台及栏杆大样详建施-16，门窗大样详见西南图集。
7. 屋面作法详建施总说明。
**建筑设计事务所(甲级)
建设单位 重庆市**区**房地产开发公司
工程项目 **镇**苑 生态住宅小区E型
二层平面图
图别 建施
图号 建施-05

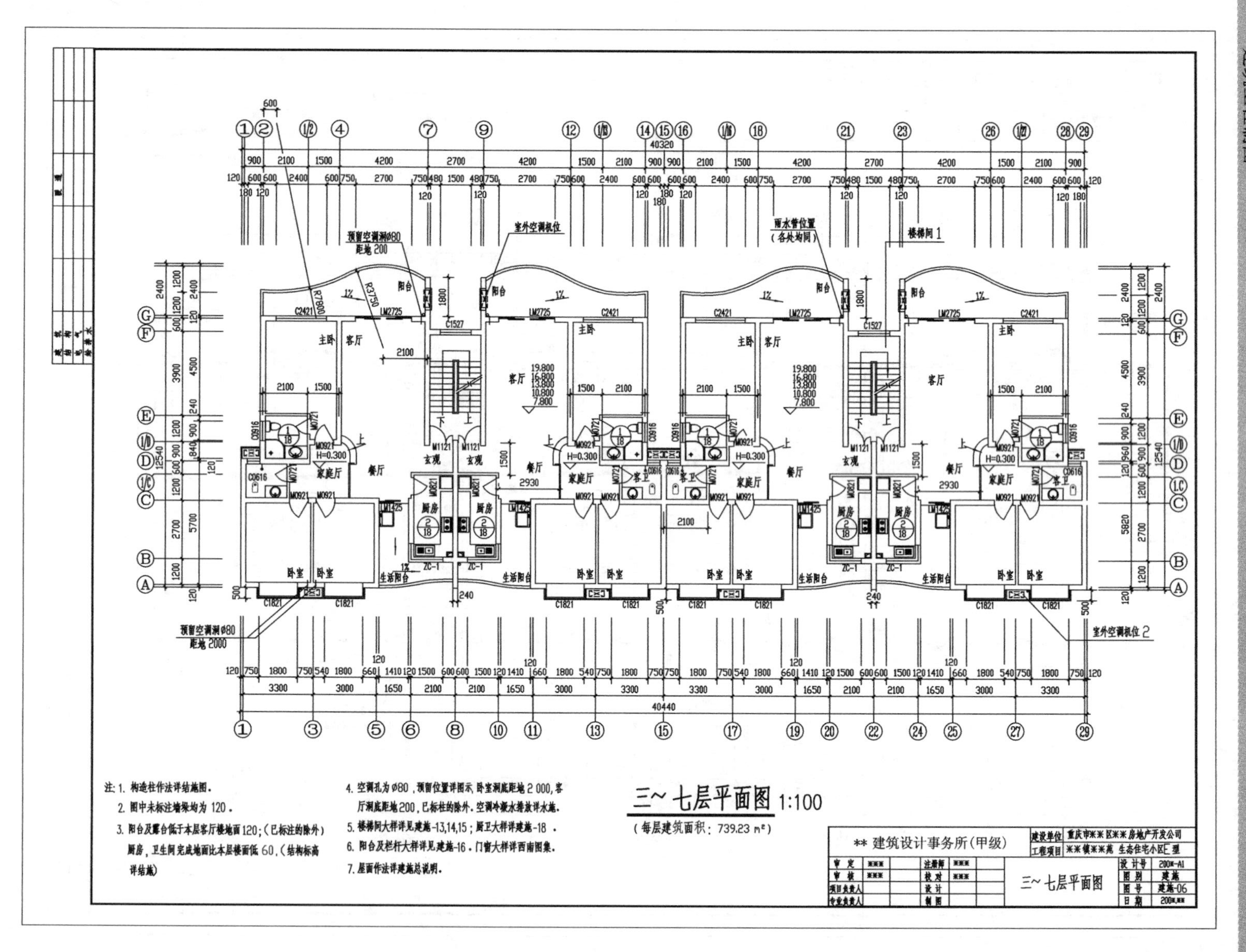
三~七层平面图 1:100
(每层建筑面积：739.23 m²)
注：1. 构造柱作法详结施图。
2. 图中未标注墙垛均为 120。
3. 阳台及露台低于本层客厅楼地面 120；(已标注的除外)厨房，卫生间完成地面比本层楼面低 60。(结构标高详结施)
4. 空调孔为 ø80，预留位置详图示，卧室洞底距地 2 000，客厅洞底距地 200，已标注的除外。空调冷凝水搭放详水施。
5. 楼梯间大样详见建施-13,14,15；厨卫大样详建施-18。
6. 阳台及栏杆大样详见建施-16。门窗大样详西南图集。
7. 屋面作法详建施总说明。
** 建筑设计事务所(甲级)
建设单位 重庆市**区**房地产开发公司
工程项目 **镇**苑 生态住宅小区E型
三~七层平面图
设计号 200*-A1
图别 建施
图号 建施-06
日期 200*.**

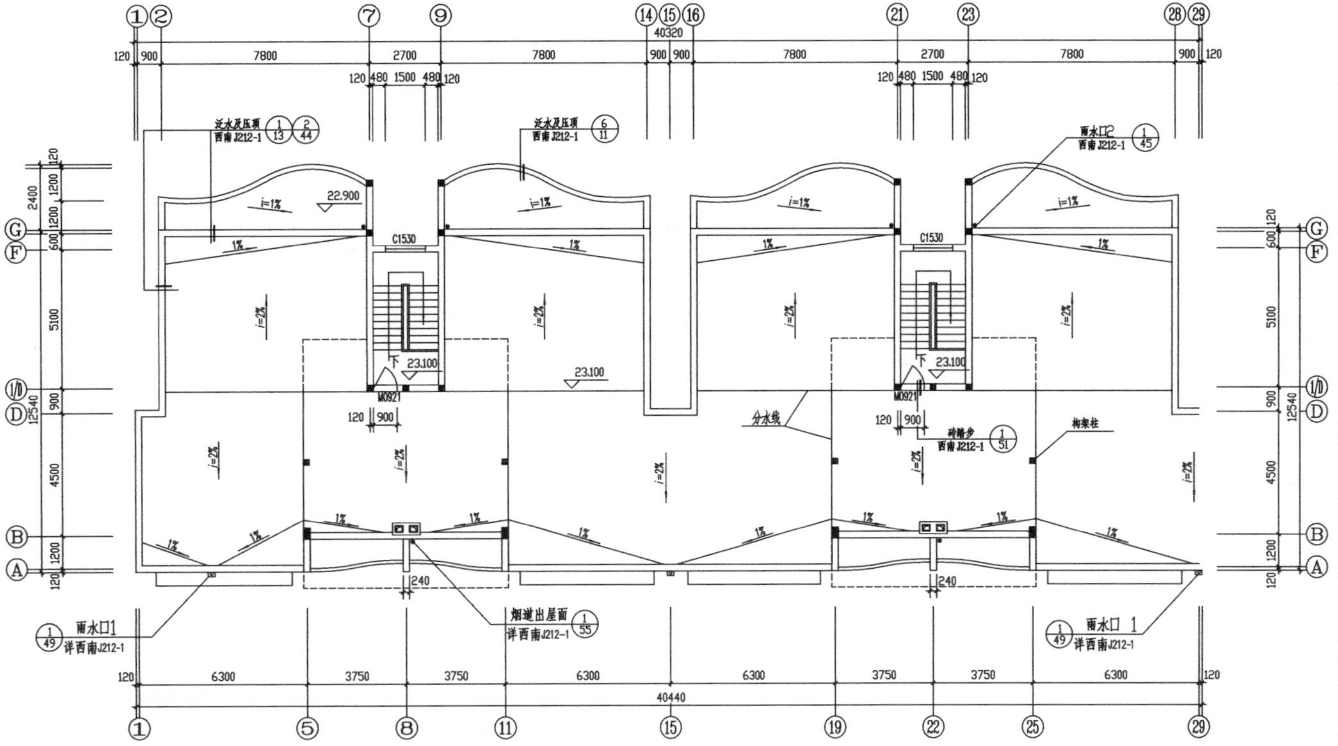
泛水及压顶 西南J212-1 1/13 2/44
泛水及压顶 西南J212-1 6/11
雨水口2 西南J212-1 1/45
C1530
M0921
23.100
22.900
i=1%
i=2%
1%
分水线
砖踏步 西南J212-1 1/51
构架柱
雨水口1 详西南J212-1 1/49
烟道出屋面 详西南J212-1 1/55
雨水口 1 详西南J212-1 1/49
40320
40440
12540
7800
2700
6300
3750
4500
5100
900
1200
2400
240
120
480
1500
600

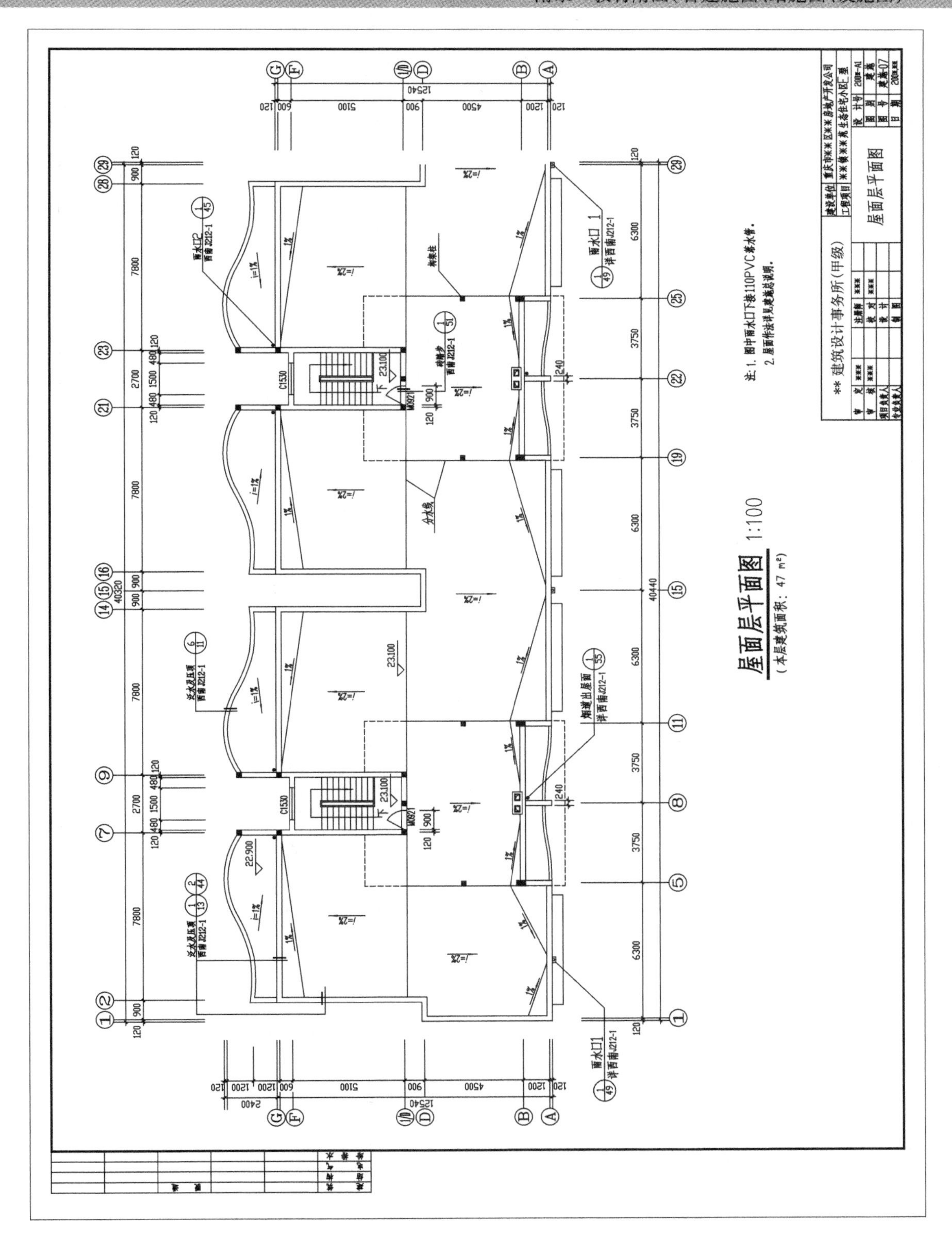

屋面层平面图 1:100

（本层建筑面积：47 m^2）

注：1. 图中雨水口下接110PVC落水管。

2. 屋面作法详见建施总说明。

** 建筑设计事务所(甲级)				建设单位	重庆市**区**房地产开发公司	
				工程项目	**镇**苑生态住宅小区E型	
审定	***	注册师	***	屋面层平面图	设计号	200*-A1
审核	***	校对	***		图别	建施
项目负责人		设计			图号	建施-07
专业负责人		制图			日期	200*.**

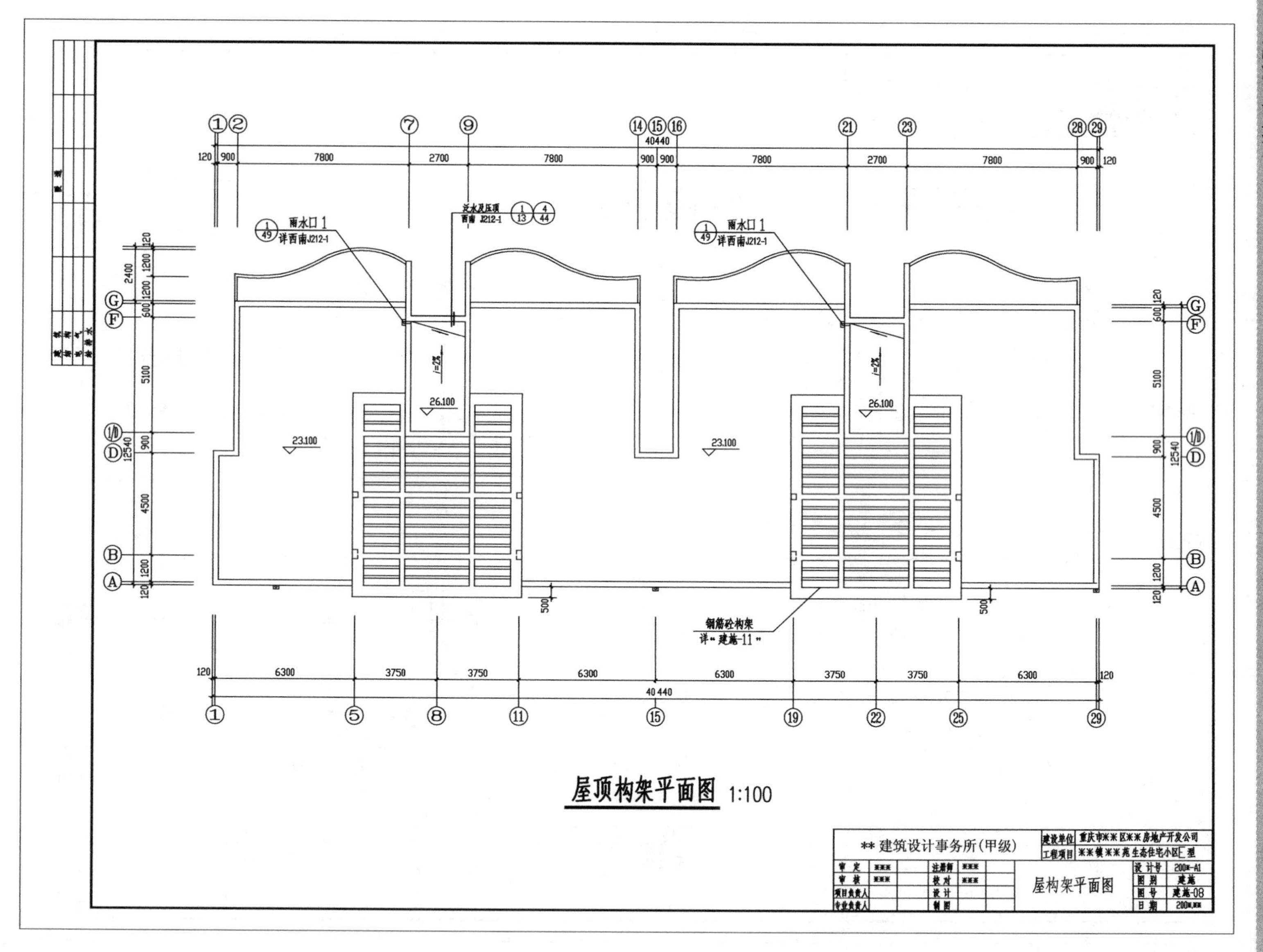
雨水口 1
详西南J212-1
泛水及压顶
西南 J212-1
23.100
26.100
i=2%
钢筋砼构架
详"建施-11"
40440
12540
屋顶构架平面图 1:100
** 建筑设计事务所(甲级)
建设单位 重庆市**区**房地产开发公司
工程项目 **镇**苑生态住宅小区E型
审定
审核
项目负责人
专业负责人
注册师
校对
设计
制图
屋构架平面图
设计号 200*-A1
图别 建施
图号 建施-08
日期

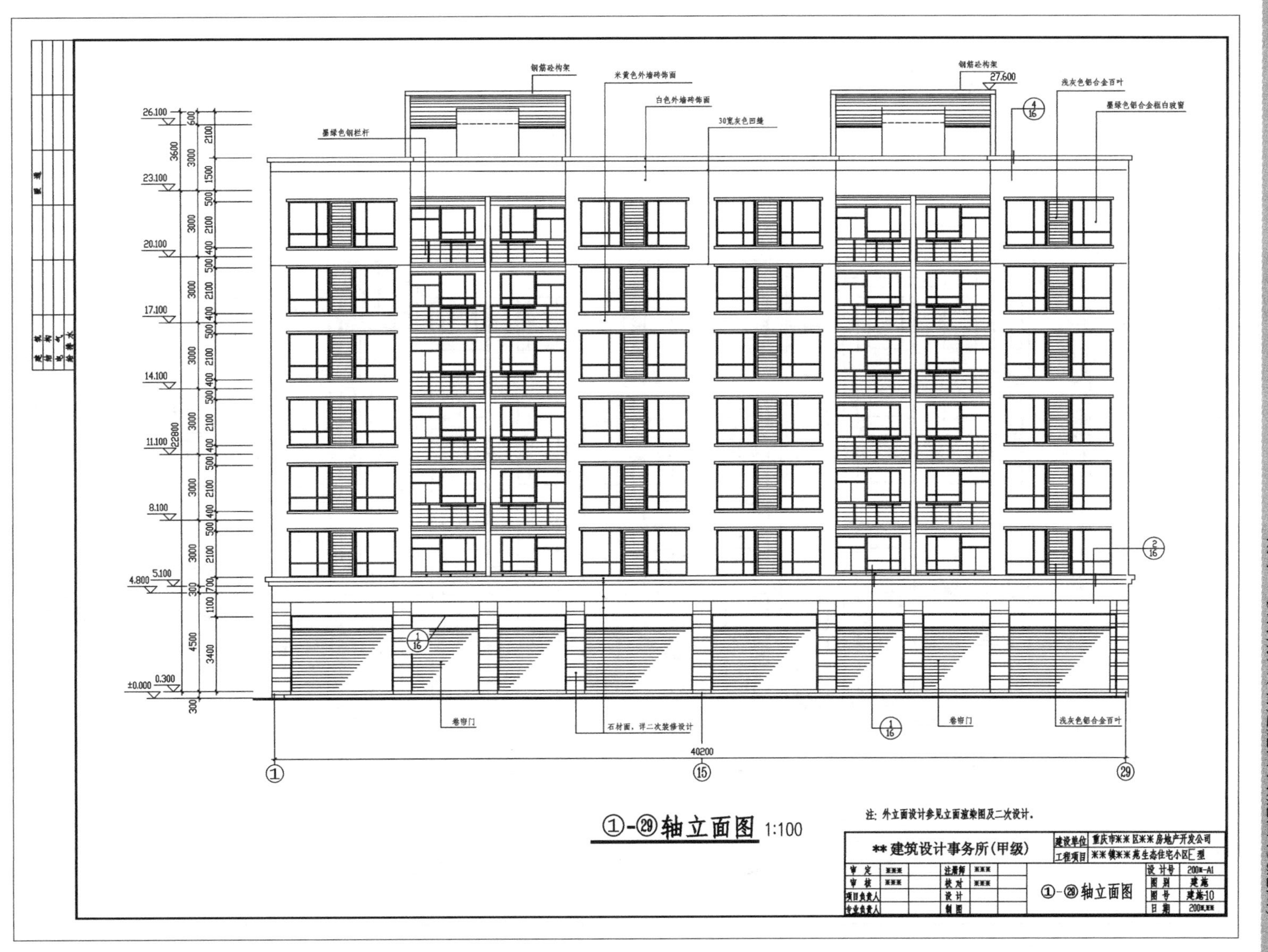
钢筋砼构架
米黄色外墙砖饰面
白色外墙砖饰面
30宽灰色凹缝
墨绿色钢栏杆
27.600
浅灰色铝合金百叶
墨绿色铝合金框白玻窗
卷帘门
石材面，详二次装修设计
40200
注：外立面设计参见立面渲染图及二次设计。
①-㉙轴立面图 1:100
**建筑设计事务所(甲级)
建设单位 重庆市**区**房地产开发公司
工程项目 **镇**苑生态住宅小区E型
①-㉙轴立面图

30宽灰色凹缝
钢筋砼构架
白色外墙砖饰面
灰色外墙砖饰面
墨绿色铝合金框白玻窗
27.600
26.100
23.100
20.100
17.100
14.100
11.100
8.100
5.100
4.800
±0.000
23100
3600
4800
墨绿色铝合金框白玻窗
电子防盗门
电子防盗门
室外栏杆
40200
注：外立面设计参见立面渲染图及二次设计。
㉙-①轴立面图 1:100
**建筑设计事务所(甲级)
建设单位 重庆市**区**房地产开发公司
工程项目 **镇**苑生态住宅小区E型
㉙-①轴立面图
设计号 200*-A1
图别 建施
图号 建施10

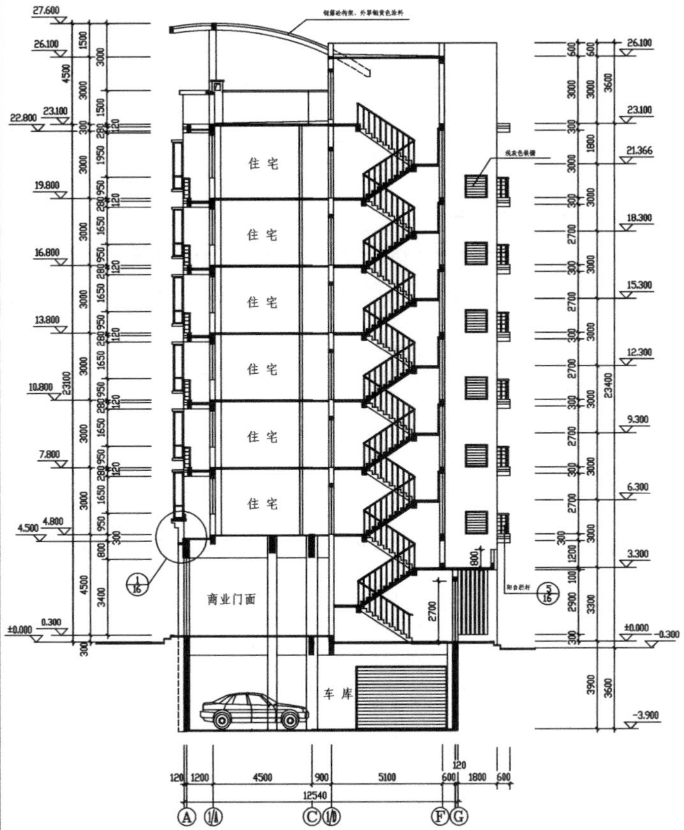

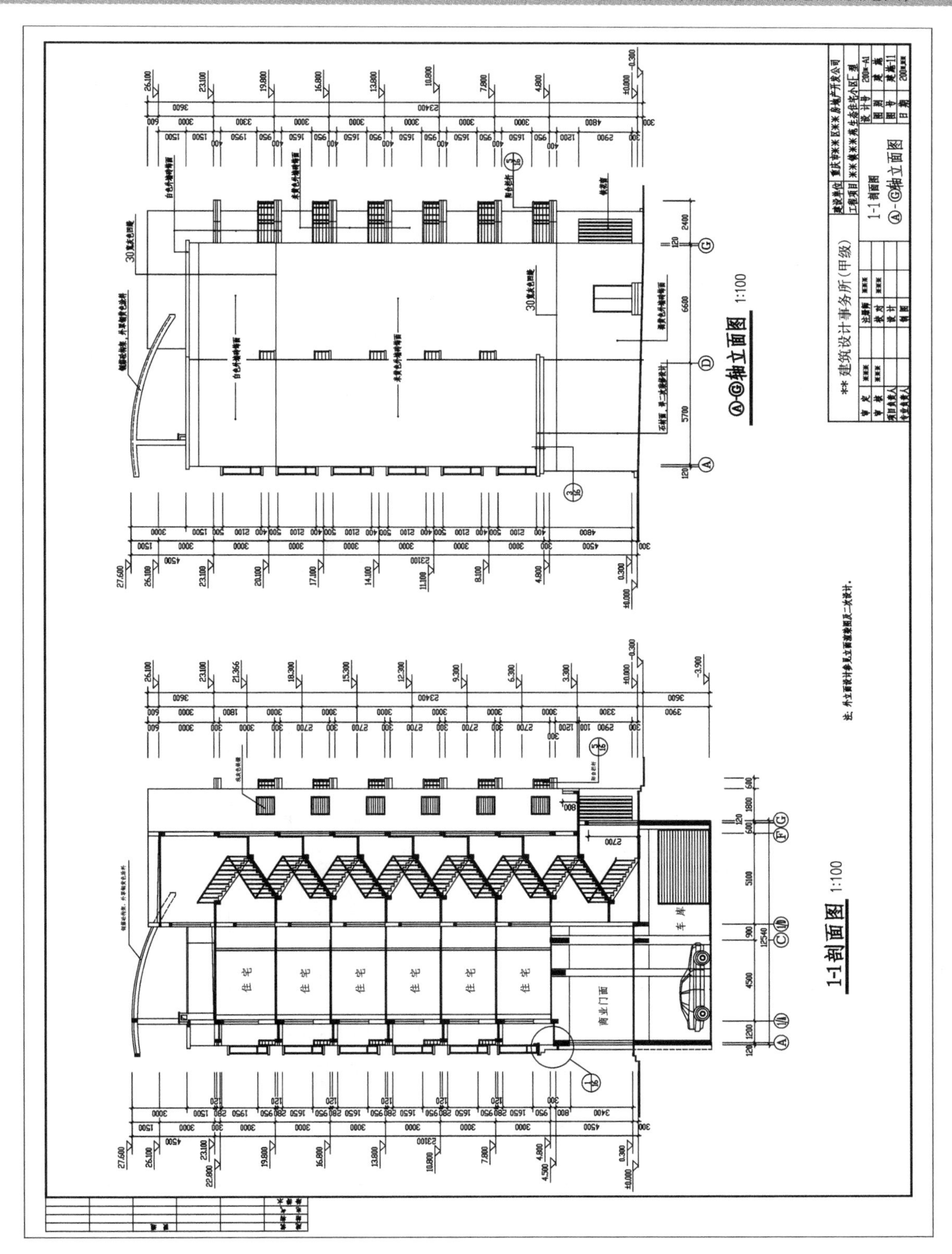

1-1剖面图 1:100

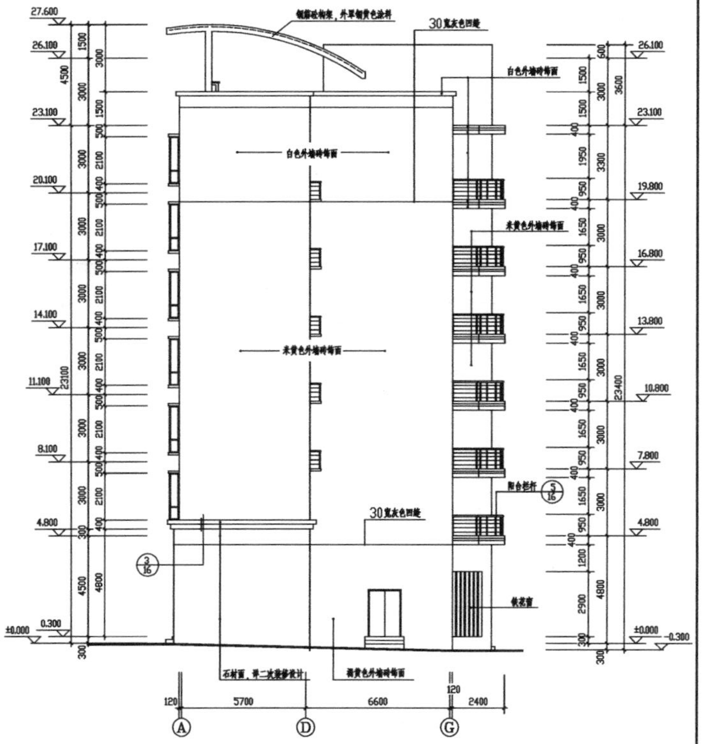

Ⓐ-Ⓖ轴立面图 1:100

注：外立面设计参见立面渲染图及二次设计。

** 建筑设计事务所(甲级)				建设单位	重庆市**区**房地产开发公司
				工程项目	**镇**苑生态住宅小区E型
审定	***	注册师	***	1-1剖面图 Ⓐ-Ⓖ轴立面图	设计号 200*-A1
审核	***	校对	***		图别 建施
项目负责人		设计			图号 建施-11
专业负责人		制图			日期 200*.**

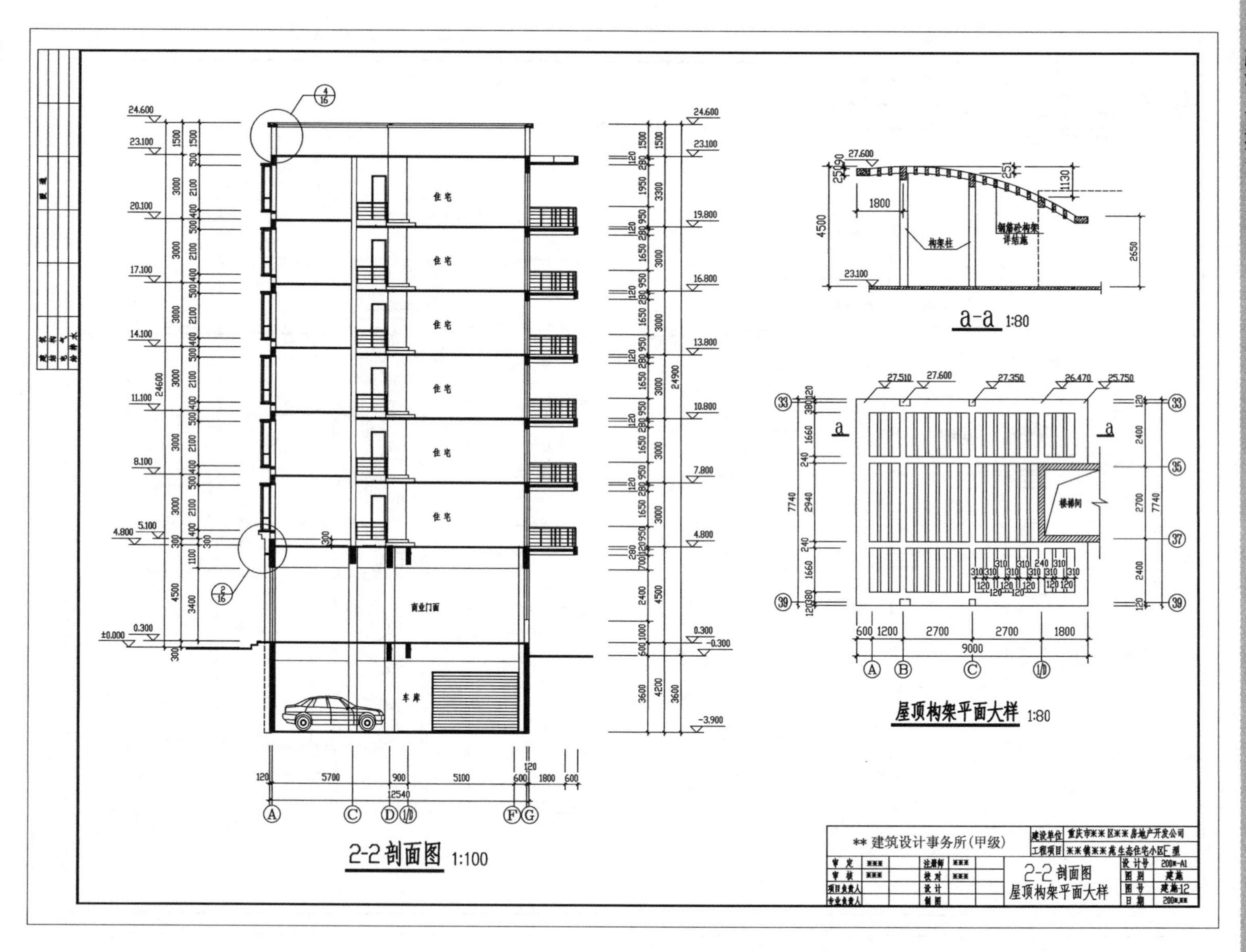

住宅
商业门面
车库
2-2剖面图 1:100
a-a 1:80
构架柱
钢筋砼构架详结施
楼梯间
屋顶构架平面大样 1:80
** 建筑设计事务所(甲级)
建设单位 重庆市**区**房地产开发公司
工程项目 **镇**高生态住宅小区E型
2-2剖面图
屋顶构架平面大样

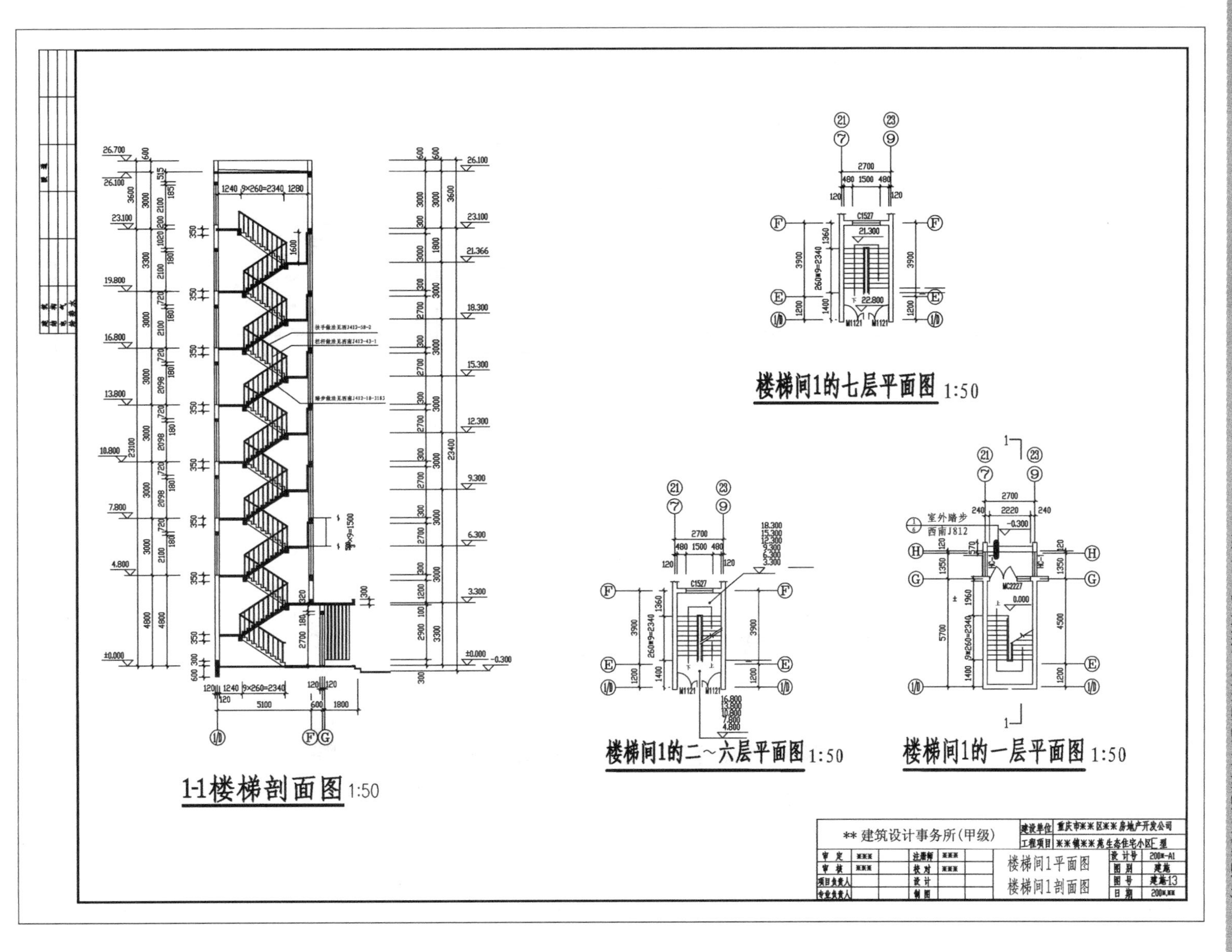
1-1楼梯剖面图 1:50
楼梯间1的七层平面图 1:50
楼梯间1的二～六层平面图 1:50
楼梯间1的一层平面图 1:50
室外踏步
西南J812
** 建筑设计事务所(甲级)
建设单位 重庆市**区**房地产开发公司
工程项目 **镇**苑生态住宅小区E型
楼梯间1平面图
楼梯间1剖面图
设计号 200*-A1
图别 建施
图号 建施13

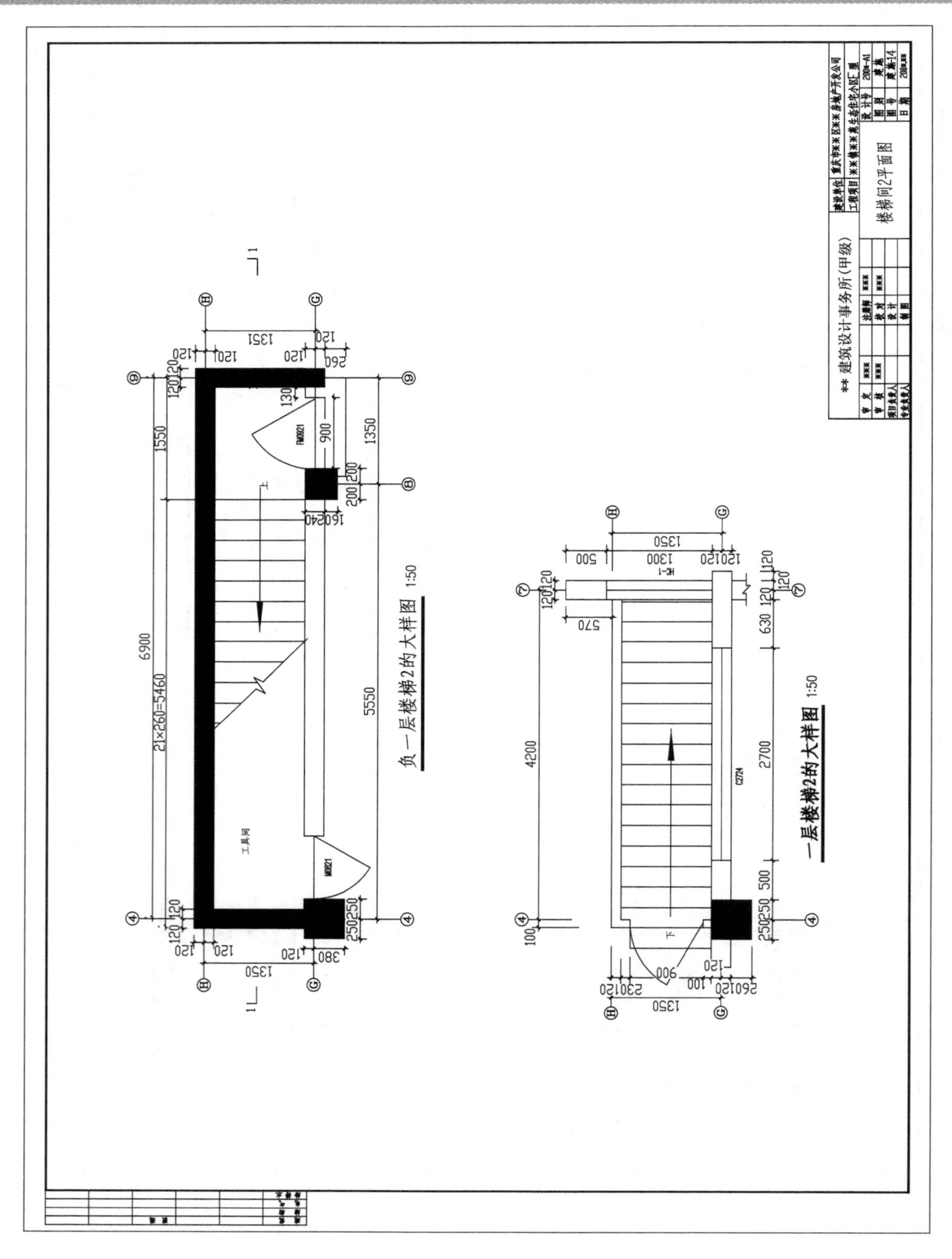
负一层楼梯2的大样图 1:50
一层楼梯2的大样图 1:50
**建筑设计事务所(甲级)
楼梯间2平面图
工具间
FM0921
M0921
C2724
HC-1
1350
1351
6900
21×260=5460
5550
1550
900
1350
4200
2700
630
500

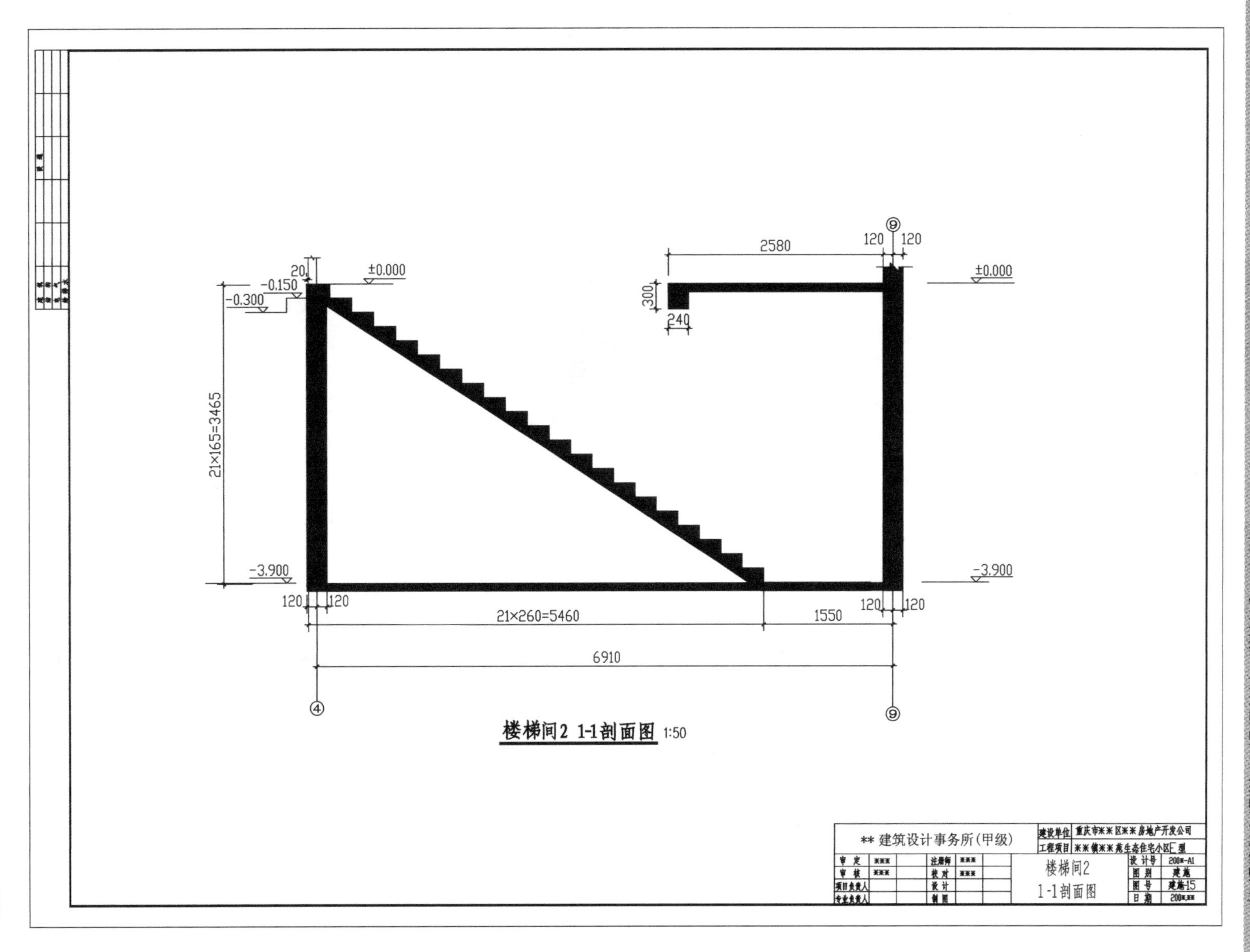

楼梯间2 1-1剖面图 1:50
±0.000
-0.150
-0.300
-3.900
20
120
2580
300
240
21×165=3465
21×260=5460
1550
6910
**建筑设计事务所(甲级)
建设单位 重庆市**区**房地产开发公司
工程项目 **镇**苑生态住宅小区E型
审定 ***
审核 ***
项目负责人
专业负责人
注册师 ***
校对 ***
设计
制图
楼梯间2
1-1剖面图
设计号 200*-A1
图别 建施
图号 建施15
日期 200*.**

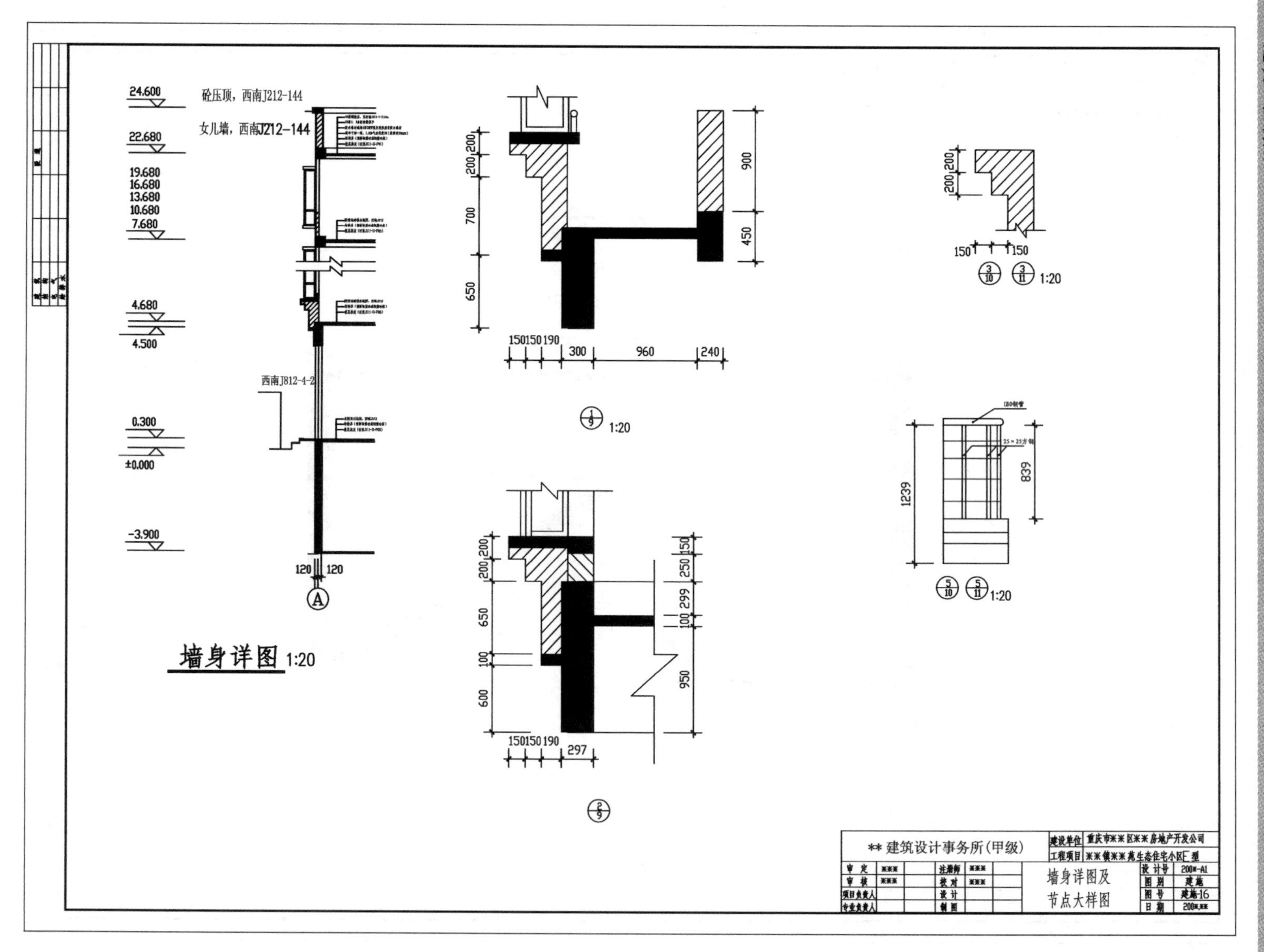
24.600
22.680
19.680
16.680
13.680
10.680
7.680
4.680
4.500
0.300
±0.000
-3.900
砼压顶，西南J212-144
女儿墙，西南J212-144
西南J812-4-2
120
120
墙身详图 1:20
1:20
1:20
1:20
1:20
1239
839
** 建筑设计事务所（甲级）
建设单位 重庆市**区**房地产开发公司
工程项目 **镇**苑生态住宅小区E型
墙身详图及
节点大样图
设计号 200*-A1
图别 建施
图号 建施16
日期 200*.**

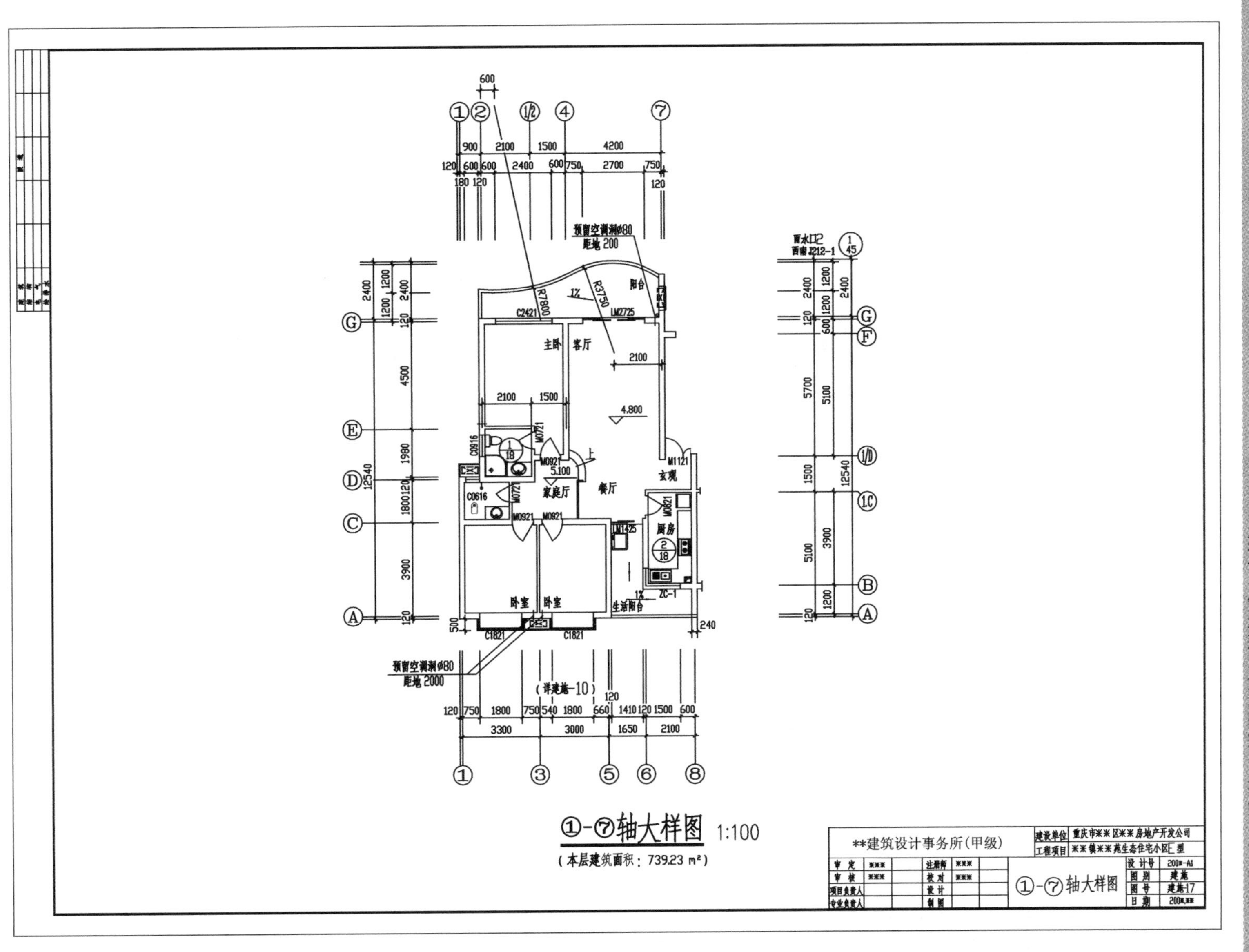

①-⑦轴大样图 1:100

（本层建筑面积：739.23 m²）

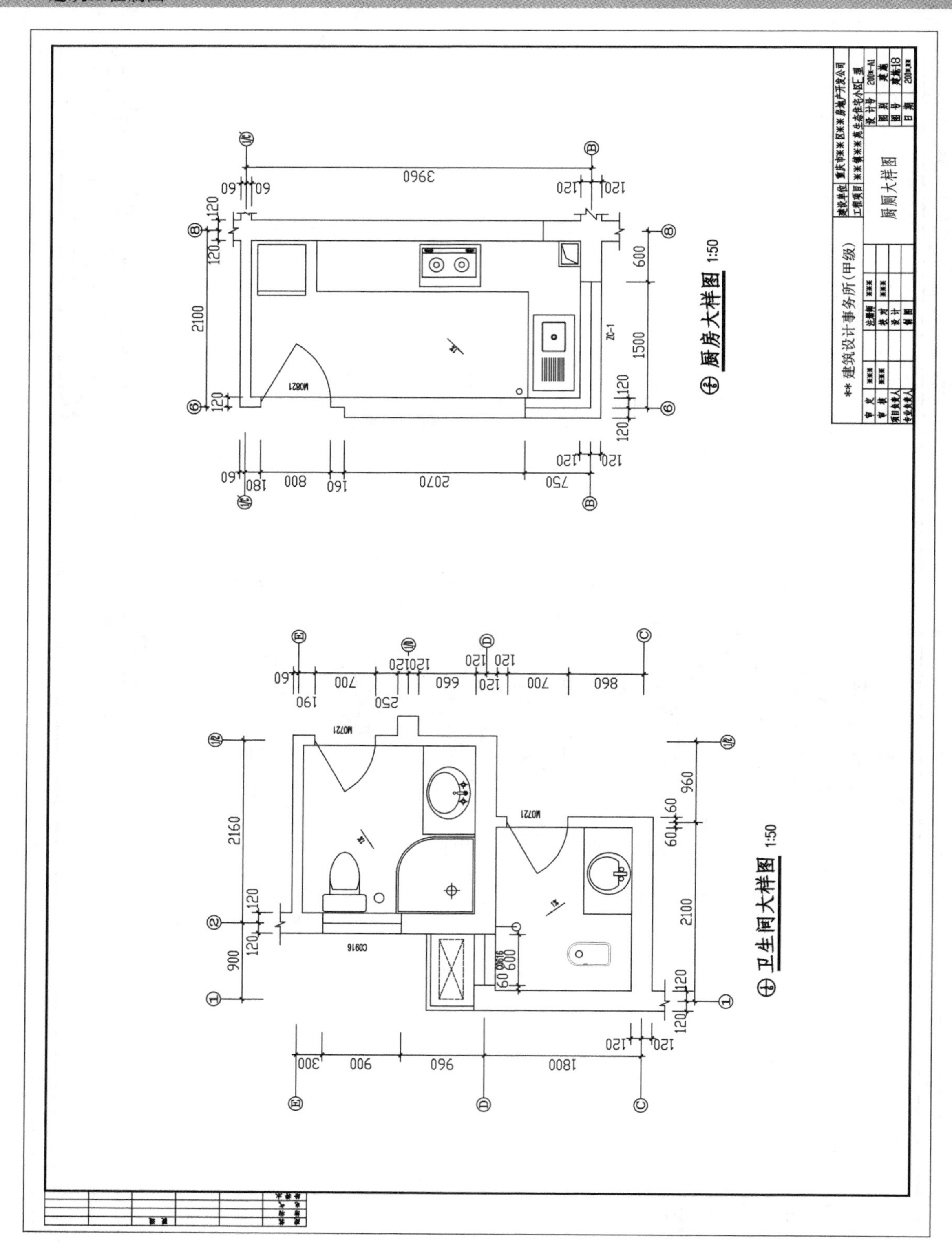

厨房大样图 1:50
卫生间大样图 1:50
** 建筑设计事务所(甲级)
厨厕大样图

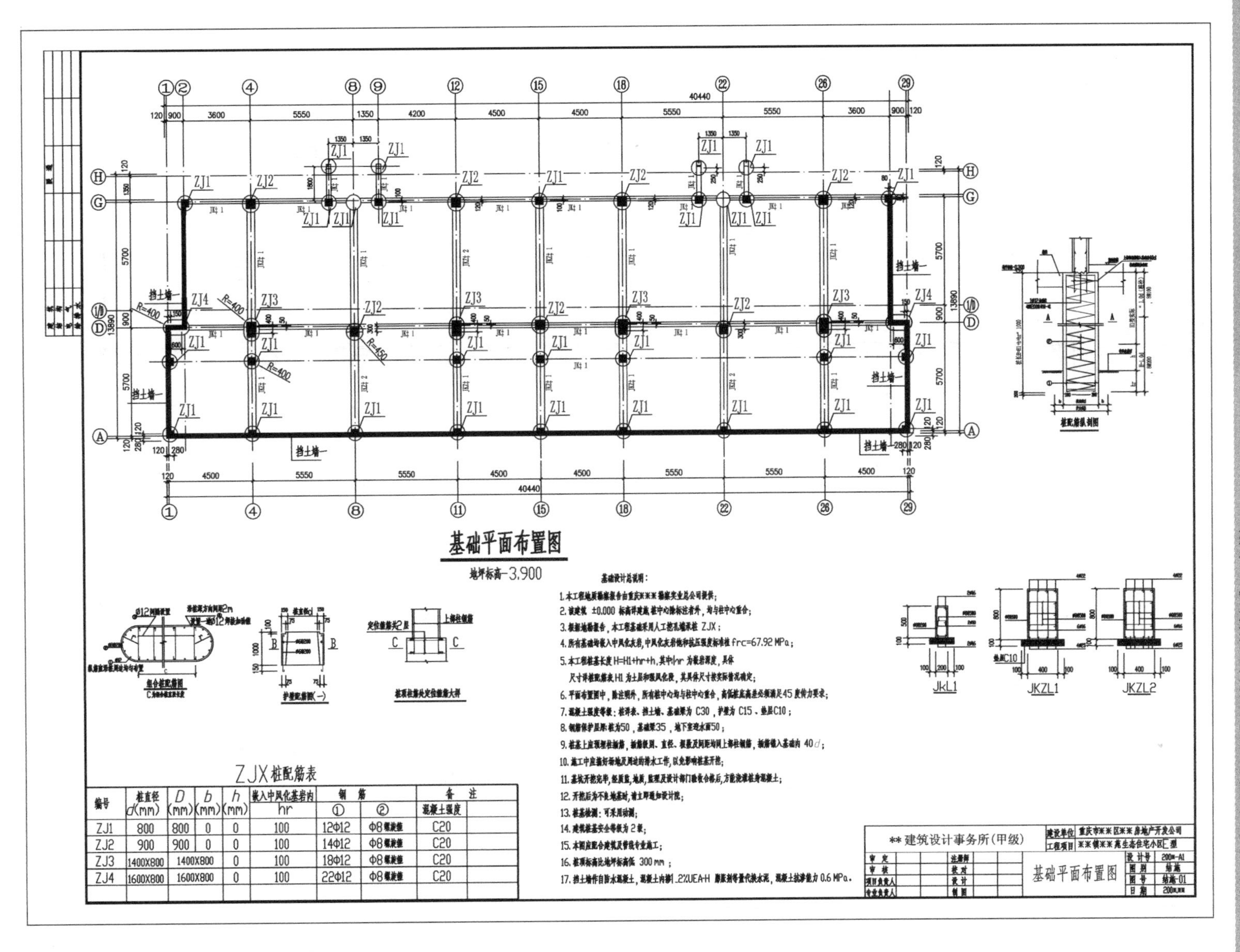

ZJX桩配筋表

编号	桩直径 d(mm)	D (mm)	b (mm)	h (mm)	嵌入中风化基岩内 hr	钢筋 ①	钢筋 ②	备注 混凝土强度
ZJ1	800	800	0	0	100	12Φ12	Φ8螺旋箍	C20
ZJ2	900	900	0	0	100	14Φ12	Φ8螺旋箍	C20
ZJ3	1400X800	1400X800		0	100	18Φ12	Φ8螺旋箍	C20
ZJ4	1600X800	1600X800		0	100	22Φ12	Φ8螺旋箍	C20

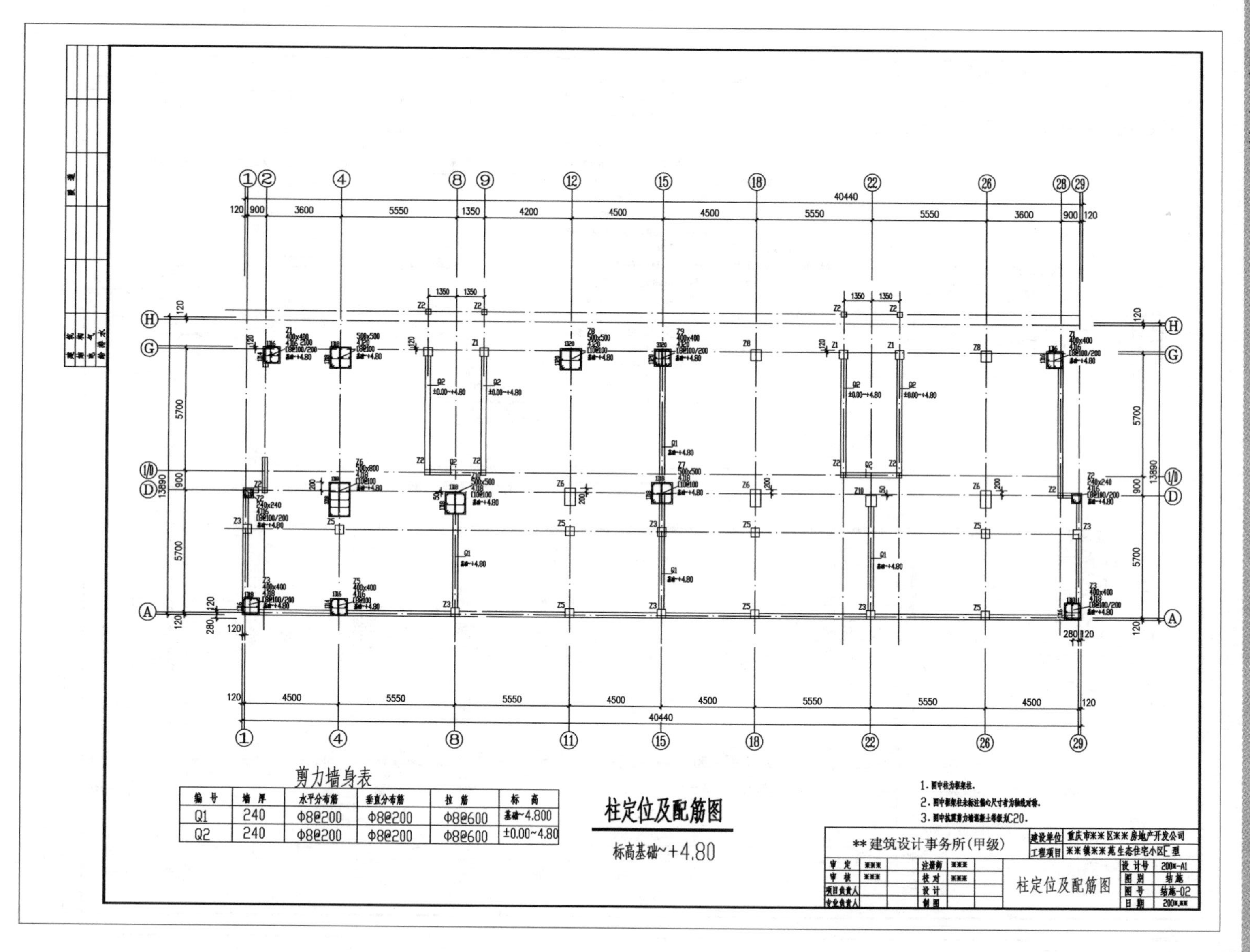
剪力墙身表
编号 墙厚 水平分布筋 垂直分布筋 拉筋 标高
Q1 240 Φ8@200 Φ8@200 Φ8@600 基础~4.800
Q2 240 Φ8@200 Φ8@200 Φ8@600 ±0.00~4.80
柱定位及配筋图
标高基础~+4.80
**建筑设计事务所(甲级)
建设单位 重庆市**区**房地产开发公司
工程项目 **镇**苑生态住宅小区E型
柱定位及配筋图
设计号 200*-A1
图别 结施
图号 结施-02
日期 200*.**

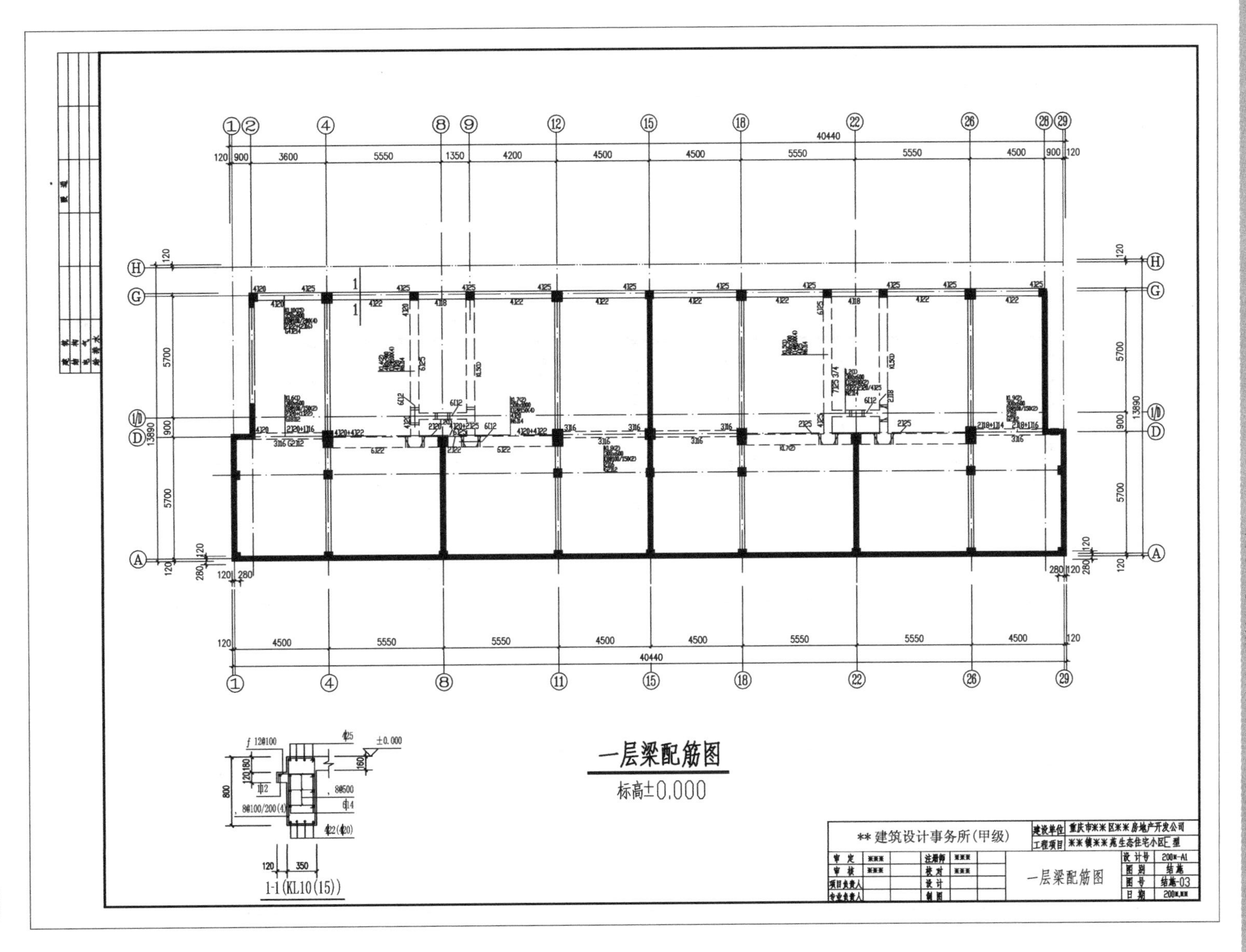
一层梁配筋图
标高±0.000
**建筑设计事务所(甲级)
建设单位 重庆市**区**房地产开发公司
工程项目 **镇**高生态住宅小区E型
一层梁配筋图
设计号 200*-A1
图别 结施
图号 结施-03
1-1(KL10(15))

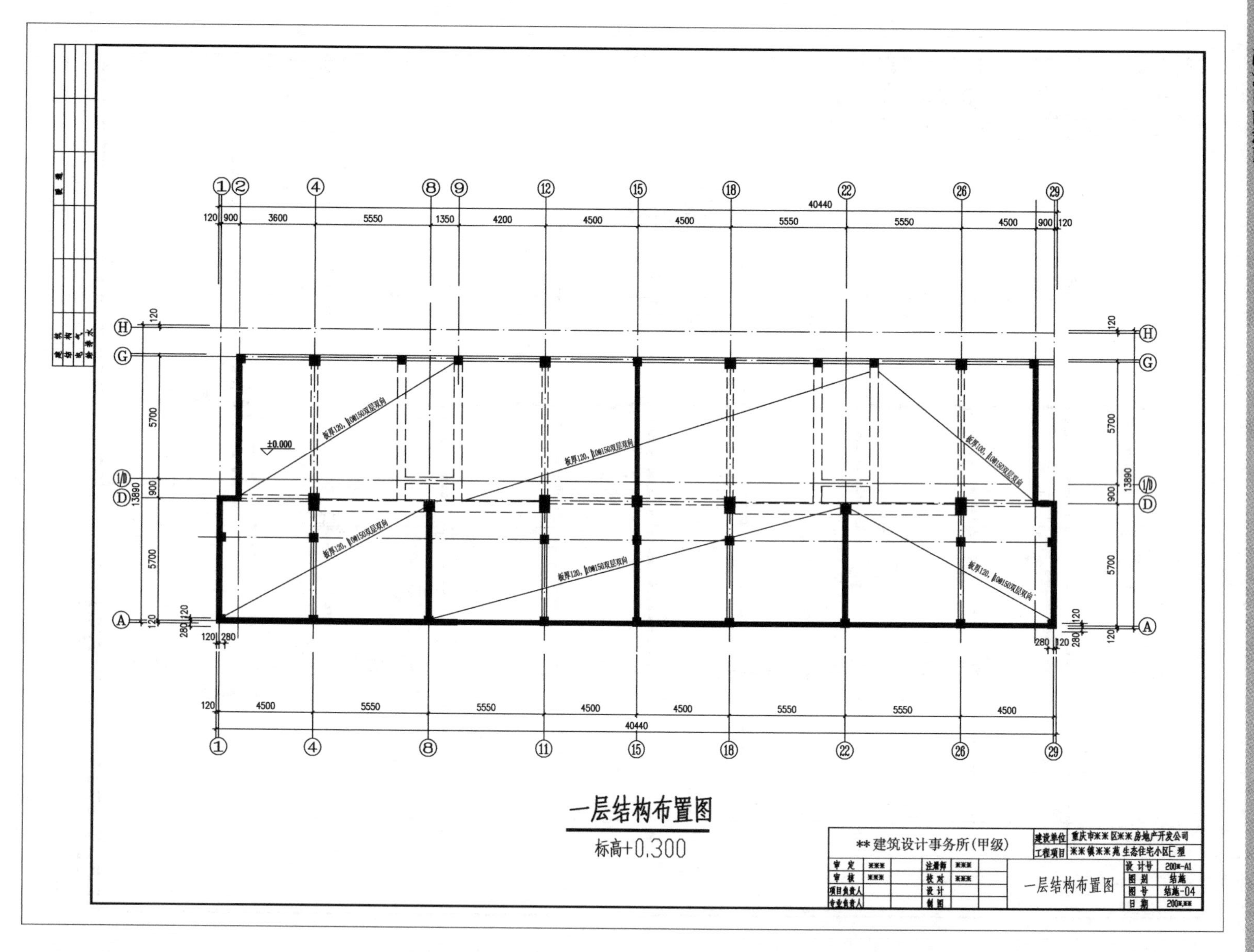
板厚120，10@150双层双向
板厚100，10@150双层双向
±0.000
一层结构布置图
标高+0.300
**建筑设计事务所(甲级)
建设单位 重庆市**区**房地产开发公司
工程项目 **镇**苑生态住宅小区E型
审定 ***
审核 ***
项目负责人
专业负责人
注册师 ***
校对 ***
设计
制图
一层结构布置图
设计号 200*-A1
图别 结施
图号 结施-04
日期 200*.**

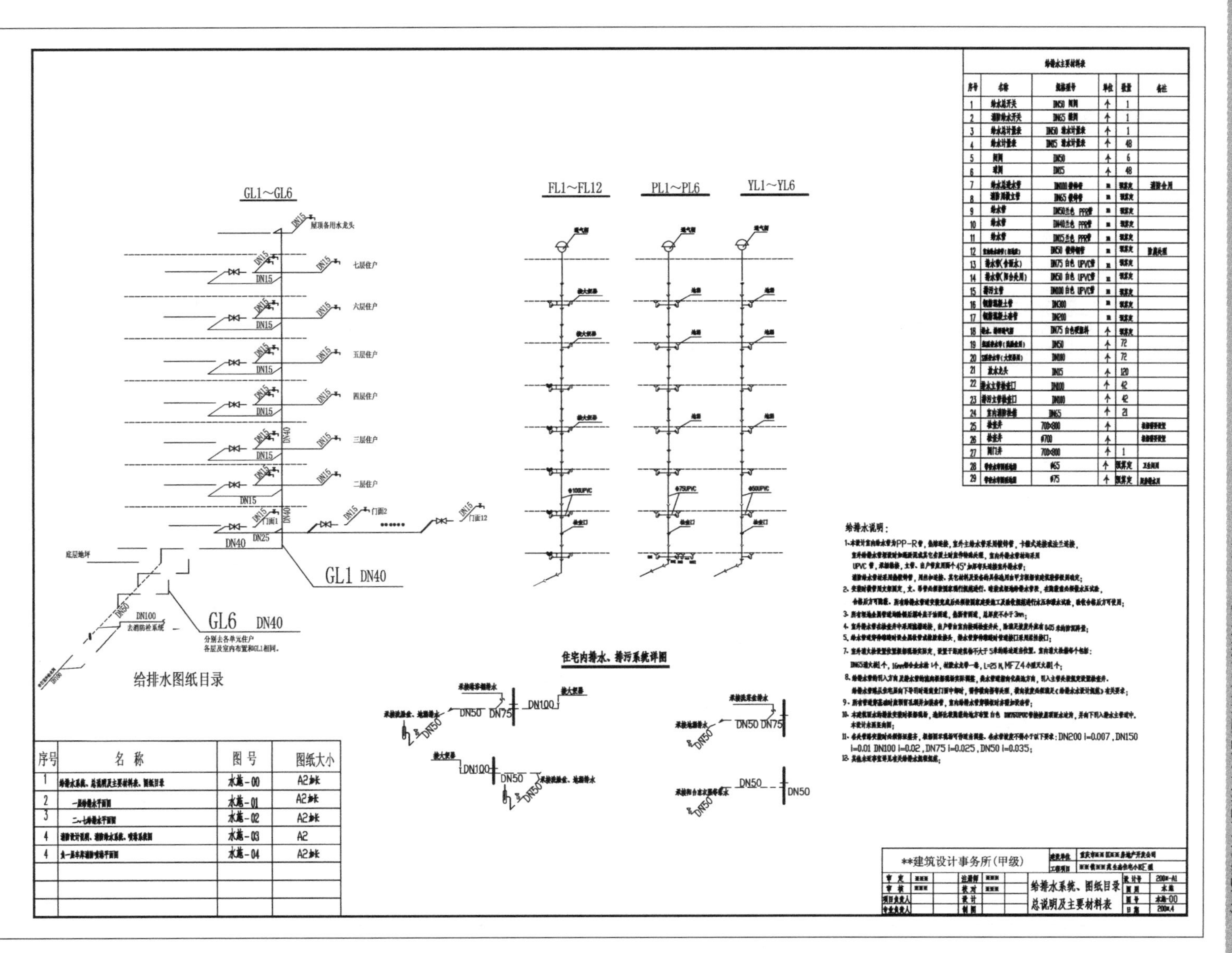

序号	名　称	图　号	图纸大小
1	给排水系统、总说明及主要材料表、图纸目录	水施－00	A2加长
2	一层给排水平面图	水施－01	A2加长
3	二～七给排水平面图	水施－02	A2加长
4	消防设计说明、消防给水系统、喷淋系统图	水施－03	A2
4	负一层车库消防喷淋平面图	水施－04	A2加长

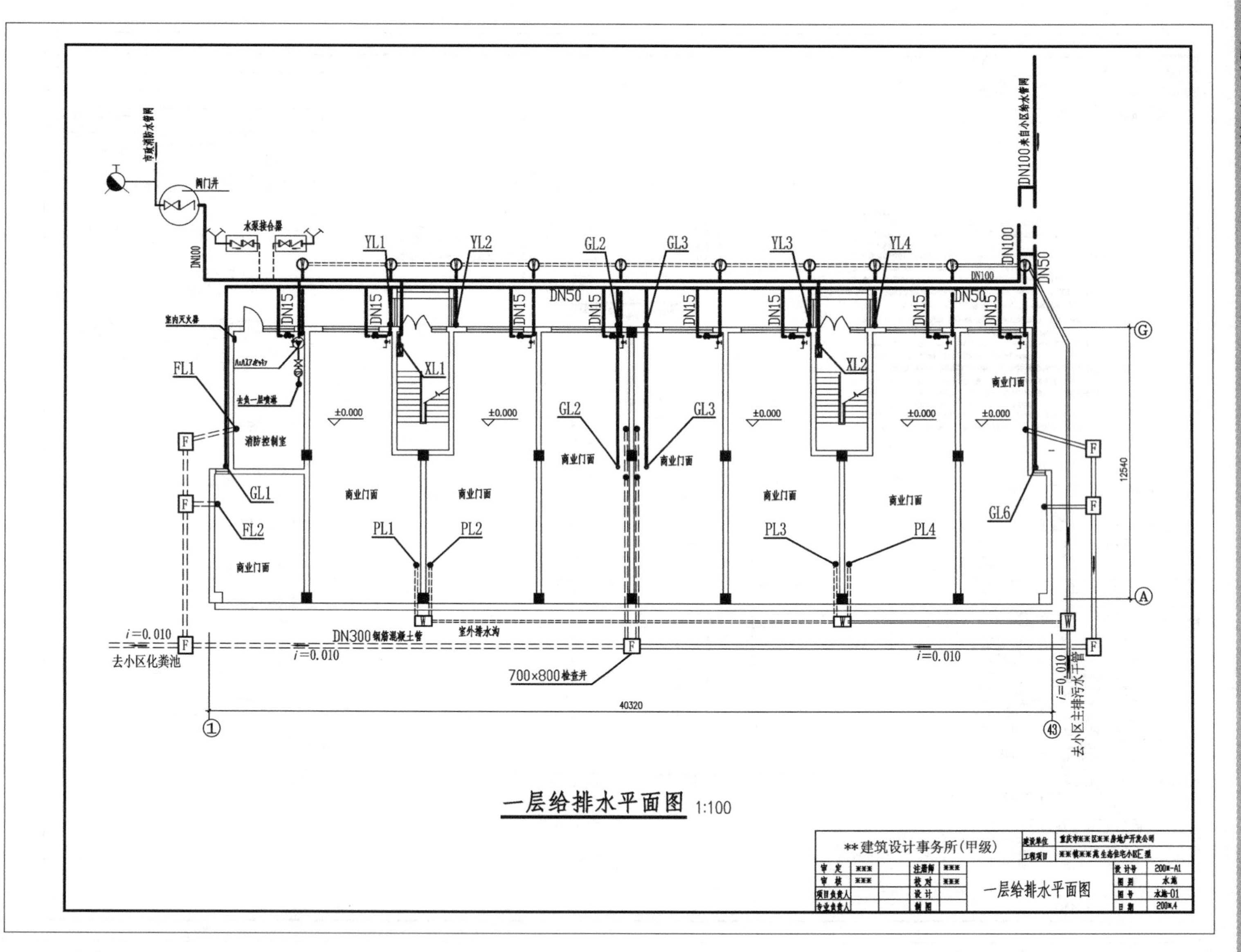
市政消防水管网
阀门井
水泵接合器
DN100来自小区给水管网
DN100
DN50
DN15
YL1
YL2
GL2
GL3
YL3
YL4
室内灭火器
FL1
消防控制室
XL1
XL2
±0.000
GL2
GL3
商业门面
GL1
FL2
PL1
PL2
PL3
PL4
GL6
12540
i=0.010
去小区化粪池
DN300钢筋混凝土管
室外排水沟
700×800检查井
40320
去小区主排污水干管
一层给排水平面图 1:100
**建筑设计事务所(甲级)
一层给排水平面图
水施-01

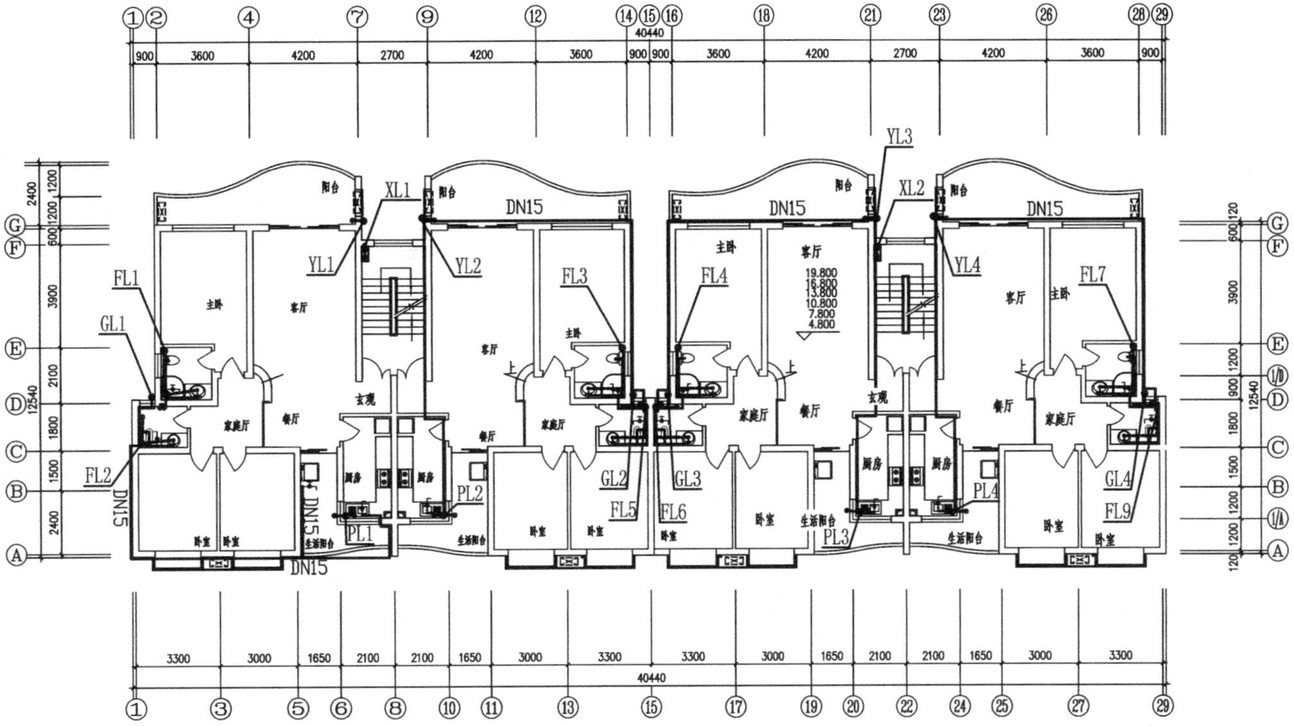
XL1
XL2
YL1
YL2
YL3
YL4
FL1
FL2
FL3
FL4
FL5
FL6
FL7
FL9
GL1
GL2
GL3
GL4
PL1
PL2
PL3
PL4
DN15
阳台
主卧
客厅
餐厅
家庭厅
卧室
厨房
玄观
生活阳台
19.800
16.800
13.800
10.800
7.800
4.800
40440
12540

二~七层给排水平面图 1:100

**建筑设计事务所(甲级)					建设单位	重庆市**区**房地产开发公司
					工程项目	**镇**高生态住宅小区E 组
审　定	***	注册师	***	二~七层给排水平面图	设计号	200*-A1
审　核	***	校　对	***		图别	水施
项目负责人		设　计			图号	水施-02
专业负责人		制　图			日期	200*.4

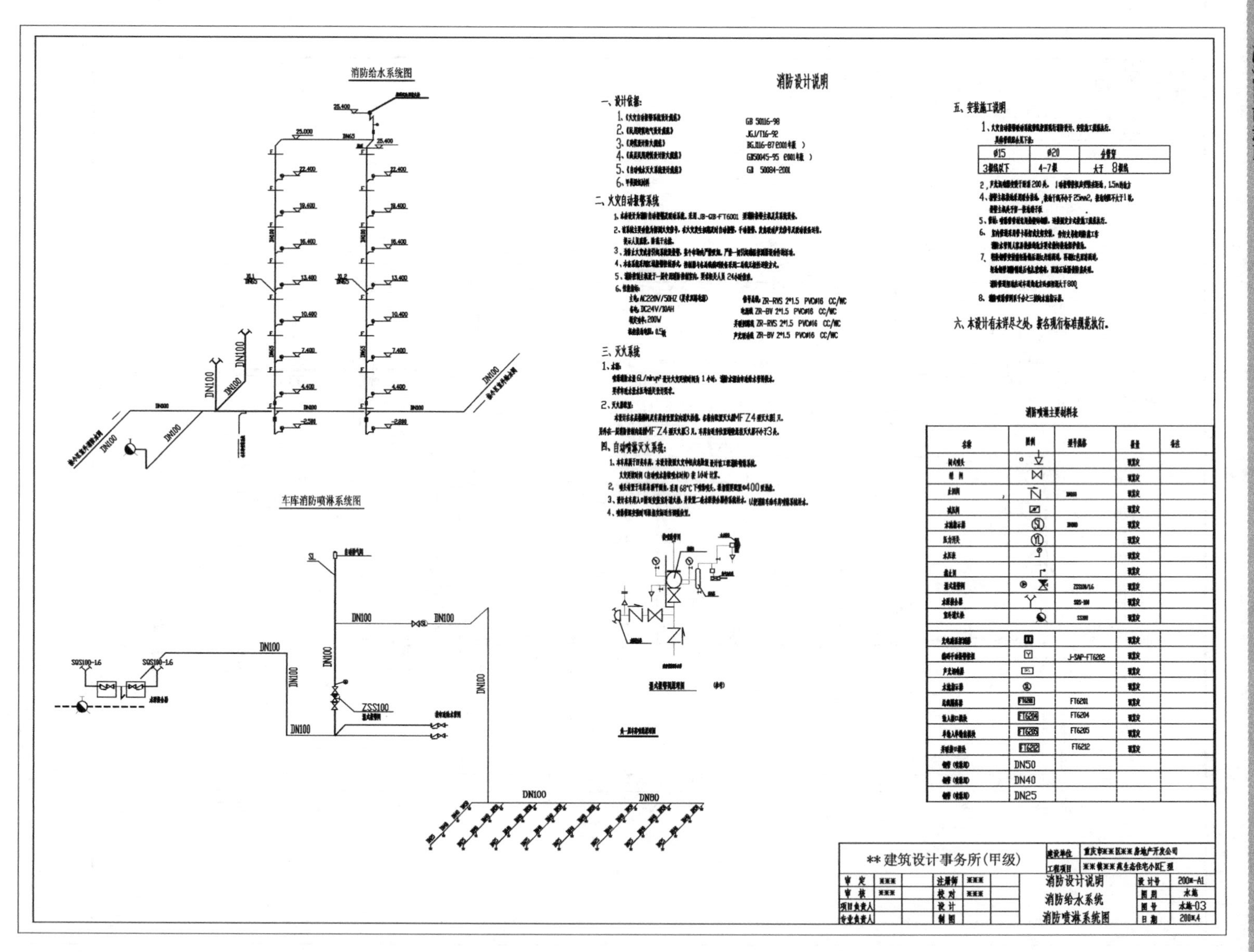

消防给水系统图
车库消防喷淋系统图
消防设计说明
一、设计依据:
GB 50116-98
JGJ/T16-92
GB50045-95
GB 50084-2001
二、火灾自动报警系统
三、灭火系统
四、自动喷洒灭火系统:
五、安装施工说明
ϕ15
ϕ20
4-7层
六、本设计有未详尽之处，需各现行标准规范执行。
消防喷淋主要材料表
J-SAP-FT6202
FT6201
FT6204
FT6205
FT6212
DN50
DN40
DN25
DN100
DN80
ZSS100
SQS100-1.6
**建筑设计事务所(甲级)
消防设计说明
消防给水系统
消防喷淋系统图
200*-A1
水施-03
200*.4

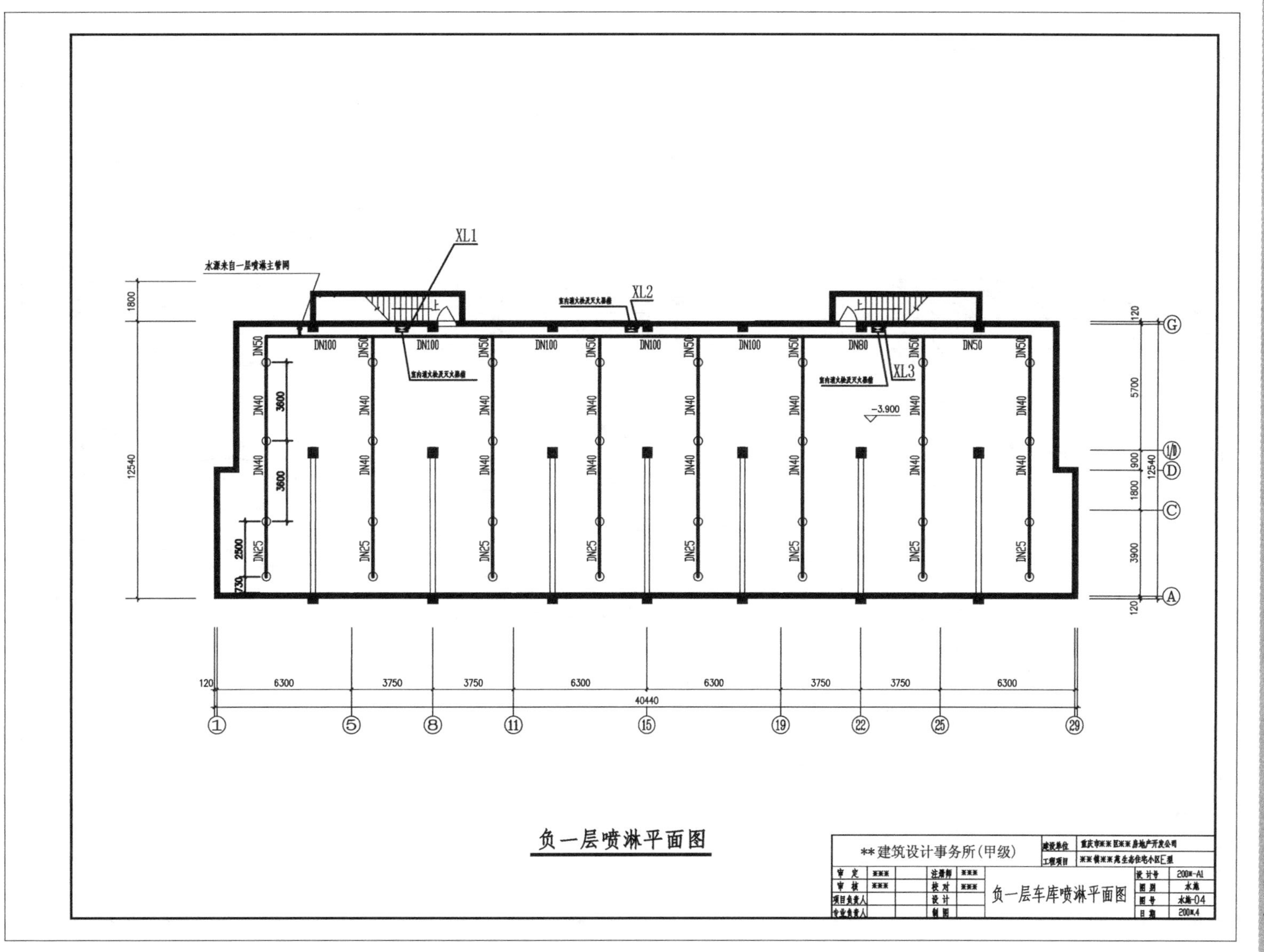
XL1
XL2
XL3
水源来自一层喷淋主管网
室内消火栓及灭火器箱
-3.900
DN100
DN80
DN50
DN40
DN25
3600
2500
730
1800
12540
120
5700
900
3900
6300
3750
40440
负一层喷淋平面图
**建筑设计事务所(甲级)
负一层车库喷淋平面图
审定
审核
项目负责人
专业负责人
注册师
校对
设计
制图
设计号
图别
图号
日期
200*-A1
水施
水施-04
200*.4

××苑电气设计说明

一、强电设计部分

（一）设计依据

1. 根据建设方提供的设计任务书
2. 根据国家现行规程规范
   JGJ/T—16《民用建筑电气设计规范》
   GB50054—95《低压配电设计规范》
   GB50057—94《建筑物防雷设计规范》
3. 根据各专业提供的设计资料

（二）设计范围

1. 供配电系统
2. 防雷接地系统

（三）供电设计

1. 建施高小区由多栋建筑组成，本建筑为其中1栋。本建筑由普通民用住宅及少量商业门面、地下停车库组成，楼梯、车库内应急照明按照二级负荷供电，其余住宅按三级负荷供电。消防控制室及其他消防用电来自小区集中消防电源。
2. 供电电源由小区变电所电缆埋地引入，穿钢管引入A单元楼内总配电箱。户内线路穿PVC管暗敷设。楼内供电采用三相五线制380V/220V供电，专用保护线路。备用电源采用TYJX-500应急照明电源箱。
3. 楼梯间照明正常时由市电供电，应急时由应急照明电源箱供电。楼道照明灯具均采用20W电子节能灯吸顶安装。开关采用声光控制带延时开关，以节约电能。
4. 为保证供电电源质量，本工程采用在变电所内低压集中补偿方式调整功率因数，补偿总容量根据小区整体负荷定。
5. 总配电箱采用-25×4镀锌扁钢作为接地保护线；设备接地保护与防雷接地共用一组接地极。各分节点焊接和接地线可靠连接。
6. 所有住宅照明配电箱、计量箱均为暗装，室外距地高度1.8 m，室内距地1.5 m。为方便用户装修，户内配电只设到户内配电箱开关处，其余根据装修需要自配。

（四）防雷接地系统

1. 本工程为三类防雷建筑，屋面设置避雷带，突出屋面的金属构件、管道等一并与防雷装置可靠连接。
   防雷、接地引下线利用钢筋混凝土柱内主筋，做法参见《建筑电气安装图集》。
2. 大楼采用以建筑物基础钢筋为接地体的综合接地系统，即保护接地、工作接地、过电压接地共用一接地体。
   其接地电阻$R<1$欧姆，其做法参见《建筑电气安装工程图集》。

二、弱电设计部分

（一）设计依据

1. 《民用建筑设计防火规范》
2. 《火灾自动报警系统设计规范》
3. 各专业提供的设计资料

（二）报警系统设计

本工程根据规范在地下汽车库内设置自动消防报警系统，配置JB-QB-FT6001系列区域火灾报警系统，详见消防设计部分。

（三）电视电话系统

1. 电话按每户1~2部设置接线箱和电缆，总交接箱设在A单元底层，由总交接箱用两根50、30对电缆引至B、C单元交接箱。一层消防控制室内设直通119的值班电话。
2. 宽带网络线路敷设系统与电话系统同，本图中未画出。
3. 安装方式：主交接箱明装，安装高度距地1.8 m，各层分线箱明装高度距地2.5 m，各用户插座距地0.3 m安装。
   电视各元件盒暗装，安装高度距地1.8 m，用户插座距地0.3 m安装，弱电线路敷设在各单元楼梯间内。

专业：

设备及材料表

编号	设备名称	型号规格	单位	数量	备注	图例
1	总配电箱、单元配电箱	根据箱内配置选择型号	个	4	MF0 MF10 MF20 MF30	
2	楼层配电箱	根据箱内配置选择型号	个	21	MF11~17 (MF21~27、MF31~37)	
3	车库配电箱	根据箱内配置选择型号	个	1	MF-1	
4	路灯配电箱	根据箱内配置选择型号	个	3	MF-1D(2D、3D)	
5	住户室内配电箱	根据箱内配置选择型号	个	42		
6	应急照明电源箱	TYJX-500	个	3		
7	电子节能灯	交流250 V 20 W	套	42	⊗	配声光控带延时开关
8	双管格栅灯	交流250 V 40 W×2	个	18	⊞	12套配声光控带延时开关
9	暗装双联开关	交流250 V 5 A	个	3		
10	自带电源应急照明灯	交流250 V 15 W×2	套	5		
11	安全出口标志灯		套	3		
12	方向指示灯		套	3		
13	镀锌扁钢	-25X4	米	20		
14	PVC 阻燃管	管径 （详见系统图）	米		施工时算定（长度）	
15	电话交接箱	XF501-100	只	1		
16	电话交接箱	XF501-50	只	1		
17	电话交接箱	XF501-30	只	1		
18	三分配器	JZ3SP	只	1		
19	二分配器	JZ2SP	只	1		
20	线路放大器	XF05	只	1	手动可调	
21	二分支器		只	24		
22	电视线路	HYKV-75-9	m	预算定		
23	电视线路	HYKV-75-5	m	预算定		
24	电话线路	HYA-50(2×0.5)	m	预算定		
25	电话线路	HYA-30(2×0.5)	m	预算定		
26	电话线路	HYA-100(2×0.5)	m	预算定		
27	电话线路	HYA-2(2×0.5)	m	预算定		
28	电话分线盒	详见系统图	只	预算定		
29	镀锌圆钢	ø12	m	预算定		
30	镀锌钢管	ø50 L=2.5 m	根	12		
31	避雷断接卡		套	2		
32	消防报警系统	JB-QB FT6001	套	1		地下车库用
33						
34						

电线 电缆表

序号	名称	规格型号	单位	数量	备注
1	交联电缆	YJV-1KV 4×70	m	预算定	
2	交联电缆	YJV-1KV 2×35	m	预算定	
3	交联电缆	YJV-1KV 1×16	m	预算定	
4	聚氯乙烯绝缘电线	BV-450/750 3×16	m	预算定	
5	聚氯乙烯绝缘电线	BV-450/750 3×10	m	预算定	
6	聚氯乙烯绝缘电线	BV-450/750 3×6	m	预算定	
7	聚氯乙烯绝缘电线	BV-450/750 3×4	m	预算定	
8	聚氯乙烯绝缘电线	BV-450/750 3×2.5	m	预算定	
9	聚氯乙烯绝缘电线	BV-450/750 2×2.5	m	预算定	
10	聚氯乙烯绝缘电线(阻燃)	ZR-BV-450/750 2×2.5	m	预算定	
11	聚氯乙烯绝缘电线(阻燃)	ZR-BV-450/750 2×1.5	m	预算定	
12	聚氯乙烯绝缘电线(阻燃)	ZR-RVS 2×1.5	m	预算定	

配电图纸目录

序号	名称	图号	图纸大小
1	供电总说明及主要材料表、图纸目录	电施-00	A2加长
2	低压配电系统图	电施-01	A2
3	一层配电平面图	电施-02	A2加长
4	二~七层配电平面图	电施-03	A2加长
5	负一层车库配电平面图	电施-04	A2加长
6	屋面防雷平面图	电施-05	A2加长
7	电视、电话系统图	电施-06	A2加长
8	车库消防报警系统图	电施-07	A4
9	车库消防报警平面布置图	电施-08	A2加长

**建筑设计事务所(甲级)						建设单位	重庆市**区同正房地产开发公司	
						工程项目	**镇**高生态住宅小区E组	
审定	***		注册师	***		供电总说明及主要材料表 图纸目录	设计号	200*-A1
审核	***		校对	***			图别	电施
项目负责人			设计				图号	电施-00
专业负责人			制图				日期	200*.4

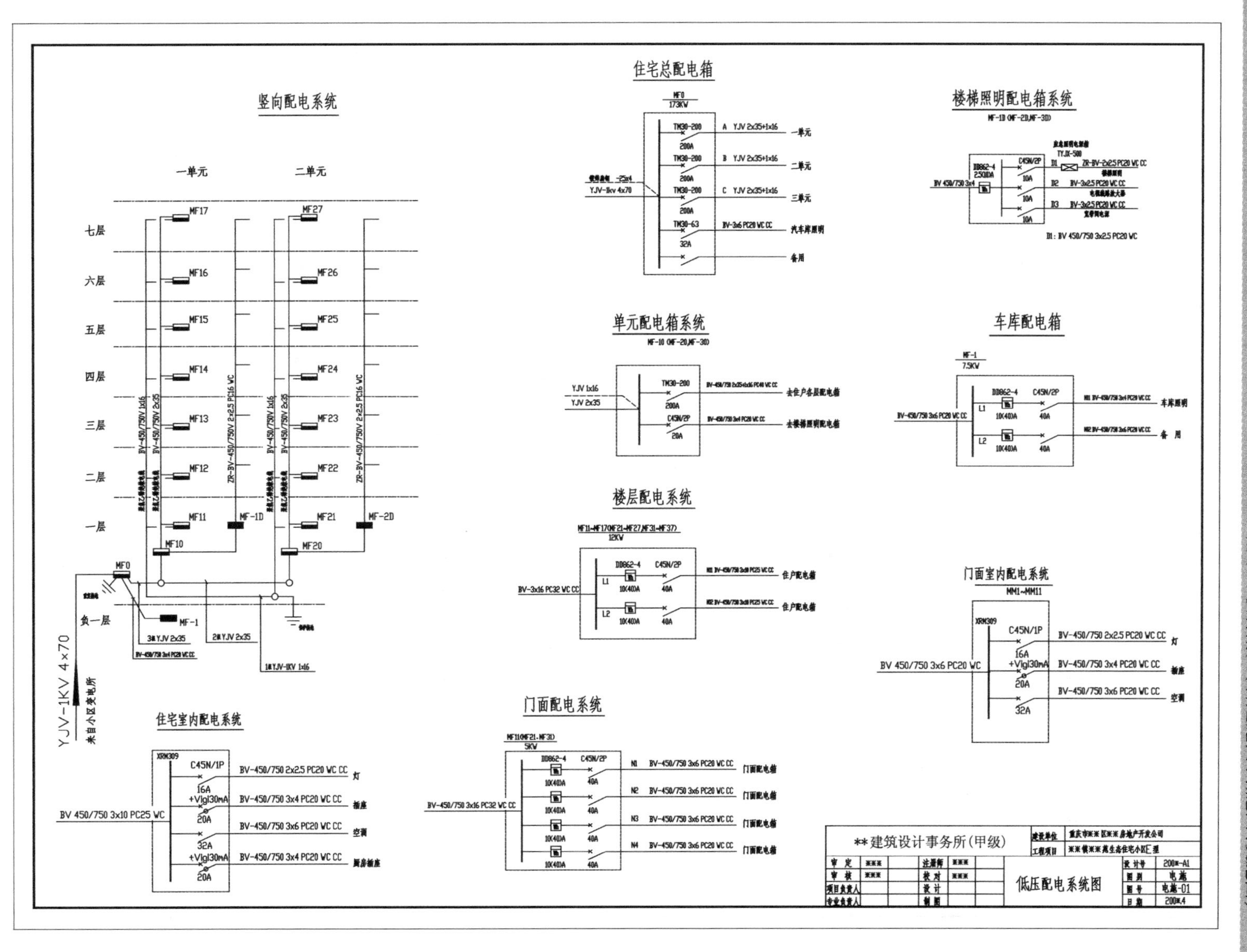

竖向配电系统
一单元
二单元
七层
六层
五层
四层
三层
二层
一层
负一层
MF0
MF10
MF20
MF-1
MF-1D
MF-2D
YJV-1KV 4×70
住宅总配电箱
MF0
173KW
一单元
二单元
三单元
汽车库照明
备用
楼梯照明配电箱系统
单元配电箱系统
去住户各层配电箱
去楼梯照明配电箱
车库配电箱
MF-1
7.5KW
车库照明
备 用
楼层配电系统
12KW
BV-3x16 PC32 WC CC
住户配电箱
门面室内配电系统
MM1~MM11
BV 450/750 3x6 PC20 WC
BV-450/750 2x2.5 PC20 WC CC
BV-450/750 3x4 PC20 WC CC
BV-450/750 3x6 PC20 WC CC
灯
插座
空调
门面配电系统
5KW
BV-450/750 3x16 PC32 WC CC
门面配电箱
住宅室内配电系统
BV 450/750 3x10 PC25 WC
BV-450/750 2x2.5 PC20 WC CC
BV-450/750 3x4 PC20 WC CC
BV-450/750 3x6 PC20 WC CC
BV-450/750 3x4 PC20 WC CC
灯
插座
空调
厨房插座
**建筑设计事务所(甲级)
低压配电系统图
电施-01

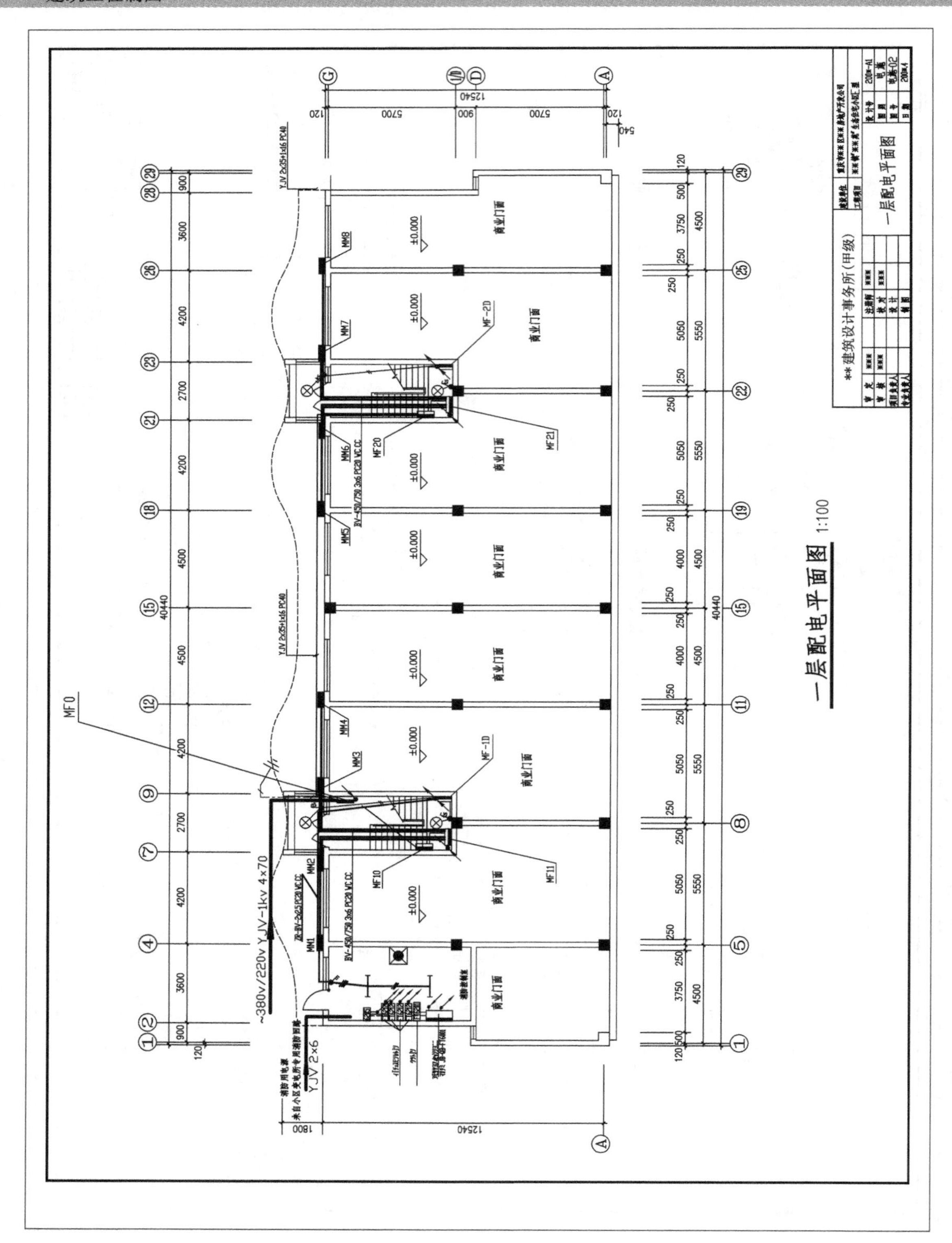
一层配电平面图 1:100
**建筑设计事务所(甲级)
一层配电平面图
~380v/220v YJV-1kv 4×70
YJV 2×6
MF0
MF-1D
MF-2D
MF10
MF11
MF20
MF21
MM1
MM2
MM3
MM4
MM5
MM6
MM7
MM8
商业门面
±0.000
40440
12540

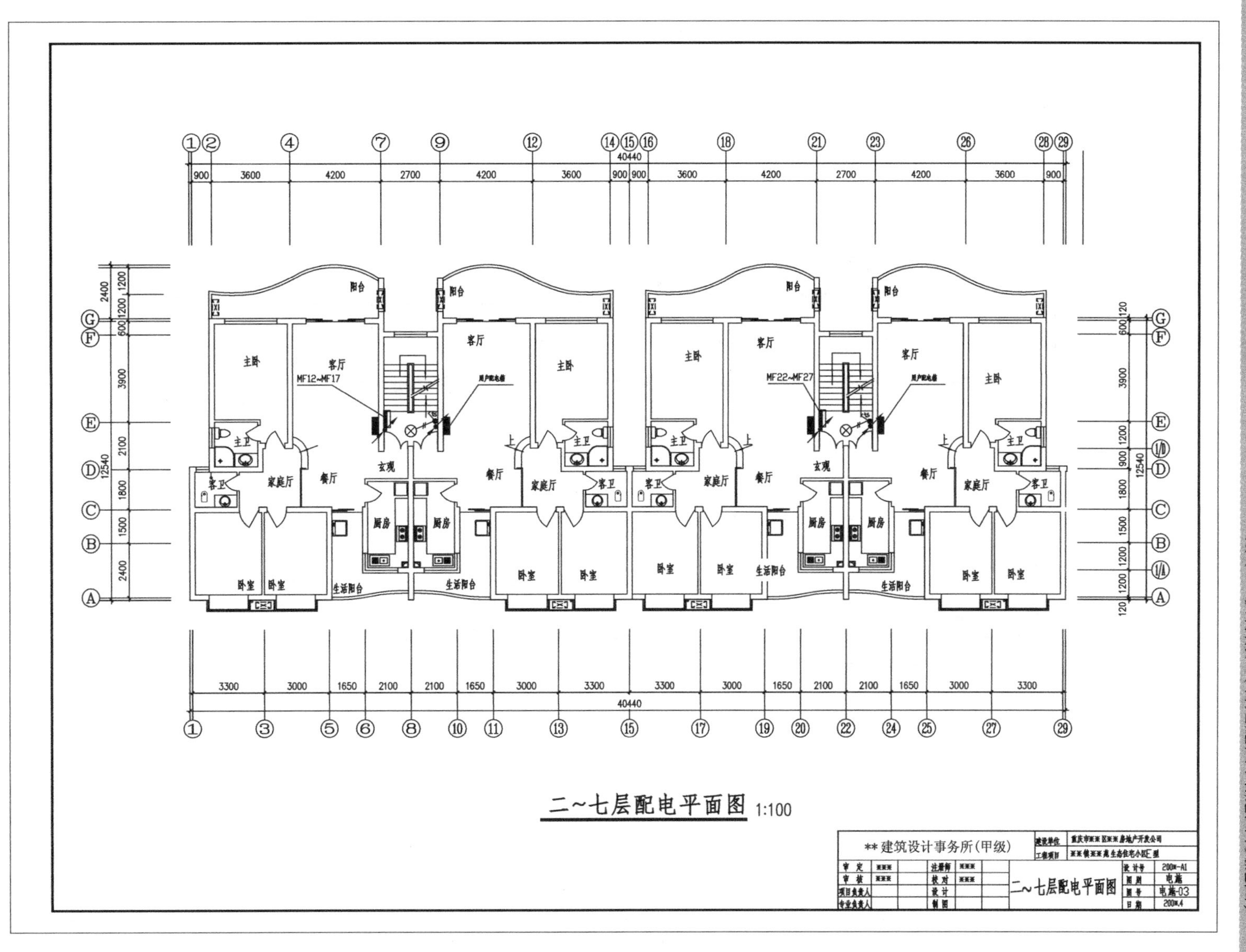
二~七层配电平面图 1:100
**建筑设计事务所(甲级)
重庆市**区***房地产开发公司
镇高生态住宅小区E型
二~七层配电平面图
电施-03
MF12~MF17
MF22~MF27
主卧
客厅
餐厅
家庭厅
卧室
厨房
玄关
阳台
生活阳台
客卫
主卫
12540
40440

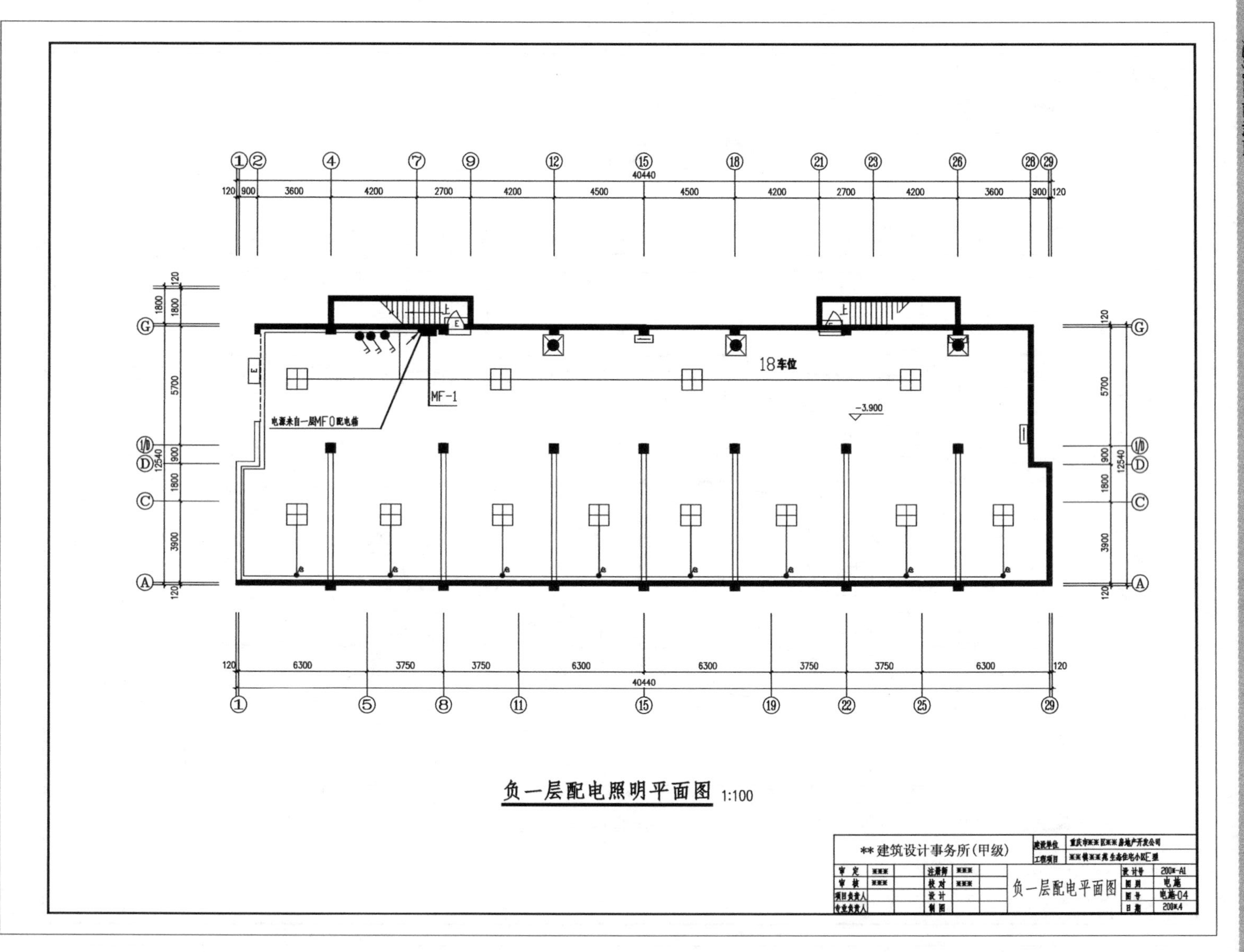
40440
12540
18车位
-3.900
MF-1
电源来自一层MF0配电箱
负一层配电照明平面图 1:100
**建筑设计事务所(甲级)
负一层配电平面图
电施-04

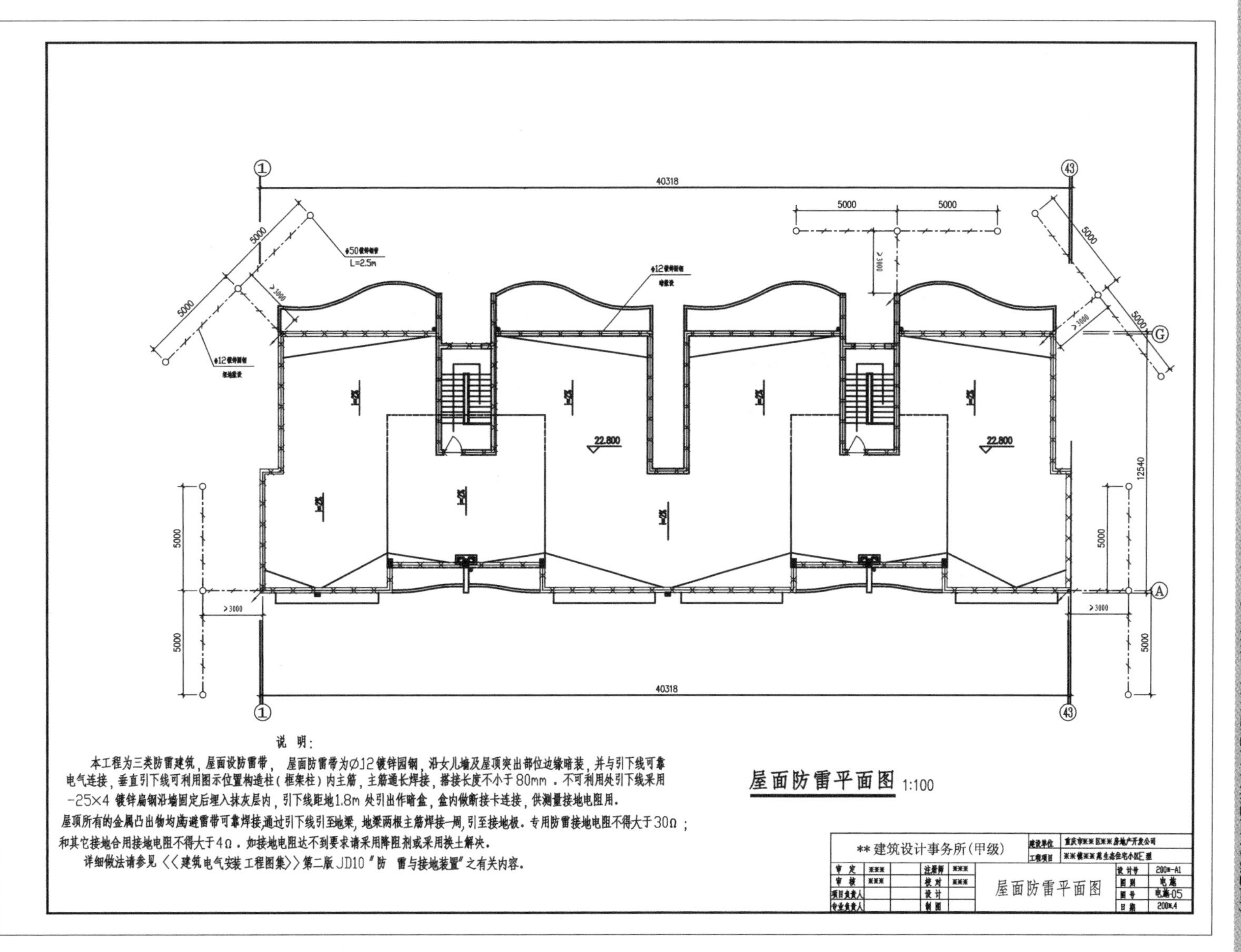
40318
5000
5000
ϕ50镀锌钢管
L=2.5m
>3000
ϕ12镀锌圆钢
暗敷设
沿墙敷设
12540
22.800
A
G
1
43
说 明:
本工程为三类防雷建筑，屋面设防雷带，屋面防雷带为Ø12镀锌园钢，沿女儿墙及屋顶突出部位边缘暗装，并与引下线可靠电气连接，垂直引下线可利用图示位置构造柱（框架柱）内主筋，主筋通长焊接，搭接长度不小于80mm．不可利用处引下线采用－25×4 镀锌扁钢沿墙固定后埋入抹灰层内，引下线距地1.8m 处引出作暗盒，盒内做断接卡连接，供测量接地电阻用.
屋顶所有的金属凸出物均应与避雷带可靠焊接,通过引下线引至地梁，地梁两根主筋焊接一周，引至接地极．专用防雷接地电阻不得大于30Ω；和其它接地合用接地电阻不得大于4Ω．如接地电阻达不到要求请采用降阻剂或采用换土解决.
详细做法请参见《《建筑电气安装工程图集》》第二版JD10“防 雷与接地装置”之有关内容.
屋面防雷平面图 1:100
**建筑设计事务所(甲级)
建设单位
重庆市××区××房地产开发公司
工程项目
××镇××高生态住宅小区E组
审定
审核
项目负责人
专业负责人
注册师
校对
设计
制图
屋面防雷平面图
设计号 200×-A1
图别 电施
图号 电施-05
日期 200×.4

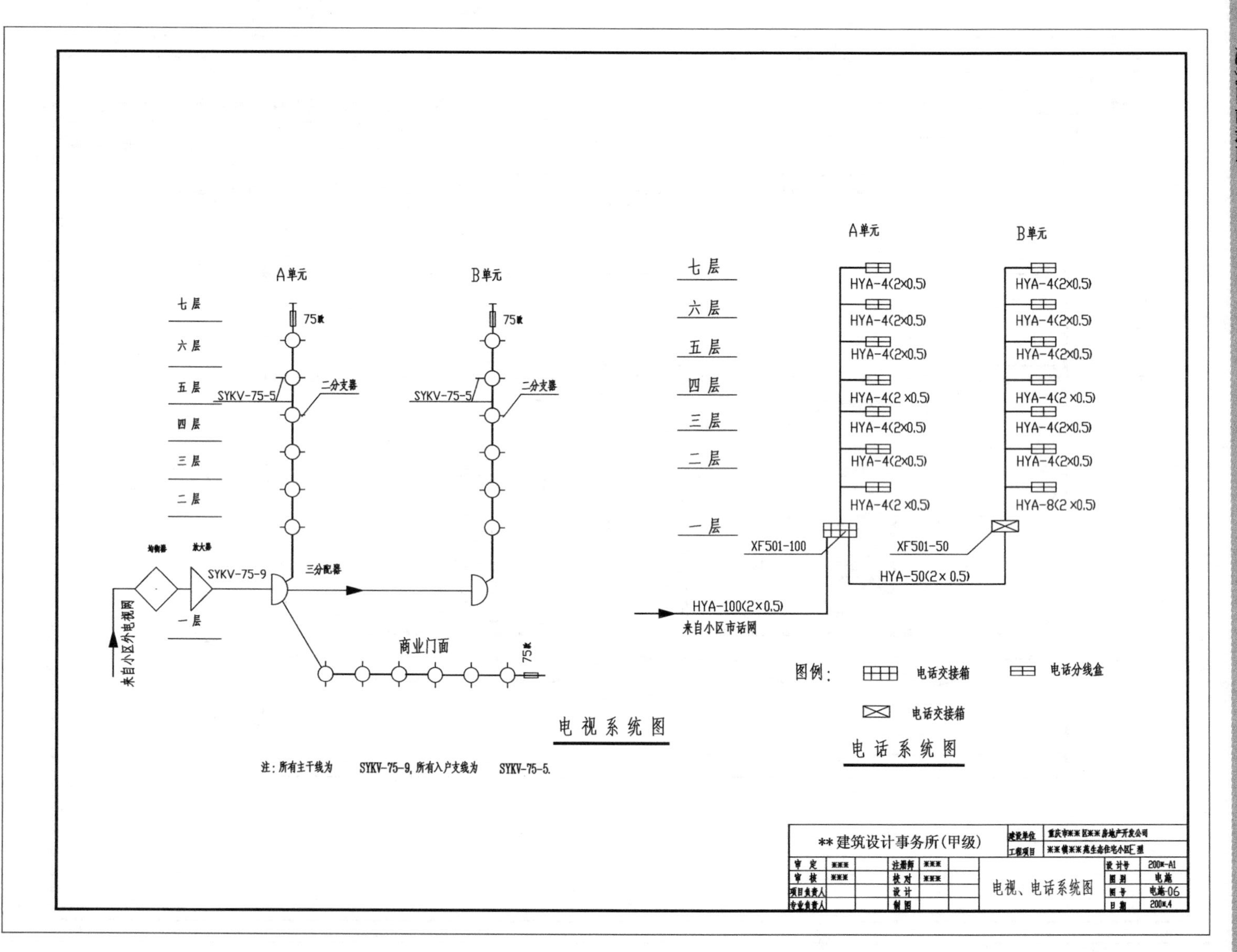
A单元
B单元
七层
六层
五层
四层
三层
二层
一层
75Ω
SYKV-75-5
二分支器
均衡器
放大器
SYKV-75-9
三分配器
来自小区外电视网
商业门面
电视系统图
注：所有主干线为 SYKV-75-9，所有入户支线为 SYKV-75-5.
HYA-4(2×0.5)
HYA-8(2×0.5)
XF501-100
XF501-50
HYA-50(2×0.5)
HYA-100(2×0.5)
来自小区市话网
图例：
电话交接箱
电话分线盒
电话交接箱
电话系统图
**建筑设计事务所(甲级)
建设单位
重庆市**区**房地产开发公司
工程项目
镇蔑生态住宅小区E型
审定
审核
项目负责人
专业负责人
注册师
校对
设计
制图
电视、电话系统图
设计号
200*-A1
图别
电施
图号
电施-06
日期
200*.4

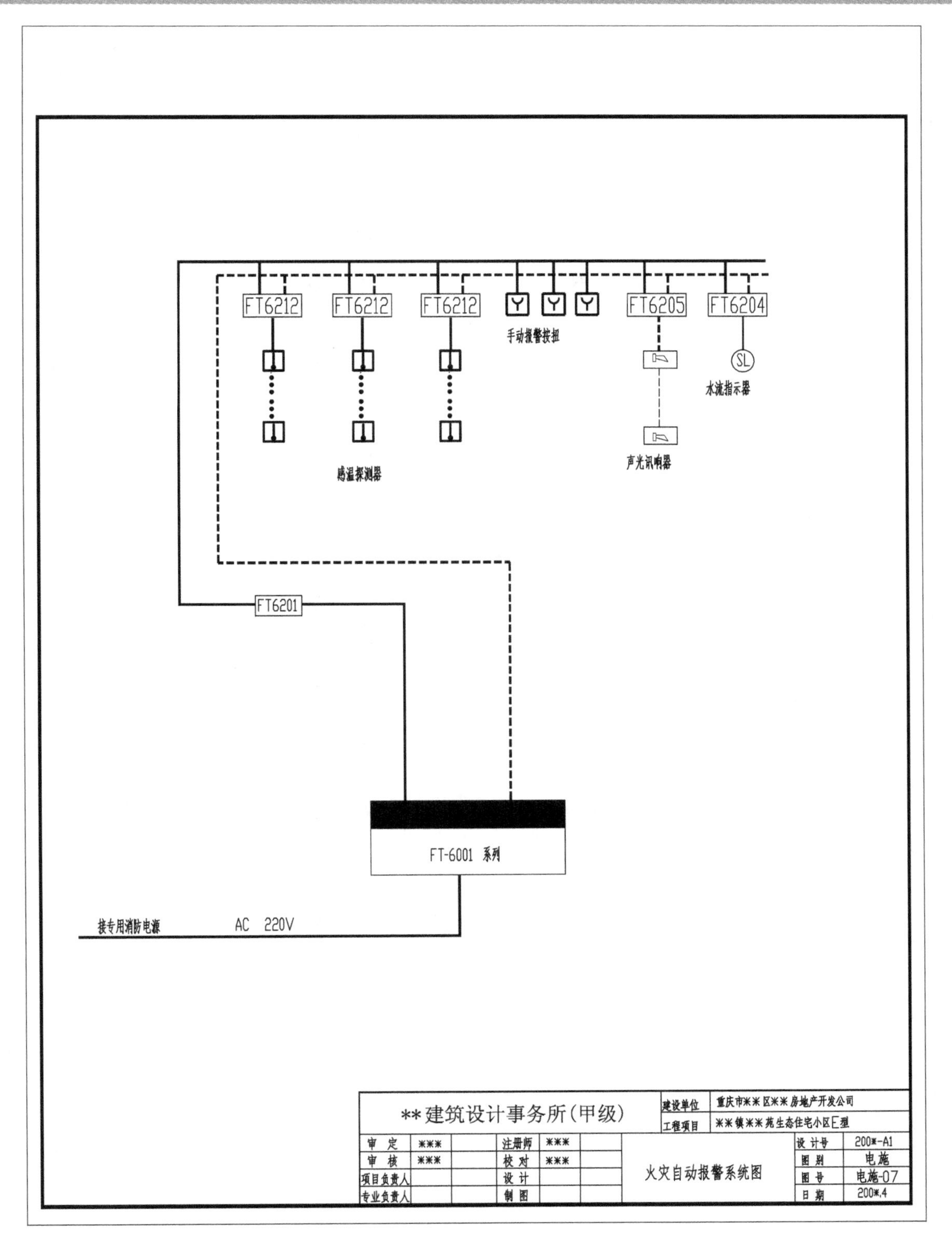
FT6212
FT6212
FT6212
FT6205
FT6204
手动报警按扭
水流指示器
声光讯响器
感温探测器
SL
FT6201
FT-6001 系列
接专用消防电源
AC 220V
**建筑设计事务所(甲级)
建设单位
重庆市**区**房地产开发公司
工程项目
镇苑生态住宅小区E型
审 定
***
注册师
***
审 核
***
校 对
***
项目负责人
设 计
专业负责人
制 图
火灾自动报警系统图
设 计 号
200*-A1
图 别
电施
图 号
电施-07
日 期
200*.4

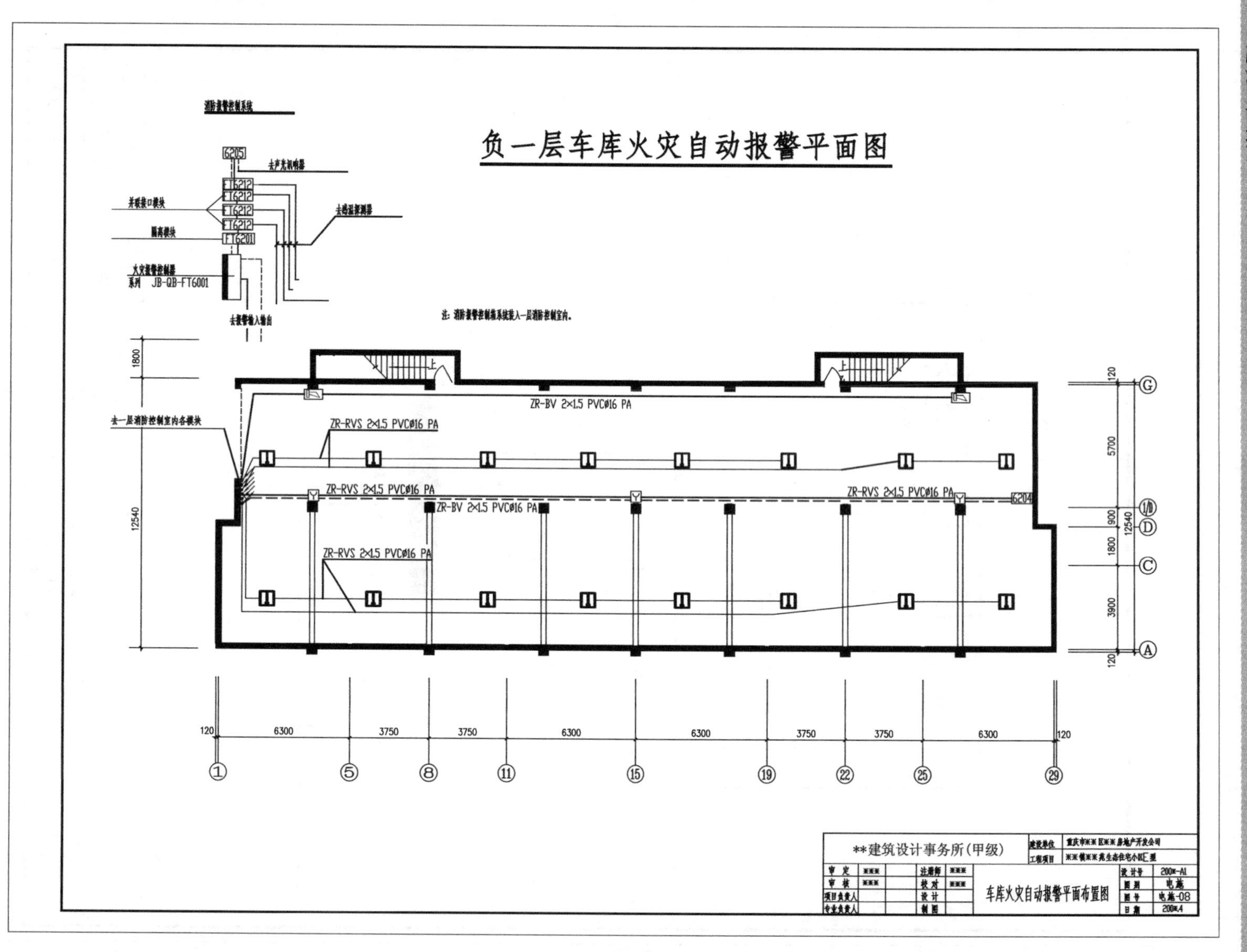

消防报警控制系统
负一层车库火灾自动报警平面图
6205
去声光报警器
FT6212
FT6212
FT6212
FT6212
FT6201
并联接口模块
隔离模块
去感温探测器
火灾报警控制器
系列 JB-QB-FT6001
去报警输入输出
注：消防报警控制器系统装入一层消防控制室内。
去一层消防控制室内各模块
ZR-BV 2×1.5 PVCØ16 PA
ZR-RVS 2×1.5 PVCØ16 PA
ZR-RVS 2×1.5 PVCØ16 PA
ZR-BV 2×1.5 PVCØ16 PA
ZR-RVS 2×1.5 PVCØ16 PA
ZR-RVS 2×1.5 PVCØ16 PA
6204
1800
12540
120
5700
900
1800
3900
120
G
1/D
D
C
A
120
6300
3750
3750
6300
6300
3750
3750
6300
120
1
5
8
11
15
19
22
25
29
**建筑设计事务所(甲级)
车库火灾自动报警平面布置图
电施
电施-08
200*-A1
200*.4

参考资料

[1] 齐明超,梅素琴.土木工程制图[M].北京:机械工业出版社,2003.
[2] 中国机械工业教育协会.建筑制图[M].北京:机械工业出版社,2001.
[3] 陈文斌,章金良.建筑工程制图[M]3版.上海:同济大学出版社,1997.
[4] 钱可强.建筑制图[M].北京:化学工业出版社,2008.
[5] 熊德敏.安装工程定额与预算[M].北京:高等教育出版社,2003.
[6] 王付全.建筑设备[M].武汉:武汉理工大学出版社,2008.
[7] 李旭伟.安装施工工艺[M].北京:高等教育出版社,2003.
[8] 秦树和,秦渝.管道工程识图与施工工艺[M].重庆:重庆大学出版社,2008.
[9] 聂旭英.土木建筑制图习题集[M].武汉:武汉理工大学出版社,2005.
[10] 苏玉雄.AutoCAD 2008 中文版案例教程[M].北京:中国水利水电出版社,2008.
[11] 何铭新.建筑工程制图[M].北京:高等教育出版社,2006.
[12] 中国计划出版社.建筑制图标准汇编[M].北京:中国计划出版社,2001.
[13] 游普元.建筑制图技术[M].北京:化学工业出版社,2007.
[14] 吴银柱,吴丽萍.土建工程 CAD[M].北京:高等教育出版社,2002.
[15] 乐荷卿.土木建筑制图[M].2版.武汉:武汉理工大学出版社,2008.
[16] 陆叔华.建筑制图与识图[M].北京:高等教育出版社,2007.
[17] 张士芬,赖文辉,游普元.建筑制图[M].重庆:重庆大学出版社,2005.
[18] 曾令宜.AutoCAD 2000 工程绘图教程[M].北京:高等教育出版社,2000.